环境水利学

（第 3 版）

许士国　主编

国家开放大学出版社·北京

图书在版编目（CIP）数据

环境水利学/许士国主编. —3 版. —北京：国
家开放大学出版社，2022.1（2023.11 重印）
ISBN 978－7－304－11231－8

Ⅰ．①环…　Ⅱ．①许…　Ⅲ．①环境水利学—开放大学—
教材　Ⅳ．①X143

中国版本图书馆 CIP 数据核字（2021）第 271921 号

环境水利学（第 3 版）

HUANJING SHUILIXUE

许士国　主编

出版·发行：国家开放大学出版社
电话：营销中心 010－68180820　　　总编室 010－68182524
网址：http：//www.crtvup.com.cn
地址：北京市海淀区西四环中路 45 号　　邮编：100039
经销：新华书店北京发行所

策划编辑：邹伯夏　　　　　　　版式设计：何智杰
责任编辑：邹伯夏　　　　　　　责任校对：张　娜
责任印制：武　鹏　马　严

印刷：北京银祥印刷有限公司
版本：2022 年 1 月第 3 版　　　　2023 年 11 月第 4 次印刷
开本：787mm×1092mm　1/16　　印张：22.5　　字数：504 千字

书号：ISBN 978－7－304－11231－8
定价：42.00 元

意见及建议：OUCP_KFJY@ouchn.edu.cn

前　言

　　《环境水利学》的第 1 版于 2005 年出版，第 2 版于 2014 年出版。第 2 版吸收第 1 版发行后约 10 年间，环境水利领域的理论研究、技术开发和工程实践的丰富成果，充实了环境水利学的新内容。随着社会经济和科学技术的快速发展，第 2 版出版后的 7 年间，我国环境水利事业又有了新的进步。2015 年《国务院关于印发水污染防治行动计划的通知》的实施，通过限期实现水功能区达标建设目标，进入水污染治理和水源地保护的新阶段，水环境改善事业取得了显著成效，成为我国水环境治理政策建设和工程实践的里程碑。2017 年推行的河长制、湖长制，创造了水系管理的新模式，使水环境管理成为其中心内容之一。

　　环境水利创新性成果的积累，对"环境水利学"课程传递的知识体系提出了新要求，为教材的再次修编确立了目标，创造了条件。本次修编除了对第 2 版进行文字和数据的更新之外，主要在 4 个方面进行了重点改进：一是把教材面向的应用背景转移到了已建水利工程的环境分析、污染治理和环境保护上来，构成以水利工程环境管理为中心的知识体系；二是新编一个章节，系统论述水环境调查与监测问题，以满足获取水环境基础信息，推动水环境管理数字化和智能化对学生提出的新的需求；三是减少与工程建设环境管理相关的内容，简化了对建设前环境影响评价和建设中环境监理的论述，充实了水污染深化治理的技术和方法；四是根据近期环境水利的工程背景和学科发展趋势调整了教学要点的结构体系。

　　本教材共分为 9 章。第 1 章为绪论；第 2 章介绍水环境与生态学的基础知识；第 3 章介绍水体污染与水体自净的基本规律，进而论述水体污染与水体自净平衡条件下的水环境容量概念；第 4 章论述水利环境过程，及各种过程中的环境效应；第 5 章介绍水环境调查与监测的技术与方法，系统论述河流和水库两大水体的水环境调查和监测问题；第 6 章重点介绍物质扩散理论基础上的水质模型，以及水环境容量的推算方法；第 7 章介绍水环境保护与污染控制的标准、措施及制度建设情况；第 8 章介绍水环境修复的理论和技术；第 9 章针对水利工程在规划设计、建设施工、调度运行和报废撤销不同时期工程与环境的特点，论述其相应的水环境管理问题。总体上第1~4章主要阐述环境水利的基础知识，第5~6章介绍水利工程环境背景及信息化技术，第7~9章论述水利工程环境保护、污染治理与环境管理的内容。

参加本次教材修编的有许士国（第1章、第5章、第7章、第8章）、刘建卫（第2章、第3章、第9章）、吕素冰（第4章、第6章）、胡素端（第4章，第9章）、苏广宇（第8章）。同时，多名在校研究生协助参加了本次修编工作。全书由许士国统稿主编。

本教材的部分内容引用了有关单位和学者的教材、专著、论文或报告资料；第1版、第2版参编者孙东坡、贾艾晨、严海、李林林等因故没有参加本次修编，他们的前期工作对本次修编起到了很大作用；陈丽、邹伯夏为本次修编做了大量工作；参编者所在单位大连理工大学和华北水利水电大学给本教材的修编提供了大力支持和帮助。编者在此一并致以衷心的感谢。

《环境水利学》是为了适应水利工程专业学生知识扩展需求而编写的本科教材，可供开放和普通高等教育的本科教学使用，也可以供相关领域的研究生、科技人员参考。

由于编者水平有限、时间仓促，书中难免有疏漏和不妥之处，恳请读者批评指正。

编 者

2021 年 10 月

目　录

第 1 章

绪　　论

内容概要

　　本章以介绍环境水利学的发展过程和环境水利学的基本知识为主。通过学习，学习者应了解环境与环境保护的概念、发展过程以及其与社会经济发展的关系；了解现代水利的发展状况、思想基础和技术体系；了解环境水利学的发展过程、涉及领域及未来趋势；理解环境水利学的特点；明确学习本课程的目的和意义，并用来指导后续各章的学习。学习中要注意理论联系实际，提高综合分析和解决实际水环境问题的能力。

1.1　概述

　　环境水利学是研究水资源开发利用和兴建水利工程过程中出现的环境问题，并使水利建设与环境保护协调发展的学科，是支撑环境水利的理论基础和技术体系。

　　环境水利的出现适应了当代社会经济发展对水利科学的需求，是现代水利的组成部分和人类文明水平的体现。环境水利学的知识体系是环境水利工作实践积累和理论提升的结果，是在水利工程规划、设计、施工与管理实践中逐步形成和发展起来的。

　　最初遇到的水环境问题是水污染，由此，在一个时期内水环境的直接含义界定在水质问题上，实际上水环境包含着生态、景观、文化等广泛的内容。在生产力水平较低的时期，生产和生活过程中排放的污水能够被自然界消解净化，不会造成大范围不可逆转的水质恶化，水利工程规划、建设与管理中的水环境问题处于次要地位。20世纪70年代初期开始，我国有些地区的水污染状况已经影响到生活质量并逐渐加剧，为了及时掌握河流、水域的水质状况，我国陆续建立起监测站网，调查和积累水质资料，同时开展了水质分析和污染物分布、运动与自净规律的研究，从而开始了环境水利的初期工作。

　　20世纪80年代以来，随着全社会对环境问题认识的提高和社会经济的发展，环境水利的研究范围不断扩大，内容不断深入，研究成果在实践中得到推广应用，促进了环境水利技术体系的完善和学科建设的成熟。这主要表现在：

　　① 在主要江河流域和重点区域编制或修订了水资源保护规划。

　　② 通过水质模型的研究，完善了不同水域水质状况和发展趋势的分析。

　　③ 以社会经济发展为背景，完成了全国范围内的水功能区划。

　　④ 通过一系列环境影响评价法律、规范的颁布实施，建立了水利工程环境影响评价

制度。

⑤ 在几个大型水利工程环境监理实践的基础上，形成了水利工程环境监理技术体系。

⑥ 以水系、流域为单元的环境管理研究成为中心课题，水利工程运行期的环境管理规划、水环境功能的补偿和修复得到重视。

环境水利学作为支撑环境水利的理论基础和技术体系，随着环境水利实践的积累而充实，随着环境水利发展的需求而扩张，仍然处在旺盛发展的阶段。本教材根据当前环境水利的发展水平以及环境水利学的学科建设实践，规划了包括环境水利学的基础知识、思想理论和技术方法的知识框架，如图1-1所示。教材在论述上注意背景清楚、应用明确，同时针对本课程实践性强以及作为一门发展型新学科的特点，努力给学习者创造较大的探索思考和扩展知识的空间。

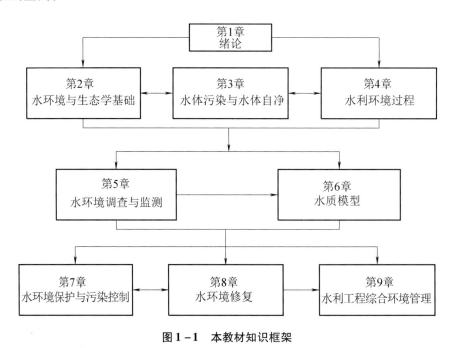

图1-1　本教材知识框架

1.2　环境与环境保护

1.2.1　环境与环境保护概念

1. 环境

"环境"是一个应用很广泛的名词，其含义和内容极为丰富。对于环境科学而言，环境的含义是"以人类社会为主体的外部世界的总体"，包括自然环境和社会环境。自然环境是直接或间接影响人类的各种自然因素的总体，如阳光、空气、陆地（山地、平原等）、土壤、水体（河流、湖库、海洋等）、森林、草原和野生生物等；社会环境则指人类在自然环境的基础上所创造的人工环境，如城市、村落、水库、港口、公路、铁路、航空港、园林等。

《中华人民共和国环境保护法》（以下简称《环境保护法》）明确规定："本法所称环境，是指影响人类生存和发展的各种天然的和经过人工改造的自然因素的总体，包括大气、水、海洋、土地、矿藏、森林、草原、湿地、野生生物、自然遗迹、人文遗迹、自然保护区、风景名胜区、城市和乡村等。"

自然界是独立于人类之外的。在人类出现很久以前，其已经经历了漫长的发展过程。人类的生存与繁衍无不依赖于大自然的恩赐，其生存环境严格地受大气、水、土壤等诸多自然因素的制约。因此，世界各国的一些环境保护法规中，通常把应当保护的对象称为环境。可见，环境的内涵具有明显的自然属性。

除自然因素外，对人类的生存环境有重要影响的还应包括各种社会因素，即把社会环境（如生产环境、交通环境、文化环境等）也列为环境的范畴。从某种意义上讲，有些自然环境受控于社会环境，社会环境可以影响、改造、制约自然环境。人类通过生产劳动，超脱了一般生物规律的制约，而进入社会发展阶段，给自然界打上了人类社会活动的烙印。人类为了生存和发展，必须利用和改造自然，重塑赖以生存的环境。

因而，人类的生存环境是由简单到复杂、低级到高级不断发展的。它不是由单纯的自然因素构成，也不是由单纯的社会因素构成，而是凝聚着自然因素和社会因素的交互作用，既具有自然属性，又具有社会属性。

人们看问题的角度不同，对环境概念的理解也不同；生产力发展水平和生活水准的差异，也会导致人们对环境概念的不同理解。

一些发达国家在现代化建设的过程中，对所处的环境走过一段"先污染，后治理"的弯路，经历过环境污染所造成的巨大灾难，因而对环境保护格外重视，所制定的环境标准也比较高。许多发展中国家正在吸取发达国家所经历的经验教训，竭力避免走"先污染，后治理"的老路。然而，由于经济欠发达及居民物质生活水平相对低下，人们对环境质量的追求，在短时间内还赶不上发达国家。这种差异赋予了环境概念不同的内涵。但总体来说，随着人类社会的发展和生存质量的提高，人们对环境的认识是不断提高的。

2. 环境保护

环境保护是一项范围广、综合性强、涉及自然科学和社会科学的许多领域，又有自己独特对象的工作。概括来说，环境保护就是利用现代环境科学的理论与方法，在合理开发利用自然资源的同时，深入认识并掌握污染和破坏环境的根源与危害，有计划地保护环境，预防环境质量的恶化，控制环境污染，保护人体健康，促进经济、社会与环境协调发展，造福人民，贻惠于子孙后代。

人类在不同历史发展时期，会有不同的环境问题，不同的国家和地区生产力发展水平和历史文化背景不同，也会有各异的环境问题。例如，中国的环境保护事业的发展就经历了三个阶段：

① 1973—1978 年为起步阶段。

② 1979—1992 年为发展阶段。

③ 1992 年以后为可持续发展阶段。

在 20 世纪 50 年代以前，人们虽然对环境污染采取过治理措施，并以法律、行政等手段限制污染物的排放，但主观意识上还没有认识到环境保护的重要性。50 年代以后，环境污染日趋严重，在一些经济发达国家，曾多次出现了严重污染事件，造成大量市民中毒和死亡，世界上发达国家公害事件发生的次数和危害明显增加，其中震惊世界的八大公害事件见表 1-1。所有这些都唤起了民众对环境保护重要性认识的深化。但是当时大多数人的认识还仅限于认为环境保护只是对大气污染和水污染等进行治理、对固体废物进行处理和利用（"三废"治理），以及排除噪声干扰等技术措施和管理工作，目的是保证人体健康不受损害。70 年代初，由巴巴拉·沃德和雷内·杜博斯两位研究者执笔，为 1972 年在瑞典斯德哥尔摩召开的人类环境会议提供的背景材料——《只有一个地球》一书中提出：环境问题不仅是工程技术问题，更主要的是社会经济问题；不是局部问题，而是全球问题。于是"环境保护"成为科学技术与社会经济相结合的课题，这一术语也被广泛采用。到 70 年代中期，人们逐渐从发展与环境的对立统一关系来认识环境保护的含义，认为环境保护不仅是控制污染，更重要的是合理开发利用资源，经济发展不能超出环境容许的极限。80 年代中期以后，环境保护的广泛含义已为越来越多的人所接受。80 年代末，一些发达国家认识到：保护环境是人类所面临的重大挑战，是当务之急，健康的经济和健康的环境是相互依赖的。越来越多的发展中国家也认识到环境保护与经济相关的重要性。例如，拉丁美洲 7 个发展中国家在 80 年代末举行了首脑会议，在联合声明中说"经济、科学和技术进步，必须和环境保护、恢复生产相协调"。1992 年，联合国环境与发展大会又提出了当今人类社会关于可持续发展的新思想，而可持续发展的基础是环境保护。可持续发展有三方面的主要指标，即经济的指标、环境的指标和社会的指标。21 世纪以来，随着经济的发展，碳排放量不断增加，温室效应不断增强，气候环境问题愈发严重且亟待解决。在此背景下，人类意识到不仅要实现经济的发展，也要注意环境的保护。因此"碳中和"这一概念被提出。"碳中和"是指化石燃料使用及土地利用变化导致的碳排放量，与陆海生态系统吸收及其他技术方式固存的碳量之间达到平衡，即 CO_2 净排放为 0。其核心目标是试图解决地球变暖问题。实现"碳中和"的两个决定因素是碳减排和碳增汇。碳减排的核心是节能、调结构、增效和发展清洁能源，碳增汇的核心是生态保护、建设和管理。碳中和作为全球性重大行动之一，世界主要经济体公布了碳中和自主减排目标。例如，2020 年 9 月，中国政府在第七十五届联合国大会一般性辩论上宣布：中国将提高国家自主贡献力度，采取更加有力的政策和措施，二氧化碳排放力争于 2030 年前达到峰值，努力争取 2060 年前实现碳中和。欧、美、日等国家宣布 2050 年前实现"碳中和"。而有些发展中国家，如不丹等由于现代化程度低、使用的化石能源少，已经处于"碳中和"状态。由此可见，人类对环境的认识又上升到了更高的层次。

表 1-1　20 世纪 30～60 年代的世界八大公害事件

名称	地点	时间	污染物	公害成因及后果
马斯河谷烟雾事件	比利时马斯河谷	1930 年 12 月	烟尘、SO_2	山谷中工厂多，逆温天气，工业污染物积聚，又遇雾天。SO_2 氧化为 SO_3 进入肺深部，几千人发病，60 多人死亡
多诺拉烟雾事件	美国多诺拉	1948 年 10 月	烟尘、SO_2	工厂多，遇雾天和逆温天气。SO_2 与烟尘作用生成硫酸，吸入肺部，4 天内 42% 的居民患病，17 人死亡
伦敦烟雾事件	英国伦敦	1952 年 12 月	烟尘、SO_2	居民烟煤取暖，煤中硫含量高，排出的烟尘量大，遇逆温天气。Fe_2O_3 使 SO_2 变成硫酸沫，附在烟尘上，吸入肺部，5 天内 4 000 人死亡
洛杉矶光化学烟雾事件	美国洛杉矶	1943 年 5～10 月	光化学烟雾	汽车多，每天有 1 000 多吨碳氢化合物进入大气，市区空气水平流动慢。石油工业和汽车废气在紫外线作用下生成光化学烟雾，使大多数居民患病，65 岁以上老人死亡 400 人
水俣事件	日本九州南部熊本县水俣镇	1953 年	甲基汞	氮肥生产采用氯化汞和硫酸汞作催化剂，含甲基汞的毒水排入水体。甲基汞被鱼吃后，人吃中毒的鱼而生病，水俣病患者 180 多人，死亡 50 多人
富山事件	日本富山县	1931 年至 1972 年 3 月	镉	炼锌厂未经处理净化的含镉废水排入河流。人吃含镉的米、喝含镉的水而中毒，全身骨痛，最后骨骼软化，患者超过 280 人，死亡 34 人
四日事件	日本四日市	1955 年	SO_2、烟尘、金属粉尘	工厂向大气排放大量的 SO_2 和煤粉尘，并含有钴、锰、钛等。有毒重金属微粒及 SO_2 被吸入肺部，患者 500 多人，36 人在气喘病折磨中死去
米糠油事件	日本本州爱知县等 23 个府县	1968 年	多氯联苯	米糠油生产中，用多氯联苯作载体加热，因管理不善，毒物进入米糠油中。人食用含多氯联苯的米糠油而中毒，患者 5 000 多人，死亡 16 人

　　不同社会和经济条件下，环境保护的对象、目标、内容、任务和重点各不相同。但是一般地说，大致包括两方面：一是保护和改善环境质量，保护居民的身心健康，防止机体在环境污染影响下产生遗传变异和退化；二是合理开发利用自然资源，减少或消除有害物质进入环境，以及保护自然环境、加强生物多样性保护，维护生物资源的生产能力，使之得以恢复和扩大再生产。

　　为了保护环境，许多国家都投入了大量的人力、物力和财力。发达国家（如美国、德国、日本等)用于环境保护的费用约占 GDP(Gross Domestic Product,国内生产总值)的 2% 以上,发展中国家也基本上达到了 0.5% ~ 1.5%,这反映出世界各国对环境保护的高度重视。我国的环境保护工作,尽管起步较晚,但是发展较快,环境保护工作与发达国家的差距正在逐步缩小。在环境保护工作中,我国采取了环境管理、环境规划、环境法规、清洁生产、绿色技术、环境教育等一系列的环境保护对策和措施,以改善我国的环境状况并解决我国的环境问题,促使资源、环境与经济、社会的协调发展。

1.2.2 社会经济可持续发展的环境基础

可持续发展概念最早见于生态学,用于林业和渔业等可更新资源的管理战略。1987 年,联合国世界环境与发展委员会在《我们共同的未来》一书中广泛使用了"可持续发展"一词,并将其定义为"既满足当代人的需求,又不危及后代人满足其需要的发展"。虽然各门学科均可从各自的角度对可持续发展的内涵加以阐述,但其本质是一种发展战略思想,已为世人所接受。

可持续发展是一个涉及经济、社会、文化、技术及自然环境的综合概念。它是立足于环境和自然资源角度提出的关于人类长期发展的战略和模式。它强调的是环境与经济的协调,追求的是人与自然的和谐。可持续发展的内涵极为丰富。第一,强调公平性原则,包括本代人的公平、代际的公平以及公平分配有限资源;第二,强调持续性原则,其核心是指人类的经济和社会发展不能超越资源与环境的承载力;第三,强调共同性原则,即可持续发展作为全球发展的总目标,其所体现的公平性和持续性原则是共同的,而实现这一目标,也必须是全球人民的共同行动。

经济、社会、资源与环境是密不可分的整体,可持续发展战略系统的实质就是由经济、社会与生态(包括资源和环境)所组成的大系统,是物质再生产、人力再生产和自然再生产相互依存、相互促进又相互制约的统一体,如图 1 - 2 所示。它追求建设一个经济繁荣、社会公平和环境安全的美好未来。由此构筑了一个综合的、长期的、渐进的可持续发展战略的基本框架。

经济可持续发展的实质是:要发展经济,要满足经济的发展需求,但经济发展不应超过环境的容许极限,不能以损害环境为代价来取得经济增长,经济与环境必须协调发展,以保证经济、社会持续发展。

近年来,可持续发展指标已得到世界各国的重视。在国际贸易中,各国不再单纯追求外汇收入,而是把保护物种放在首位;在国际经济援助中,各国都将保护环境列为前提条件,世界银行则只资助资源环保项目。毋庸置疑,"环保产业"将成为 21 世纪的商业主题。

环境与经济是对立统一的,既相互依存又相互制约。一方面,环境是发展经济的物质条件和基础,可以直接支持和促进经济发展;另一方面,因环境的承载力是有限的,所以环境又会在一定时期制约经济发展的方向、规模和速度。经济增长战略和增长方式符合生态经济规律,经济发展就会有利于环境保护,可以为改善环境提供资金和技术支持;否则若以大量

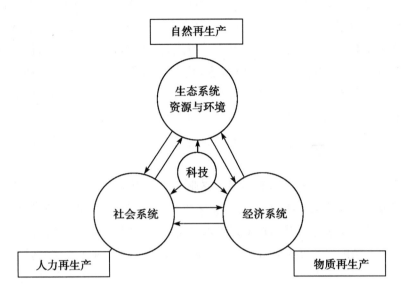

图1-2 经济、社会、生态相互协调的可持续发展战略系统

消耗资源、粗放经营为特征的传统发展模式盲目地进行掠夺式的开发建设，牺牲环境求发展，势必造成环境的污染与破坏。可见，发展经济与环境的关系，处理得好，可以相互促进，协调发展；处理不当，则会相互影响，彼此阻碍。因此，实现经济的可持续发展就必须改变单纯以国民生产品价值衡量经济发展成就的传统方法，把环境质量的改善作为经济发展成就的重要内容，使生产和消费的决策同生态学的要求协调一致；要研究把环境保护纳入经济发展计划的方法，以保证基本生产部门和消除污染部门按比例协调发展；要研究生产布局和环境保护的关系，按照经济观点与生态观点相统一的原则，拟订各类资源开发利用方案，确定一国或一地区的产业结构，以及社会生产力的合理布局。

1.3 水利事业及其现代化

1.3.1 水利事业发展过程

1. 发展过程

纵观人类发展史可以发现，人类社会的发展，需要不断适应、利用、改造和保护环境。水利事业随着社会生产力的发展而不断发展，并成为人类社会文明和经济发展的重要支柱。因此，保护水环境占有重要地位。

原始社会生产力低下，人类没有改变自然环境的能力。人们逐水草而居，择丘陵而处，靠渔猎、采集和游牧为生，对自然界的水只能趋利避害，消极适应。进入奴隶社会和封建社会后，随着铁器工具的发展，人们在江河两岸发展农业，建设村庄和城镇，随即产生了防洪、排涝、灌溉、航运和城镇供水的需要，从而开创和发展了水利事业。

水利在中国有着重要地位和悠久历史。在公元前110年前后写的《河渠书》中，司马迁首次明确赋予"水利"一词以治河防洪、灌溉排水、城镇供水、运河开凿等专业内容，这一中国特有的技术名词世代相沿使用至今。历代有为的统治者，都把兴修水利作为治国安邦的大计。传说早在公元前21世纪，禹即主持治水，平治水土，疏导江河，三过家门而不入，一直为后人所崇敬。及至春秋战国时期，中国已先后建成一些相当规模的水利工程。其中淮河的芍陂和期思陂等蓄水灌溉工程，华北的引漳十二渠灌溉工程，沟通江淮和黄淮的邗沟和鸿沟运河工程，以及赵、魏、齐等国修建的黄河堤防工程等，都是这一时期的代表性水利建设。

战国末期，秦国国力殷实，重视水利，统一中国，生产力更有较大发展。四川的都江堰、关中的郑国渠（郑白渠）和沟通长江与珠江水系的灵渠，被誉为秦王朝三大杰出水利工程。国家的昌盛，使秦汉时期出现了兴修水利的高潮。汉武帝瓠子堵口，东汉王景治河等都是历史上的重大事件。此外，甘肃的河西走廊和宁夏、内蒙古的黄河河套，也都被兴建了引水灌溉工程。

隋唐北宋五百余年间，是中国水利的鼎盛时期。社会稳定、经济繁荣，水利建设遍及全国各地，技术水平也有提高。隋朝投入巨大人力，建成了沟通长江和黄河流域的大运河，把全国广大地区通过水运联系起来，对政治、经济、文化的发展产生了深远影响。唐代除了大力维护运河的畅通，保证粮食的北运外，还在北方和南方大兴农田水利，包括关中的三白渠、浙江的它山堰等较大的工程共250多处。唐末以后，北方屡遭战乱，人口大量南移，使南方的农田水利迅速发展。太湖地区的圩田河网、滨海地区的海塘和御咸蓄淡工程，以及利用水力的碾、水碓等都有较大的发展。水利法规、技术规范已经出现，如唐代的《水部式》、宋代的《河防通议》等。

从元明到清中期，中国水利又经历了600年的发展。元代建都北京，开通了京杭运河。黄河自南宋时期夺淮改道以来，河患频繁。明代大力治黄，采用"束水攻沙"，固定黄河流路，修建高家堰，形成洪泽湖水库，"蓄清御黄"保证漕运。这些措施对明清的社会安定和经济发展起到了很大作用，但也为淮河水系留下了严重的后患。在长江中游，强化荆江大堤，并发展洞庭湖的圩垸，促进了两湖地区的农业生产。珠江流域及东南沿海的水利建设也有很大发展。但从整体而论，自16世纪下半叶起，中国水利事业的发展已趋缓慢。

清末民国时期，内忧外患频繁，国家无力兴修水利，以致河防失修、灌区萎缩、京杭运河中断，水利处于衰落时期。但是海禁渐开，西方的一些科学技术传入中国，成立了河海工程专门学校等水利院校，培养水利技术人才。各地开始设立雨量站、水文站、水工试验所等；我国研究编制了《导淮工程计划》《永定河治本计划》等河流规划。在这期间也修建了一些工程，如1912年在云南建成了石龙坝水电站，20世纪20年代修建了珠江的芦苞闸，30年代修建了永定河屈家店闸、苏北运河船闸和陕西的关中八惠灌溉工程等。但在全国范围内，水旱灾害日益严重，整治江河、兴修水利，已成为广大人民的迫切要求。

中华人民共和国成立后，水利进入飞跃式发展时期，经过70多年的努力，取得了远远超过前代的成就，对黄河、淮河、海河、辽河等江河开始了全面的整治。全国整修加固堤防 30 万千米以上，修建了大、中、小型水库近 10 万座。普遍提高了江河的防洪能力，初步解除了大部分江河的常遇水害，并形成了 9 000 多亿立方米的年供水能力。农田水利方面，建成了 2 000 亩①及以上的灌区 2.2 万多处，全国耕地灌溉面积从 2.4 亿亩扩大到超过 10.2 亿亩，约占世界总灌溉面积的 1/5。在不足全国耕地一半的灌溉土地上，我国生产出占全国产量 2/3 的粮食和占全国产量 60% 的经济作物。中国以占世界 7% 的耕地，基本解决了占世界 22% 的人口的温饱问题。2019 年，全国水电总装机容量达到 3.56 亿千瓦，年发电量逾万亿千瓦时，均居世界第一。全国内河航运的里程已发展到 12.73 万千米，年货运量达 39.13 亿吨。与此同时，中国水利建设的科技水平也有很大提高，在修建高坝大库和大型灌区、整治多沙河流、农田旱涝盐碱综合治理和小水电开发等许多方面已接近或达到世界先进水平。

2. 中外比较

水利建设内容的变化主要是受社会经济发展的推动，在社会经济发展的不同阶段，水利建设的重点内容也有所不同。

（1）在经济发展的初期，社会要求有一个基本的安全发展空间，保持社会的稳定，首先要求防洪安全建设。水利建设的初期，多以大型防洪工程建设为主。经济的发展过程中用水需求的增加导致供水紧张，供水设施的建设是社会经济发展初期的主要要求。

（2）在防洪安全、供水问题基本解决后，社会经济会有较快的发展，同时污染物的排放量大幅度增加，水系污染问题突出，在社会经济发展的中期对水资源的保护问题将成为社会关注的焦点。

（3）当社会经济实力较强时，水系的污染问题可以得到解决，人们的生活质量提高、工作时间缩短，休闲旅游成为一个基本的生活内容，旅游业的发展要求水系周边有优美、舒适的休闲娱乐空间，以水边景观建设为主的水域周边空间管理是社会经济比较发达阶段的水利工作重点。

（4）在社会经济进入发达阶段后，人们将不再满足水清、景美，而要求有更丰富多样的生态系统，对水系的生态修复是社会经济和文化发达的重要标志。

纵观美国、日本、法国等世界经济发达国家的水利发展过程，在不同的经济发展阶段，也有不同的工作重点。在 1960 年以前，各国的水利工作是以水资源开发为主，为了满足经济发展的需求，大规模地修建水库、堤防，整治河道。进入 20 世纪 60 年代，由于经济的发展，水资源不足问题出现，各国开始重视对水资源进行管理，注重发展节水技术，并且重视相关的法规建设。70 年代，因经济发展造成的河流污染问题引起社会关注，社会对水资源保护的呼声较大，对污染源进行控制、发展污水处理技术、修订各类水质标准也自然成为各国水利工作的重要内容。80 年代，经济发达国家的水利建设先后转入对水资源的综合管理，即对河流水质、水量、环境、景观等多方面的指标进行统一管理，以满足社会对水利建设的

①　1 亩约为 666.67 平方米。——编辑注

9

多方面需求。对河道两岸的空间管理也成为水利管理的内容之一，沿河公园的建设发展较快。进入90年代，伴随可持续发展理论的深入，水利建设方面也有许多新观念产生，人们开始对传统的水利建设理论进行反思。水利建设由传统的以改造自然为目标转变为以人水和谐共处为目标，更加重视利用非工程措施协调人水关系，重视环境用水和生态用水。最具代表性的进步是水域生态修复理论和技术的提出，重新认识水利工程对生态环境产生的负面影响，并积极采取措施进行修复。

除上面所述之外，通过分析我国多年水利建设发展状况，我们还可以得出以下结论：

（1）我国在水资源开发、防洪等方面要求大量建设大坝、整治河道，所以我国高坝建设技术发展较快，水平也较高。

（2）我国的流域管理和水资源管理水平还较低，特别是流域监测能力和评价手段比较落后。

（3）我国的流域环境、生态问题日益突出，已经引起广泛重视，国家开始增加投入。

（4）经济发展不平衡，水域环境保护、生态修复将成为水利工作的主题，但是从全国的总体水平来说，实现现代化还需要较长的时间。

3. 阶段划分

随着社会经济的不断发展和人类对水资源需求的增长，水利事业和水资源开发呈现出明显的阶段性。

对水利发展过程的划分，从不同的角度出发有不同的结果：

（1）从人类社会发展历史阶段划分：古代水利、近代水利、现代水利。

（2）根据社会发展和认识水平，从社会、经济、环境、资源属性划分：原始水利、工程水利、资源水利、环境水利。

（3）从水利学科技术发展划分：传统水利、现代水利。

从社会、经济、环境、资源属性考虑，"原始水利"是水资源开发的原始阶段，以解决人类生活生存为主要目的，主要是修堤拦洪、挖渠灌溉，但是拦洪只能拦一小部分洪水，灌溉也只是小范围灌溉。"工程水利"是水资源开发的初级阶段，其活动集中在修建各类调蓄工程和配套设施，对水资源进行时空调节，实现供水管理。"资源水利"是水资源开发的中级阶段，主要特征是以宏观经济为基础，通过市场机制和政府行政来合理配置、优化调度控制水资源的利用方式，限制水资源的过度需求，倡导节约用水，提高其利用率，以维持经济的持续增长。"环境水利"既解决与水利工程有关的环境问题，也解决与环境有关的水利问题，在水资源的利用已接近水资源的承载力时，人类对水资源的影响和改造最为活跃，需要加强水资源和水环境的保护，以保障社会经济发展的需水要求和水资源的可持续利用。

水利事业作为社会经济技术体系的一部分，其发展和壮大不是孤立的，会受到社会、经济和技术等方面因素的制约，因此，水利现代化是随着现代科学技术的创造更新和普及应用而发展的漫长渐变过程。

1.3.2　工程水利

我国是一个水旱灾害发生频繁的国家，展开中华民族的五千多年发展史，有一部同样悠久的水利史贯穿始终。我国是世界上最早利用水利的国家之一，历朝历代，劳动人民积累了兴修水利、防治水害的丰富知识和经验，形成了适应当时生产力发展要求的治水理念和思路。从大禹治水到现在的数千年间，我国水利事业的基本方法和手段主要是修建各类水利工程，如水坝、水电站、堤防、沟渠、水闸、涵洞、水井、泵站等，巧妙地将自然规律与人工措施结合在一起，开创新的功能。这些水利工程无论是对发展工农业生产，还是抗御水旱灾害、保护人民生命财产，都发挥了重要作用，而且将继续发挥作用。

1. 工程水利的内涵

所谓工程水利，就是以水利工程设施的建设为核心，通过工程措施除水害、兴水利，以满足人们安居乐业的需要和实现社会经济的发展。简单地说，就是对水有什么要求，就建什么工程。其研究重点主要放在工程的技术可行性和经济可行性上，从求生存保安全的单一工程范围去研究水利。注重的往往是单个工程的某方面的效益，解决的往往是局部的、近期的问题。在工程水利阶段的早期，由于工程建设相对于原有生态系统的干扰较小，自然系统的自我修复能力发挥着主导作用，总体格局在渐变过程中得到整合。随着人类实施土地开发和工程建设能力的增强，这种平衡被逐渐削弱。

2. 水利工程的类型及作用

要兴水利、除水害，就要兴建一系列的水利工程，如水坝、水电站、堤防、沟渠、水闸、涵洞、水井、泵站等，各类水利工程在防洪、灌溉、供水、发电和旅游等诸多方面为保障社会安全和促进经济发展发挥了巨大作用。具体介绍如下：

（1）水坝。水坝是拦截江河渠道水流以抬高水位或调节流量的挡水建筑物。按结构与受力特点，水坝可分为重力坝、拱坝、支墩坝以及预应力坝；按泄水条件可分为溢流坝与非溢流坝；按筑坝材料的不同又可分为土石坝、砌石坝、凝土坝以及橡胶坝等。

水坝拦截水流、抬高水位之后可形成水库，利用水库库容拦蓄洪水，削减进入下游河道的洪峰流量，可以达到减免洪水灾害的目的。以三峡工程为例，其防洪库容高达 221.5 亿立方米。荆江河段原本是长江防洪最危险的区段之一，但是三峡水库的建设将其防洪能力由原来的十年一遇提高到百年一遇，从而使长江两岸的广阔地区免受洪灾侵袭。

此外，水库还可以有效解决径流在时间和空间上分布不均的问题，利用水库进行径流调节，蓄洪补枯，能够使天然来水较好地满足用水部门的要求。

（2）水电站。水电站是将水能转换为电能的综合工程设施，它一般包括挡水、泄水建筑物形成的水库和水电站引水系统、发电厂房、机电设备等。水电站工作过程是首先通过引水系统将水流输入厂房推动水轮发电机组发出电能，然后经升压变压器、开关站和输电线路输入电网。

水电站按照天然水流的利用方式和调节能力，可以分为径流式水电站和蓄水式水电站两类；按开发方式，即按集中水头的手段和水电站的工程布置，可分为坝式水电站、引水式水电站及坝–引水混合式水电站3类。

利用水电站进行水力发电，具有污染小、营运成本低、高效灵活等优点，并具有防洪、灌溉、航运、给水等综合效益。目前，我国已建成三峡、葛洲坝、乌江渡、白山、龙羊峡和以礼河梯级等各类水电站。其中，三峡水电站是我国已建成的世界最大的水电站，其总装机容量为2 250万千瓦，远远超过位居世界第二的巴西伊泰普水电站。2020年，三峡水电站发电量于11月15日8时20分达到1 031亿千瓦时，打破了此前南美洲伊泰普水电站于2016年创造并保持的1 030.98亿千瓦时的单座水电站年发电量世界纪录。

（3）堤防。堤防是沿河、渠、湖、海岸或分洪区、蓄洪区、围垦区边缘修建的挡水建筑物。按其修筑的位置不同，可分为河堤、江堤、湖堤、海堤，以及水库、蓄滞洪区低洼地区的围堤等；按其功能可分为干堤、支堤、子堤、遥堤、隔堤、行洪堤、防洪堤、围堤（圩垸）、防浪堤等；按建筑材料可分为土堤、石堤、土石混合堤和混凝土防洪墙等。

堤防是世界上最早广为采用的一种重要防洪工程。筑堤是防御洪水泛滥、保护居民和工农业生产的主要措施。河堤约束洪水后，将洪水限制在行洪道内，使同等流量的水深增加，行洪流速增大，有利于泄洪排沙。堤防还可以抵挡风浪及抗御海潮。

堤防工程的防洪标准应根据防护区内防洪标准较高防护对象的防洪标准确定，堤防工程的级别应符合表1–2的规定。蓄、滞洪区堤防工程的防洪标准应根据批准的流域防洪规划或区域防洪规划的要求专门确定。

表1–2　堤防工程的级别

防洪标准（重现期/年）	≥100	<100，且≥50	<50，且≥30	<30，且≥20	<20，且≥10
堤防工程的级别	1	2	3	4	5

此外，其他水利工程，如沟渠、水闸、涵洞、水井、泵站等也都发挥着重要作用，如建在河道、渠道及水库、湖泊库岸边具有挡水和泄水功能的低水头水工建筑物水闸，可以拦洪、挡潮、抬高水位，从而满足上游取水或通航的需要；主要用于开采地下水的工程构筑物水井，可用于生活取水以及灌溉等。

3. 工程水利的局限性

随着社会经济的发展，工程水利越来越表现出与社会经济可持续发展的不适应性，暴露出许多问题，主要表现在：重视前期工程建设，忽视后期维护管理，随着工程老化失修，效益不断降低，水利设施对水资源的控制、调节能力难以充分发挥；重视单个工程或局部工程，忽视流域总体规划，造成水资源分割管理，导致上下游争水、地区之间和行业之间争水，有限的水资源得不到优化配置和高效利用；重视依靠工程来开发利用水资源，忽视开发水资源所带来的一系列环境问题，致使水资源被掠夺性开发和不合理利用，一方面造成了总体效益不理想，另一方面使流域或水系生态系统不可逆转地退化。这些问题使水资源出现了资源型和水质型双重危机，供需缺口日益加大，同时使生态环境遭到严重干扰甚至破坏，水对经济发展的瓶颈制约作用也更加突出。显然这种传统的治水思想和方法，已经不适应新形势下社会经济发展的需要。

1.3.3 资源水利

1. 水资源面临的问题

从 20 世纪的发展来看，洪涝灾害、干旱缺水、水生态环境恶化三大问题，特别是水资源短缺问题，已经越来越成为我国社会经济发展的重要制约因素。自 21 世纪以来，我国治水工作虽取得重大成效，但洪涝灾害现象仍时有发生，危及人民生命财产安全。除此之外，水污染问题日益严重。我国的几大水系如淮河、松花江、海河和辽河水系都受到严重污染。如太湖、滇池等也已被污染，很多城市的水渠水质变坏，严重影响了人民的身体健康。我国七大江河的中下游地区人口密集、经济发达，集中全国 1/2 的人口、1/3 的耕地、3/4 的工农业总产值，但两岸很多地区的地面都低于江河洪水水位，洪涝灾害威胁严重。1998 年大洪水，全国农田受灾面积 2 229 亿平方米（3.34 亿亩），直接经济损失 2 551 亿元，是 20 世纪 80 年代全国每年洪涝灾害经济损失 300 亿元的 7 倍多。水资源匮乏日益成为世界经济发展的主要制约因素；我国人均水资源量仅为世界平均人均量的 1/3，而且近年来随着人口增长和干旱问题的出现，人均水资源还在不断减少。中国目前缺水总量约为 400 亿立方米，目前 1.33 亿公顷耕地中，有 0.55 亿公顷是没有灌溉条件的干旱地，有 0.93 亿公顷草场缺水，全国每年有 2 亿公顷[①]农田受旱灾威胁，每年受旱面积 200 ~ 260 平方千米，影响粮食产量 150 ~ 200 亿千克，影响工业产值 2 000 多亿元。

干旱缺水、掠夺性地开发利用水资源，造成一系列的生态破坏和环境污染问题，不仅威胁了当代人的利益，也严重侵犯了后代人的生存权。例如，河道常年断流，湖库干涸萎缩，浅层地下水枯竭，深层地下水出现下降漏斗，城市地面沉降裂缝，沿海地区海水入侵、地下水质咸化，以及水土流失、草场退化和土地荒漠化速度越来越快。

我国水资源存在的主要问题有人均水资源不足、用水结构极不合理、南北分布不均、农业耗水比重过大、浪费严重和水污染严重等（见图 1 – 3 ~ 图 1 – 5）。通过比较可以看出：我国的人均水资源非常匮乏，水资源分布与人力资源、土地资源的分布不协调，更加剧了水资源的供需矛盾。

同时，随着人口剧增和经济飞速发展，中国水资源问题将更加突出。从水资源的供需来看，在充分考虑节约用水的前提下，我国总需水量 2030 年将达到 8 000 亿立方米，在现有供水能力 5 650 亿立方米的基础上需新增 2 350 亿立方米，届时中国人均可利用的淡水仅为 640 立方米（人口约 16 亿），按照世界人均利用淡水量不足 1 000 立方米即为水荒来看，我国可利用的淡水资源更加不足。

我国面临的水资源问题和重大的缺水压力，涉及人口、社会、经济、资源、环境等诸多

---

① 公顷为面积的旧用单位，面积的标准单位为平方米，1 公顷 = 10 000 平方米。

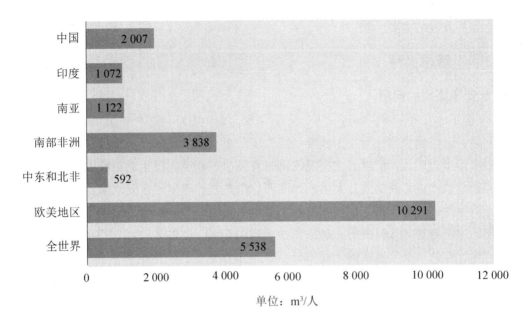

图1-3 世界和中国人均淡水资源的比较（2020年）

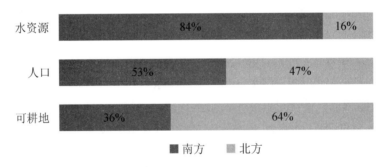

图1-4 中国水资源和人口、可耕地南北分布的反差（2020年）

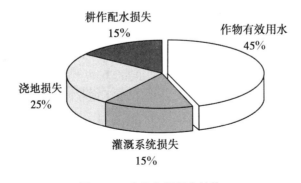

图1-5 农作物耗用水结构

因素，我们必须从宏观的、整体的和长远的、可持续发展的角度研究水利问题，"资源水利"便是解决问题的一种新思路。

2. 资源水利的内涵

"资源水利"是在 20 世纪 90 年代末提出来的，旨在协调水资源开发利用与社会经济发展间的关系，实现从传统水利向现代水利、可持续发展水利转变。

所谓资源水利，就是把水资源与国民经济和社会发展紧密联系起来，进行综合开发、科学管理，实现水资源的可持续发展，主要体现在水资源的开发、利用、治理、配置、节约和保护六方面。利用是目标，开发、治理是途径，配置是关键、核心，节约和保护是前提与基础。从当前和今后相当长的一段时间看，水资源的配置、节约和保护三方面尤为重要。也就是水利工作从注重工程建设解决水资源某些方面的问题，转变到重视水资源优化配置来满足社会经济可持续发展的全面要求。

资源水利广义上是研究水与各种资源（包括人口、土地和矿产等资源）合理开发和优化配置的方式和手段。狭义上是研究水资源本身（包括大气水、地表水和地下水）的有效利用和优化配置，水的多功能与综合利用，水资源的区域性配置等的理论、方法和手段。

资源水利的本质特征是人与自然和谐相处。历史上大量事实证明，如果处理不好人与自然的关系，就会遭到大自然的惩罚。长期以来，生态环境破坏、水土流失严重，造成江河湖库淤积；对水资源的无节制开发利用，导致了江河断流、地下水超采、地面下沉；过度围湖造地、侵占河道，降低了河湖的调蓄能力和行洪能力，加剧了洪水灾害；水体污染，造成了严重的生态问题。这些都是人类向大自然无节制索取的结果。

资源水利的核心是水资源的优化配置，其目标是使有限的水资源在整体上发挥最大的经济效益、社会效益和环境效益，实现水资源的可持续利用。可持续发展战略的基础是资源，水资源既是重要的自然资源，又是基本的环境要素，在保障社会经济可持续发展中具有不可替代的作用。我们一方面要对天上水、地表水、地下水、跨流域调水等统筹考虑，在开发上实现水资源的优化配置；另一方面要对工业、农业、人民生活、环境、生态等不同的用水需求加以区别对待，在使用上实现水资源的优化配置，即通过对水资源的优化配置来满足社会经济可持续发展的全面要求。

3. 资源水利对工程水利的改进

工程水利是以工程措施为主导的治水思想，注重水的经济属性和数量上的分配，以最大限度开发利用水资源为目标，即"以需定供"模式。资源水利是以资源综合管理为主导的治水思想，注重水的资源属性，注重水资源管理和水资源优化配置，以水资源可持续利用为目标，它体现了"以供定需"的管理模式。

工程水利是以建设水利工程项目为主的水利建设活动，而资源水利是加强水资源保护、合理开发、合理利用、优化配置的水利活动。二者之间存在着密切关系。

（1）工程水利是资源水利的基础，资源水利是工程水利的发展与提高。多年来的大规模水利工程建设，使工程水利发展到了一定的水平，为资源水利奠定了强大的物质基础和可借鉴的经验。水资源的大规模开发利用，与人类社会经济发展不相协调的矛盾日益尖锐。因此，必须将水利事业的重点放在水资源的统一管理和优化合理配置上。

（2）工程水利与资源水利相互依存，共同发展。它们的共同特征都是兴利除害。资源水利强调的是更好地利用水利工程发挥资源优势，工程水利则以资源水利的理论来丰富和发展自己。

（3）资源水利是对工程水利的延伸和发展，是为了从更宏观的高度，采取综合措施把工程建得更好、更有效，同时解决仅靠工程措施解决不了的问题，使传统水利转变为可持续发展的水利。

在防洪方面，以往在工程水利条件下，防洪工程毫无疑问地把社会安全放在第一位，希望洪水尽快下泄入海，完成防洪任务。而从资源水利看，在水资源严重短缺的情况下，以保证安全为前提，采取各种工程措施、非工程措施，以期留下更多的宝贵的水资源。

在供水方面，以往解决缺水问题，首先想到的是修建供水工程。后来，发现仅仅依靠修建工程已经无法解决日益严重的缺水问题，必须开源与节流并举，把节约放在首位。开源与节流的关系，实际上就是水资源优化配置问题。

在水土保持方面，就水土流失而言，没有水的流动就没有土的流失，可以说是水流土失，要保土就必须留下水，水保持住了，土才不会流失。因此，水土保持是要使用水资源的，这部分水资源量也要计入水资源总体配置方案。

从内容上看，工程水利虽然也注意到了水资源的治理、开发和利用，但在节约和保护方面存在着许多薄弱环节，特别是在整体优化配置方面缺乏充分的考虑，不能适应经济和社会可持续发展的需要。资源水利强调的是可持续发展问题，把工程水利提到了一个更高的层次。但是，要实现这一目标，仍然离不开工程措施和非工程措施两方面，水利工程是实现资源水利的物质基础，没有一定的量和质的水利工程作为保障，资源水利就成了空中楼阁。

从历史发展过程来看，资源水利是在工程水利取得重大发展的基础上提出来的，是工程水利的延伸和发展。工程水利和资源水利都是一定生产力水平和水资源开发利用程度的历史产物。从工程水利转到资源水利，是生产力发展到一定阶段的必然要求，是治水经验的科学总结。在多年的实际工作中，我国已注意到水的需求管理，实施取水许可和水资源有偿使用制度；有的打破城乡分割建立水资源统一管理体制；也有的将防洪除涝、河道整治、水资源开发利用与城市建设、美化环境一起规划，一起实施，有效地发挥了水资源的综合作用。

1.3.4 环境水利

1. 形成过程

世界各国曾先后对环境水利的有关课题和基础学科进行了研究，做了大量实际工作，取得了显著成果。我国把环境水利作为一门新学科进行研究是从20世纪70年代开始的。

20世纪70年代初期，我国有些地方水的污染已影响生活质量，如苏州的鱼体煤油味很重、松花江的水含甲基汞等。随着污水排放量的增加、水污染的范围扩大和污染程度不断加剧，我国陆续开展监测站网设置、监测船建造，并在一些重要污染河段、河流进行跟踪观测，采用水质模型分析污染物分布、运动和自净规律，以及制定污染防治规划。

20 世纪 80 年代以来，主要江河流域和重点区域编制或修订了水资源保护规划。规划内容不断完善，主要包括：在调查分析污染源的分布、排放数量和方式等情况的基础上，与水文状况相联系，利用水质模型等手段，评价水质现状和发展趋势，预测各规划水平年的污染状况，划定水体功能区。

1982 年，我国颁发了《中华人民共和国水利部关于水利工程环境影响评价的若干规定（试行）》，规定新建工程都要先期做好环境影响评价。1989 年，水利部和能源部颁发了《水利水电工程环境影响评价规范（试行）》，这项工作作为一项制度建立以后，限制了那些对环境危害较大又暂时得不到解决的项目。在试点的基础上，1992 年水利部和能源部颁布了《江河流域规划环境影响评价规范》。2002 年 10 月 28 日，第九届全国人民代表大会常务委员会第三十次会议修订通过《中华人民共和国环境影响评价法》，并于 2003 年 9 月 1 日起施行，该法旨在对规划和建设项目实施后可能造成的环境影响进行分析、预测和评估，提出预防或者减轻不良环境影响的对策和措施。

自 20 世纪 80 年代，环境影响评价迅速普及和发展，从单一工程的影响评价发展到多个工程联合运用及流域综合规划环境影响评价。评价方法由定性分析与简单定量方法，发展到多因素的模型定量分析，系统地提出了环境层次系统、影响范围、评价时间构架、有无工程情况比较和有无措施的评价等。通过大量实践，特别是三峡工程的研究成果和环境保护设计、施工区环境保护实施规划和移民区的环境规划等，这一领域的技术水平大为提高，许多方面已达到世界先进水平。

1987 年国家计划委员会和国务院环境保护委员会颁布了《建设项目环境保护设计规定》，规定了对环境有影响的新建、扩建、改建工程，要进行环境保护设计。在初步设计阶段落实所确定的各项环境水利工程措施的设计，在施工设计阶段进行施工环境保护设计。内容包括：主要设计依据和标准，设施和预期效果，提出降低水利工程对环境不利影响的措施和水污染防治工程的设计，水工程美化、绿化设计，投资概算，环境水利工程管理、监测机构和职责等。例如，长江三峡工程开展了环境监测与管理，黄河小浪底水利工程等在施工中开展了环境监理，进行了水库库底清理、景观恢复、文物保护等工作。

随着认识的提高和水环境形势的要求，中国各地普遍加强了环境水利的管理研究工作。主要包括：水质管理，调控水资源以提高自净能力、水污染源管理、水资源保护区管理、水质预测预报、水质调度、防治水体富营养化、改善水生物生境的管理等。水利部流域管理局以流域为单元，作为一个生态系统，进行流域系统的环境水利管理，开展了以下工作和研究：

① 统一考虑全流域经济、社会和环境的全面情况，以及上下游、左右岸、干支流的关系，综合考虑经济目标、社会目标、环境目标的优选方案。

② 地表水、地下水统筹安排，水量和水质并重。

③ 考虑经济社会发展用水和自然环境用水，以促进人类社会和生态系统的和谐统一、协调发展。

④ 水质预测与水量供需预测相结合。

⑤ 开源节流与污水资源化相结合。

⑥ 科学合理利用水环境容量。

⑦ 对水体功能进行分区，拟定水质目标。

至此，环境水利的学科体系已建立起来。

2. 环境水利的完善

环境水利在实践工作中不断总结经验，得到了迅速发展，在水利事业、水利科学中的地位越来越重要，发挥的作用越来越大。展望环境水利的发展，环境水利工作正在以下几方面进一步完善：

（1）在水利规划、设计、施工各阶段都更加重视环境保护。工程立项必须进行环境影响评价，要有经审批的环境影响报告书。大型工程应加强焦点环境问题研究，加强水质、生态、施工区环境、移民等重要因子的影响评价；要研究环境的累积影响，要进行环境风险分析、环境经济损益分析，要吸收公众特别是受影响地区的公众参与环境影响评价；要重视宣传、教育，使公众关注并参与水环境保护事业；水工程应做到环境优美等。

（2）进一步加强水资源保护。强化对水环境的保护与管理职能，编制、完善、有效实施水资源保护规划、水功能区划，实行水污染物总量控制和水质目标管理。

（3）随着水利建设发展，开发目标从单一到综合，环境水利新理论将不断完善和发展。如对流域的水土资源和生态系统进行统一开发、利用、保护和管理。为了有目的地调控生态系统演变过程，要把生态系统的自然演变与经济、社会系统结合起来研究。

（4）进一步完善和发展环境水利新思路。在水利规划及设计、施工中，环境指标、经济指标同时参与比选。环境水利的效益分析，在定性基础上发展定量化技术和无价格因素货币化技术。采用统一的、合理的经济价值尺度，进行环境水利经济分析。

（5）环境水利学及相关基础学科形成系统完整的理论体系，成为水利科学富有活力的重要分支学科，为传统水利向现代水利发展增添新的理论与科学内容，将继续对水利科学发展起到促进和推动作用。

（6）环境水利的法制建设不断健全和完善。《中华人民共和国水法》（以下简称《水法》）、《中华人民共和国水污染防治法》（以下简称《水污染防治法》）、《中华人民共和国水土保持法》（以下简称《水土保持法》）等法律、法规都对保护和改善水质、水利与生态环境同步建设等做出明确规定。

（7）按照实施可持续发展战略，进一步发展和完善环境水利。水环境保护、水工程生态环境建设是现代水利的重要内容。全球水污染日益突出，世界各国都把保障安全供水、保护水资源作为实施可持续发展的重要战略问题。环境水利对实现水利现代化和促进国民经济可持续发展将发挥更大的作用。在进行河流开发时，要使环境成为可持续状态，必须在满足现在需要的同时，不使将来遭到损害，并给后代留有选择的自由。

（8）研究提供适合各种河流中鱼类及其他珍稀水生物生境的"环境流量、流态"的量化办法和数值指标。

1.3.5 水利事业现代化

1. 现代水利的内涵

进入 21 世纪，经济和社会的发展对水利工作提出了许多新的要求，现代水利作为一个与时俱进的发展行业也被赋予新的内涵：遵循人与自然和谐相处的原则，运用现代先进的科学技术和管理手段，以水的安全性和水环境建设为主线，以优化配置水资源为中心，以建设节水防污型社会为重点，充分发挥水资源多功能作用，不断提高水资源利用效率，改善环境与生态，实现水资源的可持续利用，保障社会经济的可持续发展。从中我们可以看出，现代水利正在实践着由工程水利向资源水利、可持续发展水利的转变。

现代水利是对传统水利的发展，是立足于经济社会可持续发展而形成的系统的水利发展理论体系。与传统水利相比，现代水利以水资源的管理、开发利用、节约保护和优化配置为重点，突出了水资源与人口、经济发展和生态环境之间的协调关系。现代水利在治水原则、水功能的开发和利用、防洪减灾的手段、管理机构的设置、水资源的利用等方面都将体现其先进性、科学性和合理性，也必然对水利的可持续发展产生积极的影响。

2. 水利现代化过程

水利作为国民经济社会发展的基础设施和首要的基础产业，不仅是实施现代化进程的一个重要组成部分，而且是其他部门实现现代化的支撑和保障，没有水利的现代化，就谈不上国家基本实现现代化。

水利现代化是一个由传统水利向现代水利转变的动态的、渐进的发展过程，不同的时期和不同的地域具有不同的内涵。传统水利以建设各种水利工程为主要手段来满足人类经济社会发展的需要，而现代水利则注重水资源的优化配置，从而实现水与经济、社会、环境及其他资源的持续协调发展。水利现代化离不开科技和现代组织管理手段的进步，在社会主义市场经济的条件下，实现水利现代化应充分发挥市场配置资源的基础作用，依靠和借助先进的技术手段，重视生态环境保护，合理有效地配置水资源，最大限度地提高水资源开发利用效率，可见，水利现代化的最终目标是水资源的可持续利用和水利的可持续发展。

人类从工业化时代进入信息化时代，现代化的内涵已经发生变化。我国在 21 世纪所追求的现代化目标已不再是传统现代化，要在实现工业化时代目标的同时叠加信息化时代的现代化目标。工业化时代的现代化主要以工业化水平和城市化水平来衡量，而信息化时代的现代化还要对国家的信息化、知识化、全球化、社会公平化、文明程度和道德水平、政府效率指数等加以动态把握。因此，在这样一个现代化内涵的基础上，信息时代的水利现代化应包括现代化的治水理念、现代化的物质基础设施、现代化的科学技术、现代化的管理体制等几方面。

1.4 环境水利学的课程规划

1.4.1 基本内容和关联知识

1. 基本内容

环境水利学既包括有关自然科学的内容，也兼容相应的社会科学的内容，具有跨部门、多学科、综合性强的特点。本教材分 9 章介绍了环境水利学的基本内容，这里扼要介绍如下：

（1）绪论。第 1 章为绪论，在简要介绍环境水利学的产生与发展之后，提出了本教材的框架规划。

（2）水环境与生态学基础。水环境是环境水利学研究的主体，因此首先要了解水环境的定义与特点、与水环境质量相关的水质化学基本概念及相关知识（氮、磷、有机污染物、金属离子对水质的化学影响，水化学条件对污染物迁移转化的影响），以及主要的水质指标及度量方法。生态学基础知识主要有生态学与生态系统、生态系统的特点与功能、生态平衡、生态学在环境水利中的应用等。

（3）水体污染与水体自净。水体污染主要研究水体污染源、水体主要污染物及其危害、水体污染的机理、水体污染的类型及特点、水底沉积物等。水体自净主要研究水体自净的原理、不同水体的自净特点、影响水体自净的主要因素等。此外，基于水体自净，本章还介绍了水环境容量的定义及应用、特征、影响因素及分类。

（4）水利环境过程。水利工程在防洪、治涝、发电、给水、灌溉、航运等方面发挥了显著的作用，满足了社会经济发展的需求。同时，这些水利工程的开发建设，作为利用自然和改造自然的重要方面，必然会引起水文过程的改变和对环境状态产生巨大影响，打破原有的水量平衡、能量平衡及生态平衡关系。新平衡状态的出现，又会对水利工程产生反馈性影响，影响水利工程建设目标的实现，进而促进水利工程运行方式的改变。同时，在这一过程中又会导致生态系统的演替以及新平衡状态的出现。本章主要对这一过程进行了论述，并重点分析了水库污染物累积效应。

（5）水环境调查与监测。水环境管理数字化、智能化的基础是水环境信息，获得这些信息的根本手段是水环境调查与监测实践。本章分别介绍水环境调查与监测的工作任务、基本方法和操作过程，论述数据分析的目标和方法。针对河流和水库这两种代表性水体，系统论述获取完整水环境信息、进行数据处理的适应性方法。在介绍水环境指标浓度分析的基础上，特别强调通量分析的重要性，并给出相应的计算理论和方法。通过本章的学习，学习者应了解水环境调查与监测的重要性，掌握水环境调查与监测的信息获取和资料分析方法。

（6）水质模型。所谓水质模型，是一个用于描述物质在水环境中的混合、迁移，包括物理、化学、生物作用过程的数学方程，该方程（或方程组）用来描述污染物数量与水环境之间的定量关系，从而为水质评价、预测和环境影响评价提供基础的量化依据。同时，随着社会经济的发展以及环境问题的日益突出，水质模型已从单纯、孤立、分散的水质研究，通过自身内部之间以及与其他有关模型之间的相互渗透、联合，逐步发展壮大为以水质为中心的流域管理研究，这不仅为流域水资源保护管理提供了技术支撑，而且丰富了流域水资源保护管理系统的内涵和方法。限于篇幅原因，本章主要介绍水质模型的基础理论，即污染物的输移扩散基本规律，以及河流、水库、湖泊及地下水水质模型的构建，最后介绍水环境容量的推算方法。

（7）水环境保护与污染控制。水环境保护与污染控制涉及内容较多，首先介绍水环境保护标准及有关法规；介绍水体污染监测的技术要点及方法；在"水体污染控制"一节中，论述了常用的水体污染控制方法；系统介绍了目前正在深化完善中的水功能区划工作，从技术体系、步骤方法，到初步结果都做了介绍；最后介绍了水环境容量使用权交易的产生发展及应用情况。

（8）水环境修复。水环境修复即针对水环境的结构、功能上的退化，利用生态系统原理，采取各种技术手段，提高水体质量，修复生态系统结构，使水体生态系统实现整体协调、自我维持和自我演替的良性循环。水环境修复的对象不仅包括水体，还有与水体相关的生物地理环境，而不同的水域形式因其物理环境、化学环境以及生物环境的不同，需要不同的修复技术体系。本章主要介绍水环境修复的基本原理、技术和治理材料，并重点介绍河流、湖泊及水库的修复理论和技术。

（9）水利工程综合环境管理。水利工程的生命周期包括规划设计、建设施工、调度管理和报废撤销4个时期。规划设计、建设施工和调度运行是环境管理的关键时期，本章重点论述了这三个时期水利工程环境管理问题。同时，水源地环境保护已经被视为解决饮用水安全问题的关键和源头，并得到越来越多的重视，因此本章也论述了水源地的类型、各自的特点，以及水源地环境管理的相关内容。

2. 关联知识

环境水利需要用到多种学科知识，它涉及环境水文学、环境水化学、环境水力学、环境经济学、环境生态学、环境水利工程学、水利美学等基础知识和水资源保护、水利工程环境影响评价、水污染控制系统规划和管理等应用技术。

（1）环境水文学。环境水文学是研究人类活动引起的水文情势变化及其与环境之间相互关系的学科。环境水文学以水文循环的机理，把水量与水质密切联系起来，从事与环境密切相关的水文研究。例如，水资源的开发利用和水利工程的兴建，不仅改变了水资源的时空分布，而且对水质和生态系统都带来很大影响。

（2）环境水化学。环境水化学是研究人类活动环境与水体化学性质的形成、发展、演变和效应之间相互关系的学科。主要内容包括：天然水的化学组成及其变化规律；种类繁多的污染物质进入水体中，影响和改变水体化学组成及变化的规律；工程兴建引起水体理化性质改变、对水体化学性质影响等。

（3）环境水力学。环境水力学是研究污染物质在水体中扩散与输移规律及其应用的学科。主要内容包括：污染物质在水体中的混合输移的基本理论；污染物质在水体中的混合输移过程；混合输移的数值计算和实验研究及其在水利工程环境影响评价和水资源保护等方面的应用。

（4）环境经济学。环境经济学主要研究环境保护在国民经济中的地位和作用、环境政策和技术经济政策以及有关指标体系等内容。正确处理发展经济与保护环境的关系，合理利用资源，提高环境保护的经济效果，在国民经济建设中更好地保护和改善环境。

（5）环境生态学。环境生态学是研究生态系统和生态平衡的基本理论，以及在环境受到污染后引起生态平衡失调及其规律的学科。

（6）环境水利工程学。环境水利工程学研究运用水利工程技术措施和环境水利分支学科的原理和方法，规划设计工程保护和改善环境的学科。在保护和改善生态环境方面，研究设计过鱼的建筑物、人工孵育场和人工产卵场，改善水生生物生境的蓄水或排水工程，改善鱼类洄游和河口环境的工程，改善坝下低温水的工程等。在防治水污染方面，主要研究控制污染源的工程、增加水体稀释自净能力的工程、水体增氧的建筑物、防治疾病发生和流行及防治病虫害的水利工程措施等。

（7）水利景观学。水利景观学是研究水利环境的景观功能的学科，包括水利工程景观学和水环境景观学。在满足水利工程建筑物功能的基础上，运用美学思想，创造出体现时代美、形式美、艺术美、自然美，表现出意境与传神、优美与崇高的水工建筑物，使水工建筑美和自然美和谐，体现时代的精神面貌、审美观点、生产力和艺术的发展程度与水平。保护水环境，防止水资源减少和污染对水环境的损害。

（8）水资源保护。水资源保护是研究在水体自净能力基础上进行合理开发、利用水资源的一门应用性科学，包括水质监测、水质调查与评价、水质控制与废水治理等基本内容。水资源保护应遵循水质和水量结合、防护与综合治理相结合的原则。

（9）水利工程环境影响评价。水利工程环境影响评价主要研究大中型水利工程对环境的影响因素和规律，以及对环境影响的评价方法等，从而根据工程不同方案的技术、经济和环境指标，选择对国民经济最有利而对环境不利影响最小的方案，并提出减免和改善措施。

（10）水污染控制系统规划和管理。水污染控制系统规划和管理主要是应用水质数学模型进行水污染控制系统的规划、管理和预测。控制系统可由污染治理设施直至城市、地区以及整个流域。采用系统分析的方法，分析和协调水污染控制系统各组成因素之间的关系，综合考虑与水质相关的技术、经济条件，以较小的代价获得有效或满意的水质目标。

环境水利并非是上述学科与应用技术的总和，根据需要，我们仅涉及这些学科和应用技术与环境水利有关的部分内容。各基础学科是环境水利学的分支、延伸和深化。各学科之间相互交叉、相互联系，构成环境水利学的完整体系。它们在国民经济、各行业部门、科学研究各领域得到广泛应用，为流域规划、环境影响评价、水资源开发利用和保护、保障人群健康、维护生态平衡、改善生态环境发挥了重要作用。

环境水利学经过二十多年的发展，已经形成了比较完善的学科体系，在与有关学科交互共生的过程中，将各有特长互相支持，走在科学技术持续发展的前沿，共同满足社会经济发展过程中的各种需求，为美丽中国建设提供技术支持。

1.4.2 课程任务

环境水利学既研究与水利有关的环境问题（如工业排放污水引起的河流污染，水土流失引起的河道和水库淤积，导致兴利效益下降等），也研究与环境有关的水利问题（如修建大型水库后，上下游河道变形，库区附近土地盐碱化，水生生态系统改变等），包括研究环境与水利的相互要求以及应采取的对策和措施等，使水资源的开发、利用、保护、管理与环境生态相互协调，真正达到兴水利、除水害和改善环境的目的。

通过本课程的学习，学习者要了解环境水利的发展过程，认识水环境干扰与变化的规律，掌握水环境保护与修复的基本知识和技术、水利水电工程的环境影响及其评价方法，了解水利水电工程的环境管理，为今后从事与环境有关的专业技术工作打下基础。

1.4.3 学习特点

环境水利学是水利科学与环境科学密切结合、相互渗透的新学科，是环境学建立以后，向水利工程学渗透而形成的一个分支。环境水利学广义上是研究水利与环境相互之间的关系，狭义上是研究人类所利用的水及其与水环境的关系，以及水环境科学的理论和方法体系。其目的是研究使水利更好地造福于人类，特别是通过水资源开发工程的建设，使江河、湖库等水资源为国民经济和生产、生活服务，实现水资源可持续利用的技术、理论和手段。

环境水利学是理论性和实践性较强的课程，是研究水利工程对环境的影响以及变化的环境给水利科学提出的新问题的一门学科。对环境水利的问题和规律的认识是建立在大量沉痛教训、历史经验与实验研究基础上的，而且随着人类社会对环境问题的日益重视，研究环境水利的方法、解决水环境问题的技术措施也在不断发展。因此学习本课程时，学习者在掌握水环境问题的基本概念、基本规律的同时，要注意理论的发展以及理论与实践的紧密结合。

环境水利学是一门新兴学科，随着研究的深入，近几年出现了许多新的理论及实践方法，国内尚无完整且适用于开放大学水利水电工程专业的教材，因此在本次多媒体教材的设计中，力求体现出知识结构的系统性和完整性，容纳环境水利学的最新研究成果，反映出时代的特色，符合社会发展的需要。

习 题

一、填空题

1. 可持续发展是一个涉及_____、_____、_____、_____及_____的综

合概念。它是立足于_____和_____角度提出的关于人类长期发展的战略和模式。它强调的是环境与经济的协调，追求的是人与自然的和谐。

2. 水利发展工程根据社会发展和认识水平，从社会、经济、环境、资源属性可划分为_____、_____、_____、_____。

3. 资源水利的本质特征是_____，核心是_____。

4. 1982 年我国颁发了_____，规定新建工程都要先期做好环境影响评价。

5. _____以建设各种水利工程为主要手段来满足人类经济社会发展的需要，而_____则注重水资源的优化配置，从而实现水与经济、社会、环境及其他资源的持续协调发展。

6. 环境水利既研究_____（如工业排放污水引起的河流污染，水土流失引起的河道和水库淤积，导致兴利效益下降等），也研究_____（如修建大型水库后，上下游河道变形，库区附近土地盐碱化，水生生态系统改变等）。

二、选择题

1. 可持续发展是立足于环境和（　　）角度提出的关于人类长期发展的战略和模式。它强调的是环境与经济的协调，追求的是人与自然的和谐。

A. 社会资源　　　　B. 社会公平　　　　C. 自然资源　　　　D. 资源分配

2. 工程水利是以（　　）设施的建设为核心，通过工程措施除水害、兴水利，以满足人们安居乐业的需要和实现社会经济的发展。

A. 水电站　　　　B. 水利工程　　　　C. 水坝　　　　D. 堤坝工程

3. 环境水利学既包括有关自然科学的内容，也兼容相应的社会科学的内容，具有（　　）、（　　）和（　　）的特点。（多选题）

A. 多学科　　　　B. 综合性强　　　　C. 单一性　　　　D. 跨部门

三、思考题

1. 环境与环境保护的概念是什么？

2. 环境与社会经济可持续发展有什么关系？

3. 工程水利与资源水利的内涵、区别与联系是什么？怎样实现从工程水利向资源水利的转变？

4. 水利发展各阶段的特征是什么？

5. 现代水利与传统水利的差异有哪些？

6. 水利现代化的内涵是什么？

7. 环境水利学的发展趋势如何？

8. 环境水利学的基本内容有哪些？

9. 环境水利学的任务与特点是什么？

第 2 章

水环境与生态学基础

内容概要

本章的主旨是了解与水环境质量相关的水质化学基本概念及相关知识，掌握主要水质指标的定义及度量方法，了解水环境与自然生态间的相互关系及生态学在环境水利中的应用。本章主要叙述了水环境的定义、水的物理化学特征、天然水的成分与分类、水体中的各种物质对水质的化学影响、水化学条件对污染物迁移转化的影响、水质的各种指标及度量、生态系统的概念及构成、影响生态平衡的因素、水环境与生态系统的关系等问题，是学习后续章节的基础。

2.1 水体及水体环境条件

水是构成生命的基本物质之一，是人类生活和生产活动不能缺少的物质，是地球上不可替代的自然资源。水是生命的源泉、农业的命脉、工业的血液、城市的生命线、环境的要素、生态环境的支柱和社会安定的因素。

我们所说的水资源，是指可供人们经常取用的那部分淡水量，即在大陆上由大气降水补给的各种地表水、浅层地下淡水和动态水量。从广义上说，水是地球上分布最广的物质，水在地球上的总量约为 1.36×10^{18} m³，覆盖了地球 70.8% 的表面。其中，97.5% 的水是咸水，无法直接饮用，在余下的 2.5% 的淡水中，有 89% 是人类难以利用的极地和高山上的冰川和冰雪。因此，人类能够直接利用的水仅占地球总水量的 0.26%。

水的循环过程是无限的，它具有补给的循环性，是一种可再生的资源，但人类活动的干预、严重的环境污染会使似乎"用之不竭"的水资源受到严重损害（降低或破坏其使用价值），从而造成一些地区的水资源短缺甚至枯竭。我国人口众多，人均水资源量非常少，目前有 400 多座城市缺水，其中近 50 个百万以上人口的大城市的缺水程度极为严重。这不仅影响居民的正常生活用水，而且制约着经济建设的发展。因此，注重对水资源保护和合理开发利用，防止各种形式的水体污染，具有十分重要的意义。

2.1.1 水环境

1. 水环境的定义

水环境是地球表面各种水体的总称，包括河流、海洋、湖泊、水库以及浅层地下水等储水体。在环境领域中，水体是一个完整的生态系统或自然综合体，除了储水体中的水外，它还包括水中的悬浮物、溶质、水生生物和底泥，必须认清水和水体是相互有联系的两个不同概念。

2. 自然界的水循环

水循环的周期性使整个水环境成为一个动态系统，淡水资源就是由水循环产生的。水资源开发越多、规模越大，对水循环的影响就越大。水分在地球上的流动和再分配方式有大气环流、海洋洋流、河流输移三种，这种动力方法维持着自然界的水循环。因而无论哪个局部地区发生污染，都可能通过水循环影响其他地区，甚至波及全球。另外，水通过循环处于经常的运动中，不断被消耗、污染着，同时又不断恢复、更新自净着。各种水体更新期限是不一样的，生物体内水分交换十分迅速，常常只需几个小时；河水一般需半个月；而地下水的更新期则长达数十年甚至上千年，因此这种水体一旦被污染就很难恢复。

3. 水的功能与作用

水与人类生活息息相关，水的功能可分为自然功能和生活与社会功能两大类，如图2-1所示。

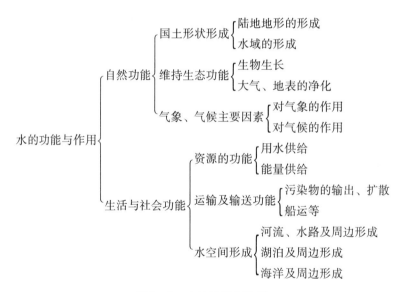

图 2-1　水的功能与作用

（1）水的自然功能：水的侵蚀和堆积等物理作用形成了多种地貌的陆地和水域等国土框架，培养了生物，净化了污染物，维持着生态平衡作用，是构成气象和气候的重要因素。

（2）水的生活和社会功能：水为人类生活和生产活动提供必要的用水、能量等资源；排除、稀释、扩散污染物质，维持船舶航运，为人们提供娱乐和观赏场所，形成水空间环境等。

4. 水环境带来的利益

水环境带给人类的利益，综合起来可用图2-2说明。

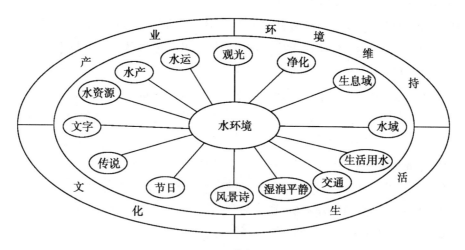

图 2-2 水环境带来的利益

2.1.2 水的物理化学特征

水在常温下以液态存在，有一般液体的共性，但与其他物质比较，又有许多物理化学特性，由于这些特性，水在自然界和人类生活中发挥着巨大的作用，成为决定自然和人类环境的重要因素。

1. 温度 - 体积效应

"热胀冷缩"是物质变化的一般规律，但在 0 ℃ ~4 ℃ 这段温度范围内水不服从这一规律，相反随着温度升高其体积缩小，密度增大。在 4 ℃ 时，相对密度最大，为 1.000 0。0 ℃ 的水的相对密度为 0.999 9，而 0 ℃ 的冰的相对密度为 0.916 8，故结冰时水的体积变大，浮于水面形成冰层，隔绝冰层以下水体与外界的热量交换，保持深水水温，使水生生物在冬季得以生存。

2. 熔点与沸点

在 $1.013\ 3 \times 10^5$ Pa 的压强下，水的熔点（固态和液态的转换点）为 0 ℃，沸点为 100 ℃，常温下水以液体状态存在，而且以液体存在的温度范围较广，因此自然界中绝大部分水都是以液体状态存在的。水具有异常高的熔点和沸点是水能够在自然界中发生巨大作用的原因之一。

3. 压强对熔点的影响

冰融化时体积缩小，压强增大时熔点就要降低。因为压强的增大会促使物质体积的缩小，有利于固相转变为液相。例如，冰在 $1.013\ 25 \times 10^5$ Pa 下的熔点是 0 ℃，而当外界压强每增加 $1.013\ 25 \times 10^5$ Pa，它的熔点就要下降 0.007 5 ℃。

4. 热容量大

在所有的液体和固体物质中，水具有最大的比热容，即温度升高或降低 1 ℃ 时，1 g 水所吸收或放出的热量比 1 g 其他物质要多。由于水的比热容大，江、河、湖、海等水体白天吸收太阳辐射的热量，夜晚又将热量释放至大气中，使环境温度变化幅度不致过大。此外，水的这一特性，使其在生产中可作为冷却物体或储存及传递热量的优良载体。

水还具有较高的蒸发热，每克水的蒸发热比 1 g 其他液体的蒸发热要大，这是维持地表温度相对恒定的又一原因。据估计，到达地表的太阳辐射热量约有 1/3 为海洋、河流、湖库和冰川等水体中水的蒸发所消耗。因此，由于水的热容量大，天然水体具有调节气温的作用。

5. 常温附近可有三相变化

常压下，在 0 ℃~100 ℃ 范围内水可出现固、液、气三相变化，该范围的温度一般不难达到，故可利用水的相变热转换能量。

6. 溶解及反应能力极强

水是一种良好的溶剂，它能溶解很多种固体、液体和气体物质。许多物质，特别是某些离子型无机盐类在水中不仅有很大的溶解度，而且能解离为离子。酸、碱、盐等无机化合物和有机化合物都能不同程度地溶于水，因此天然水体中往往溶有各种水生生物生长和发育所需要的营养物质。此外，水能溶解气体，由于水中溶有氧气，为水生生物在天然水体中生存提供了基本的条件。但是，由于水的溶解能力强，当工业和农业生产中排出的污染物质溶于水后，会随水流迁移而扩大污染范围，因此，这一特性又是造成天然水体污染的主要因素。

在水溶液中可以进行多种化学反应，水本身也参与多种反应，并可起催化作用。盐类的水解以及许多氧化物与水反应生成酸或碱。此外，水化物广泛存在于晶体及溶液中。

7. 表面张力大

液体中除汞外，水的表面张力最大，由此产生毛细、润湿、吸附等一系列界面物理化学现象。

8. 纯水导电性差

纯水几乎不导电，但在一般水中存在溶解的电解质，所以一般水是导电的。

9. 热的稳定性高

水对热的稳定性很高，在 2 000 K 的高温下，其离解率不足百分之一，这是水能够经过地球初期炽热气温而存在下来的重要原因。

2.1.3 天然水的成分与分类

1. 天然水的成分

天然水是由水和各种介质组成的极其复杂的综合体。天然水中除了水生物外，还含有许多溶解性物质和非溶解性物质，这些介质可以是固态的、液态的或是气态的，当其进入水中，则将呈现均匀或非均匀混合状态。根据介质粒径大小，天然水可有如下成分：

（1）悬浮物质。悬浮物质是指粒径大于 10^{-7} m 的物质，它们与水呈机械混合，在水中呈悬浮状态，如泥沙、黏土、藻类、原生动物、细菌及其他不溶物质。这些物质的存在使水着色、混浊或产生异味，在静水中，悬浮物易于沉积。水中悬浮颗粒物和沉积物都具有很大的比表面积，是水中众多污染物在水环境中迁移、转化的载体、储库和归宿。

（2）胶体物质。水中的胶体物质是指粒径在 $10^{-9} \sim 10^{-7}$ m 范围内的物质，它们在水中呈高度分散状态，不易沉降。胶体可以是硅、铝、铁等氧化物和氢氧化物及次生黏土矿物等矿物胶体，也可能是以腐殖质为主的有机胶体，或者是由矿物胶体和有机胶体相互结合而成的有机矿物胶体（高分子化合物）。

（3）溶解物质。水中的溶解物质包括溶解性气体、离子、微量元素、有机物、放射性元素等，一般粒径小于 10^{-9} m。

① 水中溶解性气体。天然水体表面与大气接触，在气水界面间不断地进行气体交换。各种气体既可进入水中，也可逸出水面。此外，某些气体，如氧、二氧化碳、硫化氢等，也可以来源于水中的生物作用和化学反应。在标准大气压下，水中溶解性气体含量随水温升高而降低，在恒温下溶解性气体含量随压力增大而上升。另外，增加水气交换面积，也可增加水中气体溶解量，故流动水比静水溶解气体含量高。

② 溶解氧。溶解于水中的分子态氧，称为溶解氧（Dissolved Oxygen，DO）。它是水生生物生存和水中物质分解、化合的必要条件。溶解氧的来源一是空气中的氧溶解于水，二是水生植物光合作用放出的氧。水中溶解氧的数量是评价水体有机污染的重要指标。

二氧化碳。天然水体中的二氧化碳（CO_2）主要来源于有机物的分解和大气向水中的溶入。溶解在水中呈分子状态的二氧化碳称为游离二氧化碳。

硫化氢。缺氧的天然水体，往往会由于有机物无氧（嫌气）分解而产生硫化氢（H_2S），无机的硫化物或硫酸盐在缺氧条件下也可以还原成 H_2S。由于 H_2S 易被水中氧气所氧化，且当水体扰动时易从水中逸出，所以天然水体中 H_2S 的含量不高，但含有 H_2S 的水有恶臭味。

主要离子和微量元素。水中形成各种盐类的阴离子主要有 Cl^-、SO_4^{2-}、HCO_3^- 和 CO_3^{2-}；阳离子主要有 K^+、Na^+、Ca^{2+}、Mg^{2+}。阴离子中的氯离子和硫酸根离子属于高矿化水中的主要离子，重碳酸根和碳酸根离子则为低矿化水的主要离子。钙离子、镁离子是低矿化水中的主要阳离子。天然水体中钠比钾多得多，钠离子与氯离子相似，是表征高矿化水的主要阳离子。天然水中常见的微量元素有溴（Br）、氟（F）、碘（I）、铁（Fe）、磷（P）、铜（Cu）、锌（Zn）、铅（Pb）、镍（Ni）、锰（Mn）、钛（Ti）、铬（Cr）、砷（As）、汞（Hg）、镉（Cd）、钡（Ba）、铀（U）等。

③ 有机物。溶解在天然水中的有机物大多是生物生命过程中及生物遗体分解过程中所产生的有机物质。另外，水中有机物还包括构成各种水生生物的物质，这些水生生物包括鱼、浮游动物、浮游植物、底栖动物、巨型植物以及各种藻类、菌类及微生物。

2. 天然水的分类

（1）按天然水中总盐量分类：

① 淡水。淡水中每千克水的总盐量小于 1.0 g。大部分河水及一部分湖水、地下水属于

淡水。

② 微咸水。微咸水中每千克水的总盐量介于 1.0 ~ 25 g。小部分河水和一部分湖水及地下水属于此类。

③ 咸水。咸水中每千克水的总盐量介于 25 ~ 50 g，如海洋水。

④ 盐水（卤水）。盐水中每千克水的总盐量大于 50 g，如盐湖水、地下卤水。

（2）按天然水中主要无机离子分类。这种分类法是根据天然水中含量最多的 8 种无机离子进行分类的。所涉及的 4 类阳离子是 Ca^{2+}、Mg^{2+}、Na^+、K^+，4 类阴离子是 HCO_3^-、CO_3^{2-}、SO_4^{2-}、Cl^-。首先按含量最多的阴离子将天然水划分为 3 类：重碳酸盐类（HCO_3^-）、硫酸盐类（SO_4^{2-}）和氯化物盐类（Cl^-），并分别以 C、S、Cl 等符号代表。其次按含量最多的阳离子把每类天然水再划分为 3 组，即钙组（Ca^{2+}）、镁组（Mg^{2+}）和钠组（Na^+）。最后再按阴离子和阳离子间的相对含量关系，把各组分为 4 种水型。

I 型：$HCO_3^- > Ca^{2+} + Mg^{2+}$

II 型：$HCO_3^- < Ca^{2+} + Mg^{2+} < HCO_3^- + SO_4^{2-}$

III 型：$HCO_3^- + SO_4^{2-} < Ca^{2+} + Mg^{2+}$ 或 $Cl^- > Na^+$

IV 型：$HCO_3^- = 0$

I 型水是低矿化水，主要存在于含大量 Na^+ 和 K^+ 的地区，水中有相当数量的 $NaHCO_3$。II 型水大多为低矿化水和中矿化水，河水、湖水、地下水都属于这种类型。III 型水具有很高的矿化度，大洋水、海湾水和许多具有高矿化度的地下水属于这一类型。IV 型水是酸性水，其特点是缺少 HCO_3^-，酸性沼泽水、硫化矿床水属此种类型。

（3）按天然水的存在形式分类。天然水主要以下面几种重要形式存在。

① 海洋。海洋水量占有地球总水量的绝大部分，覆盖着地球 70% 以上的表面。海水有很大的含盐量，具有强电解质溶液性质。与纯水相比，海水具有冰点下降特性，且有较大的密度、电导率、折光率、渗透压等。

温度和盐度是海水各种性质的决定因素。海水中的温度和盐度随深度而变化，总体来说，海水的平均温度不超过 4 ℃，盐度可能达到 35‰，光透过性大约是数十米。海洋表层是富氧的，这是因为大气氧的补充和海中浮游生物的光合作用。在深水地区直到海底，氧含量很低但很均一。

海水不宜直接作为水源，但采用更新发展淡化技术后，海水的可利用规模日益扩大。

② 河流。大气降水及来自地下的水向低洼处汇集，并在重力作用下沿泄水的长条形凹槽流动，形成河流。常年性流水和槽床（河床）是形成河流的基本条件。

与地下水相比，河流是敞开流动的水体；与海洋相比，河流只有很小的水量（占地球总水量的百万分之一）。因此，河流水质的变动幅度很大，因地区、气候等条件而异，且易受到生物和人类社会活动的影响。河流水的水质多属于重碳酸盐类型，以碳酸平衡体系作为基本的调节因素，化学成分有一定的稳定性。

③ 水库。水库是由地面上大小、形状不同的洼地积水而成的。形成水库的必要条件是要具有一个周围高、中间低的能蓄水的湖盆，以及长期有水蓄积。湖岸线形态自湖盆形成起就在不断变化，湖面受风力影响发生波浪而侵蚀湖岸，由此产生砂土，沿湖岸流动，再通过湖岸流及下层湖水的反流被搬运到湖深处，从而形成湖棚和湖棚崖。经长期地质年代演变，湖盆还有可能被各种来源的砂土或湖内产物所埋没。

水库水流缓慢，蒸发量大，蒸发掉的水靠河流及地下水补偿。湖水中含有钙、镁、钠、钾、硅、氮、磷、锰、铁等元素，其中氮、磷等元素引起的富营养化问题是湖水库的主要污染问题。水库可认为是人工湖泊，但在新建时期，由于大片土地被淹没，大量有机物及可溶盐进入库内，同时库内水温升高，有利于浮游生物及高级水生生物繁殖生长。

④ 地下水。地球上的淡水大部分是储存在地面以下的地下水。鉴于当前地面水污染日益严重，所以地下水成为宝贵的淡水资源。地下水的主要水源是大气降水。降水中的一部分通过岩石和土壤的间隙而渗入地下形成地下水。严格地说，存在于地表之下饱和层的水体才是地下水。

降水抵达地面之后，在与土壤、岩石物质及细菌等长久反复接触的天然过程中，发生了过滤、吸附、离子交换、淋溶和生物化学等作用，使原降水水质发生很大变化。地下水水质有如下特点：悬浮颗粒物含量很少，水体清彻透明；无菌，盐分高，硬度大，含较多量的有机物；不与空气接触，水体呈还原态；水温不受气温影响；因有岩石等阻隔，流动速度很小，各部位水层的水质也可有很大差异。

3. 水的本底

自然界中不存在化学概念上的纯水。天然水在其自然循环过程中都会溶解一定的环境物质，如 Cl^-、Na^+、SO_4^{2-} 等。在生态平衡状态下，水体中这些环境物质的含量与生物的发展是相适应的。通常把未受污染的自然状态下，水体中某种污染物质的固有含量称为该物质的背景含量或水质本底。通过水质现状与水质本底的对比，便可确定河、湖以及其他水体遭受污染的程度。受不同地域的影响，不同水体在各自生态平衡状态下的水质本底各不相同，但有一定的变化范围。某物质的水质本底，通常用其浓度 $*c_b$ 表示，单位多为 mg/L。

2.2　水质化学

水质是决定水体所有其他一切功能的基础。水体主要成分包括无机金属、非金属、重金属、有机化合物、颗粒态悬浮物、底泥以及微生物等。各种物质成分之间相互作用，形成了复杂的水质化学。

2.2.1　氮、磷对水质的影响

氮、磷元素是植物生长发育所必需的营养物质。如果水体中氮、磷的浓度过高，就会使浮游植物大量繁殖，造成水体的富营养化。

1. 氮

氮是浮游植物合成蛋白质、叶绿素的元素，是衡量水体营养状态的关键元素之一。水体中的氮包括有机态氮、氨氮、硝酸态氮和亚硝酸态氮。不同形态的氮之间在一定条件下发生相互转换。例如，有机态氮被微生物转化为氨氮，而氨氮被微生物转化为亚硝酸氮和硝酸氮，如下式所示：

$$NH_4^+ + \frac{3}{2}O_2 \longrightarrow NO_2^- + 2H^+ + H_2O$$

$$NO_2^- + \frac{1}{2}O_2 \longrightarrow NO_3^-$$

以上硝化过程的活性微生物分别为亚硝化毛杆菌属细菌和硝化杆菌属细菌。在整个硝化过程中，氧化 1 g 的氨氮需要 4.5 mg 的溶解氧，这会大量消耗水体中的溶解氧，并可能导致水体转入厌氧状态。

在厌氧条件下，水体中会发生反硝化作用，即脱氮作用。在反硝化过程中，由于周围环境缺乏氧气，厌氧微生物就以硝酸根代替氧气进行反应，致使硝酸盐被逐步还原，而氮被转化为氮气。

2. 磷

磷是构成生物体内能量转移分子如三磷酸腺苷（Adenosine TriphosPhate，ATP）及具有遗传功能分子核糖核酸（RiboNucleic Acid，RNA）和脱氧核糖核酸（DeoxyriboNucleic Acid，DNA）的基本组分，是生命体的必需元素，也是土壤和水系内生态系统中的营养要素。磷的化学形态分为正磷酸盐、聚合磷酸盐和有机磷 3 种。磷的存在形态可分为溶解态、悬浮态和胶体 3 种。溶解的正磷酸盐是浮游植物吸收的主要形式，而悬浮态或者胶体态的磷在一定条件下会转化为溶解态的磷。

磷是藻类生长速率的主要限制性元素，是影响水体富营养化的关键因素。磷在水生态循环中易沉淀进入底泥。磷在水中的浓度取决于入水时初始浓度、沉淀速度、水更换的速度（出水速度）、水稀释程度、磷从底泥和动物体中释放速度等。底泥中的磷释放是水体富营养化的一个重要内源。当氧化还原电位和 pH 条件改变时，或者在微生物作用下，原来非溶解性的磷转化为溶解性的磷，溶解于孔隙水中，然后在扩散、紊流扰动、生物扰动、厌氧过程气态产物流动等作用下迁移至水体中，加剧富营养化现象。

2.2.2 有机污染物对水质的影响

有机物可以笼统地分为容易降解的有机物和难降解的有机物。容易降解的有机物能够立即被微生物所利用，是导致水体溶解氧下降的主要原因。而难降解的有机物，除腐殖质和纤维素之外，大多是毒性比较大的有机物，在水体中容易累积，导致长期毒理效应。

有机物对水体中其他物质的存在形态起着重要的调节作用。有机物与黏土颗粒表面的作用主导着其表面的化学特征。通常，有机分子的一端或部分吸附在颗粒表面，未吸附的部分则伸展在水中。正是这部分有机物决定着颗粒表面的动电位（zeta 电位）。这部分有机物上的官能团容易与其他物质作用，如通过静电吸引或络合从而吸附金属离子镁、钙、锰、铜以及其他重金属离子，影响这些物质的迁移、储存和释放等。

2.2.3 金属离子对水质的影响

主要金属元素包括钙（Ca）、铝（Al）、钠（Na）、钾（K）、镁（Mg）、铁（Fe）、锰（Mn）以及其他微量重金属元素。

1. 活性金属离子——铁锰金属离子

铁和锰性质类似，经常进行频繁的氧化还原转化，称为水体中的活性金属元素。在充氧条件下，或者在弱酸性至碱性条件下，铁以氢氧化铁（三价）形式存在。当氧化还原电位降低至 200 mV 以下，或者 pH 呈中性特征时，三价铁被还原成为溶解态的二价亚铁离子。如果氧化还原电位再降低，二价铁可能转化为溶解度极低的硫化亚铁并沉淀下来。如果条件改变，氧化还原电位上升，则二价铁重新被氧化为三价铁，形成氢氧化铁沉淀。

2. 重金属离子

重金属离子主要是通过悬浮颗粒的吸附和输送进入水体。重金属离子在水体中的迁移过程包括扩散、对流、沉降和再悬浮等，转化途径包括吸附、解吸、絮凝、溶解、沉淀等，参与的生物过程包括生物富集、摄取吸收等。

重金属在水中经过水解可以生成金属氢氧化物，也可以与无机酸反应生成硫化物、碳酸盐。这些化合物的溶解度都比较小，易产生沉淀。因此，天然水中的重金属污染物将聚积于排水口附近的底泥中。天然水中只要有微量的重金属离子即可产生毒性。这些重金属进入生物或人的体内，会造成重大的危害。

重金属不能被生物降解，具有生物累积特性，而且在一定条件下会被集中性地释放出来。一种释放方式是通过水体食物链，产生生物富集和浓缩作用，最终影响"食物链"的顶级生物或者人类；另一种释放方式是底泥的氧化还原条件发生变化，由此导致底泥中的重金属重新转化为溶解状态而释放出来，造成再次污染。

2.2.4 水化学条件对污染物迁移转化的影响

污染物在水体中迁移转化是水体具有自净能力的一种表现。进入水体的污染物首先通过水力、重力等做流体动力迁移，同时发生扩散、稀释、浓度趋于均一的作用，也可能通过挥发转入大气。在适宜的环境条件下，污染物还会在发生迁移的同时产生各种转化作用。主要的转化过程有沉积、吸附、水解和光分解、氧化还原、生物降解等。这些迁移转化过程有物理性的、生物性的，而更多的是化学性的过程。

1. 溶解与沉积

水是一种很好的溶剂，许多物质都能或多或少地溶于水。污染物在水中的溶解度是表征它在水中迁移能力最直观的指标。溶解度大者，大多以离子状态存在于水中，迁移能力强；

溶解度小者，大多以固体状态悬浮于水面或沉积于底泥中，迁移能力弱。由于水是极性分子，它对极性大的离子型化合物有很强的溶解能力，而对极性小的化合物溶解能力较弱。一般把水中溶解度小于 0.1 g/L 的物质称为难溶物质。大多数重金属的氯化物、硫酸盐都是易溶的，而其碳酸盐、氢氧化物和硫化物都是难溶物质。

污染物在天然水中发生沉积的过程大致有以下几种：

（1）化学沉淀。化学沉淀是形成水底沉积物的原因之一。例如，富磷的废水进入硬性水体中，将生成羟基磷灰石沉积物；在富 CO_2 的水体中，如果排进大量 Ca^{2+}，将生成碳酸钙沉积物，同时放出 CO_2。

（2）胶体颗粒的凝聚沉降。水中胶粒大小为 $1 \sim 100$ nm，所以一般不能用沉降或过滤的方法从水中除去这些颗粒物质。胶体颗粒基本有两类，即亲水胶粒和疏水胶粒。亲水胶粒在水体中易分散、溶化，很难凝聚沉降。这一类胶粒多数是生物性的物质，如可溶性淀粉、蛋白质和它们的降解产物以及血清、琼脂、树胶、果胶等。水体中的疏水胶粒成分一般由黏土、腐殖质、微生物等经分散后产生，这些胶粒的表面带电（正电或负电），较容易通过某些天然或人为因素的作用而凝聚沉降下来。

胶体的凝聚有两种基本形式，即凝结和絮凝。胶体粒子表面带有电荷，由于静电斥力而难以相互靠拢，凝结过程就是在外来因素（如化学物质）作用下降低静电斥力，从而使胶粒聚合在一起。絮凝则是借助某种架桥物质，通过化学键联结胶体粒子，使凝结的粒子变得更大。

（3）重力沉降。颗粒本身的密度、大小和形状决定颗粒沉降速率的大小。重矿石颗粒的密度较大，而有机物的颗粒则比较轻。颗粒的形状也是影响沉降速率的重要因素。在水体中经受长期磨洗的粗粒，其沉降速率与相同体积的球形颗粒相近，而越是小的颗粒，其非球形状的因素越是显著。例如，云母黏片的沉降速率要比等体积球形颗粒小两个数量级。

2. 吸附

水体悬浮物和底泥中都含有丰富的胶体物质。由于胶体粒子有很大的表面积和带有电荷，因而能吸附天然水中的各种分子和离子，使一些污染物从液相转到固相中并富集起来。因此，胶体的吸附作用对污染物的迁移能力有很大影响。

胶体的吸附机理可概括为物理吸附和化学吸附两种类型。

（1）物理吸附。天然水体中存在的无机和有机胶体具有很大的比表面积，因此它们都具有很大的表面能和很强的吸附能力，能将水中的污染物质（分子或离子）吸附在其表面，沉于水底或随水流而迁移。

（2）化学吸附。化学吸附是由胶粒表面与吸附物之间的化学键或氢键以及离子交换等作用而引起的。化学键的形成取决于胶体微粒与吸附物双方的本性。天然水体中胶体对污染物的化学吸附主要是对重金属离子的吸附。胶体粒子都是带电的，而且在自然界中大多数胶体粒子都带负电，可吸附金属阳离子，只有少数胶体粒子在酸性条件下才带正电。

各种金属阳离子虽然都能被天然水体中带负电荷的胶体吸附，但它们被吸附的能力是不相同的，这与阳离子所带的电荷、水化阳离子的半径以及其浓度等因素有关。阳离子电价越高，与胶体吸附的亲和力就越强；同价阳离子的离子半径越大，水化程度就越小，与胶体吸附的亲和力也就越强。

胶体的吸附能使水体中的重金属离子或其他污染物从水中转移到胶体悬浮物上来，从而使水中污染物质的浓度大大减小。这些悬浮在水中的胶粒，当遇到带异电荷的电解质离子时，就能将更多的反离子吸附入吸附层，使扩散层厚度变薄，动电位降低。如果动电位降低到不足以排斥胶体微粒相互碰撞时分子间的作用力时，胶粒就会聚集变大，形成粗大的絮状物，在重力作用下沉入底泥中。

3. 水解反应

水解反应是化合物与水的反应，反应的结果通常是在化合物的分子中导入一个氢氧根官能团，同时失去一个官能团。某些化合物的水解作用可以被酸或碱进行催化，所以这些化合物在水环境中的水解作用和水体的 pH 有很大的关系。

（1）有机污染物在天然水体中的水解。有机物水解反应可能是其在水中发生化学性降解的最重要过程。许多有机污染物在水中能发生水解反应，如甲酸乙酯水解后转化为相应的甲酸和乙醇。有机磷酸酯类的农药和杀虫剂，在酸或碱的催化作用下也容易水解，如敌敌畏在酸催化下逐渐水解，转化为磷酸和二氯甲醇，在碱催化下水解速率增大。由于较多的有机磷酸酯是比较容易水解的，用它们制成的农药和杀虫剂可减少对环境的污染。

不少饱和卤代烃化合物在碱催化下也可以水解转化为醇和酸，不过它们的水解速率很慢。至于不饱和卤代烃及芳香烃卤代化合物，如氯乙烯、氯苯、多氯联苯等，在一般条件下极难水解，如果无其他途径转化，则将长期停留在天然水体中。

（2）重金属离子在天然水体中的水解。金属离子的水解能力与金属离子电荷数的多少以及离子半径的大小有关。电荷数少、离子半径大的金属离子，如 K^+、Na^+、Rb^+、CS^+ 等，水解能力很弱，往往以简单水合离子的形式存在于水中；电荷数多、离子半径小的金属离子，如 Cu^{2+}、Zn^{2+}、Pb^{2+} 等，水解能力较强；高价金属离子，如 Fe^{3+}、Al^{3+} 等，在水中则发生强烈的水解作用。

金属离子的水解反应，也可以认为是金属离子与羟基（氢氧基）的配位反应。天然水体中除了羟基以外，还存在其他的无机配位体（如 Cl^-、CO_3^{2-} 等）和有机配位体（如腐殖质、氨基酸、尿素等），它们都可以和重金属离子形成配合物。配位体的特征是能够提供配合作用所需要的电子，与其他相应的离子配合，形成配合物。

由于重金属离子在天然水中的水解作用，以及天然水中无机和有机配位体的配位作用，重金属离子转化成各种稳定形态的可溶性配离子或螯合物，从而增强了重金属离子污染物在天然水体中的迁移能力。螯合物是由多基配位体和金属离子同时生成两处或更多的配位键，构成环状螯合结构的产物。

4. 光解反应

光解反应是指化学物在水环境中吸收了太阳辐射波长大于 290 nm 的光能所发生的分解

反应。天然水环境中,光解反应是一种十分重要的过程,因为大部分天然水环境都会暴露在太阳光下,从太阳光获得光解反应所需要的光能。根据反应历程的不同可将光解反应分为直接光解反应和间接光解反应两种类型。

(1) 直接光解反应。化合物吸收太阳辐射后直接发生反应称为直接光解反应。这类反应要求化合物的分子能直接吸收光能,继而开始发生改变原有结构的一系列反应。例如,NO_3^- 可受光直接分解,生成的 O 和 NO_2^- 都具有很强活性,可引发进一步水相反应。如原子氧 O 与水中的 O_2 结合生成臭氧 O_3,并旋即参与氧化 NO_2^- 的反应。

(2) 间接光解反应。间接光解反应是由光敏剂物质首先吸收太阳光能,然后由光敏剂将能量转移给污染物,使污染物发生反应。在间接光解反应中,光敏剂起着十分重要的作用,但它并未发生化学反应,起着类似催化剂的作用。天然水体中普遍存在的腐殖质是水中光敏剂的主体,存在于海水或废水中的某些芳香族化合物,如核黄素,虽然浓度很低,也可起光敏剂的作用。

在天然水体中还存在着一些浓度很低的强氧化剂,如 HO·、O 等,它们本来就是直接光分解反应的产物,通过它们与水中其他还原性物质之间发生的反应也可认为是一种间接的光分解反应。

5. 氧化还原反应

地球表面众多物质有通过风化、燃烧、酶促反应等过程而被氧化的倾向。同时,有一个极为重要的与之相反的物质还原过程,这就是光合作用。这两方面作用过程,组成了自然界的基本氧化还原循环。

(1) 氧化还原反应的实质。氧化还原反应是发生电子转移的化学反应,参与反应的物质,在反应前后元素有电子得失而化合价改变:失去电子的过程叫作氧化,其化合价升高;得到电子的过程叫作还原,其化合价降低。

(2) 氧化剂和还原剂。氧化还原反应关系到氧化剂和还原剂两方。在发生电子迁移的过程中,得到电子的一方称为氧化剂,失去电子的一方称为还原剂。要完成氧化还原反应过程,两方缺一不可。

天然水体中常见的氧化剂有 O_2、NO_3^-、NO_2^-、Fe^{3+}、SO_4^{2-}、S、CO_2、HCO_3^-(氧化能力依次递减)。此外还有浓度甚低的 H_2O_2、O_3 及自由基 HO·、HO_2·等,它们大多是水中光化学反应的产物。

天然水体中常见的还原剂有:有机物、H_2S、S^{2-}、FeS、NH_3、NO_2^-(还原能力依次递减)。

(3) 氧化还原反应的实例。天然地下水中含有溶解性二价铁,经曝气溶解氧后,氧化成为三价铁,形成 Fe(OH)$_3$ 沉淀而除去,反应式为

$$4Fe(HCO_3)_2 + O_2 + 2H_2O \Longrightarrow 4Fe(OH)_3 \downarrow + 8CO_2 \uparrow$$

石油炼油厂的含硫废水,在加热及曝气时,硫化物可氧化为硫代硫酸盐或硫酸盐而除去,反应式为

$$2HS^- + 2O_2 \Longrightarrow S_2O_3^{2-} + H_2O$$
$$2S^{2-} + 2O_2 + H_2O \Longrightarrow S_2O_3^{2-} + 2OH^-$$

2.3　水质指标与检测

2.3.1　水质指标

水质标准是指水和水中的杂质共同表现的综合特性，是衡量水质的具体尺度。各种水质指标可以表示水及水中所含各种杂质的种类和数量，从而根据水质指标可以判断水质的优劣程度，以确定其能否满足各类用水的需要。从应用角度看问题，水质只具有相对意义。

水质指标中有的直接用水中所含该种杂质的量（浓度）来表示；有的则是利用这种杂质的共同特性来反映其含量，例如，利用有机物容易被氧化的特性，用耗氧量来间接反映有机物的含量。对于微生物的含量，则是直接测定其数量的多少。水质指标可分为物理指标、化学指标、毒理学指标、氧平衡指标和细菌学指标。

1. 物理指标

（1）温度。温度是常用的物理指标之一。由于许多物理过程、化学过程、生物过程都与温度有关，所以是必须测定的项目。

（2）嗅与味。被污染的水常使人感到不正常的嗅味，根据水的嗅味可以推测水中所含的杂质及有害成分的情况，这一指标主要用于生活饮用水。

水中嗅味主要来自：

① 水生动、植物和微生物的繁殖与死亡。

② 有机物的腐烂分解。

③ 溶解的气体，如硫化氢，溶解的矿物盐或混入的泥土。

④ 工业废水中的各种杂质，如石油、酚等。

⑤ 饮用水中消毒用氯过多。

我国饮用水标准规定原水及煮沸的水都不能有异嗅或异味。

（3）颜色和色度。天然水经常表现出各种颜色。河水、湖水和沼泽水呈黄褐色或黄绿色，这是由腐殖质造成的。水中悬浮泥沙和不溶解的矿物质也会带有颜色。例如，黏土使水呈黄色，铁的氧化物使水呈黄褐色，硫使水呈蓝色，各类水藻的繁殖可使水呈绿色、红褐色。工业废水和印染造纸等废水使水呈现很深的各种颜色；新鲜的生活污水呈暗灰色，腐败的污水呈黑褐色。根据水的颜色可以推测水中所含杂质的种类和数量。

色度是对黄褐色天然水或处理后的各种用水进行颜色定量测定时所规定的指标。目前世界各国统一用氯铂酸钾（K_2PtCl_6）和氯化钴（$CoCl_2 \cdot 6H_2O$）配制的混合溶液作为色度的标准溶液。规定 1 L 水中含 2 491 mg 氯铂酸钾和 200 mg 氯化钴时所产生的颜色为 1 度（1°）。

多数清洁的天然水色度为 $15° \sim 25°$，湖沼水色度可在 $60°$ 以上，饮用水规定不超过 $15°$。

（4）混浊度。水中若含有悬浮物或胶态杂质，就会产生不透明的混浊现象。水的混浊程度以混浊度为指标，混浊度的标准单位是度，即以 1 L 蒸馏水中含 1 mg SiO_2 所构成的光学阻碍现象为混浊度 1 度。如果某水样的混浊度为 n 度，即指混浊度相当于 n mg/L 的 SiO_2 标准溶液。这是我国目前使用的称为"硅单位"的混浊度标准单位。

混浊度是从表观上判断水体是否遭受污染的主要特征之一。水的混浊度高，其中有害杂质含量必多。生活饮用水一般规定混浊度不超过 5 度。

（5）透明度。透明度是表示水透明程度的指标。它和混浊度的意义恰巧相反。

（6）电导率。水中各种溶解的盐类都是以离子状态存在的，离子在电场的作用下会发生移动，并在电极上产生电化学反应而传递电子，因而盐类水溶液（电解质溶液）具有导电作用。溶液的导电能力称为电导。导体的电导（L）同它的截面积（A）成正比，同其长度（l）成反比，即 $L = K \cdot \dfrac{A}{l}$。K 称为电导率，表示长为 1 cm、截面积为 1 cm^2 的导体的电导。对溶液来说，电导率表示相距 1 cm、面积为 1 cm^2 的两个平行电极之间的溶液的电导，单位为 S/cm。

电导率的大小可以间接表示出溶解盐的含量。天然水是一种稀溶液，电导率一般较低，故常用的单位为 μS/cm。一般天然淡水或处理后的淡水其电导率为 $50 \sim 500$ μS/cm，某些含盐量高的废水可达 1.0×10^4 μS/cm。

2. 化学指标

（1）pH。pH 可表示水的酸碱性。pH = 7，水呈中性；pH < 7，水呈酸性；pH > 7，水呈碱性。pH 对水中其他杂质存在的形态和各种水质的控制过程都有广泛的影响，是最重要的水质指标之一。

（2）碱度。水中 OH^-、HCO_3^-、CO_3^{2-} 的总量称为碱度。不同的天然水体中存在的碱度组分及其含量是不相同的。水中碱性物质除非含量过高，一般不会造成很大危害。但是它们在水中同很多化学反应都有密切关系，因此是水质的重要指标之一。

（3）硬度。水的硬度原指沉淀肥皂的程度，一般定义为 Ca^{2+}、Mg^{2+} 的总量，包括总硬度、暂时硬度、永久硬度。水中所含 Ca^{2+}、Mg^{2+} 的总量称为总硬度。Ca^{2+}、Mg^{2+} 的碳酸盐和重碳酸盐构成的硬度，由于煮沸时容易生成沉淀析出，称为暂时硬度；Ca^{2+}、Mg^{2+} 的硫酸盐和氯化物构成的硬度，煮沸后不能生成沉淀从水中析出，称为永久硬度。

不同的国家各自采用不同的硬度单位。我国沿用以每升水含 10 mg CaO 为 1 度表示硬度。硬度较高的水不适合作为工业用水和生活用水，因为水被加热时，能生成碳酸盐和氢氧化镁等难溶物质，沉积在加热器的壁上形成水垢。在生活用水及纺织工业用水中，硬水可与肥皂作用生成沉淀，降低肥皂的去污能力。

（4）其他化学性指标。铁和锰是天然水中常见的杂质，铁含量高的水可使铁细菌迅速繁殖，导致地下管道发生堵塞。锰的氢氧化物呈灰黑色，可造成"黑水"现象。锌和铜在天然水中含量甚微，若水体被 Cu^{2+}、Zn^{2+} 污染，超过规定标准，将给人类健康带来危害。

3. 毒理学指标

水中有些污染物是难降解的累积性毒物，如汞、镉、铬、铅、砷（类金属）等重金属；氰化物、氟化物等有毒无机物；酚类化合物（可降解有机物）、有机氯农药、多氯联苯、多环芳烃（难降解有机物）等有毒有机物。

4. 氧平衡指标

氧平衡指标是影响水质变化的关键指标，它表示水中溶解氧的情况，反映水体被有机物污染的程度。

（1）溶解氧。溶解氧是反映天然水中氧的浓度指标，单位为 mg/L。严重污染的水体，溶解氧接近于零，水质极差。掌握天然水中溶解氧的含量对分析水体污染和自净状况具有重要意义。

（2）生化需氧量（BOD_5）。生化需氧量一般是在温度为 20 ℃ 的条件下进行生物氧化 5 天，测定其所消耗的溶解氧的数量。

（3）化学耗氧量（COD）。化学耗氧量是指 1 L 水中还原物质（包括有机物和无机物）在一定条件下被氧化时所消耗的溶解氧的毫克数。COD 的测定，一般采用高锰酸钾法或重铬酸钾法。

（4）总需氧量（TOD）。总需氧量（TOD）是近年来新发展的一种水质指标。其测定方法是在特殊的燃烧器中，以铂为催化剂，在 900 ℃ 的温度下使一定量的水样气化，让其中有机物燃烧，然后测定气体中氧的减少量，即为有机物完全氧化时所需的氧量。

（5）总有机碳（TOC）。总有机碳（TOC）的测定方法与总需氧量的测定类似，也是在 900 ℃ 的温度下，以铂作为催化剂，使水样气化，然后测定气体中 CO_2 的含量，从而确定水样中碳元素的总量。

5. 细菌学指标

水质的细菌学指标是指细菌总数和总大肠菌群，通过它来间接判断水质被污染的情况。

（1）细菌总数。细菌总数是指 1 mL 水中，在普通琼脂培养基中于 37 ℃ 经 24 h 培养后所生成的细菌总数。水中细菌总数越多，说明水体受污染越严重。

（2）总大肠菌群。水中总大肠菌群的量，一般以 1 L 水中所含有大肠菌群的数目来表示。水体中总大肠菌群增加，说明水体污染程度增大。

总之，水体中任何一种污染物质，并不是在任何含量的情况下对机体都有毒害，而是只有当其浓度超过一定限量时，才会对机体产生有害影响。水体中有害物质的最高允许浓度是通过科学试验和现场调查，经严格判定后提出的，这种浓度限量就是制定各种水质标准的重要依据。

2.3.2 水质检测

水质的各项指标需要通过检测才能得到。选择正确的检测方法才能得到准确的水质指标。

1. 水质检测分析方法及分类

在水质检测工作中，纯物理性质测定的工作量是比较少的，绝大部分工作是污染组分的化学分析。用于水质检测的分析方法可分为两大类：一类是化学分析法；另一类是仪器分析法（也叫物理化学分析法）。

（1）化学分析法。化学分析法是以化学反应为基础的分析方法，分为称量分析法和滴定分析法两种。

（2）仪器分析法。仪器分析法是利用被测物质的物理或物理化学性质来进行分析的方法，如利用光学性质、电化学性质等。由于这类分析方法一般需要较精密的仪器，因此称为仪器分析法。

在仪器分析法中使用较多的是光学分析法、电化学分析法、色谱分析法和质谱分析法，其他方法也有不同程度的应用，如中子活化分析法、放射化学分析法等。此外，还有用于水质检测的各种专项分析仪器，如浊度计、溶解氧测定仪、化学需氧量测定仪、生化需氧量测定仪、总有机碳测定仪等。

化学分析法和仪器分析法各有其局限性，两者是相辅相成、互为补充的。可以说，化学分析法是基础，仪器分析法是发展方向。水质检测分析基本方法及分类如图2-3所示。

2. 称量分析法

称量分析法又称重量分析法。称量分析是将待测物质以沉淀的形式析出，经过过滤、烘干，用天平称其质量，通过计算得出待测物质的含量。例如，用称量分析法测定水中悬浮物（SS）时，计算公式如下：

$$悬浮物（mg/L）= \frac{(A-B) \times 1\,000 \times 1\,000}{V}$$

式中：A——悬浮物+滤纸及称量瓶的质量，g；

B——滤纸及称量瓶的质量，g；

V——水样体积，mL。

它主要用于废水中悬浮物、矿化度、全盐量、残渣、油类等的测定。

悬浮物是指不能通过滤料，并于103℃~105℃烘至恒量的固体物。一定体积的水样用定量滤纸过滤后，经烘干称量，用mg/L表示水中悬浮物的含量。

悬浮物能使水体混浊、透明度降低，影响水生生物的呼吸和代谢，造成水质恶化，污染环境。因此，在水和废水处理中，测定悬浮物具有特殊意义。

3. 滴定分析法

滴定分析法又称容量分析法，是用一种已知准确浓度的溶液（标准溶液），滴加到含有被测物质的溶液中，根据反应完全时消耗标准溶液的体积和浓度，计算出被测物质的含量。滴定分析法简便，测定结果的准确度也较高，不需贵重的仪器设备，被广泛采用，是一种重要的分析方法。根据化学反应类型的不同，滴定分析分为酸碱滴定、络合滴定、沉淀滴定和

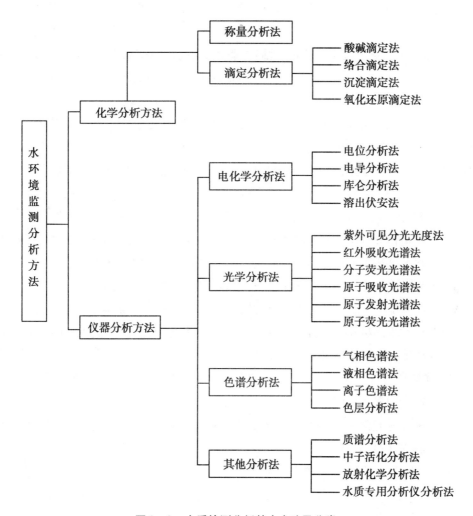

图 2 - 3 水质检测分析基本方法及分类

氧化还原滴定 4 种。

滴定分析法成功的关键，就是要努力使滴定终点与理论终点相符合；否则，就会产生误差。因此，进行滴定分析时，首先，要选择正确的分析方法，即所选用的化学反应本身能够反应完全，并且不发生副反应；其次，要选择合适的指示剂，它应能在理论终点附近突然变色；最后，还要能够正确而熟练地进行滴定操作，能够准确地判断颜色的变化，并能及时停止滴定。

4. 比色法和光学分析法

水样中不同的化学组分与不同的试剂（标准溶液）生成呈现不同颜色的物质，颜色的深浅与溶液中该物质的浓度成正比。由此，首先对样品进行预处理，向定量样品中加入相应的试剂（或标准溶液），将其与标准比色系列相比，由比色法或用分光光度法进行定量测定，进而计算出相应化学组分的含量。

（1）比色法。用比较颜色的深浅来测定物质浓度的方法称为比色法，比色法常用的主要有：

① 铂钴标准比色法，适用于测定生活饮用水（包括天然矿泉水）及其水源水的色度。

② 纳氏试剂比色法，适用于饮用水、地面水及废水中铵的测定。

③ 茜素磺酸锆目视比色法，适用于测定饮用水、地面水、地下水及废水中的氟化物。

（2）光学分析法。光学分析法是根据物质发射、吸收辐射能，或物质与辐射能相互作用建立的分析方法。光学分析法主要有分光光度法、分子光谱法、原子光谱法等。

① 分光光度法。分光光度法是利用物质对不同波长的光具有选择性吸收作用来测定物质含量的方法。

在水质检测中，可用分光光度法测量许多污染物，如砷、铬、镉、铅、汞、锌、酚、硒、氟化物、硫化物等。尽管近年来各种新的分析方法不断出现，但分光光度法仍与原子吸收光谱法、气相色谱法和电化学分析法成为水质检测中的4大主要分析方法。

在水分析化学中，可以用纳氏试剂分光光度法测定水体中的氨氮。

天然水体中有氨氮存在，表示有机物正处在分解的过程中。氨氮含量过多，可作为判断水体在近期遇到污染的标志。因此对天然水体的各类氮化合物进行监测，了解其变化规律，有利于掌握水体被污染的程度和自净的能力。

② 分子光谱法。分子光谱法包括红外吸收、可见和紫外吸收、分子荧光等方法。其中，可见和紫外吸收应用最为广泛。

可见和紫外吸收光谱亦称可见紫外分光光度法，以物质对可见和紫外区域辐射的吸收为基础，根据吸收程度对物质定量。

分子荧光光谱法是根据某些物质（分子）被辐射激发后发射出的波长相同或不同的特征辐射（分子荧光）的强度对待测物质进行定量分析的一种方法。在水环境分析中主要用于强致癌物质——苯并［a］芘、硒、铵、油类的测定。

红外吸收光谱是以物质对红外区域辐射的吸收为基础的方法。例如，应用该原理已制成了 CO、SO_2、油类等专用检测仪器。

③ 原子光谱法。原子光谱法包括原子发射、原子吸收和原子荧光光谱法。目前应用最多的是原子吸收光谱法。

原子吸收光谱法又称原子吸收分光光度法，它和吸光光度法一样，也是利用吸收原理进行分析的，不同的是原子吸收光谱法测量的是气态原子吸收，而吸收分光光度法测量的是溶液中分子的吸收。

原子光谱法能满足微量分析和痕量分析的要求，在水质检测中被广泛应用。到目前为止，它能测定70多种元素，如工业废水和地表水中的镉、汞、砷、铅、锰、钴、铬、铜、锌、铁、铝、银、锶、钒、镁等。

图2-4所示为原子吸收分光光度计基本部件示意图。

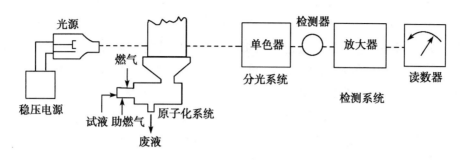

图 2 - 4　原子吸收分光光度计基本部件示意图

5. 电化学分析法

电化学分析方法是利用物质的电化学性质测定其含量的方法。这类方法在水质检测中应用非常广泛，所用方法也很多，常用下面几种：

（1）电导分析法。电导分析法是通过测量溶液的电导（电阻）来确定被测物质含量的方法，如水质监测中电导率的测定。

（2）电位分析法。电位分析法是一个指示电极和一个参比电极与试液组成化学电池，根据电池电动势（或指示电极电位）对待测物质进行分析的方法。电位分析法已广泛应用于水质中 pH、氟化物、氰化物、氨氮、溶解氧等的测定。

（3）库仑分析法。库仑分析法是在电解分析法的基础上发展起来的，是根据电解过程中待测物质发生电极反应所消耗的电量，按法拉第定律计算被测物质含量的方法。库仑分析法可用于测定水环境中的化学需氧量和生化需氧量。

（4）溶出伏安法。溶出伏安法是用悬汞滴或其他固体微电极电解被测物质的溶液，根据所得到的电流 - 电位曲线来测定物质含量的方法。该方法灵敏度高，可用于测定水环境中铜、锌、镉、铅等重金属离子和 Cl^-、Br^-、I^-、S^{2-} 等一些阴离子。

6. 色谱分析法

色谱分析法是一种物理分离分析方法。它以混合物在互不相溶的两相（固定相与流动相）中吸收能力、分配系数或其他亲和作用的差异作为分离的依据，当待测混合物随流动相移动时，各组分在移动速度上产生差别而得到分离，从而进行定性、定量分析。色谱分析法主要有：

（1）气相色谱法。气相色谱法是一种新型分离分析技术，具有灵敏度与分离效能高、样品用量少、应用范围广等特点，已成为检测苯、二甲苯、多氯联苯、多环芳烃、酚类、有机氯农药、有机磷农药等有机污染物的重要分析方法。

（2）液相色谱法。液相色谱法是近代的色谱分析新技术，此法效率高、灵敏度高，可用于高沸点、不能气化的、热不稳定的物质的分析，如多环芳烃、农药、苯并芘等。

（3）离子色谱法。离子色谱法是近年来发展起来的新技术。它是离子交换分离、洗提液消除干扰、电导法进行检测的联合分离分析方法。此法可用于水环境中测定多种物质。该方法一次进样可同时测定多种成分：阴离子如 F^-、Cl^-、Br^-、NO_2^-、NO_3^-、SO_3^{2-}、SO_4^{2-}、$H_2PO_4^-$；阳离子如 K^+、Na^+、NH_4^+、Ca^{2+}、Mg^{2+} 等。

（4）色层分析法。色层分析法也叫层析法，是色谱法的一大分支，包括柱层析法、纸上层析法、薄层层析法和电泳层析法等。该法不仅具有设备简单、便宜、操作方便、分离效果好等优点，而且检测灵敏度也较高。

7. 水质检测分析方法的选择

水质检测分析是一个相当复杂的问题，主要表现在：

（1）水体污染物含量的差距大，有的高达数千毫克/升（如污染源监测中的某些项目），有的低到零点零几，甚至更低，这就要求既要有适应高含量的测定方法，又要有适应低含量的测定方法，其中后者是更常见的。

（2）试样的组成复杂，因此要求分析方法最好具有专属性，以便简化分析过程的预处理，从而加快分析速度。

（3）试样数量大，待测组分多，工作量大。

按照检测方法所依据的原理，水质检测常用的方法有化学法、电化学法、原子吸收分光光度法、离子色谱法、气相色谱法、等离子体发射光谱（ICP - AES）法等。其中，化学法（包括称量法、滴定法）和分光光度法目前在国内外水质常规检测中已被普遍采用，占各项目测定方法总数的50%以上（见表2-1）。各种方法测定的组分列于表2-2。

表2-1 各类分析方法在水质检测中所占比重

方法	中国水和废水检测分析方法		美国水和废水标准检验法（第15版）	
	测定项目数	比 例	测定项目数	比 例
称量法	7	3.9%		
滴定法	35	19.4%	13	7.0%
分光光度法	63	35.0%	41	21.9%
荧光光度法	3	1.7%	70	37.4%
原子吸收法	24	13.3%	23	12.3%
火焰光度法	2	1.1%	4	2.1%
原子荧光法	3	1.7%		
电极法	5	2.8%	8	4.3%
极谱法	9	5.0%		
离子色谱法	6	3.3%		
气相色谱法	11	6.1%	6	3.2%
液相色谱法	1	0.5%		
其他	11	6.1%	22	11.8%
合计	180	100%	187	100%

表 2 - 2 常用水质检测方法测定项目

方法	测定项目
称量法	悬浮物、可滤残渣、矿化度、油类、SO_4^{2-}、Cl^-、Ca^{2+} 等
滴定法	酸度、碱度、溶解氧、总硬度、氨氮、挥发酚、Ca^{2+}、Mg^{2+}、Cl^-、F^-、CN^-、SO_4^{2-}、S^{2-}、Cl_2、COD、BOD_5 等
分光光度法	Ag、Al、As、Be、Bi、Ba、Cd、Co、Cr、Cu、Hg、Mn、Ni、Pb、Sb、Se、Th、U、Zn、$NO_2^- - N$、$NO_3^- - N$、氨氮、凯氏氮、挥发酚、甲醛、三氯乙醛、苯胺类、硝基苯类、阴离子洗涤剂、PO_4^{3-}、F^-、Cl^-、S^{2-}、SO_4^{2-}、BO_3^{3-}、Cl_2 等
荧光分光光度法	Se、Be、U、油类、苯并芘等
原子吸收法	Ag、Al、Ba、Be、Bi、Ca、Cd、Co、Cr、Cu、Fe、Hg、K、Na、Mg、Mn、Ni、Pb、Sb、Se、Sn、Te、Ti、Zn 等
冷原子吸收法	As、Sb、Bi、Ge、Sn、Pb、Se、Te、Hg 等
原子荧光法	As、Sb、Bi、Se、Hg 等
火焰光度法	Li、Na、K、Sr、Ba 等
电极法	Eh、Ph、DO、F^-、Cl^-、CN^-、S^{2-}、NEE、K^+、Na^+、NH_3 等
离子色谱法	F^-、Cl^-、Br^-、NO_2、NO_3、SO_3^{2-}、SO_4^{2-}、$H_2PO_4^{2-}$、K^+、Na^+、NH_4^+ 等
气相色谱法	Be、Se、苯系物、挥发性卤代烃、氯苯类、六六六、DDT、有机磷农药类、二氯乙醛、硝基苯类、PCB 等
液相色谱法	多环芳烃类
ICP - AES	用于水中基体金属元素、污染重金属以及底质中多种元素的同时测定

2.4 生态学基础知识

2.4.1 生态学与生态系统

1. 生态学及其研究内容

生态学是研究生物与其基本生存环境之间相互关系的一门科学。自然界中的一切生物，其生息繁衍都离不开自身所处的环境。一方面环境为所有生物提供了赖以生存的必要条件和发展的物质基础，使有机生物体在其作用和影响下不断变异、进化、发展，呈现出一个丰富多彩、色彩斑斓的生命世界；另一方面所有生物的生命活动（包括人类社会的生产、消费等活动）又无时无刻不在影响甚至改造着它们自身所处的环境。因此，生物与其生存环境间实际上存在着一种动态的密切联系，表现为两者相互依存、相互制约、相互促进、相互影响。探求这种动态联系的特点及规律性，认识其发生发展的原因、趋势和规律，对于人类自身的发展进步，改善自身所处环境都是至关重要的。从生态学角度分析环境受污染或生态系统被破坏的机理和规律，寻找防治的有效途径，是环境科学中一项重要的基础工作。

生态学以一般生物为对象，以其生存环境为背景，主要从两方面研究生物和环境这两个系统间相互转换的机理和规律。这两方面一是生物在时、空上的数量变化，二是生物在物质和能量转换过程中与所处环境相互依赖、相互制约的特定关系。生物通常是指动植物及微生物；而环境则主要指大气、水、土壤等自然因素。根据生物有机体的组织层次、种类或栖息环境可将生态学分成多种门类（见图2-5）。

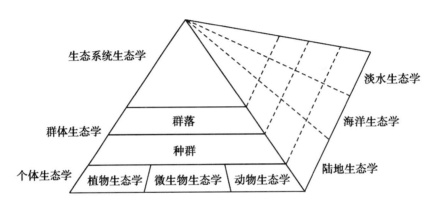

图2-5　生态学的分科

近年来，随着人类环境问题和环境科学的发展，生态学已广泛地扩展到了人类生活和社会形态等方面，把人类这一个生物物种也列入生态系统中，研究整个生物圈内生态系统的相互关系问题。同时，现代的各种新老科学技术也已渗透到生态学的领域中，生态学正与系统工程学、经济学、工艺学、化学、物理学、数学等相结合，产生了相应的新兴学科，这正是生态学的重要发展趋势。

2. 生物圈

地球上存在着生物并受其生命活动影响的区域叫作生物圈，生物圈是地球上有生命活动的领域及其居住环境的整体，其范围包括从地球表面向上23 km的高空、向下12 km的深处。生物圈主要由生命物质、生物生成性物质和生物惰性物质三部分组成。生命物质又称活质，是生物有机体的总和；生物生成性物质是由生命物质所组成的有机矿质作用和有机作用的生成物，如煤、石油、泥炭和土壤腐殖质等；生物惰性物质是指大气底层的气体、沉积岩、黏土矿物和水。

生物圈的存在需具备下列4个基本条件：

（1）可以获得来自太阳的充足光能。一切生命活动都需要能量，这些能量的基本来源是光能，绿色植物通过光合作用产生有机物而进入生物循环。

（2）有可被生物利用的大量液态水。几乎所有的生物体都含有大量的水分，没有水就没有生命。

（3）有适宜生命活动的温度条件。在此温度变化范围内的物质存在着气态、固态、液态3种物态变化，这也是生命活动的必要条件。

（4）有生命物质所需要的营养物质。这些营养物质包括氧气、二氧化碳，以及氮、碳、钾、钙、铁、硫等矿物质营养元素，它们是生命物质的组成成分，并参与各种生理过程。

总之，在地球上有生命存在的地方均属生物圈。在适宜的条件下，生物的生命活动促进了物质的循环和能量的流通，并引起生物的生命活动发生种种变化。生物要从环境中取得必要的能量和物质，就得适应环境；环境因生物的活动发生了变化，又反过来推动生物的适应性。生物与生态条件这种交互作用促进了整个生物界持续不断的变化。

3. 生态系统及其构成

生态系统是自然界一定空间的生物与环境之间的相互作用、相互影响、不断演变、不断进行着物质和能量的交换，并在一定时间内达到动态平衡，所形成的相对稳定的统一整体，是具有一定结构和功能的单位。一个生物物种在一定范围内所有个体的总和在生态学中称为种群，在一定的自然区域中许多不同种群的生物的总和则称为群落。任何一个生物群落与其周围非生物环境的综合体就是生态系统，即由生物群落及其生存环境共同组成的动态平衡系统。

生态系统的范围可大可小，大至整个生物圈、整个海洋、整个大陆，小至一个池塘、一片农田，都可作为一个独立的系统或作为一个子系统，任何一个子系统都可以和周围环境组成一个更大的系统，成为较高一级系统的组成成分。每个生态系统都处于不停的运动、变化和发展之中，运动的实质就是系统中进行的物质循环和能量流通，从而使系统得以不断更新，保持一种适于生命的环境。无数形形色色、异彩纷呈的生态系统有机地组合起来，便构成地球上最大的生态系统——生物圈。

在生态系统中，生物和生物之间、生物和环境之间都不断进行着物质交换和能量转移。湖库、河流、海洋、草原、森林、生物圈等生态系统虽然大小不一、形形色色，各有其自身的特殊性，但也有其普遍性。按其获得能量的方式来划分，任何一个生态系统都包括生物成分和非生物成分，即由四种基本成分构成：生产者、消费者、分解者和非生物成分，如图2-6所示。

（1）生产者。凡含有叶绿素的绿色植物（包括单细胞的藻类）以及化学能合成细菌都属于生态系统中的生产者。植物群落可通过光合作用，把环境中的无机物（水、二氧化碳、无机盐等）转化为有机物，把太阳能转化为化学能供自身生长发育，而且本身又成为其他生物群体和人类的食物以及能量的来源。光合细菌及化能细菌可以利用某些物质在化学反应过程中释放出能量，也能将无机物转化为有机物，与绿色植物具有相同的功能。生产者是生命能量的基本生产者，是生态系统中营养结构的基础，因此它们是生态系统中最积极、最活跃的因素。

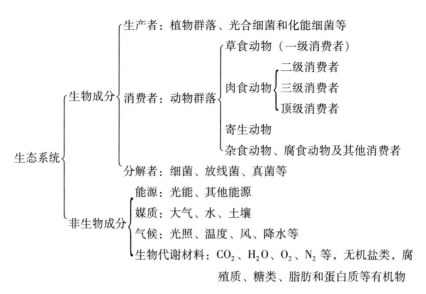

图 2-6　生态系统的组成成分

（2）消费者。消费者是指不能进行光合作用制造食物，仅能直接或间接地以生产者为食，从中获得能量的异养生物，主要指各种动物、营寄生和腐生的细菌类，也应包括人类本身。直接以植物为食的动物称为一级消费者，如牛、羊、马、兔子等；而以一级消费者为食的动物又称二级消费者或一级肉食动物，如黄鼠狼、狐狸等。动物间"弱肉强食"的生存竞争，又可进一步将消费者再划分成三级消费者（如虎、狮、豹等）及顶级消费者，分别以前一级消费者为食。许多动植物都是人的取食对象，所以人是最高级的消费者。消费者虽然不是有机物的最初生产者，但有机物在消费者体内也有一个再生产过程。因而消费者在生态系统的物质循环和能量流动过程中是一个极为重要的环节。

（3）分解者。分解者指各种具有分解能力的微生物，主要是细菌、放线菌和真菌，也包括一些微型动物（如鞭毛虫、土壤线虫等）。它们在生态系统中的作用是把动植物的尸体分解成简单化合物或"无机盐"，部分用于保持自身生命运动，部分又回归环境，重新供植物吸收、利用。分解者在生态系统中的作用极为重要，如果没有它们，动植物的尸体将会堆积如山，物质不能循环，生态系统毁坏。利用分解者的作用而建立的废水生化处理设施，对防治水体污染起到了重要作用。

（4）非生物成分。生态系统中的非生物成分（也叫非生物环境）是生物生存栖息的场所、物质和能量的源泉，为各种生物有机体提供了必要的生存条件和环境，也是物质交换的地方。它包括：气候因子，如光照、温度、风、降水及其他物理因素；生物代谢材料，如 CO_2、H_2O、O_2、N_2 及矿物质盐类等，它们参加生态系统的物质循环；无生命的有机物质，如蛋白质、糖类、脂类、腐殖质等，它们起到联结生物和非生物成分之间的桥梁作用；还包括光能等能源以及大气和水等媒质。以上四部分构成了生态系统有机的统一体，四者相互间沿着一定途径不断进行着物质方面的循环和能量间的流通，并在一定条件下使系统保持动态的相对平衡。图2-7通过一个湖库示意图清楚地反映出这4部分是如何联系而构成一个典型完整的生态系统的。

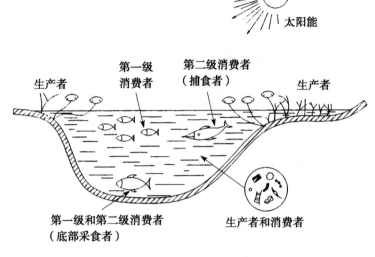

图2-7　湖库生态系统示意图

生态系统的各组成部分，在种类、数量、空间配置和营养关系上，一定时期内都具有相对稳定的状态或结构。例如，动植物在空间关系中的分层、分区和群落就是生态系统形态结构的主要标志。各组成部分之间建立起的营养关系构成了生态系统的营养结构，又称为自然界的食物链。

2.4.2　生态系统的能量流动、物质循环和信息联系

能量的单向流动和物质周而复始的循环是一切生命活动的主动齿轮，是所有生态系统运转的基本动力。生态系统的功能也就表现在生态系统中有规律的能量流动、物质循环和信息传递上。

1. 生态系统中的能量流动

在生态系统中，每种生物的生存都必然要和其他一些生物维持相互依存的食物关系。例如，水鸟食鱼，鱼吃水蚤，水蚤又以藻类为生，藻类—水蚤—鱼类—水鸟，自然形成一条互为依存的链环。这种以食物关系把多种生物联系在一起的链环就是生态系统中的食物链。能量在生态系统中的流动，就是通过"食物链"这个渠道实现的。食物链上的各个环节叫营养级，生产者为第一营养级，一级消费者为第二营养级，……，依此类推。由于能量流在通过各营养级时会急剧减少，所以食物链不可能太长，生态系统中的营养级一般只有四五级，很少有超过六级的。所有的食物链中，都是以绿色植物为基础环节。通常能量在生态系统中大都沿着绿色植物—食草动物—小型肉食动物—大型肉食动物这条最典型的食物链逐级流

动。以下是几种典型的食物链。

（1）捕食性食物链：

青草—野兔—狐狸—狼

藻类—甲壳—小鱼—大鱼

（2）碎食性食物链：

植物叶子—昆虫—鸟—鹰

细菌、真菌、藻类—原生动物—虾—鱼—鸟

（3）寄生性食物链：

哺乳动物或鸟类—跳蚤—原生动物

（4）腐生性食物链：

动植物尸体—微生物

图2-8即草原生态系统中一个典型的五级食物链。

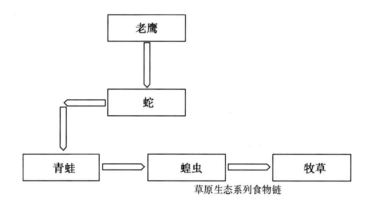

草原生态系列食物链

图2-8 典型草原生态系统食物链

生态系统中有多种食物链，它们之间往往纵横交错，形成食物网。一般一个生态系统中生物的种类越丰富，食物网也越错综复杂。食物网是生态系统长期发展进化形成的，它维持着生态系统的平衡。系统中生产者和消费者之间相互矛盾又相互依存，其中某一种群的数量突然发生变化，都必然牵动整个食物网，在食物链上反映出来，另外食物链还具有浓缩和降解效应。当环境被污染时，化学污染物既可以通过食物链被降解净化，又可以在生物体内被逐级浓缩。

生态系统中的能量流动有两个显著的特点：一是能量在流动过程中，数量逐级递减；二是能量流动的方向是单程不可逆的。因而要使生态系统功能正常地运行，就应有能量不断地输入生态系统中。

2. 生态系统中的物质循环

生态系统中的物质循环与能量流动是密切结合的，生物为了生存不仅需要能量，也需要物质。物质是化学能量的运载工具，又是有机体维持生命活动所进行的生物化学过程的结构基础。假如没有物质作为能量的载体，能量就会自由散失，不能沿着食物链转移；假如没有物质满足有机体生长发育的需要，生命就会停止。

维持有机体生命活动的元素，主要有 30~40 种，其中 C、H、O、N、S、P 等是构成有机体的主要元素，占原生质成分的 97%，主要以 H_2O、CO_2、NO_3^-、PO_4^{3-}、HPO_4^{2-}、$H_2PO_3^-$ 等形式被植物吸收、利用，进入食物链。首先在植物体内形成有机物，然后以有机物形式通过食物链在各营养级之间逐级传递，最终被微生物重新分解成无机物，回归环境供植物再次利用。在生态系统中，物质如此沿食物链周而复始地循环，从而使自然界生机盎然。在生态系统中，不同的物质具有不同的循环途径，最基本的也是与环境关系最密切的是 H_2O、C、N、P 四种物质的循环。

（1）水循环。水是一切生命的基础，没有水的循环，生物地球化学循环就不能存在，生态系统就无法开动，生命就不能维持。各种物质只有借助水才能在生态系统中进行永无止境的流动。

在自然界中通过河、湖、海等地表水的蒸发，植物叶面蒸腾，水以水蒸气的形式进入大气，然后又通过雨、雪或其他降水形式重返地球表面，从而完成水的循环。图 2-9 所示为水的自然循环过程。

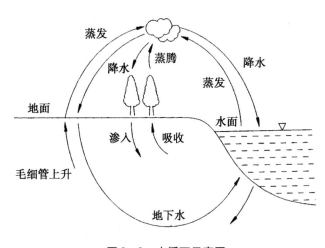

图 2-9 水循环示意图

水循环是太阳能所推动的各种循环中的中心循环，因为其他许多物质通常只有溶解于水中，才能得以正常循环。所以对水循环的任何干预，都会使其他一些物质的循环受到干扰。在现代社会，随着人类用水量的增加，又产生了水的社会循环。人类社会为满足生产、生活上的需要，要从自然界的各种水体中取用大量的水。生活用水和工业用水在使用后，往往成为污水、废水。它们被排放后，流入天然水体中。于是，人类社会又构成了一个局部的水循环体系，常称为水的社会循环。这种循环不是水体的更新，而是给天然水体带来污染，给人类带来危害。

（2）碳循环。碳是构成生物有机体的基本元素。植物（生产者）通过光合作用把环境中

的 CO_2 带入生物体内，结合成碳水化合物（糖类），又经过消费者和分解者，在呼吸和残体腐败分解过程中从生物体内以 CO_2 的形式重返环境。这就是碳循环的基本过程，如图 2-10 所示。自工业革命开始以来，煤、石油、天然气的消耗量与日俱增，森林面积日益减少，使越来越多的 CO_2 进入大气，引起了全球性的温室效应。

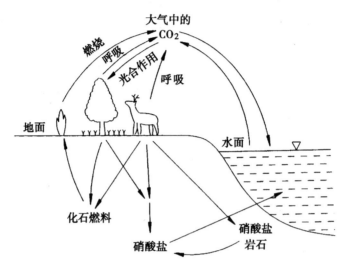

图 2-10 碳循环示意图

（3）氮循环。氮是构成生命物质——蛋白质的重要元素之一。它在常温下为不活泼的气体。环境中的氮气通常只能通过间接形式进入生物体内。例如，通过豆科根瘤菌的生物固氮作用，或者化肥合成氨的工业固氮作用，它才能被植物吸收利用，形成氨基酸，进一步合成为植物有机体。然后它又通过食物链以蛋白质的形式进入消费者体内。在消费者的新陈代谢过程中，部分蛋白质分解形成尿和尿酸等含氮废物排入土壤，而动植物残骸中的蛋白质则由土壤微生物作用分解成氨、二氧化碳和水，进入土壤。土壤中氨形成硝酸盐，部分被植物再次利用，部分则在反硝化细菌的作用下分解成游离氮，逸散回大气，从而完成氮的循环。

（4）磷循环。磷是构成生物有机体不可缺少的重要元素，生物的代谢过程都需要磷的参与，磷是核酸、细胞膜和骨骼的主要成分。在水域生态系统中，磷和氮往往是浮游植物过度生长的关键元素，所以，在水域富营养化的过程中，磷是重要指标。

磷元素不存在任何气体形式的化合物，所以磷是典型的沉积型循环物质。磷一旦沉积便不易移动。磷循环的起点源于岩石的风化，终于水中的沉积。由于风化侵蚀和人类的开采，磷被释放出来，由于降水成为可溶性磷酸盐，经由植物、草食动物和肉食动物而在生物之间流动，待生物死亡后被分解，又回到环境中。溶解性磷酸盐，也可随着水流，进入江河湖海，并沉积在海底。其中一部分长期留在海里，另一部分可形成新的地壳，在风化后再次进入循环。

人类活动对磷循环的干预，是出现磷污染问题的关键。由于城市内大量使用含磷较多的物质，使城市生活污水含有较多的磷。某些工业废水也含有丰富的磷，这些废水排入河流、湖库或海湾，使水中含磷量增高。这是湖库发生富营养化和海湾出现赤潮的主要原因。

值得注意的是，环境污染往往以不同形式和场合反映在这 4 种物质循环中，影响自然界的生态平衡。

3. 生态系统中的信息联系

在生态系统各组成部分之间及各组成内部都存在着各种形式的信息联系。生态系统的另一功能就是可以通过系统内信息的传递，把系统各组成部分联成一个统一的整体，信息的形式主要有以下 4 种：

（1）物理信息。物理信息即通过鸟鸣、兽吼，颜色或光等物理因素来传递生物间联络、威吓、寻找、觅食等信息，如花的颜色传递了蜜蜂能否去采蜜的信息。

（2）化学信息。这是指生物在特定阶段特定情况下，通过分泌出特殊的化学物质，在个体或种群间传递信息，如猫可通过排尿标记自己的行踪和活动范围。

（3）营养信息。通过营养交换的形式，把信息从一个种群传递给另一个种群，这就是营养信息。例如，一些鸟类以某些昆虫为食，在这类昆虫多的区域，这些鸟类便大量聚集，迅速生长、繁殖。因为昆虫为这些鸟类提供了营养信息。

（4）行为信息。有些动物通过自己的各种行为和动作向同伴们发出识别、威吓、求偶、挑战等信息，如丹顶鹤求偶时，雌雄便双双起舞，传递"爱"的信息。

2.4.3　生态平衡

1. 生态平衡的含义

宇宙间万物，包括生态系统都不是静止不变的，而是始终处于不断的发展变化中。但在长期的演变过程中，生态系统内各因素间便有可能建立相互适应、相互协调、相互补偿和相互制约的关系，同时也能具有一定的通过自我调节排除外界干扰的能力。此时系统内部物质循环和能量流动保持稳定，信息传递保持流畅。通常把生态系统的这种结构与功能都处于相对稳定的状态叫生态平衡。

生态平衡是动态的平衡，一方面系统内、外因素的改变、干扰总是会使平衡状态破坏，另一方面遭破坏的生态系统又能通过自我调节机制向平衡状态过渡。生态平衡也是有条件的平衡。只有在满足输入、输出物质数量平衡，结构、功能稳定的基础上，生态系统才可能成为一个各因素相互适应、协调的平衡系统。

2. 影响生态平衡的因素

通常当一个生态系统被扰乱时，该系统会通过自身对抗瓦解的调节机制保护自己，但这种自我调节的能力总是有限的。如果外来干扰超过这个限度，调节机制就不再起作用，从而便会使生态平衡遭到破坏，主要表现为系统结构的破坏和功能的衰退。如 20 世纪经济飞速发展，由于当时人们根本就没有认识到环境及生态与经济发展的关系，大量污染物进入环境，从而使生态系统的结构和功能受到严重影响。

影响生态平衡的因素有自然和人为两方面。

（1）自然因素。自然因素主要是指自然界发生的异常变化或自然界本来就存在的影响人类和生物的因素，包括地壳变动、火山爆发、山崩、海啸、水旱灾害、流行病等引起生态平衡的破坏。例如，秘鲁海面每隔 6~7 年就会发生一次海洋变异，结果使来自寒流海域的鳀鱼大量死亡，使食鱼的海鸟因缺食也大批死亡，从而又引起以鸟粪为肥料的当地农田因缺肥而减产。

（2）人为因素。人为因素主要指人类对自然资源无节制、不合理的开发利用以及工农业发展引起的环境污染。人为因素引起生态平衡的破坏主要有 3 种类型：

① 生物种类的改变。当人类的活动有意或无意地使生态系统中的某一物种消失或某一新物种出现时，都可能影响整个生态系统。例如 1859 年，澳大利亚为了肉食和毛皮的需要，引进了野兔。澳大利亚本土原来没有兔子，草场肥沃，由于没有天敌限制，野兔成灾，草原遭到破坏，野兔大量繁殖与牛、羊争草，使澳大利亚本以畜牧业为主的经济受到极大影响。直到 1950 年才不得不从巴西引进兔子的流行病毒，使 99.5% 的野兔死亡，才控制了因野兔造成的生态危机。

② 环境因素的改变，引起平衡破坏。工业生产排放大量的"三废"，农田中滥施农药，无限制地围湖垦田，不适当的灌排体系、库坝等水利工程都会危及生态系统的平衡，并带来各种严重的甚至是无法补偿的恶果。例如，近年来巴西毫无节制地滥砍乱伐森林、露天开矿，使其热带雨林资源受到严重破坏，水土严重流失。

③ 信息系统的破坏。在生态系统中，某些动物繁殖期间，雌性个体会放出性激素，引诱雄性，实现配偶，繁衍后代。当人们将某些污染物质排放到该生态系统中，使某一动物排放的性激素失去引诱性个体的作用时，便破坏了这种动物的繁殖，改变了生物种群的组成，使生态平衡受到影响，甚至被破坏。

3. 生态平衡的恢复与最佳平衡

当生态系统的结构遭到破坏，功能表现衰退时，首先要查明破坏的原因、系统调节能力的范围以及人类干扰的容许限度，这样才能采取合理、有效的措施，扭转生态系统瓦解的趋势，使生态平衡重新恢复过来。例如，有人在被破坏的草原生态系统中增加一个环节，放养大批以牛羊粪便为食的蜣螂。一段时间后，大量覆盖在牧草上的粪便被"清除"，土壤结构得到疏松，养分也得到补充。原来枯萎、衰败的牧草重新放青，失去生机的草原重又恢复生态平衡。

人类社会不断发展，越来越深刻地影响环境，影响生态系统的面貌。自然界旧的生态平衡不断被打破，怎样建立新的平衡？关键在于要防止产生诸如农田盐碱化、森林沙漠化等低产劣质平衡，而应该利用先进的科学技术手段，依据生态平衡的规律，建立起新层次上的现代优质高产平衡，这就是所谓最佳平衡。我国某地的桑基鱼塘就是运用现代科学技术，创造出的一个新型高效人工生态系统。在这个系统中，用桑叶养蚕，蚕粪养鱼，用塘泥再种桑。桑—蚕—鱼联系在一起，陆地和水域有机结合，达到了高效高产的最佳平衡目的。另外，要加快环境立法，强化法制手段，建立全社会的环境意识，从法律角度遏制对生态系统的破坏行为，也是从根本上保持自然界生态平衡的一项刻不容缓的重要工作。

4. 保持生态平衡的基本途径

人类在创造物质文明和精神文明的同时，又对生态平衡造成破坏，为了自身的生存和后代的持续发展，人类必须充分运用与发挥人类的智慧和文明，主动地调节生态系统的各种关系，保持生态平衡。生态保护的最终目标是维持健康的生态系统，达到资源与环境的可持续利用，实现社会效益、经济效益、环境效益的统一。

通过以下几个基本途径可维持生态平衡：

① 对自然资源进行多学科的综合考察，制订符合生态学原理的开发利用方案。

② 在对生态系统进行全面研究，充分掌握其规律的基础上，对其进行合理的调整，保持生态系统的稳定。

③ 防灾、减灾，对环境生态进行综合整治。

④ 加大力度对临危生物栖息地进行保护。

⑤ 采取果断措施，对因人为污染而造成生态恶化的区域、流域进行整治。

2.4.4　生态学在环境水利中的作用

生态学从其独特的角度，在环境监测、评价和治理等方面都起着很重要的作用。

1. 环境质量与环境污染的生物监测与评价

环境质量的监测手段在目前主要是化学监测和仪器检测。化学监测的速度较快，对单因子监测的准确率也很高。但也存在一些弱点，首先化学监测和仪器检测还不能连续进行，往往一年只能进行几次或十几次。用这样的数据代表全年的状况，是不甚合理的。其次，化学监测和仪器检测只能测定某一污染物质的污染情况，而在实际环境中往往为多种污染物质造成的综合污染。不同污染物质在同一环境中相互作用，有可能使污染的严重性成倍增加。因此，用单因子污染的效果去说明多因子综合污染的状况，也往往有失准确。

而生物监测在某种程度上则恰恰可以弥补这些不足。所谓生物监测就是利用生物对环境中污染物质的反应，即利用生物在各种污染环境下所发出的各种信息，来判断环境污染状况的一种手段。由于生物较长时间地经受着环境中各种物质的影响或侵害，因此它们不仅可以反映环境中各种污染物质的综合影响，而且能反映环境污染的历史状况，这种反应比化学和仪器的检测更接近实际。

水体污染可以利用生物进行监测和评价，污水生物体系法为普遍采用的方法之一。由于各种生物对污水的忍耐力不同，在污染程度不同的水体中，就会出现某些不同的生物种群，根据各个水域中生物种群的组成、数量，就可以判断水体的污染程度。用指示种判断水体污染，也是一种切实可行的方法。此外，应用水生生物的生理指标、毒理指标，水生动物形态习性的改变，生物体内有毒物质的含量等，也都可以从不同侧面对水体的污染进行监测和评价。

2. 污染物质迁移转化的"生物放大"特性

污染物质进入环境中，不是静止不变的，而是随着生态系统的能量流动，在复杂的生态系统中不断地迁移、转化、积累、富集。DDT本来是用于杀灭农田害虫的，曾被称为"昆虫世界的原子弹"，如今成了通过食物链逐渐富集，"生物放大"倍数惊人的环境污染"指示剂"。DDT在水中的溶解度很低，大约为 0.002 ppm（1 ppm = 1 mg/L），但它是脂溶性化合物，在脂类中溶解度可达 1×10^6 ppm，为水中溶解度的 5 000 万倍。因此，生物体成了DDT的"储藏室"，生物一吃进去就难以排出来，而且通过食物链逐渐富集，对生物造成严重危害。如水中的DDT浓度为 0.000 03 ppm，被浮游生物吞食后，在其体内可以富集到 0.04 ppm（富集 1 300 倍）；浮游生物为小鱼吞食后，其体内DDT浓度可达 0.5 ppm（富集 1.67 万倍）；小鱼为大鱼吞食后，在其体内可以富集到 2.0 ppm（富集 6.67 万倍）；若大鱼为水鸟所吞食，其体内DDT浓度可达 25 ppm（富集 83.5 万倍）。1953 年日本发生的水俣病，经查明就是工业废水中的汞经食物链进入人体所致。由于找到了根源，从而也找到了根除的方法（参见表 1-1）。

3. 利用生态系统的自净能力消除环境污染

生态系统的能量流动和物质循环始终在不断进行着，自然因素和人为活动会经常给生态系统带来各种污染。但在正常情况下，生态系统能保持相对稳定的平衡状态。这种平衡的保持有赖于生态系统的自净能力。利用生态系统自净能力消除环境的污染，在这一方面，国内外均已开展了大量工作，并取得了良好的成效。

利用生物净化污水，已收到良好效果。如目前普遍采用的工业废水的生化处理，主要就是利用活性污泥对污水中有毒物质的吸附和其中的微生物、原生物对有毒物质的分解、氧化作用而进行的。在自然水体中，微生物也可以形成生物膜，对水中有毒物质进行分解、氧化，达到净化效果。利用天然池塘、洼地和水坑中的水草、藻类和微生物的吸收、分解、氧化作用净化污水，即氧化塘法，也越来越引起人们的重视。池塘中大量繁殖吸毒能力强的高等植物，如水葫芦，也是净化污水的有效途径。总之，生态系统与环境是相互影响的统一体，在环境水利的诸多领域中都涉及生态学的知识。

2.5 水生生物学

2.5.1 水生生物学及其研究内容

水生生物学是生物学的分支，研究水环境中的生命现象和生物学过程及其与环境因子间的相互关系，并探讨其控制和利用，它同时也是研究水生生物形态结构、分类、生理、生态、分布等及其与外界环境关系的综合性学科。

水环境有淡水与海洋之分，水生生物学涵盖了淡水生物学和海洋生物学两门学科的内容。现阶段研究最多的是淡水生物学，它主要研究淡水水域中的浮游植物、浮游动物、水生高等植物、底栖动物等的形态、分类和生态（生物与环境之间关系）；掌握其群落组成、种群结构及其数量变动规律，使有益种群得到增殖，有害种群得以控制，最终达到提高水体生产力和保护水体环境的目的。

水生生物学早期以研究水生生物的形态、分类和自然生态为主。由于人类经济活动和环境保护的需要，水体生产力发展和改造的要求，加上现代科学新成就、新技术的采用，水生生物学已发展为综合性学科。它主要研究水生生物在水体中的分布特征，水生生物对于水层生活和水体底部生活的适应，水生生物与溶解于水中的盐类、有机质、气体（主要是 O_2 和 CO_2）以及水的酸碱度的相互关系，温度在水生生物生活中的作用，水生生物和光的关系，水生生物和食物的关系，种群数量变动的规律，种内关系和种间关系以及水体生产力的基本概念等。20 世纪 70 年代以来该学科又加强了水生生物代谢能力和生长规律、水质的生物监测以及污水处理装置和供水装置中生物活性的研究等。现代的水生生物学已不仅仅是水生生物的分类检索和形态特征，而是越来越跳出形态分类的圈子和分割研究的格局，趋向于以生态系统的概念作为指导原则，来研究各类水生生物在水域生态系统的结构和功能中所起的作用，也就是说越来越突出其生态学意义。

2.5.2　水生生物的种类

水生生物是生活在各类水体中的生物的总称，为人类提供蛋白质和工业原料，有重要的经济价值。水生生物种类繁多，有各种微生物、藻类以及水生高等植物、各种无脊椎动物和脊椎动物等；其生活方式也多种多样，有漂浮、浮游、游泳、固着和穴居等；生活环境也有所不同，有的适于在淡水中生活，有的则适于在海水中生活。

1. 按功能划分

水生生物虽然种类繁多，按功能划分，不外乎自养生物（各种水生植物）、异养生物（各种水生动物）和分解者（各种水生微生物）。不同功能的生物种群生活在一起，构成特定的生物群落，不同生物群落之间及其与环境之间，进行着相互作用、协调，维持特定的物质循环和能量流动过程，对水环境保护起着重要作用。

2. 按两界系统划分

按生物的两界系统划分，水生生物可以分为水生植物和水生动物。

（1）水生植物：

① 大型水生植物。大型水生植物是指植物体的一部分或全部永久地或至少一年中数月沉没于水中或漂浮在水面上的高等植物类群。

挺水植物：指以根或地下茎生于水体底泥中、植物体上部挺出水面的类群。常见的挺水植物有芦苇、香蒲、莲等。

漂浮植物：指植物体完全浮于水面上的植物类群，如凤眼莲、槐叶萍、浮萍等。

浮叶植物：指根或茎扎于底泥中、叶漂浮于水面的类群，如睡莲、荇菜、菱等。

沉水植物：指植物体完全沉于水面以下、根扎于底泥中或漂浮在水中的类群，如黑藻、金鱼藻、苦草等。

② 浮游植物。浮游植物是指在水中营浮游生活的微小植物，通常浮游植物就是指浮游藻类，如蓝藻。蓝藻多喜在水温较高的、含氮及有机质丰富的水体中生长，是水体有机污染的指示生物，水体富营养化常常会导致蓝藻的爆发性繁殖。

（2）水生动物：

① 浮游动物。浮游动物是指悬浮于水中的水生动物。它们或者完全没有游泳能力，或者游泳能力微弱，不能做远距离的移动，也不足以抵拒水的流动力。它们的身体一般都很微小，要借助显微镜才能观察到。浮游动物主要有原生动物、轮虫、枝角类、水母、糠虾、箭虫等。一些经济鱼类以浮游动物为饵料，而几乎所有经济鱼类的幼鱼都吃浮游动物。

② 游泳动物。游泳动物是能够在水层中克服水流阻力自由游动的水生动物生态类群，主要由脊椎动物的鱼类、海洋哺乳类、头足类和甲壳类的一些种类，以及爬行类和鸟类的少数种类组成。绝大多数游泳动物是水域生产力中的终级生产品，产量占世界水产品总量的90% 左右，是人类食品中动物蛋白质的重要来源。

③ 底栖动物。底栖动物是长期栖息于水底，不能到达水面，或者到达水面也不能持久的水生动物群落。底栖动物是一个庞杂的生态类群，其所包括的种类及其生活方式较浮游动物复杂得多，主要包括水栖环节动物、软体动物和节肢动物等。常见的底栖动物有水蚯蚓、摇蚊幼虫、螺、蚌、河蚬、虾、蟹和水蛭等。有些底栖动物幼体是浮游的，成体是底栖的，如蟹类；有些幼体是寄生的，成体是底栖的，如河蚌的钩介幼虫。底栖动物有的是鱼类的饵料，也有的传播鱼病，如椎实螺。

2.5.3 水生生物学在环境保护中的作用

生物和环境是一个统一的整体，当环境的变化超过生物的适应能力时，生物将发生相应变化，因此，生物是环境综合指标的反映。当外界物质特别是污染物进入水体后，水体环境遭到破坏，外来物质打破了水体原有的动态平衡，水体中的生物种类、数量和生物群的组成，结构也会发生变化以适应新的生存环境。利用生物的变化，可以对水环境质量进行监测和评价。

水生生物在水体自净过程中也起着相当重要的作用，生物类群通过代谢作用（同化作用和异化作用），使进入水环境中的物质无害化。这是因为水中各种生物，特别是微生物，在它们的生命活动过程中，经过吸附、氧化、还原、分解，吸收了某些污染物，在污染物降解和无机化的过程中，直接或间接地把污染物作为营养源，既满足了有机体自身的原生质合成、繁殖及其他生命活动等的需要，又使水体得到了净化。

1. 水生植物在水体自净过程中的作用

水生植物在水体自净过程中主要通过以下 3 个途径对有机污染物进行净化：

① 植物本身可以吸收和富集某些小分子有机污染物。

② 通过其根际区电化学反应促进物质在其表面进行离子交换、聚合、吸附、沉淀等，不溶性胶体被根系黏附和吸附，凝集的菌胶团把悬浮性的有机物和新陈代谢产物沉降下来。

③ 水生植物群落的存在，为更多的微生物和其他微型生物提供了附着基质和栖息场所，这些生物本身作为水生生态系统的分解者，可以大幅度提高根际区有机胶体和悬浮物的分解和矿化速度，如有机磷降解、硝态氮的氨化等，从而提高植物体对 N、P 等营养素的吸收率。

除此之外，水生植物的根系还能分泌促进嗜磷、嗜氮细菌生长的物质，从而间接提高对水环境的净化效率。漂浮植物是人工湿地中常用的一类植物，就去除效果而言，凤眼莲的净化效果最好，挺水植物美人蕉、芦苇、香蒲的使用频率最高。

2. 水生动物在水体自净过程中的作用

水生动物在水环境保护中的作用更是至关重要。在一定水域内，通过人工放流鲢鱼、鳙鱼、银鱼（受精卵）等滤食性鱼类，增加其种群和数量，实行"人放天养"，不投饵施肥，自然状态下觅食水中的浮游动物、浮游植物、微生物等，不仅可以增殖渔业资源，而且可以削减氨氮的排放，降低水体富营养化程度，达到改善水域环境、净化水质的目的。

水生微生物可以清除水环境中长时间积累的大量残饵、粪便、动植物尸体及有害物质（NH_3、H_2S 等），使之先分解为小分子（多肽、高级脂肪酸等），然后分解为更小分子有机物（氨基酸、低级脂肪酸、单糖、环烃等），最后分解为 CO_2、硝酸盐、硫酸盐等，有效降低了水体中的 COD、BOD，提高了溶解氧，使水体中 NH_3、NO_2^-、H_2S 的浓度明显降低，有效地改善了水质，且能为以有益单胞藻类（绿藻、硅藻等）为主的浮游植物的繁殖提供营养物质，促进其繁殖，维持藻相和菌相平衡，形成理想的水色并保持水色稳定。这些以藻类为主的浮游植物的光合作用，又为水体内浮游动物、底栖动物、鱼虾类等水生动物的呼吸、有机物的分解矿化提供氧气，从而形成良性的循环。

2.6 水环境与生态系统

2.6.1 水在自然生态系统中的作用

1. 水是生命的重要组成部分

水是所有生命机体的重要组成部分，生命体的含水量为 60% ~ 90%，生物圈中生物水的总量约为 1 120 km^3。一个成年人体重中含有 60% ~ 70% 的水，人体一天平均需要 2.5 L 的水，如果没有水，人只能活几天。

2. 水是自然生态系统的介质

在自然生态系统中，太阳能是地球表面自然生态系统的原动力，土壤是自然生态系统的载体，是其生存和进化的场所，而水是自然生态系统的介质，是其赖以生存的"血液"。

太阳能不仅提供了生态系统光合过程的能量，而且驱动了水在生态系统的转化。流动的水被太阳能蒸发，通过气流输送和凝结，水汽转化为液体状态的水，形成降雨，进入陆地生态系统。因此，水体在太阳能和地球引力的驱动下，不断循环转化和迁移，这种循环过程为各种化学反应的发生和生命的进化提供了条件。

3. 水能保证生命体中营养物质的输送

水是优良的溶剂，能够使需要的营养物质溶解，并在生命体内输送和排泄。一些影响生命活动的重要因子也是通过水发生作用的。例如：

① 溶解氧。水中的溶解氧是有氧呼吸生物生存的必要条件。如果水中的溶解氧不足，则可能影响大多数水生动物的生存。

② pH。生物对水的 pH 都有一定的适应范围。

③ 氮形态。水中含有 NH_4^+、NO_3^-、NO_2^- 等，容易被低级生物如藻类摄取，是蛋白质的重要组分。

④ 营养盐。生命必需的一些无机盐类，主要是碳酸盐、硝酸盐和磷酸盐，都是通过水才发生作用的。

4. 水是进行生物化学反应的优良介质

水溶液是发生各种生物化学反应的场所，供生命体分解消化食物和合成更新机体组分。高度结构化的有机分子在水介质中吸收和转移太阳光能，进行光合成。其中一部分能量使水分子发生离解，释放出氢原子，与二氧化碳反应生产碳氧化合物自由基，最终生成糖和细胞质。水离解后形成的氧气被释放到环境中。相反进行的生物过程称为生物呼吸。生物呼吸释放能量，水重新被生成，产生的能量用于生物自催化过程。这两个过程结合起来形成的循环通常称为水的生物加工器特征。所形成的有机体可作为能量储存起来，或作为其他生物过程的营养。

水能够维持细胞和各种生命组织的形态，保证其功能的正常发挥。

5. 水能保持生态温度平衡

水具有比较大的比热容，可以吸收生命体代谢活动中排放的能量，保持温度平衡。

总之，水是自然生态环境存在的重要环境要素，是生态系统的命脉。

2.6.2 水环境与自然生态系统的演化

生态系统是"活"的系统，为了自身的生存，倾向于涵养保留足够的"水"。但是，生态系统涵养截流水的能力与生态系统本身生长的成熟程度密切相关。

1. 自然生态系统的生长发展趋势

生态系统是由生物的、物理的和化学的部分组成在一起的不断生长和发展的系统，在生长和发展的形态上受热力学理论的支配。当生态系统发展或成熟时，系统不断分化出多样化和复杂的结构。这种多样化的层次结构可以提高能量吸收利用的效率，加快能量的耗散。系统中能够存活的种群是那些汇集能量和有用物质（包括水）用于生产和再生产的种群，对整个系统能量耗散过程的自催化做出贡献。简言之，生态系统以一种系统地增加耗散进来的太阳能的能力的方式在发展。日本的佐藤曾实验发现，当太阳当头直射时，热带雨林系统表面的温度与冬季加拿大的相同，这是由于成熟的森林能够充分吸收辐射太阳能。

从宏观理解的层次上讲，自然生态系统可以被抽象为覆盖在地球陆地表面的一层"活"的生态膜。生态膜的主要功能是吸收、转化太阳能。在这层生态膜中，各种组分生生死死、循环往复将太阳能转化耗散为各种形式的能量。生态膜发展的方向总是趋于增加能量的耗散，发展更多样化和更复杂的结构、更多的层次，以增加对能量的吸收利用。

2. 自然生态系统对水环境保护的作用

森林是环境要素，地面森林生态系统能够减少地表降雨径流，阻止对土壤的冲刷，避免形成洪水，起着优化环境、水土保持、调节气候、绿化大地、造肥沃土、涵养水源、养育生物、调节生态、保护地球等重要的生态效能作用。研究表明，对于比较成熟的树林，5%～10%的水分从林内蒸发掉，50%～80%被林下枯枝落叶层吸收和渗入土壤，只有10%以下的降雨形成径流。这是因为，在降雨过程中，雨水首先遇到乔木层的截留，而后又经过灌草层和枯落物层的再次截留，降下的水量和势能大大减小。因此，植被具有截留降雨、减缓径流、保土固土等生态功能。

天然草原根系细小，而且多分布于表土层，比裸露地和森林有更高的渗透率，其涵养土壤水分和防止水土流失的能力明显高于灌丛和森林。因此，草本植物具有比较强的控制土壤侵蚀的能力，所起的作用主要包括降雨截留作用、径流延滞作用、土壤增渗作用、蒸腾作用和土层固结作用等。

综上所述，成熟的自然生态系统有如下保护水环境的功能：涵养水源，保育水土，调节气候，净化环境，调蓄洪水，保护海岸带，补充地下水。

3. 水资源对自然生态系统的作用

健康的自然生态系统对水的正常循环至关重要，同样，充足的水资源对自然生态的进化也是必不可少的。

（1）水对陆地自然植被的作用。陆地自然植被的生长主要受区域气候因子光、热、水的影响，其中生态用水是关键的影响因素。因为水分在植物生命活动中扮演着重要的角色，水分含量的变化密切影响着植物的生命活动。生态用水在植物生命活动中的作用主要体现在以下4方面：

① 水分是植物体中原生质的主要成分。原生质70%～90%的含水量使原生质呈现溶胶状态，保证了旺盛的代谢作用正常地进行。若原生质含水量减少，原生质便呈凝胶状态，生命活动大大减弱。如果细胞失水过多，可能引起原生质破坏而致死亡。

② 水分是代谢作用过程的重要反应物质。在光合作用、呼吸作用、有机物质的合成和分解过程中都要有水分子的参与。

③ 水分是植物物质吸收和运输的溶剂。一般来说，植物不能够吸收固态的无机物质和有机物质，这些物质只有溶解在水中才能被植物吸收，同样各种物质在植物体内的运输也要

溶解在水中后才能进行。

④ 水分能保持植物的固有姿态，使植物枝叶挺立，便于充分接受光照和交换气体。

（2）水对湿地生态系统的作用。湿地是一种由水文条件促成的土地类型，水来自降水、地表径流、泛滥河水、潮汐或地下水。水文条件是湿地属性的确定因子，湿地经常处于土壤水分饱和状态或者有浅水层覆盖，湿地与陆地系统的分界在土壤水分饱和带的边缘，而与深水系统的交界一般在水深 6 m，相当于挺水植物可以生长的范围边界。水的来源、水深、水流方式以及淹水的持续期和频率决定了湿地的多样性。湿地土壤通常被称为湿土或水成土，水对湿地土壤的发育有着深刻的影响。湿地由于其特殊的水文条件和水成土壤，支持了独特的具有生物多样性和高生产力的生物系统。

湿地号称"生命之源""自然之肾"。在地球的三大生态系统（森林、海洋、湿地）中，尽管湿地系统面积最小，但其巨大的蓄水、防旱、控蚀、促淤、造陆、降污等功能为人类做出了难以估量的贡献。

水是导致湿地的形成、发展、演替、消亡与再生的关键，是湿地生态系统中潜育化土壤形成的关键，是维持给养湿生物物种的关键。湿地离不开水，无水不成湿地，水量的有无和多少对其属性有着本质的影响，水量和水质情况影响着湿地自然环境的变化。以黄河和黄河三角洲湿地为例，黄河是形成和维持黄河三角洲原生湿地生态系统的主导因素，是黄河三角洲湿地的主要淡水来源，黄河流域的水资源状况对湿地生态系统影响巨大。黄河的断流造成了湿地的干涸，直接影响湿地植被的正常生长，使大片的芦苇地退化、消失。

2.6.3 水环境与人类生态系统

人类的进化速度远远快于自然生态系统的进化。进入工业化社会后，人类开始对地球自然生态产生根本性的影响。人类发展了现代化的工业，制造了各种机器，大量合成了自然界原本没有的各种有机物质和材料；利用现代工业技术，人类对传统的农业和牧业进行了彻底的改造，发展了独立于自然生态的现代农业和牧业。反过来，被改造了的地球自然生态系统又意想不到地开始影响人类社会的发展和生存。主要原因是，人类的大规模开发活动正在不可逆地破坏地球环境和自然生态内在运转规律，进而影响人类自身的生存条件。

1. 现代工业对水环境的影响

现代工业通过三类污染源对水环境造成污染：点源、城市面源、大气沉降。

（1）点源。点源主要是指污染物在固定地点连续排放，如烟囱排放、工业废水和城市污水排放。根据《2019 中国生态环境统计年报》，我国在 2019 年工业废水排放量达到 252 亿吨，城市污水排放量达到 554.65 亿吨，工业废水含有的 COD 总量约为 77.2 万吨，而城市污水中的 COD 总量达到 469.9 万吨。可见，城市污水的污染已经超过了工业废水。随着我国城市化程度不断提高，城市污水排放量将会继续增大，成为主要污水来源。

（2）城市面源。城市面源指分散的非定点连续排放的污染源，主要是自然降雨冲刷城市地表形成的市政排水。随着现代化生活水平的提高，城市面源污染显得日益严重。在比较发达的城市里，各种建筑物和道路密集，不透水面积的比例高达80%以上。城市的混凝土地面，使降水无法渗入，且汇流速度快，形成径流后流速快，冲刷力大，城市地表和建筑物上的各种物质都可能进入水流成为污染物质。在降雨后，除少量的截流和蒸发之外，大部分通过地下水管道系统排出，进入自然水环境，加重水体污染。

（3）大气沉降。大气沉降也已经成为一个污染水环境的不可忽视的污染源。在工业区和城市里，各种生产与生活活动密集地进行，消耗大量化石能量，改变了局部小气候，形成"热岛效应"，容易产生大量的大气污染物，包括溶解性的和颗粒性的。在降雨季节，大气中污染物随着雨水进入陆地水体，主要危害是酸雨和颗粒物质。在2015年，我国向大气排放的二氧化硫总量达到1 859.1万吨，酸雨区面积已经占国土面积的7.6%；烟尘排放总量达到1 538.0万吨。对于水体来说，降尘可能是富营养元素磷的一个重要来源。例如，在严重富营养化的云南滇池，水体生物包括藻类本身所含有的磷的总量约为2吨，而每年通过大气沉降直接进入滇池水体的磷达到12吨，远远超过生物本身的需要。

2. 水环境制约着人类的生产生活

（1）水资源现状。地球上的总水量约为1.36×10^{18} m³，而能被人类直接利用的水量仅占全球总水量的2.5%。由于全球人口每年以9 000万人的速度爆炸性增加，加上人们生活水平的提高，对水的消耗成倍增长，水危机将成为干旱和半干旱国家普遍存在的问题；每年大量污水直接排入江河湖海，造成污染，还有盲目超量开采地下水，使可利用的淡水资源日益短缺。

我国虽江河丰富，但人口众多，人均占水量很少。我国水资源的特点可归纳如下：

① 水资源总量多、人均少。我国水资源总量为28 124亿立方米，居世界第六位。年平均河川径流量为27 115亿立方米，居世界第六位，但人均占有量只有2 710立方米，居世界第110位。

② 地区分布不均，水土资源组合不平衡。长江以南地区耕地面积占全国的36%，水资源总量占全国的81%，人均占有量为4 100 m³，是全国人均占有量的1.6倍；而北方地区耕地面积占全国的58.3%，水资源总量却只占全国的14.4%，人均占有量是全国人均占有量的19%。

③ 年内年际变化大。我国的降水量受季风的影响，降水量、径流量往往集中在一年的3~4个月，占全年降水量的60%~80%，使总水量不能充分利用，易导致旱涝灾害。

④ 水土流失严重，部分河流含沙量大。根据第九次全国森林资源清查结果，到2019年，全国森林覆盖率为22.96%，远低于全球31%的平均水平。我国水土流失严重，2019年全国现有水土流失面积271.08万平方千米，其中，水力侵蚀面积113.47万平方千米。据统计，每年被河流带走的泥沙约35亿吨，年平均输沙量大于1 000万吨的河流有115条，其中黄河最多，年输沙量为16亿吨。

（2）水环境污染使水资源更加短缺。全世界每年有4 500亿吨废水流入水体，每分钟有8.5万吨废水流入江河湖海，2012年我国废水总排放量684.8亿吨，660多个城市污水排放量462.7亿吨，污染我国141条江河和地下水，有63%的城市饮用水资源受到不同程度的污染。我国水资源开采过量，浪费惊人，工业污染严重，加剧了水资源危机。全国660多个城市有300多个城市缺水，为解决缺水需投入资金1 200亿元。我国已被联合国列为世界最贫水的12个国家的前列。

3. 水污染综合防治与可持续发展

水体污染的控制与防治是当前保护世界淡水资源一个相当紧迫的问题。20世纪70年代，我国的水污染治理基本上走的是先污染、后治理的道路，十分被动，收效不大。70年代中期开始提出水污染综合防治的理论，并逐步被越来越多的人所接受。我国自1979年颁布《中华人民共和国环境保护法（试行）》（1989年起开始执行《中华人民共和国环境保护法》，《中华人民共和国环境保护法（试行）》同时废止）以来，环境保护立法工作也有了很大进展，国家制定了预防为主、防治结合，污染者出资治理和强化环境管理的三大政策，已基本形成了符合国情的环境政策、法律、标准和管理体系。1984年中共中央在《关于经济体制改革的决定》中提出要搞好城市环境综合治理，水环境综合整治是重要内容之一。至此，水污染综合防治已形成了比较完整的概念。

水污染综合防治的基本原则是：

（1）转变经济增长方式，提高资源利用率与水污染治理相结合。从"人类－环境"系统和"经济－环境"系统来分析，人类的发展活动，特别是经济再生产过程是矛盾的主要方面。人类生态系统中水循环有两方面，一是自然水循环，二是社会用水循环（工农业生产用水和生活用水）。在水循环过程中，要保证安全用水界限，并尽可能不降低水的质量，就只有对经济再生产过程进行调节和控制，包括转变经济增长方式，调整经济结构，特别是要调整工业结构和改善工业布局，以及推行清洁生产等。当前调控手段和方法还很难做到完全不产生污染、不排放污染物，所以，还需要有污染治理措施，两者相结合。

（2）合理利用环境的自净能力与人为措施相结合。排海工程、排江工程、优化排污口的分布都是合理利用水环境自净能力，将城市污水向江河或海洋进行合理排放的措施，但要从整体出发进行系统分析，土地处理系统，排江、排海工程，一级或二级污水处理，氧化塘等各种措施要优化组合。

（3）污染源分散治理与区域污染集中控制相结合。污水综合排放标准规定的第一类污染物必须由污染源分散治理达标排放，对于小型工业企业，可以采用污染治理社会化的方法去解决。对于其他的污染物应以集中控制为主，提高污染治理效益，将两者结合起来。

（4）生态工程与环境工程相结合。利用生物治理技术，设计合理的工业链和合理的工业用水循环等都是有效的生态工程措施，但要与环境工程相结合才能发挥更大的作用。

（5）技术措施要与管理措施相结合。在规划、评价的基础上选定技术方案可以避免盲目性。技术方案实施后，只有加强管理，才能使技术措施正常运行，获得良好的效益。

习　题

一、填空题

1. 液体中除汞外，水的_____最大，由此产生毛细、润湿、吸附等一系列界面物理化学现象。

2. 水中溶解氧的来源一是_____，二是_____。

3. 污染物在水体中迁移转化是水体具有_____能力的一种表现。

4. 水体悬浮物和底泥中都含有丰富的胶体物质。由于胶体粒子有很大的表面积和带有_____，因而能吸附天然水中各种分子和离子，使一些污染物从液相转到固相中并富集起来。

5. 在水质指标中，1 L 水中还原物质（包括有机物和无机物）在一定条件下被氧化时所消耗的溶解氧的毫克数称为_____。

6. 用于水环境检测的分析方法可分为两大类：一类是_____法；另一类是_____法。

7. 水环境检测常用的方法有化学法、_____法、_____法、离子色谱法、气相色谱法、_____法等。其中_____法和_____法目前在国内外水环境常规检测中普遍被采用。

8. 重量分析法主要用于废水中悬浮物、_____、_____、残渣、油类等的测定。

9. 比色法常用的主要有_____法、_____法和茜素磺酸锆目视比色法。

10. 光学分析法主要有_____法、_____法和_____法。

11. 水在自然界中的循环是通过河、湖、海等地表水的_____，植物叶面_____，使水以水蒸气的形式进入_____，然后又通过_____或其他降水形式重返地球表面，从而完成水的循环。

12. _____是导致湿地的形成、发展、演替、消亡与再生的关键。

13. 以食物关系把多种生物联系在一起的链环称为生态系统中的_____。

14. 生态系统中的信息联系形式主要有四种，分别是_____、_____、_____和_____。

15. 如果水体中氮、磷的浓度过高，就会使浮游植物_____，造成水体的_____。

16. 氧化还原反应是发生电子转移的化学反应，参与反应的物质，在反应前后元素有电子得失而化合价改变：失去电子的过程叫作_____，其化合价_____；得到电子的过程叫作_____，其化合价_____。

二、选择题

1. 在生态系统中，（　　）是一级消费者。

A. 狐狸　　　　　　　　　　　　　　B. 狼

    C. 豹   D. 兔子

2. 一个成年人体重中含有（　　）的水。

    A. 20%～30%   B. 40%～50%

    C. 60%～70%   D. 80%～90%

3. 在生态系统中，不同的物质具有不同的循环途径，最基本的也是与环境关系最密切的是（　　）三种物质的循环。

    A. 氧、硫、氮   B. 水、碳、氮

    C. 水、硫、磷   D. 氧、碳、铁

4. 化学物在水环境中吸收了太阳辐射波长大于 290 nm 的光能所发生的分解反应称为（　　）。

    A. 水解反应   B. 化学反应

    C. 氧化还原反应   D. 光解反应

5. 光学分析法主要有（　　）、（　　）和（　　）。（多选题）

    A. 分光光度法   B. 分子光谱法

    C. 原子光谱法   D. 电子分析法

6. （　　）是导致湿地的形成、发展、演替、消亡与再生的关键。

    A. 植物   B. 微生物

    C. 基质   D. 水

7. 现代工业通过三类污染源对水环境造成污染，分别是（　　）、（　　）和（　　）。（多选题）

    A. 点源   B. 农业面源

    C. 城市面源   D. 大气沉降

8. 氧化还原反应是发生电子转移的化学反应，参与反应的物质，在反应前后元素有电子得失而化合价改变：失去电子的过程叫作氧化反应，其化合价（　　）；得到电子的过程叫作还原反应，其化合价（　　）。

    A. 升高、不变   B. 降低、升高

    C. 升高、降低   D. 降低、不变

9. 水质指标中有的直接用水中所含该种杂质的量（浓度）来表示；有的则是利用这种杂质的共同特性来反映其含量水质指标可分为（　　）、（　　）、毒理学指标、氧平衡指标和细菌学指标。

    A. 物理指标、化学指标   B. 物理指标、生物指标

    C. 生物指标、化学指标   D. 物理指标、微生物指标

10. 按生物的两界系统划分，水生生物可以分为水生植物和（　　）。

    A. 浮游动物   B. 游泳动物

    C. 底栖动物   D. 水生动物

11. （   ）能够维持细胞和各种生命组织的形态，保证其功能的正常发挥。

A. 细胞液   B. 水

C. 基质   D. 营养物质

12. 健康的自然生态系统对水的正常循环至关重要，同样，充足的水资源对自然生态的进化也是必不可少的。一是水对陆地自然植被的作用，二是（   ）。

A. 水对湿地生态系统的作用   B. 水对森林生态系统的作用

C. 水对海洋生态系统的作用   D. 水对草原生态系统的作用

三、思考题

1. 在环境水利中，水体与水有何不同？

2. 根据介质粒径大小，天然水包括哪些成分？

3. 胶体的凝聚有哪两种基本形式？

4. 胶体吸附起什么作用？

5. 评价水质优劣的主要指标有哪些？为什么说氧平衡指标是影响水质变化的关键指标？

6. 水体污染检测分为哪几类？包括哪些内容？

7. 水体污染检测分析方法有哪些？怎样选择？

8. 简述重量分析法、比色和光学分析法、电化学分析方法和色谱分析法的原理、特点、适用范围、具体实施方法。

9. 什么是生态系统？它由哪几部分组成？

10. 试阐述食物链在生态系统的能量流动中所起的作用。

11. 生态系统的功能通过哪些方面体现？

12. 生态平衡的含义是什么？

第 3 章

水体污染与水体自净

内容概要

　　本章的主旨在于掌握水体污染及水体自净的原理，理解水环境容量的基本概念。本章主要阐述了水体污染的定义、水体污染的来源、水体中的主要污染物及其危害、水体污染的机理、不同水体污染的特点及主要污染源、水底沉积物的特征及其与水体污染的联系、水体自净的原理、不同水体的自净特点、影响水体自净的主要因素、提高水体自净能力的措施及应用，以及水环境容量的定义、特征、影响因素及分类等问题。只有掌握了水体污染及水体自净的原理，掌握了水环境容量的基本概念及特征，才能采取正确的措施来保护水环境，因此本章是后续章节的重要基础。

3.1　水体污染及其危害

　　现代社会中，人类对自然的影响力越来越大，工业废水、生活污水流入江河湖库中，使得水体受到了污染。据有关资料介绍，全世界每年约有 4 500 亿立方米的污水排入水体，造成 55 000 亿立方米的水体污染。地球上可用的水资源是有限的，许多地区都存在水资源不足的问题，而水体污染使原本不足的淡水资源更加短缺。20 世纪 80 年代初，我国对 53 000 km 长的河段进行调查，发现约有 23.3% 的河段因为水体污染不能用于灌溉，水质合乎饮用标准的仅占 14%。上海、苏州、无锡等城市虽地处江南水乡，但也属水质型的缺水城市。水资源的污染直接威胁着人类的生存。2020 年，1940 个国家地表水考核断面中，全年水质优良（Ⅰ～Ⅲ类）断面比例为 83.4%，Ⅳ类断面比例为 13.6%，Ⅴ类断面比例为 2.4%，劣Ⅴ类断面比例为 0.6%。根据世界卫生组织统计，2000 年至 2017 年，虽然全球在实现普遍获得基本用水、环境卫生、个人卫生等方面取得了重大进展，但在提供的服务质量方面还存在巨大缺口。截至 2017 年，全球仍有 22 亿人无法获得安全饮用水，42 亿人缺少基本卫生管理服务，30 亿人不具备基本的洗手条件。人类所患疾病 80% 由饮用不清洁的水引起。如果 2005 年的松花江水污染事件标志着中国水污染事故进入高发期，那么 2007 年入夏以来太湖、滇池、巢湖蓝藻的接连爆发则标志着中国水污染事件进入密集爆发的阶段。传统的工业化的进程已经突破了自然资源所能承载的底线，人与自然之间的和谐状态已经不复存在。保护水资源、防治水污染已成为人类生死攸关的全球性环境问题，因此水体污染的问题越来越被人们所重视。

3.1.1 水体污染的概念

1. 水生生态系统

水体中水、水中溶解物质、悬浮物、底泥等及各种水生生物的整体称为水生生态系统。在这个生态系统中,当水体的循环流动保持物质和能量相对稳定时,生态系统中的生物种类和数量在一定时间和空间内就会保持稳定的状态,这种状态称为水生生态系统的平衡状态。如果水生生态系统内部的某些因素受到外界自然条件或人为活动的影响而发生变化,就会使水生生态系统的平衡遭到破坏。

2. 水体污染

在正常情况下,水生生态系统可以通过稀释、扩散等物理变化和氧化还原、配位等化学变化以及生物的新陈代谢活动等过程使自己恢复到原有的状态,这种作用称为水生生态系统的自净作用。江、河、湖、海及地下水等水体,在一般情况下都有接受一定数量污染物的能力,通过自净作用使水质恢复到未被污染时的状态。但当进入水体的污染物质含量超过了水体的自净能力时,就会造成水质恶化,使水体的正常功能遭到破坏,水的用途受到影响,甚至污染水生生物,进而危害人类健康,这种情况就是水体污染,因此并不是污染物进入了水体就称为水体污染。水体污染的定义为:由于人类活动或天然过程而排入水体的污染物超过了其自净能力,从而引起水体的水质、生物质量恶化。

3.1.2 水体污染源

引起天然水体污染的物质称为污染物质,而向水体排放污染物质的策源地和场所称为水体污染源。按照不同的分类方法,水体污染源有不同的分类。

1. 按污染物排放形式分类

根据污染物排放形式,水体污染源可分为点污染源、非点源污染源以及内源污染源。

(1)点污染源。点污染源可分为固定的点污染源(如工厂、矿山、医院、居民点、废渣堆等)和移动的点污染源(如轮船、汽车、飞机、火车等)。

点污染源主要有生活污水和工业废水,生活污水主要来自家庭、商业、学校、旅游服务业及其他城市公用设施等,工业废水主要来自食品工业、造纸工业、化学工业、金属制品工业、钢铁工业、皮革工业、染色工业等。点污染源排放污水的方式主要有 4 种:直接排污水进入水体;经下水道与城市生活污水混合后排入水体;用排污渠将污水送至附近水体;渗井排入。

(2)非点源污染源。非点源污染源是指无法通过排水管道收集的污水。非点源污染主要是农业生产中一些固态或者液态的化学物质,随降雨流入地表径流,如喷洒在农田里的农药、化肥等污染物。分散排放的小量污水,也可列入非点源污染,如畜禽养殖业排放的废水。

大气中含有的污染物随降雨进入地表水体,也可认为是非点源污染,如酸雨。此外,天然性的污染源，如水与土壤之间的物质交换，风刮起泥沙、粉尘进入水体等，也是一种非点源污染源。对于某些地区和某些污染物来说，非点源污染所占的比重往往不小。例如，对于湖库的富营养化，非点源污染所做出的贡献常会超过50%。

（3）内部污染源。湖泊、水库常年接受入湖、库及径流输入所带来的污染物、湖内死亡生物体及其他悬浮物的沉降，在这些相对静止的水体中，污染物可以通过水、泥界面交换作用重新进入水体，造成水体的内源污染。

底泥是湖泊、水库的内部污染源，有大量的污染物质积累在其中，包括营养盐、难降解的有毒有害有机物、重金属离子等。例如，在滇池，80%的氮和90%以上的磷分布在底泥中。长期的水质污染已使底泥中污染物质的含量达到了相当高的程度，即使外源性污染负荷得以控制，巨大的底泥内源负荷仍将继续对水体水质构成威胁。例如，在武汉东湖，若不考虑内源底泥的营养量，东湖截污工程完成后，只需要3年的时间就能恢复水体水质，但如果考虑底泥的释放作用，则需35年以上才能恢复水体水质。

2. 按污染物的来源分类

根据污染物的来源，水体污染源大致可分为两类：自然污染源和人为污染源。

（1）自然污染源。自然污染源造成的污染是指自然环境本身释放的物质给天然水带来的污染，如河流上游的某些矿床、岩石和土壤中的有害物质通过地面径流和雨水淋洗进入水体，这种污染具有长期性和持久性。

（2）人为污染源。人为污染源造成的污染是指人类生产和生活活动排弃的废物给天然水带来的污染。当前对天然水造成较大危害的是人为污染源。人为污染源的种类很多，成分复杂，大致可分为工业废水、生活污水和农业退水3大类。

① 工业废水。工业废水是造成天然水体污染的主要来源，其毒性和污染危害较严重，且在水中不容易被净化。工业废水所含的成分复杂，主要取决于各种工矿企业的生产过程及使用的原料和产品。按废水中所含的成分不同，工业废水可分为3类：第一类是含无机物的废水，它包括冶金、建材、无机化工等工业排出的废水；第二类是含有机物的废水，它包括炼油、石油加工、塑料加工及食品工业排出的废水；第三类是既含有无机污染物又含有机污染物的废水，如焦化厂、煤气厂、有机合成厂、人造纤维厂及皮革加工厂等排出的废水。

② 生活污水。由于城市人口和每人每日用水量的增长，城市生活污水量也不断增长。生活污水是人们日常生活中产生的各种污水混合物，如各种洗涤水和人畜粪便等，是仅次于工业废水的又一主要污染源。生活污水中的无机物包括各种氯化物、硫酸盐、磷酸盐和钾、钠等重碳酸盐；有机物包括纤维素、淀粉、糖类、脂肪、蛋白质和尿素等。随着城市范围的扩大和交通运输的频繁，城市暴雨径流量及其中含有的污染物数量也迅速增加，主要有病原微生物、耗氧有机物、植物营养物、洗涤剂与各种有机化学毒物、大量悬浮物质以及少量重金属等。生活污水量的强度一般以BOD_5表示，也可以用COD表示。BOD_5与COD的比值一般为0.5~0.6。

新鲜的生活污水中细菌总数为500 000~5 000 000个/毫升。$BOD_5 \leqslant 200$ mg/L，为低浓

度生活污水；BOD$_5$ 为 200 ~ 300 mg/L，为中等浓度生活污水；BOD$_5$ >300 mg/L，为高浓度生活污水。生活污水的特点是氮、硫、磷的含量较高，在厌氧微生物的作用下易产生硫化氢、硫醇等具有恶臭气味的物质，一般呈弱碱性，pH 为 7.2 ~ 7.8。从外表看，水体混浊，呈黄绿色以至黑色。

③ 农业退水。农业退水主要指农业生产中的污水。随着现代农业的发展，使用的农药和化肥量日益增多，在喷洒农药和除草剂以及使用化肥的过程中，只有少量附着于农作物上，大部分残留在土壤中，通过降雨和地面径流的冲刷而进入地表水和地下水中，造成污染。

3.1.3 水体主要污染物及其危害

天然水中的污染物质种类繁多，下面将讨论主要的水体污染物及其危害。

1. 耗氧有机污染物

（1）含义。耗氧有机污染物主要包括碳水化合物、蛋白质、脂肪、木质等有机化合物，它们在微生物的作用下会进一步分解成简单的无机物质、二氧化碳和水。因为这类有机物质在分解过程中要消耗大量的氧气，故称为耗氧有机物。

（2）来源。耗氧有机污染物主要来源于造纸、皮革、制糖、印染、石化等工厂排放的废水及城市生活污水。

（3）危害。耗氧有机污染物一般不具毒性，但它们在水中大量分解，消耗水中的溶解氧而使水体缺氧，影响鱼类和其他水生生物的正常生活，甚至造成大量鱼类死亡。同时，当水中溶解氧含量显著减少时，水中的厌氧微生物将大量繁殖，有机物在厌氧微生物的作用下进行厌氧分解，产生甲烷、硫化氢、氨等有害气体，使水体发黑变臭，水质恶化。

2. 无机悬浮物

（1）含义。无机悬浮物主要指泥沙、炉渣、铁屑、灰尘等固体悬浮颗粒。

（2）来源。无机悬浮物主要来源于采矿、建筑、农田水土流失，以及工业和生活污水。

（3）危害。无机悬浮物使水体混浊，影响水生动植物生长。粗颗粒常淤塞河道，妨碍航运，一般无毒的细颗粒则会在水中吸附大量有毒物质，随流迁移扩大污染范围。

3. 重金属污染物

（1）含义。重金属一般是指密度在 5 g/cm^3 以上的金属，包括常见的金、银、汞、铜、铅、镉、铬等元素。其中，汞、镉、铬、铅、砷、锌、锡等重金属通过空气、饮用水和食物进入人体，干扰人体的正常生理功能，损害人的身体健康，因而这些元素被称为有毒重金属（砷原本属于非金属元素，鉴于其毒性和其化学性质与重金属相似，一般也将其归入有毒重金属元素）。根据对人体危害的差别，有毒重金属元素分为中等毒性重金属元素（如锌、铜、锡等）和强毒性重金属元素（如汞、镉、铬、铅、砷等）。

（2）来源。重金属污染物主要来自采矿、冶炼、电镀、焦化、皮革厂等排放的废水。

（3）危害。重金属污染物具有相当大的毒性，它们不能被微生物分解，有些重金属还可在微生物的作用下转化为毒性更大的化合物，它们可通过食物链逐级富集起来，以致在较高级的生物体内含量成千百倍增加。重金属进入人体后往往蓄积在某些器官中，造成慢性积累性中毒。

① 汞。汞作为在常温下唯一呈液态的金属，其用途比较广泛。由于汞具有溶解其他金属形成汞齐的特性，因此在冶金工业中常用汞齐法提取金、银和铊等贵重金属。在电解工业中常用汞作为阴极电解食盐溶液来制取烧碱和氯气。平常使用的节能灯也是利用汞蒸气受激发而发光。随着工业废水和废气的排放，以及废弃节能灯的丢弃，汞在大气、土壤和水体中均有分布。

汞的毒性很强，有机汞比无机汞的毒性更大，有很强的脂溶性，易透过细胞膜进入生物组织，可在脑组织中蓄积，损害脑组织，破坏中枢神经系统，造成患者神经系统麻痹、瘫痪甚至死亡；无机汞在水中微生物的作用下可以转化为有机汞，进入生物体内，通过食物链浓缩，人类食用后会引起中毒。因此，我国生活饮用水的卫生标准规定汞含量不超过 0.01 mg/L。

天然水体中的汞一部分挥发进入大气，而大部分沉入底泥。底泥中的汞可直接或间接地在微生物作用下转化为甲基汞或二甲基汞。甲基汞易溶于水，因此又从底泥回到水中，水生生物摄入甲基汞可在体内积累并通过食物链逐级富集，在鱼、鸟等高等动物体内富集程度很高。如图 3-1 所示是白洋淀生物中汞的积累过程（图中的数字为水及生物体中汞的含量）。

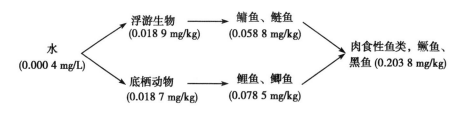

图 3-1　白洋淀生物中汞的积累

② 镉。镉是一种稀有金属，被广泛应用于冶金、电镀、电子等工业领域。在合金生产中加入镉元素，可以提升原有合金的抗拉强度和耐磨性，在电镀中镉常被用作铁、钢、铜等金属的保护膜，因此其常常随着工业废水和电镀液一起被排放到江河中。镍镉和银镉充电电池具有容量大、体积小等优点被广泛使用，如果将废旧电池随意丢弃，使其中的镉释放出来，将会对土壤和水体造成污染。

镉是工业三大废产物之一，已被医学证实为人体的非必需元素，是对人类和其他动物都具有致癌性的重金属元素。镉的化学性质非常稳定，是目前已知的最易在人体内蓄积的毒物。用含镉废水灌溉农田，镉被迅速吸附并积蓄在土壤中，吸附率高达 80%~95%，尤以腐殖土壤吸附能力最强，因此也极易被作物吸收。镉进入人体后，可积蓄于肝脏和肾脏内，不易排出。镉慢性中毒时，病人肾脏吸收功能不全，致使钙从骨骼中析出，造成骨质疏松、软化，病人出现骨萎缩、变形以及骨折等损害骨骼的病症。

③ 铬。铬作为现代科技中最重要的金属，被广泛应用于不锈钢制造、合金和宝石的生

产。在工业生产中，也常使用铬的化合物来防止循环水对生产设备的造成的腐蚀。2011年8月，云南曲靖市的化工厂发生铬污染事故，导致数万立方米的水水质变差、牲畜接连死亡。

铬的存在价态有二价、三价和六价，其中六价铬的毒性最大，且易被生物体吸收和积蓄。因其具有强氧化性，所以对皮肤、黏膜有强烈的腐蚀性。铬经呼吸道进入人体会造成呼吸道鼻中隔穿孔、鼻黏膜溃疡，使人出现咳嗽、头痛、气短、胸闷等症状，国外研究证实，严重时可诱发肺癌和皮肤癌。铬经消化道进入人体，会导致胃肠道溃疡，在血液中进行蓄积以后造成肾功能的长期损伤。

④ 铅。由于人类活动及工业的发展，铅几乎无处不在，大气、水体、土壤都不同程度受到铅污染，从而对人体构成潜在的威胁。医学研究证实：铅对人体机能无任何益处，是毒性最大、累积性极强的重金属之一，能够在人体内长期累积。目前，铅及其化合物主要是经由呼吸道或者消化道进入人体。铅通常以蒸气、烟尘及粉尘等形态进入呼吸道，人体吸入的铅约有70%仍随呼气排出，约有30%的铅被吸收。铅也可以通过食物和饮用水经消化道进入人体。

铅对人的神经系统、心血管系统、血液系统、生殖系统和循环系统都会造成不良影响。铅进入人体可以造成人体（特别是儿童）的神经系统严重损害，使其形象化智力、记忆和反应时间受损；语言、感觉、空间抽象能力和行为功能等发生改变，容易出现失眠、头痛、烦躁及多动等症状。铅进入血液系统后引起血液中的红细胞的寿命比正常缩短约20%，引起缺铁性贫血。铅进入消化系统将引起胃肠机能紊乱，人出现腹泻、腹痛、便秘、消化不良等症状。

⑤ 砷。砷污染的主要来源有：在有色金属的开采和冶炼中，伴随有砷化合物的产生和排放；大量地使用含砷农药造成粮食作物和环境的污染；在玻璃、制革、纺织品、颜料等原材料生产过程中也会产生砷的污染物。

砷的毒性与其存在的形态有关。单质砷不溶于水，毒性很小；三价砷的毒性最大，如三氧化砷（俗名砒霜）、三氯化砷、亚砷酸及砷化氢等都有剧烈的毒性；五价砷虽毒性不大，但在一定条件下，体内的五价砷能被还原成有毒的三价砷化合物，因此五价砷中毒的症状是比较缓慢的。砷化物主要通过消化道、呼吸道及皮肤进入人体。三价砷离子能与细胞内酶系统中的疏基结合，抑制酶的活性，从而影响生物的新陈代谢；另外，还可引起神经系统、毛细血管和其他系统功能性和器质性病变。砷中毒症状表现为剧烈腹痛、呕吐等，严重中毒者可死亡。

4. 有毒污染物

（1）含义。有毒污染物是指对生物有机体有毒性危害的污染物，可分为无机有毒物和有机有毒物。重金属污染物属无机有毒物，还有非金属类的无机有毒物，如氰化物和氟化物；有机有毒物分为易降解的有机有毒物（如酚、醛、苯等）和难降解的有机有毒物（如多氯联苯、有机磷、有机氯等）。

（2）来源。氰化物来自含有氰化物的工业废水，如炼焦厂及高炉煤气洗涤水及冷却水；

氟化物在地壳中分布较广，干旱的内陆盆地和盐渍化海滨地区，土壤及水中的含氟量可能较高；有机有毒物多来自工业废水及农药喷洒。

（3）危害。氰化物是无机盐中毒性最大的污染物，进入人体后可立即与血红细胞中的氧化酶结合，造成细胞缺氧，进而导致死亡。地表水中的氰化物浓度很低时便可导致鱼的死亡。氟化物则会对人体的骨骼、牙齿造成极大的破坏。

酚类化合物可通过皮肤、黏膜、呼吸道和消化道进入人体，与细胞中的蛋白质反应，使细胞变性、凝固，若渗入神经中枢，会导致全身中毒、昏迷以致死亡。

难分解的有机有毒物可在水中不断积累，通过食物链在生物体内不断富集。例如，多氯联苯进入人体后积存在脂肪组织、脑和肝脏中，损害器官和组织的正常功能；有机磷可抑制生物体内的乙酰胆碱酯酶的活动，从而影响神经系统，使之由兴奋逐渐转入抑制和衰竭；有机氯主要影响中枢神经系统，还能通过皮层影响植物神经系统及周围神经，且对肝脏和肾脏有明显损害。

5. 酸、碱和一般无机盐污染物

（1）含义。酸、碱和一般无机盐污染物包括酸、碱，以及可溶性硫酸盐、硝酸盐、碳酸盐类污染物。

（2）来源。酸、碱和一般无机盐污染物来自矿山排水及化纤、造纸、制革、炼油厂排放的废水，大气中的硫氧化合物 SO_x、氮氧化合物 NO_x 等也可转变为"酸雨"降落至水体中。

（3）危害。酸和碱进入水体都能使水的 pH 发生变化，pH 过低或过高均能杀死鱼类和其他水生生物，消灭或抑制微生物的生长，妨碍水体的自净作用。水体若含硫酸盐和硝酸盐成分，饮用可直接影响人体健康（引发心血管疾病与致癌），还可使供水管道受到腐蚀而使水质更具毒性。用含有酸、碱、盐的水灌溉农田，会导致土壤盐碱（酸）化，使农业产量下降。酸、碱、盐的污染还会使水的硬度升高，给工业用水和生活用水带来不良影响。

6. 植物营养污染物

（1）含义。植物营养污染物是指氮、磷及其他为植物生长、发育所需要的物质。

（2）来源。植物营养污染物主要来自某些工业（如屠宰、食品、皮革、造纸、化肥）废水和城市生活污水，以及施用化肥、人畜粪便后的农业排水。

（3）危害。氮、磷等植物养料一旦进入水体，会使藻类等浮游生物迅速过量繁殖，水中溶解氧相应急剧减少，从而使水体富营养化，产生严重的危害。

① 水质恶化，水体生态平衡被破坏。水体的富营养化会使水质恶化，透明度降低，藻类迅速生长，消耗大量溶解氧，使水底中的有机物处于腐化状态，并逐渐向上层扩展，严重时，可使部分水域成为腐化区。这样一来，由一开始的水生植物大量增殖，到水生动植物大量死亡，破坏水体的生态平衡，最终导致并加速湖库等水域的衰亡。

② 使水体失去水产养殖的功能。对具有水产养殖功能的水体，严重的富营养化会使一些藻类大量繁殖，使饵料质量下降，影响鱼类的生长，同时藻类覆盖水面，再加上藻类死亡

分解时消耗大量溶解氧，导致鱼类缺氧，大批死亡。

③ 危害水源，破坏水体的供水功能。对具有供水功能的水体，由于富营养化，大量增殖的浮游生物的分解产生异味。硝酸盐、亚硝酸盐的含量增大，它们是强致癌物亚硝酸铵的前身。另外，人畜饮用富营养化的水还会使血液丧失输氧能力。

7. 热污染

（1）含义。水生生物只能在一定的温度范围内生存。大量的"热流出物"（如冷却水）排入水体后会使水温升高，若水温升高到足以使水生生物的种类和数量发生变化，影响其繁殖和生长时，称为热污染。

（2）来源。热污染主要来自热电厂、核发电厂以及冶金、化工、建材、石油、机械等工业部门排出的冷却水。

（3）危害。热污染进入河、湖等天然水中后，可在很大范围内扩散，使水域的水温升高，从而严重影响这些水域的水生生物的生长、繁殖，甚至导致水体生态平衡的破坏。超出正常标准过高的水温会破坏鱼类的生存环境，并使一些藻类"疯狂生长"，引起富营养化问题；水温升高还会加大水中有毒物质的毒性；水温升高后，水中的溶解氧含量降低，同时高水温加速了水中有机物的分解，导致水质恶化。热污染所造成的危害并不亚于有机物、重金属等的污染。实验证明，水体温度的微小变化对水生生态系统都有深刻的影响。

除此之外，热污染能使河面蒸发量加大，导致失水严重；抬高河床，增加洪水发生次数；引起致病微生物的大量繁殖，对人类健康造成影响。

8. 油污染

（1）含义。油污染是指近海石油开采及航运中所泄漏的油类物质对水域（尤其是海洋）的污染。

（2）来源。油污染主要来自石油运输、近海海底石油开采、工业含油废水的排放及大气油类物质的降落等。

（3）危害。油类物质进入水体后，可形成油膜，影响大气和水体的热交换，减少空气中的氧进入水体的数量，降低水体的自净能力；藻类因油污染光合作用受阻碍而死亡；水生生物因油污块堵塞呼吸器官而窒息死亡；石油中的化学毒物可使生物中毒，对人体有致癌作用。

9. 病原微生物

（1）含义。病原微生物包括致病细菌、寄生虫虫卵和病毒。常见的致病细菌是肠道传染病菌，包括霍乱、伤寒、痢疾等病菌；寄生虫病虫卵有血吸虫、阿米巴虫、鞭虫、蛔虫、丝虫及肝吸虫等；常见的病毒有肠道病毒与传染性肝炎病毒。

（2）来源。病原微生物主要来自城市生活污水、医疗系统污水、垃圾的淋溶水及制革、屠宰等工业废水。

（3）危害。病原微生物通过水、食物进入人体，并在体内寄生，一旦条件成熟就会引起疾病，使人死亡。病原微生物污染的特点是数量大、分布广、存活时间长、繁殖速度快。

病原微生物还能产生抗药性，很难彻底消除。

10. 放射性污染

大多数水体在自然条件下都有极微量的放射性，随着核能开发强度的增大，水体中放射性污染的风险日益增加。水中放射性污染通常有 ^{90}Sr、^{137}Cs、^{40}K、^{258}U、^{230}Ra、^{210}Po、^{14}C、氚等。

水中放射性污染主要来自：

（1）天然放射性核素。

（2）核武器试验的沉降物。

（3）核工业的废水、废气、废渣。

（4）放射性同位素的生产和应用。

（5）其他工业部门的放射性废水和废物。

水中放射性核素通过自身的衰变而放射出 α 射线、β 射线和 γ 射线，能使生物和人体组织电离而受到损伤，引起放射病。有的放射性核素在水体、土壤中会转移到水生生物、粮食、蔬菜等食物中，并发生明显的浓缩。例如，水藻对 ^{90}Sr 的浓缩倍数为 10 000，鱼为 100，它们可通过食物链进入人体。这种污染物不能用物理、化学或生物作用去降低其辐射强度，而只能靠自然衰变减少其对环境的危害。污染水体最危险的放射性物质有 ^{90}Sr、^{137}Cs 等，这些物质半衰期长，化学性能与生命必需元素 Ca、K 相似，进入生物和人体后能在一定部位累积，增加对人体的放射性辐射，引起变异或癌症。

综上所述，水体污染造成的危害分为以下几方面：

（1）对人体健康的直接危害。主要表现在急（慢）性中毒、致癌、影响人体发育、破坏某些器官的功能。这种危害一般涉及面大，潜伏期长，一旦发生后果很严重，甚至会影响下一代人。

（2）对工业的危害。由于污染引起水质恶化，大量水不能满足工业用水的基本要求，从而造成工业设备的非正常损耗破坏（如锅炉腐蚀），导致产品质量降低或不合格。对造成污染源的工矿企业来说，由于水污染造成的问题又会严重制约其发展。

（3）对农业的危害。污水对土壤的性质有很大影响。不经处理的污灌，往往会破坏土壤原有的结构、性能，使农作物直接或间接受到危害。一方面表现在农作物生长不良，引起减产，另一方面一些有毒污染物潜伏隐藏在农作物的茎、叶、果实中，通过食物链富集，危害人体，也可能引起地下水的污染。例如，湟水河是黄河上游的一条重要支流，在青海省境内流长约 300 km，流域集中了青海省 60% 以上的人口和大部分的工农业生产，然而，由于近年来工业废水和城镇生活废水的排放量逐年加大，湟水河的水质急剧恶化，影响了引灌该河水的近百亩小麦的生长。

（4）对渔业的危害。在淡水养殖业中，水体污染会造成水产品的绝收、减产、降质，而渔产品中污染物富集和湖、塘的富营养化问题，更是令人无法忽视。例如，2003 年 4 月，广西左江上游的 7 家工业企业排放超标工业废水，致使左江扶绥河段发生严重污染，沿江各种网箱、野生鱼类缺氧窒息死亡，受害的网箱养殖户达 500 多户，网箱养鱼损失 150 多万元。

（5）对社会生活的危害。由于水体污染经常引起社会矛盾、经济纠纷，从社会学角度看，这将影响社会生活的和谐和社会结构的安定，并且这种巨大损失很难用经济指标衡量。

前面所述的还只是狭义上的水体污染，大型水资源工程对水资源功能的破坏、对环境的不良影响、对自然生态的不良影响，应属于广义的水体污染，其危害的范围相当大，影响也是极深远的。总的来说，水体一旦受到污染，水环境的平衡状态受到破坏，便会对人体健康、工农渔业生产、生态环境、社会经济的发展造成很大危害。

3.2 水体污染的机理及特点

3.2.1 水体污染的机理

污染物进入水环境后，成为水体的一部分。在与周围物质相互作用并形成危害的污染过程中，它受到各方面因素的影响，从而也决定着污染发展方向和污染程度的大小。

1. 水体污染的物理、化学、生物作用

水体污染是物理、化学、生物、物理化学与生物化学综合作用的结果。由于污染物性质不同以及水环境背景状态不同，在某些条件下也可能以某一种作用为主。

（1）物理作用。水体污染的物理作用一般表现为污染物在水体中的物理运动，如污染物在水中的分子扩散、紊动扩散、迁移，向底泥中的沉降积累以及随底泥冲刷重新被运移等，以此来影响水质。这种作用只影响水体的物理性质、状况、分布，而不改变水的化学性质，也不参与生物作用。

影响物理作用的因素是污染物的物理特性、水体的水力学特性、水体的物理特性（温度、密度等）以及水体的自然条件。

（2）化学与物理化学作用。水体污染的化学与物理化学作用是指进入水体的污染物发生了化学性质方面的变化，如酸化或碱化—中和、氧化—还原、分解—化合、吸附—解吸、沉淀—溶解、胶溶—凝聚等，这些化学与物理化学作用能改变污染物质的迁移、转化能力，改变污染物的毒性，从而影响水环境化学的反应条件和水质。

影响化学与物理化学作用的因素是污染物的化学与物理化学特性、水体本身的化学与物理化学特性以及水体的自然条件。

（3）生物与生物化学作用。水体污染的生物与生物化学作用是指污染物质在水中受到生物的生理、生化作用和通过食物链的传递发生的分解作用、转化作用和富集作用。生物和生物化学作用主要是将有害的有机污染物分解为无害物质，这种现象称为污染物的降解，但在特定情况下，某些微生物可以将水中一种有害物质转化为另一种更有害的物质。此外，水中有许多有害的微量污染物可以通过生态系统的食物链将污染物浓度富集千百倍以上，从而使生物和人体受害，这是影响水体污染的重要因素。

总之，造成水体污染的机理是比较复杂的，往往是多种因素同时作用但又以某种因素为主，因此衍生出形形色色的水体污染现象。

2. 污染物进入水体后产生的现象

任何污染物进入水体后都会产生两个互为关联的现象，一是使水体的水质恶化，二是水体相应具有一定的自净作用，这两种现象互为依存，始终贯穿于水体的污染过程中，并且在一定条件下可互相转化。

（1）水质恶化。水质恶化的主要表现为：

① 水中溶解氧下降。有机污染物质的分解耗氧，且耗氧的速率远远大于大气复氧的速率，造成水中溶解氧不断下降，甚至降为零，水中厌氧细菌大量繁殖，对有机物进行不完全的分解，造成水体恶臭。

② 水生生态平衡遭破坏。耗氧和富营养化使耐污、耐毒、喜肥的低等水生动植物（如藻类）大量繁殖，而使鱼类等高级水生生物躲避、致畸甚至大量死亡，致使整个生态系统失去平衡而受到破坏。

③ 水中含有过量有毒物质，或者使某些低毒物质转化为高毒物质，如水环境中pH和氧化还原条件的改变能使三价铬转化为毒性更大的六价铬。

④ 污染物在底泥中不断累积，通过食物链（或营养链）的富集，污染物浓度大大提高。

（2）水体的自净作用。与水质的恶化相反，水体自身的净化作用则能使水质趋向复原，主要表现在使污染物浓度自然降级，如把一些复杂的有机物分解成无机物或盐类，把一些高毒物质转化为低毒物质，使水体溶解氧的含量逐渐恢复等（详见水体自净部分）。

3.2.2 水体污染的类型及特点

各种水体的特性不同，受污染的特点亦不相同。按污染物进入的水体类型，水体污染可分为河流污染、河口水污染、湖库污染、地下水污染、海洋污染。

1. 河流污染

河流是与人类关系最密切的水体，全世界最大的工业区和绝大部分城市都建立在河流之滨，依靠河流供水、运输、发电。河流又常是城市、工厂排放污水、废水的通道，河流水体因接纳排污口的污水而被污染，除沿河危害之外，汇集到下游大的水域，随着污染物的滞留积累，还会继续危害环境。目前大多数河流都受到不同程度的污染。

河流污染有如下特点：

（1）污染程度随径流量变化而变化。河流的径流量决定了河流对污染物的稀释能力。在排污量相同的情况下，河流的径流量越大，稀释能力就越强，污染程度越轻；反之越重。而河流的径流量是随时间变化的，所以河水的污染程度亦随时间而变化，当排污量一定时，汛期的污染程度轻，枯水期的污染程度重。

（2）污染物扩散快。污染物排入河流先呈带状分布，经排污口以下一段距离的扩散、混合，达到河流全断面均匀混合。污染物在河流中的扩散迁移与河流的流速、水深及水体紊动强度有关。

（3）污染影响面大。河流是流动的水体，上游遭受污染很快会影响下游，一段河道受污染可以影响整个河道的生态环境，甚至使与其关联的湖泊、水库、地下水、近海受到不同程度的污染。

（4）河流的自净能力较强。河水的流动性使污染快速扩散，同时也使水体具有较强的自我恢复、自我净化能力。河水的流动性促使大气氧能较迅速溶入被污染的河流，使其溶解氧值得以较快恢复，有利于水中有机物的生物氧化作用。另外，由于河水交替快，污染物在河道中是易于运移的"过路客"，这些都加快了具体河段的自净过程，因而河流的污染相对比较容易控制。

2. 河口水污染

河口是河流与海洋的交界处，它的物理、化学和生物特征具有与河流和海洋相同之处，同时也有独特之处。由于潮汐运动的作用，河口水污染既可以是河流输送下来的污染物引起的，也可以由海水侵入河口带进来的污染物造成。污染物在河口区往往形成一个累积区（浮泥区），对该区的生态环境产生某些特殊的影响。

河口水污染的特殊性不仅表现在污染物来源上，更重要的是表现在污染物在河口水体中的物理、化学和生物效应上。由于河口是咸淡水交界地区，污染物在水中的胶体化学行为即絮凝现象表现突出，底泥和悬浮物中累积的污染物对鱼贝等水生生物的影响明显。

3. 湖库水污染

湖库的水流速度较小，水体更替缓慢，因此很多污染物能够长期悬浮于水中或沉入底泥。湖库承纳了河流来水的污染物，以及沿湖区工矿、乡镇直接排入的污水、废水，因此有些湖库受到了很严重的污染。例如，位于贵州省清镇市境内的红枫湖，是国务院批准的国家级风景名胜区，但由于红枫湖流域的污染源众多，自 20 世纪 90 年代以来，红枫湖水污染加速，水体已经步入较为严重的富营养化阶段。

湖库污染有以下特点：

（1）污染来源广、途径多、种类复杂。湖库大多地势低洼，因此暴雨径流在集水区和入湖河道可携带湖区各种工业废水和居民生活污水，湖区周围土壤中残留的化肥、农药等也通过农田回归水和降雨径流的形式进入湖泊。湖库中的藻类、水草、鱼类等动植物死亡后，经微生物分解，其残留物也可污染湖库。

（2）稀释和搬运污染物质的能力弱。水体对污染物质的稀释和迁移能力，通常与水流的速度成正比，流速越大，稀释和迁移能力越强。湖库由于水域广阔，储水量大，流速缓慢，故污染物进入湖库后，不易被湖水稀释而充分混合，往往以排污口为圆心，浓度逐渐向湖心减小，形成浓度梯度。湖水流速小，使污染物易于沉降，且使复氧作用降低，湖水的自净能力减弱。因此湖库是使污染物易于留滞沉积的封闭型水体。

（3）易发生湖库富营养化。湖库集水面上的各种有机污染物，特别是农业径流带来的氮、磷等营养元素进入湖库，能使水生生物特别是藻类大量繁殖。有机物的分解会消耗大量的溶解氧，而湖水流速缓慢又使水的复氧作用降低，造成水体溶解氧长期缺少，使水生生物不能继续生存，水质变坏、发臭。

（4）对污染物质的转化与富集作用强。湖库中水生动植物多，水流缓慢，有利于生物对污染物质的吸收，通过生态系统的食物链作用，微量污染物质能不断被富集和转移，其浓度可上百万倍增长。有些微生物还能将一些毒性一般的无机物转化为毒性很大的有机物。

4. 地下水污染

污染物通过河流、渠道、渗坑、渗井、地下岩溶通道、地面污灌等途径，从地表进入地下，引起地下水污染。地下水污染可分为直接污染和间接污染两类。直接污染是地下水污染的主要方式，污染物直接进入含水层，在污染过程中，污染物的性质不变，易于追溯，如城市污水经排水渠边壁直接下渗。在间接污染中，污染物先作用于其他物质，使这些物质中的某些成分进入地下水，造成污染，如由于污染引起的地下水硬度增加、溶解氧减少等。间接污染的过程缓慢、复杂，污染物性质与污染源已不一致，故不易查明。

地下水与地表水之间有着互补的关系，地表水的污染往往会影响地下水的水质。由于地下水流动一般非常缓慢，其污染过程也很缓慢且不易被察觉。一旦地下水被污染，治理非常困难，即使彻底切断了污染源，水质恢复也需要很长时间，往往需要几十年甚至上百年。

5. 海洋污染

海洋是地球上最大的水体。引起海洋污染的原因主要有：河水携带污染物流入海洋；人为地向海洋倾倒废水、污染物；海上石油业和海上运输排放和泄漏污染物。

海洋污染有以下特点：

（1）污染源多而复杂。除了海上航行的船舰和海下油井排放和泄漏的污染物外，沿海与内陆地区的城市和工矿企业排放的污染物，最后也大多进入海洋。陆地上的污染物可通过河流进入海洋，大气污染物也可随气流运行到海洋上空，随降雨进入海洋。

（2）污染持续性强、危害性大。海洋是各地区污染物的最后归宿，污染物进入海洋后很难转移出去。难溶解和不易分解的污染物在海洋累积起来，数量逐年增多，并通过迁移转化而扩大危害，对人类健康构成潜在的威胁。

（3）污染范围大。世界上各个海洋之间是互相沟通的，海水也在不停地运动，污染物可以在海洋中扩散到任何角落，所以，污染物进入海洋后很难被控制。

3.2.3 水底沉积物

水底沉积物是指被降雨、径流等动力因素带入河湖中，沉淀到水底的沉积物，以沙粒、黏土、有机物残体为主，又称为底质或底泥。它们不仅能够反映流域气候、地质和土壤特征，而且通过自身在水中的运移和沉淀吸附、挟带各种污染物，因而可以从沉积物的污染状况侧面判断、衡量水体的污染程度，追溯水体污染的历史过程。

底质的状况对保护水环境有着重要的意义。因为水体被污染的情况一方面反映于水本体，另一方面可以从底质中检测出来。例如，某些微量的有害重金属元素，用一般的分析手段难以从水中测出，但底质中则往往因为污染物的沉积，浓度较高，比较容易测出。

1. 底质的沉积特征

一般来说，河流沉积物的组成和沉积规模，直接与河流的类型和水文条件有关。坡陡流急的山区河流，沉积物多为粗粒块石，且受洪水影响经常迁移变动；平原河流水势平缓，搬运堆积的多为吸附性强的细沙、粉沙和黏土。虽然受洪水影响，河道主槽沉积物会有季节性的变动迁移，但滩地沉积物年复一年的累积基本保持相对的稳定性，湖库沉积也有此特点，所以沉积层的污染状况实际上勾勒出河流污染的历史轨迹。

2. 沉积物中污染物的含量及影响因素

在河流中不受污染的河段，以底部沉积物中某种污染元素原有的自然含量作为标准，可以判断受污染河流沉积物的污染水平及污染程度，因而称沉积物中污染元素原有的自然含量为该污染元素的背景含量。不同河流的地理位置和水文状况不同，背景含量值实际上也有一定变化幅度。通过沉积物中污染物实际含量和背景含量的对比，就可以确定水体污染程度，据以选择环境对策。

在动态水域中，沉积物中污染物含量受内、外两方面因素影响。外部因素为污染源排放废水中的污染物含量、河道水流条件、沉积物中微生物以及水的 pH 等，内部因素指沉积物的矿物组成、机械组成和有机质含量，它们在排放、输移、絮凝沉降等不同阶段对污染物含量有着不同程度的影响。

3. 沉积物的吸附与解吸效应

（1）吸附效应。沉积物的吸附作用在水体污染过程中有非常重要的影响。吸附效应常用以下指标来度量：在一定条件下，向含有污染物的水溶液中加入定量沉积物，经一定时间后，测定溶液中污染物减少量与原有含量之比。吸附效应 f_x 的计算式为：

$$f_x = \frac{C_x - C_i}{C_x} \times 100\% \qquad (3-1)$$

式中：C_x，C_i——加入沉积物前后溶液中污染物的浓度，mg/L。

吸附效应与水体的 pH 和沉积物组成有关，一些重金属污染物的吸附、迁移直接受酸碱度的影响。例如，偏碱性的河流，对重金属污染物的吸附效应较强，它们就不易顺流迁移；而在偏酸性河流中，重金属污染物则很难吸附，大多被带到下游造成危害。

（2）解吸效应。含有污染物的底泥还具有与吸附作用相反的解吸作用。这种解吸效应通常用在一定条件下含有污染物的底泥向水中释放污染物数量与底泥中污染物原有含量之比来表示。解吸效应 f_y 的计算式为：

$$f_y = \frac{C_y - C_i}{C_y} \times 100\% \qquad (3-2)$$

式中：C_y，C_i——底泥中污染物向水中释放前后的浓度，mg/L。通常用一定质量的沉积物样本做试验确定。

沉积物的解吸效应受水环境条件影响,例如,解吸效应随 pH 的升高而增强。f_y 反映了底泥里的污染物向水中释放的相对数量,它的大小对水体能否引起次生的二次污染具有重要影响。

3.3 水体自净

污染物进入天然水体后,通过一系列物理、化学和生物因素的共同作用,致使污染物质的总量减少或浓度降低,使曾受污染的天然水体部分或完全地恢复原状,这种现象称为水体的自净作用。各类天然水体都有一定的自净能力,污染物在水体中的迁移、转化就是水体具有自净能力的一种表现。

3.3.1 水体自净的原理

水体的自净是水体中物理、化学、生物因素共同作用的结果,自净作用按其机制可分为物理自净作用、化学自净作用、生物自净作用 3 类,这 3 种作用在天然水体中并存,同时发生,又相互影响。

1. 物理自净作用

物理自净作用是指水体的稀释、扩散、混合、吸附、沉淀和挥发等作用。物理自净作用只能降低水体中污染物质的浓度,并不能减少污染物质的总量。

(1)稀释、扩散与混合。稀释是指污染物质进入天然水体后,在一定范围内相互掺和,使污染物质的浓度降低。距排污口越近,污染物质的浓度越高;反之越低。污染物质顺水流方向的运动称为"对流",污染物质由高浓度区向低浓度区迁移称为"扩散"。稀释作用取决于对流和扩散的强度。

污水与天然水的混合状况,取决于天然水体的稀释能力、径(天然水体的径流量)污(污水量)比、污水排放特征等。径污比和污水排放特征也影响着天然水与污水完全混合所需的时间或流经的距离。在完全混合断面处,断面平均水质浓度可表示为

$$C = \frac{C_0 Q + C_i q}{Q + q} \tag{3-3}$$

式中:C——混合后污染物浓度;

C_i——污水中污染物浓度;

C_0——河水中污染物的本底浓度;

Q——河水流量;

q——污水流量。

此处未考虑沉降、化学和生化等作用的影响。据一般资料,当径污比小于 8:1 时,河流水质受到严重污染并出现黑臭;径污比大于 60:1 时,水质较好;径污比在两者之间时,水质一般。

混合有垂向和横向两方面。一般的河流其平均水深比河宽要小，污水排入河流后，垂向混合很快结束，而横向混合则需很长时间。特别是大江、大河，污水从岸边排放易在靠岸一侧形成明显的污染带，排污口下游的河段几乎不可能出现完全混合断面。

（2）吸附和沉淀。吸附和沉淀作用是指很多污染物质通过吸附在水中悬浮物上随水流迁移、沉积，从而完成了水与底质之间污染物的交换。当水流变缓时，悬浮的固相物质由于重力作用产生沉降；水中胶体微粒和其他微粒，可吸附水中的某些污染物质，使其本身的粒径或相对密度发生变化而产生沉降。水中各类污染物质通过水生生物的作用，如被动植物吸收利用后，通过排泄物、动植物残体的形式以及经过食物链的转移，随水生生物的生命活动而产生沉降。

沉降作用的大小可由下式来表示：

$$\frac{dL}{dT} = -K_3 L \tag{3-4}$$

式中：L——水中可沉降的污染物浓度，mg/L；

　　　K_3——沉降速率函数（沉降系数），1/d；

　　　T——时间，d；

负号表示沉降作用是使该物质浓度降低。

吸附与沉淀作用还受到水中 pH、离子浓度的影响，发生一种叫絮凝的物理化学作用，使水中的黏粒形成胶团，又相互吸附成团成片，更易沉积并形成沿水体底部流动的浮泥，使污染物的吸附、沉淀与迁移作用增强，沿海的一些港口和流经城市的一些河道便经常受这种含有大量污染物的浮泥的影响。

吸附与沉淀虽使水质得到净化，但底质中污染物却增加了，因而水体存在着引发二次污染的隐患。

2. 化学自净作用

化学自净作用包括化学作用、物理化学作用及生物化学作用，其具体反应又可分为污染物的氧化还原反应、酸碱反应、吸附与凝聚、水解与聚合、分解与化合等。

（1）氧化还原反应。水体化学自净过程的动力因素是太阳能和空气中的氧，主要表现在有机污染物的分解与水中溶解氧的变化上。

有机污染物进入水体后，在生物化学作用下开始分解转化（氧化分解）。这个过程的速度有快有慢，主要受有机污染物含量和水中溶解氧含量的影响，即有机污染物降解的数量与水体中氧的消耗量是正相关的，故可用水体中溶解氧的变化来反映有机污染物的分解动态（降解过程）。

河流中溶解氧的变化主要受两种因素影响：一是排进的有机污染物降解时的耗氧；二是河流自身不断的复氧。河流的净化作用可以用溶解氧沿程（随时间）变化的氧垂曲线来形象地反映。如图 3-2 所示，图中溶解氧变化为一悬索状下垂曲线，在起始（排污口）断面附近，入河有机污染物强烈的氧化分解作用使溶解氧迅速降低，氧垂曲线迅速下降，同时也开始刺激复氧过程。但耗氧大于复氧，使溶解氧逐渐降至最低点，此时水体可能发黑变臭。由于水中氧亏加大，复氧加快，使流经一段距离（时间）后，溶解氧又逐渐回升还原，受污染的河水重又被净化。这种河流氧平衡的溶解氧悬垂曲线概括了一般河流有机污染物变化的普遍规律。

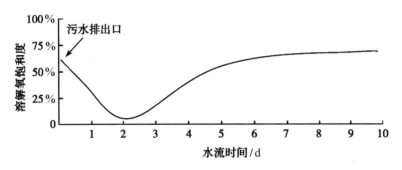

图 3 - 2　有机物氧化分解耗氧过程

除有机污染物的氧化反应外，其他水中的污染物质也可与水中的溶解氧发生氧化反应，如某些重金属离子被氧化成难溶的沉淀物而沉降（如铁、锰等被氧化成氢氧化铁、氢氧化锰沉淀），某些离子被氧化成各种酸根而随水迁移（如硫离子被氧化成硫酸根离子）等。因此，溶解氧含量是影响水体生态系统自然平衡的主要因素之一。溶解氧完全消失或其含量低于某一限值时，就会影响这一生态系统的平衡，甚至能使其遭到完全破坏。

（2）酸碱反应。当含酸性或碱性的污水排入天然水体时，其 pH 会发生变化，不同 pH 的天然水体对污染物质有着不同方式的净化作用。例如，某些元素在酸性环境中会形成易溶化合物，随水流迁移而稀释；而在中性或碱性环境中，则形成难溶的氢氧化物而沉降，从而起到了净化水质的作用。

（3）吸附与凝聚。天然水体存在着大量硅、铝氧化物胶体或蒙脱土、高岭土及腐殖质胶体物质，它们具有巨大的比表面积，并带有电荷，能吸附各种阴离子或阳离子，使污染物凝聚成较大的颗粒并沉淀下来，达到净化水质的效果。例如，许多微量重金属的天然水溶液被胶体吸附转为固相沉入底泥，或吸附在悬浮物上随水流迁移，这在很大程度上控制着重金属的分布和富集，一般重金属污染物主要富集在排污口附近的底泥中，从而使水质得到净化。

3. 生物自净作用

生物自净是地表水净化中重要而又非常活跃的过程。对于某一水域，一方面水生动植物在自净过程中将一些有毒物质分解转化为无毒物质，消耗溶解氧，同时绿色水生植物的光合作用又有复氧的功能；另一方面水体污染又使该环境中的动植物本身发生变异，适应环境状态的一些改变。原先保持平衡的水生生态系统总是既努力"纠正"污染引起的环境改变（净化），同时又设法适应这种环境变化。河流的生物自净作用直接与河水中的生物种类和数量有关，能分解污染物的微生物种类和数量越多，河流的生物自净作用就越强、越快。

目前，在推求某种污染物质进入天然水体后，通过一定的时间或流经一定的距离，其生物化学净化量的大小，常采用下式表达，即

$$S = K \cdot C \tag{3-5}$$

式中：S——每日生物化学净化量，mg/(L·d)；

　　　C——可被生物化学作用降解的污染物质初始浓度，mg/L；

　　　K——该污染物质的生化降解速率常数，1/d。

任何水体的自净作用都是物理自净、化学自净、生物自净 3 种作用的综合，它们同时、同地发生，相互影响、相互交织，但其中常常以生物自净过程为主，生物体在水体自净作用中是最活跃和积极的因素。

3.3.2　不同水体的自净特点

江、河、湖、库等各种不同的天然水体具备不同的水环境条件和水体污染特征，它们的自净作用也有很大差别。

1. 河流水体的自净特点

河流是流动的，因此河流水体的自净特点都是通过水流作用所产生的一系列自净效应体现的。

（1）流动的河水有利于污染物的稀释、迁移。河水在流动的过程中，沿程各断面流速分布梯度的变化有利于对水中污染物质的稀释、迁移作用。在水流湍急、断面流速分布梯度变化大的河段，紊动作用就强烈；而在水流缓慢、断面流速分布梯度变化小的河段，则会产生沉淀作用。

（2）河水流动使水中的溶解氧含量较高。流动的河水，由于曝气作用显著，水中溶解氧含量较高，分布比较均匀，有利于生物化学作用和化学氧化作用对污染物的降解。河流的水量交换频繁，污染物质的输入、输出量大，当河流受到污染后，恢复比较容易。

（3）河水的沉淀作用较差。河流水体中的沉淀作用往往只在水流变缓的局部河段发生。河水通过沉淀对水中杂质的净化效果，远不如湖泊和水库明显。

（4）河流的汇合口附近不利于污染物的排泄。在河流的汇合口附近（如干支流汇河口、河流入湖库口、大江大河入海口等），河水的流向和流速经常变动，在这个地带，水体中的污染物质会随水流变化而产生絮凝和回荡现象，不利于污染物的排泄和迁移，使污染物质在河段中停留与分解的时间较长。

（5）河流的自净作用受人类活动的干扰和自然条件的变化影响较大。暴雨、洪水的冲刷可使局部地区原来沉积河底的污染物质重新进入水中，使水体的底质得到净化而水质受到污染；汛期和枯水期河流的流量组成变化大，自净作用的差异也很显著。

总之，河流的水流作用明显，产生自净作用的因素多，自净能力强，河水被污染后较容易进行控制和治理。

2. 湖泊、水库水体的自净特点

湖泊、水库水体基本上属于静水环境，流速的分布梯度不明显，因此其自净特点与河流有很大差别。

（1）沉淀是主要的自净作用。湖泊、水库的深度较大，流动缓慢，在水体自净作用中，最明显的是对水中污染物质的沉淀净化作用和各种类型的生物降解作用，而稀释、迁移及紊动扩散效应相对较弱。

（2）随季节性变化的水温分层。对于深水湖泊、大型水库，由于水深大，水层间的水量交换条件差，因此一般存在着随季节性变化的水温分层现象，对水体的自净作用有特殊的影响。

（3）水中溶解氧随水深变化明显。湖泊、水库水体只有表层水在与大气的接触过程中产生曝气作用，太阳辐射产生的光合作用也只在表水层中进行，这导致水中溶解氧随水深变化明显。湖泊、水库表层的溶解氧最高，而在中间水层的底部溶解氧常减小很多（甚至为零），随着水深继续加大，溶解氧又有上升，最后又逐渐较小，至湖泊、水库底部常减为零，所以湖泊、水库底部常呈缺氧状态。表水层的氧分解活跃，中间水层兼气性微生物作用明显，而在湖库、水库底部基本上是厌氧分解作用。

（4）湖泊、水库水体被污染后难以恢复。湖泊、水库水体与外界的水量交换小，污染物进入后，会在水体中的局部地区长期存留和累积，这使湖泊、水库水体被污染后难以恢复。

总之，与河流相比，湖泊、水库水体中的污染物质的紊动、扩散作用不明显，自净能力较弱，水体受到污染后不易控制和治理。

3. 地下水的自净特点

地下水的自净作用是指污染物质在进入地下水层的途中和在地下水层内所受到的有利的改变。这种改变的产生在物理净化方面有土壤和岩石空隙的过滤作用，以及土壤颗粒表面的吸附作用；在化学净化方面有化学反应的沉淀作用和土壤颗粒表面的离子交换作用；在生物净化方面有土壤表层微生物的分解作用。通过这些作用，原来不良的水质可以得到一定程度的改善。

3.3.3 影响水体自净的主要因素

水体自净是一个比较复杂的过程，影响自净作用的因素很多，这些因素相互交织，共同影响着水体净化污染物的作用。影响水体自净的主要因素有以下几点：

1. 污染物质的种类、性质与浓度

各种水污染物质本身所具有的物理化学性质及浓度不同，对水体自净作用产生的影响也不同。就污染物质的物理化学性质而论，可将水体中存在的污染物质分为：易降解的污染物与难降解的污染物；易被微生物分解的污染物与易进行化学分解的污染物；在好氧条件下降解的污染物与在厌氧条件下降解的污染物；高浓度的污染物与低浓度的污染物等。

有些污染物质,如合成洗涤剂、有机氯农药等,它们的化学稳定性极高,在自然界中要10年以上的时间才能完全分解,可以成为环境中长期存在的污染物质。而酚和氰主要是工业生产排放的污染物质,它们的化学性质很不稳定,容易挥发和氧化降解,能被水中的泥沙和胶体微粒吸附,也可以被水中生物所利用,所以它们是水体中容易净化的污染物质。有些污染物质,如重金属类,会对微生物产生危害,使生物降解能力下降;还有的污染物质,如合成洗涤剂,在水体中能影响气体交换速度,降低水体的自净作用。

除了污染物质的物理化学性质外,污染物质的浓度也对自净作用有特殊的影响。当污染物质的浓度超过某一限度后,水体自净的速度会迅速降低,污染物质的降解状态会突然改变。例如,可降解的有机污染物质,在一定浓度下可在好氧微生物作用下彻底分解,而当浓度增加造成水中严重缺氧时,好氧分解受到抑制,使有机污染物质的降解变为由厌氧菌进行的不彻底分解,从而在分解过程产生有害气体。

2. 水体的水情要素

影响水体自净作用的主要水情要素有水温、流量、流速和含沙量等。

水温不仅直接影响着水体中污染物质的净化速度(如化学反应速率),而且影响着水中饱和溶解氧浓度和水中微生物的活动,间接影响水体的自净作用。

水体的流速、流量等水文水力学条件,对自净作用的直接或间接影响也很突出。在紊动强烈的流动方式中,稀释、扩散能力加强,与水体表面状态有关的气体交换(如复氧)速度增大。因为水温和流量都具有季节性变化的特点,水体自净作用也随季节变更而有差异。

水中含沙量的大小与污染物质浓度的变化也有一定关系,因为水中的泥沙颗粒能吸附水中的某些污染物质。当泥沙沉降时,水质会得到净化;当泥沙悬浮时,水质会受到污染。调查证明,黄河中含沙量与含砷量呈紧密的正相关,这是河流中的泥沙对砷吸附性强的缘故。

除了影响水体自净的自然因素外,水资源保护工作也在不断探索改善水质的新方法、新思路。例如,"引江济太"试验工程利用已建的治太工程从长江引清水入太湖,稀释冲污,加速水体循环,增强太湖的自净能力,明显改善了1.5万平方千米影响区内湖体和水网的水质。

3. 水生生物

生活在水体中的动植物(特别是其中的微生物)的种类和数量与水体的自净作用密切相关。当水中能分解污染物质的各种微生物种类和数量较多时,水体的生化分解自净作用就强。如果水体污染严重,微生物的生命活动受限或引起微生物大量死亡,则水中的生化分解自净作用也会随之降低。

目前人们正在利用水生生物对水体自净作用的影响来治理水污染问题。例如,在太湖流域的水污染防治工作中,无锡市所采取的措施之一就是种植水草、睡莲等水生植物,增强水体的自净能力,水质得到了明显的改善。

4. 周围环境

(1)大气。水体自净作用的强弱与水中溶解氧的含量及分布密切相关,而水中溶解氧的补给很大程度上取决于大气复氧的条件，如水面形态、水的流动方式、大气与水中氧的分布、大气与水体的温度差等。同时大气中的污染物质也可以通过多种途径进入水体而影响水体自净作用，而水中的有害气体向大气挥发又增强了水体自净作用。冬季水面降温结冰，冰面阻碍了水体与空气之间的物质交换，水中溶解氧得不到补充，这种情况不利于水体自净，如果此时排入含大量有机质的废水，就有可能使水中的溶解氧进一步降低，甚至消耗殆尽，使鱼类窒息死亡。

（2）太阳辐射。太阳辐射（光照条件）对水体自净作用的影响分为直接影响和间接影响。直接的影响如太阳辐射（特别是紫外线）能使水中污染物质迅速分解；间接的影响如太阳辐射可以引起水温变化，以及促使浮游植物与水生植物进行光合作用，改变溶解氧条件等。太阳辐射作用的影响对浅水区大于深水区，对表水层大于深水层。

（3）底质。底质能富集污染物质，水体与河底、湖库底部的基岩及沉积物之间有着不断的物质交换过程，不同的底质（如泥质、砂质或砾质）影响着底栖生物的种类和数量，从而影响污染物质的分解。不同的底质对污染物的吸附能力不同，因此河底表面面积的大小也影响自净作用。

（4）地质、地貌条件。地质、地貌及河流形态、湖泊和水库的底部特征等通过某种方式对水体自净作用产生影响。河流的河床形态不同，水流的运动方式也不一样，从而影响各个河段的自净作用。位于冲积扇顶部的地面水遭到工业废水污染后，不仅影响下游地面水的自净作用，而且由于地面水和地下水密切的补给关系，通过各含水层之间的水力联系，会将污染物质迁移至位于冲积扇下部的地下水，从而影响冲积扇下部地下水体的自净作用。

3.3.4 提高水体自净能力的措施

水是生态系统的组成部分，与动物、植物、微生物共生共存，水为生物群落提供生命之源；反过来，生物群落又净化了水，使流水不腐，清水长流，形成了水体自然净化的机制。提高水体的自净能力对水污染的防治起着关键的作用。人们在生产实践中不断探索总结，摸索出许多提高水体自净能力的方法，以下是提高水体自净能力的几项主要措施。

1. 养殖水生动植物

这是一种提高水体自净能力的生态方式，通过在水体中养殖有净化和抗污染能力的水生动物、植物及微生物，或者提高水体中已经有的生物群落的净化能力来提高水体自净能力，修复水质，维持生态平衡。这项技术是目前水环境技术研究开发的热点。天津大学曾使用这种技术在校内的敬业湖、爱晚湖及天津动物园内的存水池进行实验，结果显示投菌后的水质变清。这种方法效果好且费用低，特别值得在住宅小区人工湖治理中推广运用。

2. 修建曝气设施

曝气不仅可以快速为水体充氧，提高水体的自净能力，还可以促进水体循环和增加空气湿度，对改善环境是一举两得的好办法。在北京城区河湖水体水质改善与修复示范研究中，就采用了射流曝气增氧技术，利用浮筒式扩散曝气装置，提高水中的溶解氧值，为水体中有机物的氧化提供条件。

在苏州河综合整治工程中，一个重要子项目就是建造"曝气复氧船"，它能把纯氧源源不断地"打"进苏州河，在较短时间内增强水体自净能力，促进苏州河生态系统的恢复。这种移动式曝气复氧设备对付突发性水污染事件效果最为明显，可以说"突发黑臭到哪里，氧气就打到哪里"，在较短时间内就能提高水体溶解氧浓度，还能使河底上层底泥中的还原性物质得到氧化，让那些爱"吃"有机污染物的好氧菌群能够发展壮大，河道的生态系统得到恢复。

3. 引水稀释

本着"以动治静、以清释污、以丰补枯、改善水质"的原则，从 2000 年开始，水利部开展了"引江济太"应急调水试验工程。所谓引江济太，就是引来一定量的长江清水来稀释冲污，改善太湖水质，并让多年来非汛期平静的太湖水流动起来，进而带动整个流域河网水体流动，提高水体稀释自净能力，改善太湖流域河网水环境。检测的结果证明，至 2019 年太湖水质总体良好，在 2019 当年氨氮指标达到 I 类，高锰酸盐指数达到 I 类，太湖九个水源地主要水质指标持续保持稳定；引江济太期间，望虞河、太浦河干流水质总体良好，沿线各断面主要水质指标均稳定在 I ~ Ⅲ 类。通过引江济太调水，有效维持了太湖合理水位，保障了太湖及太浦河水源地供水安全及流域用水需求，促进了河湖水体有序流动，改善了太湖及区域水环境。

4. 恢复岸边水生植被

水生植被的恢复是提高水体自净能力、改善水环境质量的关键。例如，南京市玄武湖生态治理工程，通过大规模恢复水生植被，使藻型湖库转化成草型湖库，从而改善湖库生态结构，提高水体自净能力，使水体富营养化得到了明显改善。

5. 采用天然石料作为河道护岸

人工混凝土衬砌对水质有影响，而天然石料有自净能力。例如，韩国首尔有一条小河，在治理前是黑臭水体，在河岸边上修建一座池子，用混凝土打了几个隔墙，每个隔墙间放了很多天然卵石，在隔墙上开了很多洞，让水经过隔墙、卵石流过去，利用卵石表面形成的膜的吸附能力吸附污垢，并开井定期清污，经过天然石料处理后流出的水完全是清水，人们还将水渠混凝土衬砌打掉，全部换成天然石料，保证了水质。

6. 加快水体交换

在景观用水中，一般都采用流水、跌水、喷水、涌水等形式，提升整个水体的流动动力，使景观水流动循环，补充氧气，以保证水质无恶化现象。在太湖的污染整治中，也采用这种思路，通过从外太湖调水入梅梁湖，再进入五里湖，让湖水有序地流动起来，并调水进入梁溪河和城区河网，以带动整个城区水环境的大流动，从而加快水体交换，降低污染指数，提高水体自净能力。

3.4 水环境容量

水体是有自净能力的，即水体可以容纳一定量的污染物。但水体容纳污染物的能力是有限的，如何确定和利用水体容纳污染物的负荷量是水环境容量所要研究的问题。

随着人口的增加和经济的发展，人类生存的环境日益受到破坏，尤其是水环境破坏备受世人关注，水环境容量理论的研究成为当前的研究热点之一。根据水环境容量能够更科学地制定水环境改善策略，具有一定的前瞻性和可操作性，不仅可以改善水环境，还可以节约人力、物力和财力，实现人与自然和谐相处和社会经济可持续发展。

3.4.1 水环境容量的定义及应用

1. 水环境容量的定义

2011年，国务院发布《关于实行最严格水资源管理制度的意见》，明确提出水资源开发利用控制（严格控制用水总量过快增长）、用水效率控制（着力提高用水效率）和水功能区限制纳污（严格控制入河湖排污总量）"三条红线"的主要目标，推动经济社会发展与水资源水环境承载能力相适应。其中，第三条"红线"即是到2030年，主要污染物入河湖总量控制在水功能区纳污能力范围之内，水功能区水质达标率提高到95%以上。各地区要按照水功能区水质目标要求，从严核定水域纳污能力，严格控制入河湖限制排污总量；水功能区水质目标要作为各级政府水污染防治和污染减排工作的重要依据。对排污量已经超过水功能区限排总量的地区，要限制审批新增取水和入河排污口。其中，纳污能力即是水环境容量的概念。

一座桥梁要保证安全可靠，其承载能力便有一定的限度；一定的环境在人类生存和生态系统不致受害的情况下，对污染物的容纳也有一定的限度。这个限度便称为环境容量或环境负荷量。水环境容量则是指某一水环境单元在给定的环境目标下所能容纳的污染物的最大负荷量，也就是指水环境单元依靠自身特性使本身功能不至于破坏的前提下能够允许容纳的污染物的量，因此又称作水体负荷量或纳污能力。

2. 水环境容量的应用

当今科学技术、现代工业、人类生活日新月异，每时每刻都在影响着地球上的水环境，要保持完全不受污染影响的"纯洁水体"，既不可能也无必要。有意义的问题则是：针对已受污染影响的水体，如何对污染进行控制，防止发生危害；针对拟建工程，如何规划设计使其对周围水环境不致造成污染危害。二者都需要掌握所处水环境的容量，即纳污能力。

水环境容量主要应用于水环境质量控制，并作为经济综合发展规划的一种环境条件依据。各项建设与社会生活产生的污染物的排放，必须与一定的水环境容量相适应，如果超出环境容量，就必须采取措施，如降低排放浓度，减少排放量、加强污水处理设施，或者通过合理布局充分地利用水环境容量。一般水环境容量的应用体现在以下3方面。

（1）制定地区水污染物排放标准。全国性的工业"三废"排放标准往往不能把各地区的情况完全包括进去，在实行中如果生搬硬套，可能会达不到理想的经济和环境效益。即使同一行业，对于具有不同环境容量的水体，采用同一排放标准，也不一定会收到相同的环境效益。因此，需要依据本水域的水环境容量制定本地区适宜的污染排放标准。

（2）在环境规划中应用。水环境容量的研究是进行水环境规划的基础工作，只有弄清污染物的水环境容量，才能制定真正体现生态环境效益和经济效益的水环境规划，做到工业布局更加合理、污水处理设施的设计更加经济有效，对水环境的总体质量才能进行有效的控制。

（3）在水资源综合开发利用规划中应用。水资源是社会发展的重要资源之一。对水资源的综合开发利用，不仅要考虑它所提供的足够数量的合格水质，而且应考虑它接纳污染物的能力。因此，一个地区的水环境容量大小也是该地区水资源是否丰富的重要标志之一，如果不能合理利用水环境容量，则会使水资源造成破坏或浪费。在进行水资源综合开发利用规划时，必须弄清该地区水环境对污染物的容量。

总之，水环境容量的确定是水环境质量管理与评价工作的前提，也是水资源保护工作的前提。

由于水环境容量是在考虑水体的污染特性及自净能力的基础上，以总量形式对水环境污染进行控制，因而比一般的浓度控制更加具有科学性和优越性。

3.4.2　水环境容量的特点

水环境容量的基本特点，包括水环境容量的地域性特点、资源性特点和对污染物的不均衡特点等。

1. 地域性特点

天然水体分布在不同的地理环境和地球化学环境中，在不同的环境条件下，不同地域的水体对污染物有着不同的物理、化学和生物自净能力，从而决定了水环境容量具有明显的地域性特点，包括纬向地域性和径向地域性。地域性规律，制约着水体对污染物的迁移转化能力，也影响着污染物的毒性作用。因此，不同的环境单元对污染物有不同的容纳量。人类社会环境特征对水环境容量也有着强烈的影响。未受人类活动影响或人类活动影响很微弱的地域，水体基本保持在背景浓度的水平，水环境容量很大。受人类活动影响大的城市环境水体或位于城市附近的大江大河局部江段污染严重，水环境容量很小，甚至殆尽。

2. 资源性特点

资源是指可满足人类生活和生产需要的一切物质和能量。水环境容量作为一种资源，既有一般资源的特点，也有其自身的特点，主要有实用性、稀缺性、可更新性、分布不均匀性和共享性。

（1）实用性。水环境容量的实用性是指它在维持生态系统平衡中的作用以及在人类生存和发展中的作用。水是生命活动不可缺少的资源，显然，在人类社会发展的过程中，无论农业、工业、生活，还是整个生态系统，水都是前提条件，起到基础作用，然而水的这些作用与水质是紧密相关的，并不是任何水都起到上述的所有作用。不同水质的水体对生态与人类的作用和贡献并不相同，在水量充足的情况下，水质越好，对人类发展与生态环境越有利。环境容量的价值正是通过水质这一特征来体现的。

（2）稀缺性。水环境容量的稀缺性是指水环境容量资源虽然具有可更新性，但是在一定时间和空间内它是有限的，同时它存在的外部环境不一定有可恢复性，一旦外部环境被破坏，水环境容量必然受到影响。水环境容量的稀缺性与水资源的稀缺性紧密相关，其稀缺性表现在三个方面：一是在一定时期内数量上稀缺，即在数量上不能满足人类社会发展的需要，数量上稀缺主要是因为在一定时间内资源数量有一个极限值。经济的发展必须依赖于资源的支撑，高速的经济增长是以耗费大量资源为代价的，经济增长越快，对资源的消耗也越多越快，同时人口数量的增长和人类的无限欲望，对资源数量要求越来越多，从而造成数量上的稀缺。对水环境容量资源而言，也同样具有这种特点，尤其在工农业迅速发展、生活质量大幅度提高，而相应的水利设施建设相对滞后时，必然会出现数量上的稀缺。二是功能性稀缺。它是指水体接受大量污染物导致水质变差，而不能满足一定水体功能的需要。水质的降低导致水体功能的降低，这必然给工农业、渔业、旅游业等各行业带来负面影响，同时也会破坏生态系统的平衡。三是可利用性稀缺。由于受到客观地理条件和经济技术条件的限制，即使水环境容量能满足人们的需要，但实际上却无法利用。这种稀缺是可以逐步解决的，随着经济增长与科技进步，人们投入大量的资金，利用良好的技术建立相应的设施，对水环境容量加以利用。

（3）可更新性。可更新性是指水环境容量是一种可再生资源，它可以通过水循环、物理、化学、物理化学及生物作用来进行自我更新。

（4）分布不均匀性。分布不均匀性是指水环境容量的分布随着时间、空间的变化而变化，具有区域性、随机性的特点。不同地区的水环境容量不同，又由于水量在水文上的随机性，水环境容量也呈现出随机性的特点。

（5）共享性。共享性是指水环境容量可以向全社会服务，其所有权不属于某个人。这是因为水环境是人类存在和发展的必要前提，任何人不能剥夺其他人的生存和发展的权利。

3. 对污染物的不均衡性特点

从来没有抽象的水环境容量，只有具体针对某一类污染物的水环境容量。不同性质的污染物在水环境中的迁移转化过程差异很大，这决定了水环境容量对污染物的不均衡特点。例如，耗氧有机物水环境容量丰度很高，有毒物很低，重金属的水环境容量甚微。

3.4.3　水环境容量的影响因素及分类

1. 水环境容量的影响因素

水环境容量建立在水质目标和水体稀释自净规律的基础上，因此它与水环境的空间特性、运动特性、功能、本底值、自净能力及污染物特性、排放数量及排放方式等多种因素有

关。例如，当某河段内排污口位置和排放方式已定时，河段的环境容量可表示为

$$W = F(C_b, C_N, Q, S, q, t) \qquad (3-6)$$

式中：W——河段水环境容量，常用某段时间的污染物总量表示；

C_b——河段污染物的自然背景值（本底值），多以无污染的上游来水中污染物浓度表示作为确定 W 的初始条件；

C_N——河段水质标准，它取决于该河段社会使用价值；

Q，S，q，t——河段流量、长度、污水排放流量及时间，它们均与该河段的环境特性和河段稀释自净能力有关。

影响水环境容量的因素主要有 3 个方面：自然环境、社会环境、污染物的特性。其中自然环境和污染物的特性是内在因素，而社会环境是外在因素。

自然环境因素决定水体的特征，水体特征包含一系列自然参数，如几何参数（形状、大小）、水文参数（流量、流速、水温等）、地球化学背景参数（水的 pH、硬度、背景值），以及水体的物理自净（挥发、稀释、扩散、沉降、吸附）、化学自净（水解、氧化、光化学等）、生物降解（水解、氧化还原、光合作用等）等。这些参数决定水体的稀释和自净能力，从而决定水环境容量的大小。其中最主要的因素是水量，在其他要素不变的情况下，水量越大，水环境容量越大，水环境容量是自然环境的函数。

水环境容量的大小与污染物特性密切相关，水体对不同的污染物有不同的自净能力，同时不同的污染物对水生生物的危害作用及人体健康影响的程度不同，因此允许存在于水体中的污染物含量也不同。显然，不同的污染物有不同的水环境容量，水环境容量是污染物特性的函数。

社会环境是影响水环境容量的外在因素，社会环境因素决定水质目标，水质目标是根据水体的用途和功能而划分的。水体的用途和功能不同，水质目标不同，则允许存在于水体的污染物量不同，水环境容量也不同。另外，由于我国各地自然和社会经济条件差异较大，允许各地从实际出发建立自身的实际可行的水质目标，从而决定了水环境容量的地域差异性。水质目标的确定与水质标准的建立均具有明显的社会性，水环境容量又是社会环境的函数。

2. 水环境容量的分类

从水体稀释、自净的物理实质看，水环境容量由两部分组成，即差值容量和同化容量。前者出于水体的稀释作用，而后者是各种自净作用的综合去污容量。

从控制污染的角度看，水环境容量可分为绝对容量和年（日）容量：绝对容量即某一水体所能容纳某污染物的最大负荷量，它不受时间的限制；年（日）容量即在水体中污染物累积浓度不超过环境标准规定的最大容许值的前提下，每年（日）水体所能容纳某污染物的最大负荷量，年（日）容量受时间限制，并且和水体的本底值、水质标准及净化能力有关。实际中则根据具体情况，采用其中较适宜的一种。

根据应用目的的不同，水环境容量可进行如下分类：按水环境目标将水环境容量分为自然环境容量和管理环境容量；按水环境容量的可利用性将水环境容量分为可再分配容量和不

可再分配容量；按降解机制将水环境容量分为稀释容量和自净容量；按水环境容量的可更新性（可更新性系指水体对污染物的同化能力，并非指水体对污染物的稀释、迁移、扩散能力）将水环境容量分为可更新容量和不可更新容量；按污染物性质将水环境容量分为耗氧有机物水环境容量、有毒有机物水环境容量和重金属水环境容量。

水体还因可存储、输移污染物而具有水环境容量，所以，水环境容量根据成因可以划分为3类：

① 存储容量，即由于稀释和沉积作用，污染物逐渐分布于水和底泥中，其浓度达到基准值或标准值时水体所能容纳的污染物量。

② 输移容量，即污染物进入流动水体之中，随着水体向下游输移所能容纳的污染物量。

③ 自净容量，即水体对污染物进行降解或无害化而所能容纳的污染物量。

（1）自然环境容量和管理环境容量。以环境基准值作为环境目标是自然环境容量；以环境标准值作为环境目标是管理环境容量。自然环境容量反映水体污染物的客观性质，即反映水体以不造成对水生生态和人体健康的不良影响前提下对污染物容纳的能力。它与人类的意志无关，不受人为社会因素影响，反映了水环境容量的客观性。管理环境容量以满足人为规定的水质标准为约束条件，它不仅与自然属性有关，而且与技术上能达到的治理水平及经济上能承受的支付能力有关，显然这个意义上的环境容量正是我们所指的水环境容量。总的来说，严格的自然环境容量是很复杂的，不是短期所能解决的，当前水环境容量研究的主要对象应该是管理环境容量。

管理环境容量不是抽象的不变量，而是和具体条件相联系的可变量，应用上最重要的条件是水质标准、水文条件和排污口分布。水环境的水质标准不同，设计水文条件不同，水环境的管理环境容量显然也不同。通过改变水环境的功能要求来提高或降低水质要求，通过工程措施或变更规划设计标准来改变水文条件，都可以改变管理环境容量值。

（2）可再分配容量和不可再分配容量。可再分配容量是总量控制、负荷分配的直接依据，是应用上可实际使用的部分。可再分配容量不是抽象的不变量，而是和允许污染负荷分配原则相联系的可变量，其数值随分配原则的变化而变化。

不可再分配容量，即自然水体中污染物自然背景值所占用的水环境容量；可再分配容量，即污染物浓度在自然背景值和环境标准之间的容量，相当于允许污染负荷。一般认为，在污染物总量控制负荷分配中，实际可使用的部分是可再分配容量。

（3）稀释容量和自净容量。在污水和天然水体混合的过程中，污染物浓度由高到低，从而显示天然水对污染物有一定的稀释能力，当污染物通过水体物理稀释作用而达到水质目标时所能容纳的污染物的量称为稀释容量；自净容量是指水体通过物理、化学、生物等作用能净化的污染物的量。这两种容量相互独立，可以分别计算。

（4）可更新容量和不可更新容量。可更新容量，即表征为水体对污染物的降解自净容量或无害化容量；不可更新容量，即在自然条件下水体对不可降解或长时间只能微量降解的污染物所具有的容量。

习 题

一、填空题

1. 水体的人为污染源的种类很多，成分复杂，大致可分为_____、_____和_____三大类。

2. 当水中溶解氧含量显著减少时，水中的_____将大量繁殖，有机物在_____的作用下进行厌氧分解，产生有害气体，使水体发黑变臭，水质恶化。

3. 任何污染物进入水体后都会产生两个互为关联的现象，一是_____，二是_____，这两种现象互为依存，始终贯穿于水体的污染过程中，并且在一定条件下可互相转化。

4. 河流的径流量决定了河流对污染物的稀释能力。在排污量相同的情况下，河流的径流量越_____，稀释能力就_____，污染程度就_____。

5. 被降雨、径流等动力因素带入河湖中，沉淀到水底，以沙粒、黏土、有机物残体为主的沉积物，称为_____，又称为_____或_____。

6. 河流中溶解氧的变化主要受两种因素影响，一是排入的有机污染物降解时的_____，二是河流自身不断的_____。

7. 在湖泊、水库水体中，表水层的_____活跃，中间水层_____作用明显，而在湖泊、水库底部基本上是_____作用。

8. 影响水体自净作用的主要水情要素有_____、_____、_____和_____等。

9. 一定的环境在人类生存和生态系统不致受害的情况下，对污染物的容纳也有一定的限度。这个限度便称为_____或_____。

10. _____是指某一水环境单元在给定的环境目标下所能容纳的污染物的最大负荷量，又称作_____或_____。

11. 水环境容量主要应用于_____控制，并作为经济综合发展规划的一种_____。各项建设与社会生活产生的污染物的排放，必须与一定的水环境容量相适应。

12. 水环境容量的确定是_____的前提，也是_____的前提。

13. 水环境容量建立在_____和_____的基础上，因此它与水环境的_____、_____、_____，_____，_____及_____、_____及_____等多种因素有关。

14. 从水体稀释、自净的物理实质看，水环境容量由两部分组成，即_____和_____。前者出于水体的稀释作用，而后者是各种自净作用的_____。

15. 从控制污染的角度看，水环境容量可从两方面反映：一是_____，即某一水体所能容纳某污染物的最大负荷量，它不受时间的限制；二是_____，即在水体中污染物累积浓度不超过环境标准规定的最大容许值的前提下，每年（日）水体所能容纳某污染物的最大负荷量。

16. 年（日）容量受_____限制，并且和水体的_____、_____及净化能力有关。

二、选择题

1. 汞的毒性很强，易透过细胞膜，进入生物体内，损害（   ）。

A. 心脏　　　　　　　　　　　B. 脑组织

C. 肝脏　　　　　　　　　　　D. 骨骼

2. 水体污染发生的氧化还原作用属于（   ）。

A. 物理作用　　　　　　　　　B. 化学作用

C. 生物作用　　　　　　　　　D. 生物化学作用

3. 曝气能够使水体中（   ）。

A. 污染物迁移速度加快　　　　B. 污染物沉淀速度加快

C. 底泥的污染物释放　　　　　D. 溶解氧含量提高

4. 最容易发生富营养化污染的水体是（   ）。

A. 河流　　　　　　　　　　　B. 湖泊

C. 海洋　　　　　　　　　　　D. 地下水

5. 一旦被污染，最不易治理、水质恢复最慢的水体是（   ）。

A. 河流　　　　　　　　　　　B. 湖泊

C. 海洋　　　　　　　　　　　D. 地下水

6. 水体的人为污染源的种类很多，成分复杂，大致可分为（   ）、（   ）和（   ）三大类。（多选题）

A. 工业废水　　　　　　　　　B. 养殖废水

C. 农业退水　　　　　　　　　D. 生活污水

7. 河流的径流量决定了河流对污染物的稀释能力。在排污量相同的情况下，河流的径流量越（   ），稀释能力就（   ），污染程度就（   ）。

A. 越大、越弱、越轻　　　　　B. 越大、越强、越轻

C. 越小、越弱、越轻　　　　　D. 越小、越强、越轻

8. 在湖泊、水库水体中，表水层的氧分解活跃，中间水层兼气性微生物作用明显，而在湖泊、水库底部基本上是（   ）作用。

A. 有氧分解　　　　　　　　　B. 厌氧分解

C. 无分解　　　　　　　　　　D. 兼性分解

9. 年（日）容量受时间限制，并且和水体的（   ）、（   ）及（   ）有关。（多选题）

A. 本底值　　　　　　　　　　B. 水质标准

C. 净化能力　　　　　　　　　D. 污染物成分

10. 水体的自净是（　　）、（　　）和生物三种因素共同作用的结果。（多选题）

A. 物理   B. 物理化学

C. 化学   D. 生物化学

11. 汞的毒性很强，易透过细胞膜，进入生物体内，损害（　　）。

A. 心脏   B. 脑组织

C. 肝脏   D. 骨骼

12. 水体污染发生的氧化还原作用属于（　　）。

A. 物理作用   B. 化学作用

C. 生物作用   D. 生物化学作用

13. 曝气能够使水体中（　　）。

A. 污染物迁移速度加快   B. 污染物沉淀速度加快

C. 底泥的污染物释放   D. 溶解氧含量提高

14. 最容易发生富营养化污染的水体是（　　）。

A. 河流   B. 湖库

C. 海洋   D. 地下水

15. 一旦被污染，最不易治理、水质恢复最慢的水体是（　　）。

A. 河流   B. 湖库

C. 海洋   D. 地下水

三、思考题

1. 污染物通过哪些途径污染水体？

2. 以汞为例，说明重金属污染水体的特点及危害。

3. 什么是热污染？其危害性如何？

4. 什么是富营养化污染？

5. 如何缓解水体污染所造成的危害？

6. 污染物进入水体后，主要受哪三种作用的影响？

7. 为什么说底质可以反映污染历史过程？

8. 水体的自净是哪三种因素共同作用的结果？

9. 为什么说河流的自净能力较强？

10. 为什么湖泊、水库的水体受到污染后不易控制和治理？

11. 影响水体自净作用的主要因素有哪些？

12. 污染物质的浓度是怎样对水体的自净作用产生影响的？

13. 什么是水环境容量？它主要受哪些因素影响？

14. 水环境容量的应用体现在哪三方面？其具体应用如何？

15. 水环境容量有哪些基本特征？

第 4 章

水利环境过程

内容概要

本章主要介绍了水利环境过程的相关知识。首先介绍了水利建设的环境问题及其环境影响的特点；然后介绍蓄水工程的环境效应，并以水库为例重点分析水库污染物累积过程及污染物释放对水质的影响；最后介绍几种主要类型水利工程（灌溉工程、引水式水电站及跨流域调水工程）的环境效应。

4.1 水利环境过程概述

随着科学技术和社会生产力的发展，人类活动对自然环境的影响范围与规模越来越大，其中最具有代表性的就是改造山河的大型水资源开发建设工程，即水利工程。水利工程在防洪、治涝、发电、给水、灌溉、航运等方面发挥了显著的作用，满足了社会经济发展的需求。然而，水利工程开发建设过程中必然会引起水文过程的改变，并对环境状态产生巨大影响，打破原有的水量平衡、能量平衡及生态平衡关系。新平衡状态的发生，又会对水利工程产生反馈性影响，影响水利工程建设目标的实现，进而促进水利工程运行方式的改变。同时，这一过程又会导致生态系统的演替以及新平衡状态的出现。例如，河流筑坝建库，阻碍了河流地理空间上的连续和水流过程的连续，改变了河流水文、河流物质转化和输送通量，进而改变了河流的生态环境。同时随着水利工程的运行，水利工程本身以及周围自然环境和社会环境也会受到一定的影响。以北方水源水库为例，在运行过程中底孔常年关闭，加上大流量的洪水形式输入以及小流量表层取水输出，长期运行下导致水库污染物累积影响水库水质。为保障安全供水，需对水库运行方式进行调整，如加大底孔泄流或采取其他措施防止沉积物污染的发生。伴随这个过程，生态系统演替变化，并在不断调整中达到新的生态系统平衡。因此，这就需要在水利工程开发建设与运行中综合考虑流域环境演替和社会发展的影响，努力实现既能开发利用水资源，又能改善、协调人类发展与水环境间的关系，维持河流、湖泊的健康生命。

4.1.1 水利建设的环境问题

水利建设对环境的作用与影响的特点，一方面是主要通过工程的调控作用实现对环境的影响，另一方面是通过对河流水文泥沙、水力情势的改变（包括量与过程）对环境产生影响。水电开发建设项目的环境效应如何，其判别标准是看该工程在建设、运用期间究竟是提高还是降低了环境质量，每个水利工程对环境的影响分析都应根据这一标准进行。

1. 水利建设对环境的正效应

（1）提高抵御自然灾害的能力。防洪、治涝、灌溉、排水等水利工程的建设可以提高抵御洪、涝、旱、碱等自然灾害的能力。水利工程通过调配水量，提高了抗灾标准，降低了灾害发生的频率及范围，保障了人们的生命财产安全，提供了稳定的生活和生产环境。这不但促进了社会经济的稳定发展，也改善了人类的生存环境。

（2）减轻能源污染。水电作为清洁能源，对环境的污染相对较小。在电力系统中，增建一个装机容量 200 万千瓦的水电站，等同于少建一个同等规模的火电站，每年就可以节约原煤 500 万吨，少产废渣约 140 万吨，大大减少粉尘对大气的污染。火力发电在煤矿开采、原煤运输和电厂运行时会产生大量有毒、有害物，对生态环境产生多方面的不利影响。另外，火力发电机组冷却耗费大量水资源，冷却水排放还会引起局部水体的热污染。水电作为一种清洁易控制的能源，在很大程度上可以代替火电、核电，而且水电还具有平衡电力系统负荷的"调峰"作用。

（3）提供或改善航运环境。河道整治工程不但可以通过控制河势改善航道，还能通过渠化增加新的航线，使本不能通航或短期通航的河道具有良好的航运条件。如位于长江上、中游分界处的葛洲坝水利枢纽，通过大坝壅水淹没库区河道滩险，大大增加了航程、运量，提高了库区航行的安全及通航保证率；通过水库进行流量调节，还可以增加坝下河道枯水期流量，改善局部浅滩段和增加航深等。

（4）改善生态环境，提高生态系统的生产力与自我恢复能力。

① 改善局部地区气候。兴建大型水库一般可使局部地区气候向有利方向转变，如通过水体的调节作用可使年平均气温改变，使极端最低气温升高、极端最高气温降低；还可提高库区及邻近地区的相对湿度，提高农作物和果树产量。例如，局部气候改善有利于柑橘的越冬和增产，局部灾害天气的减少也对农业、林业带来有利影响。

② 改善湿地生态环境。一些湖库修建的节制闸通过提高湖（库）水位，改善了湿地的生态环境。一方面增强了湿地生态系统的生产能力，另一方面能改造某些虫害的发生基地。中华人民共和国成立前江苏洪泽湖水位不能控制，滨湖地区受湖水自然升降和湖水顶托的影响形成季节性荒地。东亚飞蝗对生态环境具有较强的选择性，喜在食料丰富的湿润地带活动；在交配和产卵期间，专门选择植被较稀疏、土壤含水量为 10% ~ 15% 的湿地产卵。滨湖地带适宜飞蝗活动的生态地理环境，该区曾经成为国内主要的东亚飞蝗发生地之一。同时，由于土壤含水量的大小与地下水位的高低有关，地下水位的高低又与湖水位的变化密切相关。因此，飞蝗成虫的适宜产卵场所则常随湖水涨落及其时间的久暂而集中或扩散。江都抽水工程、洪泽湖三河闸的修建以及江水北调工程，使洪泽湖在 1963 年后保持比较高且稳定的湖水位。通过调控，湖水位平均提高 1 m 多，湖水位控制在 12.4 m 左右。因此高程在 11.5 m 以下的蝗虫活动湿地全部淹没，飞蝗发生面积和密度均大大减少。洪泽湖水位变化

与飞蝗面积的关系分析如图4-1所示，从图中可以看出：1963年以前的湖水位上、下波动较大，飞蝗发生面积也对应较大且上下波动；而在1963年以后，飞蝗面积减小并基本得到控制。1966—1967年与1978—1979年两段时间，由于气候干旱导致洪泽湖水位降低，飞蝗面积又有波动性回升。分析表明：通过水利工程调节湖水位升降对湿地范围进行控制，对减小飞蝗发生面积起主导作用。同样，水利工程对南四湖的控制与调节也对该区域的水利灭蝗起到了重要作用。

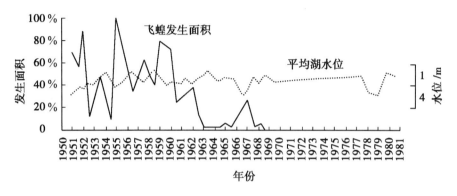

图4-1 湖水位变化与飞蝗面积关系曲线

③ 改善沙漠生态环境。通过在沙漠地区修建调水灌溉工程，可以在一定程度上改善当地生态环境。例如，在新疆塔里木和准噶尔盆地，一些内陆河流贯穿其间，盆地中为沙漠，四周分布戈壁和绿洲。由于该区域径流量时空分布不均衡，加之平时降水量稀少、蒸发量大，形成季节性缺水，特别是春旱严重。中华人民共和国成立后，国家大力兴建水库、水电站、灌溉渠道，大大增加了灌溉面积。调水与灌溉工程等水利建设在一定程度上改造了恶劣的自然环境，创造了新的比较健全的生态系统。在戈壁沙漠中，不但扩大了原有绿洲（农田与林地）面积，还形成一些新的绿洲和新型城镇。

④ 减少地区性流行病。血吸虫病传播媒介——钉螺的生存环境的生态条件为"夏水冬陆"。所谓夏水冬陆就是指该区域夏天被水淹没而冬天则暴露成为陆地的周期性交替淹没的洲滩或湿地。中华人民共和国成立前，在长江中下游地区，因洪水经常泛滥，钉螺繁殖活动范围扩大，血吸虫病猖獗。通过水利工程控制洪水泛滥和水位的季节变化，可以形成"夏陆冬水"的反生态环境，减少钉螺的繁殖，从而控制了血吸虫病的流行。如今水利工程的兴建使洪涝灾害大大减少，开发和综合利用洞庭湖、江汉平原、鄱阳湖等沿江、沿湖的大面积洲滩，使钉螺因失去孳生环境而被消灭，为血吸虫病防治工作创造了十分有利的条件。

⑤ 改善水质及供水条件。水利工程不但在排除洪涝方面发挥较大的作用，还可调节水量、改善河流水质。例如，在浙江省杭嘉湖地区修建的南排工程，其中长山河及其配套支河的拓浚开通，对改善河流水质起到了很大作用。广东省佛山市的汾江以前污染比较严重，自扩建沙口闸后，引水稀释，也成功地改善了河流水环境质量。沙颍河是淮河第一大支流，发源于淮河北岸，流域面积近4万平方千米，跨河南、安徽两省。1989年2月和1994年7月，

沙颖河严重污染的水体随洪水集中下泄，导致淮河中游发生大面积水污染事故。为减轻沙颖河污水水体对淮河干流造成的危害，避免重大水污染事故的发生，1990 年起淮河流域水资源保护局组织河南、安徽两省水利部门在沙颖河开展污染联防工作，其中水闸防污调度成为减轻水污染危害的重要手段之一。

⑥ 改善、扩大水生生态环境。通过水利建设可以扩大水面面积，有利于渔业发展。只要有恰当的渔业规划，发展鱼类及水生生物养殖就有很大发展空间。例如，汉江丹江口水库建成后，水库提供了数百平方公里广阔的水域，为发展水产事业创造了良好的条件。库水很深，可以适应浅层鱼、中层鱼和深层鱼等多种鱼类生存，年产鱼比建坝前增加 10 倍以上。若加强科学管理，合理发展网箱养鱼，鱼产量还会大幅度增加。新安江处于天然河流状态时，天然鱼种（如鲤、鲫、鲂、鳊等）近 100 种，但山区河流水浅流急，鱼产量不大。新安江水库建库后，水域面积增加约为 90 万亩，环境改变使天然鱼种比以前略有减少，但水库环境对发展渔业非常有利。首先，库区营养物质丰富。因为流域内山区森林较茂密，特别是马尾松松花是营养很高的饵料，洪水携带丰富的有机质入库，为浮游生物提供了充沛的饵料。其次，巨大的调节库容使库水清澈，水库溶解氧含量很高，库内除上游库段和少数库湾港汉外，绝大部分水域水质良好，没有受到明显的污染。最后，水库库岸弯曲，港汉、岛屿众多，长达 1 735 km（连同岛屿）的岸线有利于鱼类在岸边洄游觅饵，产卵繁殖。港湾、汉道也利于建立栏网和网箱渔场，进行人工育苗放养。

（5）创造或改善旅游环境。水资源使自然环境充满了蓬勃的生命活力与无穷的魅力，大型水库都可作为自然风光旅游区，如北京的密云水库、湖北的丹江口水库、浙江的新安江水库、河南的小浪底水库等。建库蓄水美化了自然环境，水库水面宽阔，游鱼可数，四周林木郁郁葱葱，泛舟其中，其乐无穷。特别是新安江水库与富春江水库，发展旅游的地理位置绝佳。新安江东有杭州，北有黄山，从杭州经水库至黄山，沿途皆景，形成著名的千岛湖国家旅游公园。富春江自古就是名胜之地，附近有多处奇异溶洞，巍峨多姿。库内更是山青、水秀，风景点和名胜古迹众多。在水库开展水上运动、钓鱼和游泳等活动，可以充分发挥水体的使用价值，对提高人民生活水平大有裨益。

水利工程也还可以通过调节河道流量，改善旅游环境。桂林素以"山青、水秀、洞奇、石美"山水四绝融为一体而冠甲天下，漓江秀水是桂林山水的精华、命脉。然而枯季缺水、水质污染，曾使这个自然景观大受其害。通过水利、环境、交通、旅游部门共同研究，利用青狮潭水库调节径流、枯季向漓江补水的调水工程，游客能在全年全程饱览漓江碧水与两岸奇峰相映的迷人景观。

2. 水利建设对环境的负效应

无论何种规模的水利工程都是在一定环境基础上建立起来的。例如，建设一座水库，就要在自然环境中（河道及两岸土地上）置入一个挡水的人工建筑物（大坝）和形成人工湖泊，由此会对自然－社会环境产生各种影响。水利建设对环境可能引起的不利影响主要有以下几方面：

（1）蓄水淹没影响。修建水库必然要淹没大量土地，原水库及其周边地区居民必须移民搬迁，而陆生生态系统的动植物将失去赖以生存的家园，该区域人类历史文明的遗产、自然景观也将受到淹没消失的威胁。例如，三峡水利工程库区范围地处整个三峡及以上河段，该区自然资源、物产、文物古迹及珍稀动植物丰富，部分地区如万州经济比较发达，人口众多，库区附近峡谷两岸是湖北、四川省的柑橘基地。水库兴建对该地区生态环境、经济与社会发展必然带来一些不利影响。

（2）水库移民影响。我国一位著名的水利专家曾说"水电工程主要就是大坝加移民"，水库移民是一个重大问题。水库移民既有环境方面的问题，又有社会方面的问题。水库移民如未能妥善安置，重返库区后会造成库区的滥垦乱伐及其他有关环境问题。一些水库移民远迁他省，由于不适应自然条件、生活困难和传统观念约束，边移边返的现象时有发生，其会带来社会不稳定隐患。

（3）改变地下水状况。灌溉排水渠系工程如果设计、运用不当，就会引起该区域地下水位抬高，形成土壤盐碱化或沼泽化。黄河下游一些引黄灌区就曾因运用不当，导致一些农田在灌溉后出现盐碱化。埃及阿斯旺高坝修建后，就因排水渠系不畅造成库区周边土地沼泽化。

城市供水工程过量开采地下水，会引起局部地区地下水水位下降，出现地面沉降。沿海地区还会引起海水向地下蓄水层的浸渗，使采水区的地下水水质变差，对滨海城市（如天津、上海等）构成威胁。

（4）影响环境系统平衡。有些水利建设改变了当地自然环境，对河流系统产生了不利影响。例如，大型水利水电工程改变了河流天然径流量、泥沙量及过程，使河流自身特性发生变化，如华北地区一些河流由于长期小水或无水造成河道萎缩，过洪能力大大下降，一些河流尾闾段长期受潮汐动力单向作用影响，河口形成拦门沙淤积，造成尾闾排洪不畅。

有些水利建设改变了当地的生态环境，对生态系统产生了不利影响。例如，大量围垦降低了天然湖泊的调蓄能力，缩小了水域及湿地面积，改变了水生生物及鸟类的栖息地条件，影响了生物的生长繁衍。河流上游建库蓄水，使下游河道流量大量减少甚至断流，严重危害下游河流的水生生态系统。河流上建造的各种闸坝隔断了鱼蟹的洄游通道，影响其繁殖生长，甚至导致物种灭绝。有些水利工程兴建后还会影响鱼类产卵场地的位置，对鱼类产卵产生不利影响；一些堤防切断了原来的江湖联通关系，对鱼类洄游和灌江纳苗等有一定影响。

（5）水库水温分层形成的泄水影响。大型水库水深很大，造成自上而下的水温分层，夏季上层水温高、下层水温低，冬季则相反。夏季深孔泄水时水温很低，若用于灌溉则影响农作物生长，常形成所谓冷害，下泄冷水对鱼类生长也不利。北方水库冬季深孔泄水时水温相对较高，又会影响下游河段的冰封位置、冰封时间与冰封长度。

（6）环境地质问题。水库蓄水后改变了库区地层地质的动力条件，可能增加地震发生次数，水位大幅度频繁升降也会引起库周山体滑坡、岸滩塌失。水库诱发地震、滑坡及塌岸给水库安全及周围环境带来许多严重影响。

（7）疾病介水传染。水利工程可以改变水资源的时空分配，一些介水传播的疾病可能会以水利工程为媒介扩散，从而影响人们的健康。例如，蓄水工程扩大了水域面积、灌溉工程扩大了水浇地面积，这为蚊虫生长、钉螺的繁殖提供了条件，也为传播疟疾、血吸虫病带来隐患；调水工程实现了不同流域的水量调配，通过介水传播有可能会扩大某些地方疾病的流行区。

（8）其他影响。为了通航、灌溉和工业用水等，兴建拦河节制闸控制河道径流，使闸上游成为静水，闸下过流受控，影响了对河道污水的稀释扩散，干扰了水体自净能力。兴建河口挡潮闸阻挡了潮汐吞吐，使河口发生淤积，影响泄洪和航运。

库区的旅游活动、过量的网箱养鱼常易污染水体，影响水库水体功能的发挥；滩区无节制的旅游活动会破坏湿地生态环境，影响河道滩区功能的发挥。所以在开发河道、水库旅游之前，必须进行规划以及环境影响评价，以合理利用环境资源。

4.1.2 水利建设环境影响的特点

就时间而言，水利工程本身对环境的影响，在施工时期是直接的、短期的；而在运行期则是间接的、长期的。施工期对环境产生的各种污染，主要为施工废水、废渣、粉尘、噪声、震动等；施工清场也会破坏一些文物古迹，殃及施工区的生态平衡。工程建成后一般不会造成对环境的直接污染问题，但是水利工程运行期间调配水资源引起的环境变化则是长期的、深远的，如水库淹没对社会环境（经济、政治稳定）的影响、库周环境变化对陆生生态与水生生态关系的影响、对环境地质的影响（诱发地震、滑坡、坍岸、地下水位变化等）、对河流演变的影响以及介水传播疾病对人群健康的影响。水资源开发建设工程对环境质量的影响需要长期、持续的关注，环境影响还可能造成水资源开发建设工程运用方式的调整与改变，这是水利工作者必须高度重视的问题。

就空间而言，水利建设工程环境影响的显著特点是：其环境影响通常不是一个点（建设工程附近），而是一根线、一条带（从工程所在河流上游到下游的带状区域）或者是一个面（灌区）。水利工程的影响往往长达几百千米，甚至影响河口。例如，南水北调总干渠众多的穿越河道工程不仅影响交叉工程处河道，而且沿河上下游几公里至十几公里范围都受影响。灌溉工程的影响则不仅是点、线、带（输水渠），而且是整个大面积的灌溉区域。

水利建设工程的目的是开发利用水资源，是要兴利除害，这就要必须充分认识工程可能对环境带来的不利影响。水利工程破坏人水协调关系的影响往往是长远的、无法估量的，给环境造成的损失也是无法弥补、遗害后代的。例如，工程破坏生态环境，造成生物群落改变，个别种群可能灭绝；另外水利工程对文物古迹、自然景观的破坏也可能是无法恢复的。

大型水利水电工程对环境的影响从空间看影响面很广，从时间看影响期很长。例如，黄河中游三门峡水利枢纽，上游影响陕西潼关以上渭河的很长河段，下游影响数百公里几达河口；工程的环境影响从工程始建至今仍令水利工作者为之殚精竭虑。中小型水利水电工程对环境的影响相对比较单一，可能只在局部区域造成影响。例如，嘉陵江的东西关水电站，利用天然河道截弯取直引水发电，其影响主要是枯水期可能造成局部断流，给该段嘉陵江航运带来影响。

综上所述，水利建设工程的环境影响评价必须既肯定有利影响，也要尽量全面考虑、科学预测不利影响，提出对策和减免、改善措施，以实现合理开发利用水资源、维持河湖健康生命，从可持续发展角度使水利工程与环境协调一致。

关于大型水利工程的环境影响分析与评价工作，我国目前已积累了不少的资料和经验，如新安江、丹江口、小浪底、三峡水利工程，环境影响分析与评价工作涉及面广、任务繁重。水利工程的环境影响分析与评价工作涉及因素复杂、涉及面广，因此需要多学科的交叉研究。过去对中小型水利工程的环境影响分析评价不够重视，对工程－环境－可持续性发展的关系认识模糊。从可持续发展角度出发，即使水电开发建设利大于弊，也必须认真进行环境影响分析，通过评价工作将不利影响降低到最低限度，使水利工程达到环境效益与工程效益的统一。

在进行水利建设工程环境影响分析时，不能仅对某一项工程的影响进行分析，还必须与流域治理规划联系起来。因为水电资源的开发利用是整个流域开发的一部分，必须有全局和长远观点，必须从可持续发展角度分析工程影响。影响分析不能只顾工程局部近期利益，不能只强调单项工程而忽视全流域的协调、可持续发展，需要建立"协调人水关系，实现可持续发展"的新水利观念。

4.2　蓄水工程的环境效应

随着对环境问题和可持续发展的重视，人们现在已经认识到：水资源开发建设工程对环境影响既存在有利的一面，也存在不利的一面，必须全面分析、正确评价。下面分别对各种常见水资源开发建设工程的环境效应予以分析论述，首先研究蓄水工程的环境效应。

以水库为主的蓄水工程的环境效应是多方面的，包括局地气候演变、库区水质变化、自然环境演化、社会环境变迁等。

4.2.1　局地气候演变

水库蓄水形成足够大的水面后，对库周局部小气候演变产生的影响值得重视。水库蓄水后，下垫面由热容量小的陆地变为热容量大的水体，蒸发量也随水域扩大而增多。一般来说，夏季水面温度低于陆面温度，水库水面上部大气层结构较稳定，降水量会有所减少；冬季水面温度高于陆面温度，大气层结构不稳定度增加，相应降水量也略有增加。水库对降水的影响主要是使水库周围降水的地理分布发生了变化，即引起了降水再分布，对整个水库流域范围内的平均降水量影响很小。

1. 降水与气温

我国一些水库观测资料表明，一般库区及其上游建库后，库区及其上游的降水量一般会有所减少，详见表4-1。例如，新安江水库建成后，库区中心雨量减少了50 mm。对于单纯由水库蓄水影响造成的降水量变化，根据新安江水库观测资料分析所得类比法计算公式为

$$\Delta y = y - \frac{x}{x_o} y_o \tag{4-1}$$

式中：Δy——单纯由水库蓄水影响造成的降水变化量，mm；

y_o，y——研究点建库前、后的年降水量，mm；

x_o，x——对照点建库前、后的年降水量，mm。

表4-1 建库前后降水量变化情况表

项 目		密云水库		石河水库		陡河水库	黄壁庄水库	
		白河	潮河	石河水库	秦皇岛	唐山	黄壁庄	灵寿
距坝距离/km		0	0	0	15	15	0	8
建库前	年平均雨量/mm	803	776	737.3	671.9	649.3	602.8	616.5
	汛期平均雨量/mm	689	645	591.1	553.3	537.3	467.0	488.9
	资料年限/a	10	10	17	17	33	10	7
建库后	年平均雨量/mm	665	592	608.9	643.6	618.2	532.2	514.4
	汛期平均雨量/mm	563	493	478.0	494.8	513.4	413.9	399.1
	资料年限/a	24	24	9	9	27	21	18
增减量	年平均雨量/mm	-138	-184	-98.4	-37.3	-31.1	-70.6	-102.1
	汛期平均雨量/mm	-126	-152	-113.1	-58.5	-24.4	-53.1	-89.8

此外，夏季水库水面温度低，经过水库的气流稳定度增加，上升运动减弱，从而使库区附近产生对流性天气现象的概率减小，如雷暴日数、降雹日数都将有所减少。另外，还可以用水汽效应计算法确定建库后的降水量变化，详见有关规范。

建库后由于下垫面性质的变化，库区下垫面与空气之间能量交换的方式和强度也发生变化，从而在水陆气温差所产生的水平交换影响下，水库附近陆地气温也产生变化。一般库区附近气温将变得冬暖夏凉，日平均温差减小。下垫面性质改变产生的效应可采用数学模型对库区年平均气温变化进行估算：

$$\Delta T = T_a - T \tag{4-2}$$

式中：T——库区观测点建库前气温，℃；

T_a——库区观测点建库后气温，℃；

ΔT——水库修建前后气温差，℃。

水库水面热量整体输送公式：

$$P = \rho C_a C_P (T_w - T_a) U_{1.5} \qquad (4-3)$$

式中：P——感热交换量，$J/(m^2 \cdot s)$；

ρ——空气密度（$1\,200\ g/m^3$）；

C_a——水面阻力系数，可取距水面 $1.5\ m$ 处的 $C_a = 1.3 \times 10^{-3}$；

C_P——空气定压比热容，可取 $C_P = 1.005\ J/(g \cdot \text{℃})$；

T_w——水面水温，℃；

$U_{1.5}$——距库水面上方 $1.5\ m$ 处风速，m/s。

式（4-3）也可改写成

$$T_a = T_w - \frac{P}{\rho C_a C_p U_{1.5}} \qquad (4-4)$$

[**例 4-1**]　拟建某水库，已知库区三岔口站多年平均气温 $T = 9.9\ \text{℃}$，已建某水库表层水温与气温差 $(T_w - T_a) = 0.8\ \text{℃}$，$T_w$ 采用推算的某水库建库后年平均水面温度 $12.0\ \text{℃}$，水面以上风速 $U_{1.5} = 1.9\ m/s$，则

$$P = 1\,200 \times 0.001\,3 \times 0.24 \times 0.8 \times 1.9 = 0.57\ J/(m^2 \cdot s)$$

$$T_a = 12.0 - \frac{0.57}{1\,200 \times 0.001\,3 \times 0.24 \times 1.9} = 12.0 - \frac{0.57}{0.71}$$

$$= 11.2\ \text{℃}$$

$$\Delta T = 11.2 - 9.9 = 1.3\ \text{℃}$$

库区在水库蓄水后，年平均气温可增加 $1.3\ \text{℃}$。又根据气温与海拔高度的相关关系分析，高度每升高 $100\ m$，气温下降 $0.6\ \text{℃}$，当水库蓄水到正常水位时，较建库前高 $65\ m$，气温约降低 $0.4\ \text{℃}$。因此预计该水库建成后，库区年平均气温为 $10.8\ \text{℃}$，较建库前增加 $0.9\ \text{℃}$。

从季节分析，春季气温回升，水体升温要吸收大量热量，因此升温较慢，这是水库的吸热期，水面气温略低于陆面气温；秋冬季节气温下降，水库储存大量热量，水温下降比气温缓慢，水体在降温过程中向大气以潜热和显热的形式输送大量热量，使空气增温，因此水面气温高于陆面气温。

从年平均分析，由于一年中增温期多于降温期，而使蓄水后的库区年平均气温增高。此外，由于水体对温度的调节作用，库区及其附近地区的气温年、日温差变小。

2. 湿度、蒸发与雾

蓄水引起水域蒸发量增大，一般会增加库区环境湿度。相对湿度受温度高低和下垫面潮湿程度两个因子影响。建库后年平均气温略有升高，而下垫面的水源充足，蒸发能力加强，空气湿度将有所增加。据国内有关资料分析：库区与库周比较，相对湿度年平均可相差 $4\% \sim 5\%$，春季水面温度低，相对湿度差值可达 $6\% \sim 8\%$。

库区蒸发量大小与气候热力因子有关，主要取决于温度、湿度。夏季尽管地面太阳有效辐射很高，蒸发力增大，但由于水体附近气温降低不能提供充足的水汽而导致蒸发量减少；

冬季有效辐射虽低于夏季，但库区气温较建库前升高，从而提供了较多的水汽，使蒸发量增大。此外，建库后风速增大，可以抵消由温度降低和湿度增大使蒸发量减少的影响，使蒸发年总量变化不明显。

雾是悬浮于近地面气层中的大量水滴或水晶粒，形成的条件是空气相对湿度达 100%，气温降到露点以下。根据形成条件不同，水库地区多为辐射雾、平流雾和蒸汽雾。水库地区水汽充沛，近地面气层相对湿度大时，稍有辐射降温，空气就会达到饱和，便有凝结发生，形成辐射雾。夏季水库附近气温较低，当暖湿的空气流经较冷的下垫面而逐渐冷却时，即形成平流雾。蒸汽雾是在水温高于气温的情况下，由暖水面蒸发的水汽冷却而形成的；特别在秋季夜间，冷空气流到较暖的库区上空时容易形成蒸汽雾。

3. 风

水库蓄水后，一方面，由平滑的水面代替了起伏不平的陆面，粗糙率变小，可使风速加大；另一方面，蓄水后水位升高，使谷底变宽，两岸相对高度降低，风区长度增加，同时还会使河谷的狭管效应减弱。这些因素所起的作用程度不同，使建库后上、下游风速产生不同程度的变化。

据长江水资源保护局的研究，气流越过水面后风速变化可用下式表示：

$$\frac{V}{u} = F(x) = a - be^{-cx} \tag{4-5}$$

式中：u——建库前风速，m/s；

V——建库后风速，m/s；

x——风区长度，m；

a、b、c——与下垫面形状有关的系数，一般情况时：

$$\frac{V}{u} = 1.26 - 0.61e^{-0.0022x} \tag{4-6}$$

式（4-5）主要考虑了风区长度的影响，而与水库宽度有关的河谷深度也对库区风速有一定影响。

水库气温与四周陆地气温的热力差异，可能产生以一日为周期的水陆风。白天水面温度低于陆地，产生指向陆地的气压梯度，风由水库吹向沿岸；而夜间相反，风由陆地吹向水面，形成风向日变化。河道型水库这种现象不会很明显，范围也不大。

总之，从现有观测资料分析，蓄水工程对局地气候演变的影响一般都是有利的。气候湿润有利农作物的生长和植被的增加，减少水土流失。平均温度升高，无霜期增加，暴雨季节降水量减少，非暴雨季节降水量增加，增加了土壤水分含量，会给农、林种植带来有利条件，提高库周生态系统的生产力及稳定性。

4.2.2　库区水质变化

水库蓄水虽不直接产生污染物，但由于它一方面承纳流域汇流带来的污染物，另一方面水体在库内滞留,加上水环境边界条件改变,使库区水质发生变化。

1. 有利变化

水库蓄水使库区水质产生的有利变化主要有:水库拦蓄使库区水流减缓、库内滞留时间延长,沉淀作用降低了水的混浊度,生物降解会减小 BOD 值,大肠杆菌的自然死亡减小了其密度指标;库区的藻类产生的 $CaCO_3$ 沉淀可以降低水的硬度。

2. 不利变化

蓄水使库区水质产生的不利变化主要表现在:

(1)库区水体自净能力与水质下降。水库拦蓄上游及库周排入的污染物,减缓的水流使水体的扩散能力减弱、复氧速度减慢,自净能力降低;污染物吸附于泥沙上而沉积于库底,逐年累积形成污染底质。库区周界溶蚀淹没矿藏,淹没区域的有害物质进入水体,影响水质。

(2)水库富营养化。对于水深不大的梯级水库和宽浅型水库,蓄水后水体滞留时间较长,复氧能力减弱。含有氮、磷等营养元素的泥沙、生活污水、工业废水、农业弃水及地表径流进入水库,导致营养物质浓度增加,使蓝藻、绿藻等浮游生物大量繁殖并在表层水中形成超负荷生物量,从而出现水体水质下降的富营养化现象。在水库中,富营养化强度和持续时间取决于入库营养物的数量、时间和库容,以及蓄泄水条件等因素的综合作用。过量网箱养鱼,大量地向水中投放鱼饲料也可能会引起水库的富营养化。出现富营养化后,藻类呼吸以及死亡后的分解消耗大量的溶解氧,水中溶解氧含量大大降低,水质变差,鱼类也会因缺氧而窒息死亡。富营养化水体也会给农业和居民生活带来危害,如含氮量过高的水体用于灌溉会引起水稻疯长倒伏、减产和病虫害;使用具有臭味的库水作为饮用水,会给人畜带来危害。

(3)水温分层。分层变化的水温也会对水质产生不利影响。在影响水质的诸多因素中,水温是受蓄水影响较大者。天然河流水体体积相对较小,紊动掺混作用较强,沿水深方向的水温分布基本均匀,水温随气温的改变而迅速变化。水库为相对静止的巨大水体,具有很大的热容量,水流较缓的大水库通常会出现沿水深温度分层的现象。库水的年平均温度随水深的增加而降低。据观测,在水面处,年平均水温比年平均气温高 2 ℃~3 ℃,在水深 50~60 m 处,年平均水温则比年平均气温低 5 ℃~7 ℃。

不同的水库有不同的水温分层结构,主要取决于库区地形、气象条件、水文条件、泄水口布置及水库调度运行方式。一般有混合型水温结构和分层型水温结构,前者多出现在水体掺混强的径流型水库,后者多见于低中纬地区、水流较缓的大型深水水库。所谓混合型水温结构指的是在一年中,库底水温与库表水温相差不大,基本同温;而分层型水温结构在夏天库底水温与库表水温差别大,呈明显的分层现象。

分层型水库水温结构的分层状况呈现出与净辐射强度年循环有关的周期变化。图 4-2 是由安徽梅山水库实测资料绘制的水温沿水深变化过程图(其中 4 月份资料缺失)。对于大多数面积不是很大的水库,除库尾入流处、出流处和一些岸边港湾地区外,整个库区水平面基本上呈等温状况。

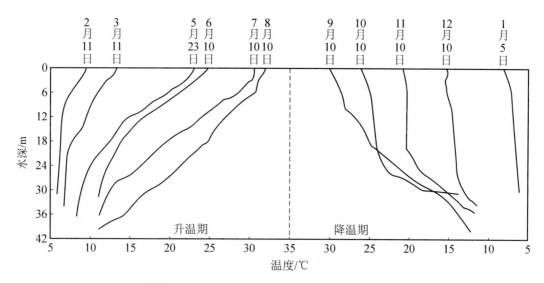

图 4-2　安徽梅山水库某年水温变化（坝前）

显然由图 4-2 可知，库水温的垂向规律与季节有关，但库型、水库调度都对水温有影响。计算水温的方法很多，以东北水利水电勘测设计院提出的水库水温计算经验公式为例：

$$T_y = (T_a - T_b) \exp\left[-\left(\frac{y}{x}\right)^n \right] + T_b \tag{4-7}$$

式中：T_a、T_b——分别表示库表面和库底月平均水温，℃；

　　　x——特征几何参数；

　　　n——特征时间参数；

　　　y——水面以下水库深度，m；

　　　T_y——任一深度 y 处的月平均水温，℃。

其中 n 与 x 的确定方法为：

$$n = \frac{15}{m^2} + \frac{m^2}{35} \quad (m \text{ 为月份})$$

$$x = \frac{40}{m} + \frac{m^2}{2.37(1 + 0.1m)}$$

水库水温对环境的影响程度主要取决于水温的分层程度、出水口高程以及环境对水温的敏感性，影响范围包括库区和出水口下游。首先，温度分层对水体的化学和生物方面有重大的影响。库面温水层溶解氧含量较高，库下冷水层和库面温水层及大气隔开，无供氧来源，会变成或接近于厌氧微生物层。溶解氧的分布特性与水库的生产力有关。由于库面温水层的生物作用和库下冷水层的缺氧，pH、二氧化碳、硝酸盐、氨、二氧化硅、钾、镁、钙、铁、锰、硫化氢等会产生分层现象，致使营养物质封存在冷水层中，库面温水层的营养量低于最大浮游植物产量所需营养量的水平，影响动物的数量。其次，分层型水库对下游水温、水质的影响与出水口的高程有关。采用底层出水口将会使含有大量离子成分、溶解氧较低的冷水排出，使下游水质变坏，营养物质将使下游富营养化变得严重，并降低水库生产能力。采用中、上部高程出水口，下泄水具有高溶解氧、低含量的悬浮固体（铁、锰等），水温较高，水质较好，但水温较高也有可能使下游 BOD 迅速挥发导致水质变坏。

（4）溶解氧分层。水温决定了水体密度分层，而与水温变化紧密相关的溶解氧浓度变化是表征水体化学分层的重要指标之一。健康水生系统所必需的溶解氧是水体能否维持生态平衡的重要指标，也是能够提供水质状况信息的状态变量，如低溶解氧水平是水体可能受到污染的信号。

水体中溶解氧的含量与水温、大气中氧气的分压、水中溶质等因素有关，也与水体混合的水动力条件有关。水库中上层的气体交换和浮游植物的光合作用为上层水体提供了溶解氧，而底层接近沉积物表面有机质的矿化降解消耗大量水体中溶解氧。如果上下层水体能够充分交换，水体"耗载机制"就可以得到"复氧机制"的补偿；如果上下水体的交换受到限制，下层水体耗氧远超过复氧，水团就可能逐渐发展为绝对缺氧，进而造成溶解氧分层现象。

类似于水温分层，不同的水库亦有不同的溶解氧分层结构，如图 4-3 所示，一般溶解氧的垂直分布有两个模式。第一个模式多见于高纬度地区清澈的贫营养湖泊，如图 4-3 中所示的奥地利艾特湖，在这类湖库中，由光合作用产生和流域输入的有机物的总量很低，在沉降过程中有机物降解所消耗的氧很少，因此不会使溶解氧浓度显著降低，相较温暖的表层，湖库底部的溶解氧浓度要更高一些。第二个模式多见于富营养水库和腐殖质湖泊，在这类湖库中，由上层向下层输入的有机物很多，由此加强的呼吸作用使湖下层的溶解氧浓度大大降低，远低于上层的溶解氧浓度。这一模式由下降型氧浓度剖面图显示，图 4-3 中湖上层的溶解氧浓度随深度增加显著降低（如奥地利沃尔特湖），有时甚至降为零。

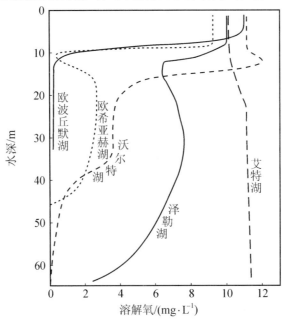

图 4-3　5 个奥地利湖泊夏末溶解氧的垂直分布图

溶解氧在水体中的分层现象对水质和水生生物群落都有不可忽视的影响。如沉积物的厌氧状态会促进磷、铁、有毒的硫化氢以及其他化合物的释放,由此恶化水质,进而影响生物圈。

类似于水温分层,具有分层结构的湖库,随季节不同溶解氧分层状况亦不同。

(5)下游河道环境容量减小。一般情况下,水库调度增加了枯水期径流,提高了下游河段水体的稀释自净能力。但由于下游河段的环境容量取决于水库调度运用,一些水库调蓄使下游河段流量剧减,引起河流萎缩进而导致水体稀释自净能力降低,环境容量减小。更有甚者,下游河段间歇性缺水断流,从根本上改变了河流生态环境特点,水体环境容量丧失殆尽。

4.2.3　自然环境演化

1. 地面径流、泥沙及地下径流

蓄水工程改变了天然径流的时历特性,导致流量的季节性变化减小,洪峰值减小,最大最小流量出现时间发生变化等。另外,水库调蓄也改变了河流天然的水沙配比关系,可能破坏河流输水输沙的协调性。例如,黄河上游水库汛期调蓄洪水、削减洪峰,使黄河干流汛期基流减小,曾导致黄河宁蒙河段支流下泄高含沙洪水时于包头附近淤堵干流。

蓄水工程改变了水资源的空间分布,有利于发挥水资源的社会效益和经济效益,但若水资源管理不当也会产生一些不良后果。据统计,我国海河流域在新中国成立后兴建了大中型水库 125 座,上游大量来水被拦蓄在山区,致使过去并不缺水的海河中下游平原如今严重缺水。

水库蓄水后,由于蒸发和地下渗漏增加,河流的年径流量减少。埃及尼罗河的阿斯旺水库建成后,年平均径流量减少约 5 亿立方米;美国格伦峡、坎扬大坝建成后,波威湖每年的渗漏损失从 15% 增大到 25% 。

蓄水工程改变了河流泥沙的自然沉积规律。在库区,大坝上游河道断面扩大,流速变缓,使大量泥沙在坝前库段淤积,最直接的影响便是库容减少,水库尾水位抬高,从而影响水库效益。

泥沙淤积还使水库上游航道变浅,航槽摆动,从而恶化航运条件。丹江口水库、黄龙滩水库都因此发生过碍航和船运事故。

蓄水工程对下游河道也有很大影响。一些处于“蓄水拦沙”运行阶段的水库,下泄的水流含沙量低,从而使坝下游很长一段河道的护岸、整治控导工程、桥梁以及滩地受到强烈冲刷。

蓄水工程对地下径流也有一定的影响。水库蓄水后,引起库周地下水位上升,下游土壤盐碱化、沼泽化面积增加,地下水位上升和浸没引起地面湿软还导致房屋塌毁。

地下水上升还会使井水水质恶化。一些水库蓄水后,库区周围不少村庄水井的水质发威变苦而不能饮用,给库周居民生活带来很大困难。

2. 自然生态环境

水库建成后,库区的生态环境将发生巨大的改变,淹没区由原来的陆生生态环境变为水生生态环境。天然植被将被淹没,原有河流水体也不复存在,代之以含氧量和水温都有明显垂直分布的深水型水体。这种生态环境的变化势必影响水生和陆生动植物,使动植物的种类、数量发生改变,使淹没区生态系统向湖泊型生态系统演化。

(1) 鱼类。水库蓄水后,水深增加、水面增大、流速变缓、透明度提高,加上各种营养成分的截留,有利于在深水或缓水中生活的鱼类生长繁殖。

大坝修建截断了洄游性鱼类觅食、产卵、越冬的通道,可能导致洄游性鱼类数量和种群减少。葛洲坝水利枢纽修建后,白鲟、胭脂鱼等珍稀鱼类已显著减少,四川沿江各县鱼产量也普遍减少,其中宜宾减产 67.7%。水库的兴建还可能破坏鱼类的产卵地,如新安江水库建成后,由于水环境条件的改变和泥沙沉积,库内的两个鲢、鳙鱼产卵场遭破坏。水库放空时,库中鱼类可能因水底沉淀物泛起,水中溶解氧含量过低而死亡。水库泄水建筑物下泄水流流速高,水中溶解氧过饱和,也会危及鱼类生存。

水库拦水截沙使流至河口的含有丰富营养物质的淤泥和水量减少,水动力条件减小而海洋动力作用相对增强,导致海岸线蚀退,河口淤积。这种变化还会引起河口缺乏食物链中低营养级生物,同时洄游性鱼类的通道被截断,有可能影响河口渔业资源。

此外,夏季水库深孔泄流水温过低、在湖泊通江河口处建闸都会影响鱼类的洄游、生长、繁殖,引起鱼类种群、数量的变化。

(2) 动植物。水库使库区气候变得温暖湿润,加之库周自然保护区的建立,有利于陆生动植物的生长和繁衍,各种野生动物会逐渐向库区聚集,提高了库区生态系统的生产能力。例如,三门峡库区蓄水后,鸟类迅速增加,珍贵鸟类就有 4 种,如天鹅、鸳鸯、金雕、大鸨,还有南迁候鸟在库区停留栖息。有时有数百只天鹅,近万只褐色野鸭和白鹤、大雁等集结库区盘旋飞翔,给三门峡库区带来勃勃生机。

3. 环境地质

(1) 水库诱发地震。大型水库蓄水后,由于巨大的水体增加了地壳的荷载,库水沿地层断裂面下渗,形成渗透压力并进一步恶化断裂面地层稳定性,从而导致地壳应力重新调整,在一定条件下就会诱发地震,简称水库诱发地震。水库蓄水常使原来的无震区发生破坏性地震,并增大水库区域原有地震活动的频度和强度。据研究,世界公认的水库诱发地震目前已有 45 例。在水深超过 100 m、蓄水量超过 10 亿立方米的水库中,估计有 10% 的水库将可能诱发地震。表 4 - 2 给出了公认的、诱发地震最大的五个水库的基本情况。印度柯伊纳水库诱发的地震使高 103 m 的大坝出现 25 条裂缝,部分坝体渗水。水库诱发地震对当地居民危害很大,因此正确评价水库蓄水对地球物理环境的影响十分重要。

表 4－2 水库诱发地震情况表

坝名	国家	坝高 /m	库容 /亿 m³	蓄水 年份	最高蓄水位与主 震间隔时间/a	震级
柯伊纳	印度	103	27.80		3.0	6.5
克雷马斯喀	希腊	165	47.50	1964	0.26	6.3
新丰江	中国	105	115.00	1965	1.8	6.1
卡里巴	津巴布韦	128	1 603.68	1959	0.10	5.8
胡佛	美国	221	367.03	1936	0.80	5.0

水库诱震机理主要是由于水的渗透使断层带岩石软化，抗剪强度降低从而稳定性降低，使岩体发生错动而发震。引起水库地震的因素很多，但起主导作用的是：

① 岩石性质与发震概率有关，岩体强度与震级大小有关。

② 岩体不连续结构面主要是断层破碎带在一定条件下产生渗漏，使库水渗入深部而诱发水库地震的通道条件。据统计，60 座水库地震实例中，碳酸岩的发震率占 46.7%，变质岩占 16.7%，沉积岩发震率最低为 15%。

（2）岸坡失稳。水库蓄水后，库区岸坡被浸润，在暴雨或风浪的冲刷下有引起滑坡、崩塌等岸坡失稳的可能，支流还可能因山体滑塌引起泥石流。我国的拓溪、黄龙滩、陈村等水库均发生过滑坡。三门峡水库建成以来，库岸有 1.4 万亩耕地塌入库底。岸坡失稳不仅危及库周设施、增加水库淤积，影响航运，还直接威胁水库及下游的安全。

4.2.4 社会环境变迁

修建水资源开发建设工程必然要和社会环境产生密切关系。水资源开发目标有防洪、除涝、发电、灌溉、航运、工业及生活用水、防凌、水源保护、水产养殖、改善生态环境等，尽管各个目标对水利工程的要求不同，但都是为满足社会环境的不同需求而提出来的。蓄水工程的社会环境效应主要体现在以下几方面。

1. 工程区人口增长

无论是在水利水电开发工程的建设期还是运行期，水资源开发建设工程附近的工农业生产、社会服务行业和旅游事业等都将大大发展，这些事业发展的结果必然导致区域性人口集中与增长。人口增长有 3 种现象：一是固定人口增加，如新建工厂、服务行业和库区运行管理机构等；二是半固定人口增长，如建设施工人员和短期服务人员等；三是临时流动人口增加，如集市贸易人员和旅游观光人员等。

人口增长对库区环境产生的影响从有利方面看，必然引起区域性经济结构的调整和经济效益的提高，促进社会经济快速发展；从不利方面看，人口增长势必使生产、生活用水量增加，相应废污水排放量也要增加，对工程所在地可能造成一定水环境污染，相应地要增加处理污染的费用。无论在建设期还是运行期，这都是需要重视的问题。

人口增长不仅对污染负荷产生影响，而且对区域国民经济和社会发展都有着深刻的影响，所以在水资源开发建设工程环境影响评价中是必须考虑的问题。

2. 社会经济发展

大型水利水电工程对社会经济影响很大，由于社会经济的范畴很广，下面仅就主要内容进行简要介绍。

（1）工业。水利水电工程的兴建，会在工程周围发展一批大中型和小型工业。这为当地经济发展提供了极大的便利条件，充分利用本地资源的同时也提供了大量就业岗位，解决人多地少的矛盾，对安置淹没迁移人口有利。新兴工业的发展必然带来三方面环境问题：一是废物、废水的排放可能造成工程及上下游河道的污染；二是用水量需求和工程预期效益的矛盾；三是工业布局和工程环境规划的矛盾。

（2）农业。水资源开发建设工程可以为农业提供良好的灌溉条件，无论是对下游的自流灌溉，还是上游提灌，都有了一定保证，特别是对干旱地区更是效益显著。但是水库深孔泄水对下游农田灌溉会产生不良影响，从水库底层取水温度很低，在一定距离内灌溉农田会造成冷害，使农作物减产。

渠道水温变化可用下列公式估算：

$$T_1 = T_0 \pm T_a (1 - e^{-\beta L}) \tag{4-8}$$

式中：T_1——离渠道进口 L 处的水温，℃；

T_0——渠道进口起始水温，℃；

T_a——当时气温，℃；

L——从计算断面到起始断面的距离，km；

β——与渠道物特性、流量、天气情况有关的系数，在粗略计算时，可采用 0.07～0.1。

当然，库区农业对水库水质也有影响。如果上游农田大量使用化肥和农药，库区范围内从农田汇流而来的水流中含有农药、化肥浓度超过水库水体指标，就会对水库水体产生污染。

（3）商业和社会服务行业。世界上凡是修建高坝大库的地区，都相应地出现了一批卫星城镇。一是施工期生活、办公、服务业的大量需求；二是水利工程建成后将有大批游客观光，作为疗养旅游胜地需要完善的商业与服务业；三是水资源开发建设工程促进了当地工农业和经济的发展，也促进了城镇商业和社会服务行业的大力发展。商业和服务行业一方面促进了区域性经济的发展，有助于提高当地经济生活水平；另一方面商业和服务业活动排放的污水形成新增污染负荷，影响水利工程周围的水环境质量。

（4）养殖业和副业。大型水利枢纽提供了巨大能量和水体，使库区周边可以大力发展水产养殖业。库周水域的网箱养鱼对周围的自然环境和生态系统都有显著的影响，应该设置合理的养殖密度。另外，库区周边生态环境改变也为当地发展果林、编织等副业提供了条件。

（5）交通。水资源开发建设工程对水运交通事业的促进是不言而喻的，在工程建设期与运行期建设的公路、铁路为当地物资交流、资源开发、社会经济发展起着极为重要的作用。在兴建水资源开发建设工程开辟交通线路时，应该注意对当地环境的影响，尽可能满足区域未来发展的需要。

3. 淹没和迁移问题

兴建水利工程必然要以破坏原有自然环境条件，以淹没上游一定范围的土地、山川及自然资源为代价。蓄水工程不仅淹没了库区内的土地和房屋、工矿企业、交通道路和输电设备，也淹没了设计水位以下的所有自然资源和文物古迹。而自然资源和土地等是不能搬迁的，对当地社会发展有一定影响。

（1）淹没损失估价。淹没造成的损失不易有一个明确的标准，这是由于各地自然条件、社会环境不同，人口、文化、经济发展水平各异，损失的价值也就不同。但都需要确定淹没损失范围，确定淹没损失的物质财产。

淹没损失范围主要通过正常高水位对水库回水计算来确定，同时还应考虑库周条件，如岸边土壤特性、地下水侵蚀程度和岸边岩体稳定条件。水库蓄水使沿岸地下水位抬高，可能致使库周土基变软房屋倒塌，农田发生盐碱化致使农作物减产；岸边坍塌也可能使一些村庄和永久建筑物陷入库区水中。

淹没物质财产估价涉及赔偿问题，应按行政区划逐项列出清单，实事求是地进行调查统计，按有关规定估算。

（2）人口迁移。迁移包括库区人口迁移和设施搬迁。人口迁移是一个十分复杂的问题，对社会稳定影响很大。搬迁和安置移民的费用，一般要结合当地经济状况及国家有关规定估算。

在居民迁移中，要注意的是：

① 对居民迁移是否从长远规划去通盘考虑。

② 是否切实解决移民的切身利益，使他们逐渐适应新环境，并且在新的环境中生活水平不低于原环境的生活水平。

③ 是否为移民进行多种就业渠道的教育训练，让移民学会新的工作和生活方式。

④ 是否通过水利工程建设，为居民提供多种经营和就业机会。

4. 对人体健康的影响

水利工程破坏或改变了一定范围内的生态环境，原来的生物群落发生了变化，一些病源赖以生存循环的宿主、媒介发生了变化，进而导致自然疫源的变化。如蓄水工程扩大水面提供了蚊虫生长孳生地，可能使疟疾疫源扩大发生范围；引水灌溉可能会扩大血吸虫病宿主钉螺的传播范围；水利工程吸引来的八方游客，也有可能把各种传染疾病带到当地。这些影响对水利工程周围及其上下游人民的健康都是不利的，应在环境分析中给予足够重视。当然在某些地区，由于水库建成后也会改善库周居民的饮水条件，将使因水中某种元素缺乏或过高而引起的地方病发病率下降。

5. 景观与旅游

水库的修建使一些人迹罕至之地成为旅游热点。宏伟的水工建筑物与周围自然环境相映益照,如果有便利的交通设施和服务条件,必然会形成一个新的旅游热点,有利于促进旅游事业的发展。

但有些水库的修建却在一定程度上损坏了自然景观或文化古迹。例如,埃及由22座神庙组成的努比亚古迹因水库淹没而拆迁。三峡水利工程在施工期也会淹没一些峡谷中较低的风景区,但三峡水利工程已经对库区很多文物进行了搬迁、救护工作。例如,目前已是三峡库区的西陵峡,原建在长江岸边的黄陵庙已被搬迁,夔门峡的一些摩崖石刻也被整体搬迁至最高淹没水位以上。

水资源开发建设工程不仅要考虑主体工程建筑物的安全和经济,还要重视与周围景观的协调。在工程规划时,对工程兴建地的自然环境面貌要做一定的美学分析,尽量保留有较大价值的自然景观。在工程设计阶段,在满足主体工程安全、经济的要求的前提下尽量使工程外貌和周围大自然环境协调、相互映照。工程投入运行后,进一步的开发建设如文化生活设施要尽量减小对自然环境的干扰,充分考虑与周围环境协调的需求。

6. 水库失事的影响

修水库的主要目的就是减轻、消除下游洪水灾害,水库一旦失事,就会对下游造成"灭顶之灾"。据统计,全世界每年有100座水库失事,对当地社会造成很大的危害。水库失事灾害具有突发性和影响巨大的特点,必须引起高度重视。一般引起水库失事的原因有3类:

① 设计施工不当,如美国的圣弗兰西斯坝由于基础处理不好,修成两年后曾垮坝。

② 管理不善,如印度一座水库因控制闸门启闭不灵曾导致溃坝,下游17万人的小城被冲毁。

③ 遭遇超标准特大洪水,如1975年8月淮河上游发生特大洪水,曾使两座大型水库同时溃坝,造成惨重损失,由此也整个改变了淮河水系的防洪标准。

4.3 水库污染物累积效应

4.3.1 水库污染物累积效应概述

水库是重要的水源之一,随着我国城市化水平的提高,很多农业供水水库转变成生活和工业供水水库,对水质的需求也相应提高。然而为保障供水,尤其是在北方干旱、半干旱地区,由于水资源不足,水库的运行过程中底孔常年关闭,加上进入水库的水量多是以大流量的洪水形式输入,而放水过程多以满足供水要求的小流量均匀地从上层取水输出。随着水库运行时间的延续,外部的污染物进入水库累积沉积在库底,加上其自身的内在生物代谢沉积,受物理、化学、生物的作用,以溶解态、悬浮态和沉积态的形式存在(见图4-4)。这些沉积在库底的沉积污染物在一定的条件下会释放出来,增大水体污染负荷,导致水质恶化。甚至在水体上层水质较好的情况下，爆发水库出水水质严重超标的事件，如辽宁汤河水库发生的硫化氢超标事件。

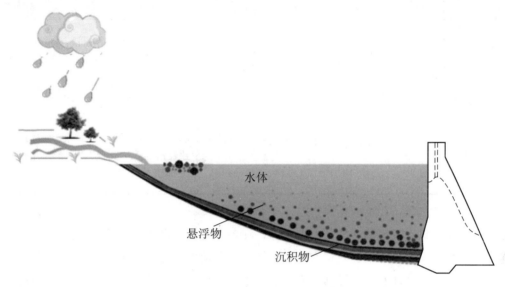

图4-4 水库污染物累积效应示意图

据美国环境保护署统计，全美10%的底泥已经足以对鱼类及食用鱼类的人和野生动物构成威胁。沉积物污染已经成为水库水质恶化的重要因素。表4-3为我国一些受沉积物污染影响的水库。

表4-3 沉积物污染影响的水库

水库名称	建库时间	水深（m）/库容（亿立方米）	底质污染物含量	水质状况
吉林新立城水库	1962	4/5.9	无数据	水体为中营养水平，底泥释放是2007年蓝藻事件的原因之一
辽宁汤河水库	1958	15/5.9	无数据	水体为中营养水平，底泥释放导致2008年发生了硫化氢事件
北京官厅水库	1951	14.8/41.6	总磷（0.93 mg/g）铜（12.8 μg/g）锌（15.16 μg/g）铅（75 μg/g）	水体水质为Ⅳ～Ⅴ类，底泥磷释放导致水库富营养化
河北洋河水库	1961	5.7/3.87	总磷（0.74 mg/g）总氮（2.13 mg/g）汞（0.113 μg/g）有机质（19.4 mg/g）	水体为富营养水平，20世纪80年代以来，每年夏季都爆发"水华"，底泥中的汞是水库的风险元素

水库名称	建库时间	水深（m）/库容（亿立方米）	底质污染物含量	水质状况
福建山仔水库	1992	30/1.72	总磷（0.47~0.96 mg/g）	水体为中度富营养水平，2002 年由于底泥释放营养盐导致水质恶化，2000—2004 年蓝藻频繁爆发
贵州红枫湖水库	1960	10.5/6.1	总磷（1.21~2.15 mg/g）总氮（5.14~6.2 mg/g）	水体为富营养水平，底泥释放污染物导致经常发生"死鱼""水华"事件

注：表中所示水深为平均水深。

兼具防洪、供水等多种功能的大型水库，在各地经济建设中发挥了重要作用，作为水源水库，保障水质安全更加重要。从空间上分析，东北地区的新立城水库、汤河水库、大伙房水库，华北地区的官厅水库、洋河水库、于桥水库，华东地区的田庄水库、山仔水库，西南地区的红枫湖水库、百花湖水库、阿哈水库都受到了沉积物污染的影响，几乎分布全国各地，发生地域广。从沉积物污染积累时间上分析，大多数水库于 20 世纪 60 年代左右建成，经几十年的运行，沉积物污染从污染累积过程转变为污染释放过程。尤其是 90 年代后我国正处于经济建设的高峰且同时期环保理念较弱，正是污染物大量积累的关键时期。以 1992 年建成的山仔水库为例，由于受到人类活动的影响，水库沉积物污染物迅速积累导致富营养化事件发生。从污染程度分析，各个水库受到沉积物污染的影响都处于中营养或富营养水平，其中红枫湖水库、百花湖水库、阿哈水库、洋河水库在沉积物污染的作用下经常发生"水华"或"死鱼"事件，山仔水库、田庄水库在沉积物污染的影响下间歇性地爆发蓝藻，新立城水库、汤河水库、大伙房水库、密云水库在沉积物污染的影响下水质常年超标爆发水质事件，表明沉积物污染具有高危害性，忽视沉积物污染问题会导致水体水质下降或发生水质安全事件，限制社会经济发展。

我国水库沉积物污染已经成为一个普遍的环境问题，若不加以控制，随着时间的延续，污染风险日渐加大，当其爆发时会使水库水质急剧恶化，破坏生态环境，制约社会经济发展。

4.3.2 水库污染物累积过程

入库污染物减去出库污染物即为累积在库内的污染物，接下来主要从三方面分析水库污染物累积过程。

1. 污染物入库过程

沉积物污染由各种形式入库污染物累积形成，主要有点源排放、降雨径流输入、库内沉积、大气沉降 4 种形式。

（1）点源排放。水库上游的工业废水、生活用水等排放进入水库以及直接排放进入水库的点源污染，是水库局部沉积物污染物的主要来源，这些污染物通过上游河道或直接排放进入水库，在排放口附近污染沉积最为严重。以三峡水库为例，库区每年有 15 万~32 万吨化学需氧量、约 2.8 万吨氨氮随着城镇污水和工业废水注入，此外三峡库区船舶全年排放油污水 82 万吨，排放污染物 103.1 吨，其中石油类 33.7 吨，悬浮物 69.1 吨，生活污水总量约 628 万吨，化学需氧量排放量约 628 吨，这些入库的污染物通过颗粒吸附沉降、生物吸收等作用下将逐渐成为沉积物污染。

（2）降雨径流输入。发生洪水时，冲进河道的垃圾、动物、植物等随水流直接进入水库，一部分被冲走，另一部分则沉积在库底形成沉积物污染。2010 年 7 月 31 日在距离丰满水库大坝 35 km 处的上游湖面上，发现有大量以玉米秸秆等为主的漂浮物，平均厚度 40 cm 左右，最高达 1 m，绵延数千米，最后都沉积入库，同时流域内溶解出的化肥、农药等随着洪水进入水库也增大了沉积物污染负荷。以尼尔基水库为例，该库总库容 86.11 亿立方米，年均淹没耕地 28 170 hm^2，进入水库的氮、磷含量分别 16.58 t/a，5.43 t/a。此外，径流冲刷导致流域内的泥沙及其富含的污染物一同进入水库，逐渐积累在水库，成为沉积物污染主要的来源之一。大伙房水库 1995 年一次大洪水的淤积量就为 2 229.98 万立方米，占总库容的 1%。同年，在底泥受扰动释放出污染物和外源输入的共同作用下，水库总磷含量达到 0.13 mg/L，远高于其他年份。降雨驱动下流域内泥沙、化肥、农药等被冲入水库，因流速降低逐渐沉积在库底，形成沉积物污染，具有覆盖面广、污染量大的特点，是沉积物污染积累的主要因素。

（3）库内沉积。水库内的藻类、底栖动物、细菌等的排泄物和自身死亡沉积，也增加了沉积物污染负荷。谢平研究认为，蓝藻水华的爆发促进了磷沉积物负荷的增加。此外，过度的养殖也会降低水库水质，例如，鲑鳟鱼每消化 100 g 饲料就可排放粪便 25~30 g，网箱养鱼的饲料除去一部分被鱼消耗的外，其余的都沉入库底，饲料和鱼类粪便一起沉积成为沉积物污染。黑龙滩水库一年沉积在库底的残饵、粪便就达 1 625 t，且网箱区底泥磷含量为 1.63 mg/g，大于网箱周围区域的 0.6~0.8 mg/g。此外，网箱养鱼还能够形成一个 300~500 m 的环状污染区域，显著增加库内局部区域污染负荷。

（4）大气沉降。通过煤炭、废弃物燃烧和工业废气排放而进入空气的氮、硫、有机物等各种污染物，在大气迁移和干、湿沉降的作用下进入水体，沉积在水体底部，是部分沉积物污染物的主要来源。以贵州红枫湖水库为例，沉积物中的多溴联苯醚（PBDEs）主要来源于大气沉降。

分析表明沉积污染物入库过程复杂，来源广泛。建库初期有各种形式入库的污染物，其中外源性污染物入库是沉积物污染形成的根本，入库后逐渐以悬浮态或沉积态蓄积在库底，成为污染物的"汇聚库"，在长期的运行下库内蓄积的污染物越来越多，开始向水体释放成为污染物的"释放源"，此时即使限制外源性污染物的输入，水库在库内污染物的作用下仍可以维持高污染负荷。因此，遵循水循环与水生态规律，建设流域生态系统，减少污染排放对降低水库沉积物污染有着重要作用。

2. 污染物出库过程

基于防洪兴利的目的，水库的水量交换和湖泊有所不同，污染物主要通过汛期溢流、水库供水和生态放水带出水库。

（1）汛期溢流。防洪是水库最主要的任务之一，汛期通过水库溢流起到"错峰"的作用，保障下游安全。溢流时随降雨径流输入水库的部分污染物和洪水扰动底部的沉积污染物通过溢洪道被冲出水库。此外，在坝底设置的排沙孔，也可以排除异重流泥沙，如陕西的冯家山水库1978—1979年通过底孔放水排除洪峰输沙量的23%~65%，大量的污染物随泥沙冲出水库。研究表明，汛期底孔开启时最好与坝前降低水位排水同步，以利于粗沙的排出，尽管汛期有大量的污染物入库，但是也能冲出一部分已经沉积的污染物，在一定意义上减少沉积物污染。

（2）水库供水。水库重要的功能之一就是保障供水，主要有发电、农业、生活、工业等。控制水位发电可以起到冲淤的效果，并有利于库区泥沙冲淤平衡，农业灌溉也能起到一定的冲淤效果并减轻库区负荷。然而生活、工业其他方面用水对水质都有要求，通常取水口的位置在死水位之上，这部分供水带出的沉积物污染物较少。加上许多水库担心汛期后没有足够的水量，不开启底孔冲淤，使沉积物污染物无法冲出水库，尤其是我国北方由于缺水严重，弃水机会很少，底孔泄流的机会更少。以碧流河水库为例，近10年没有底孔放水，这使大量的污染物蓄积形成沉积物污染。

（3）生态放水。当前生态环境问题受到普遍关注，通过底孔进行生态放水，保障下游河道生态需水，已经成为水库调度需要考虑的重要因素。伴随着底孔生态放水，一部分淤积的污染物也将被带出水库，减少水库沉积物污染负荷。此外，辽宁省部分水库考虑到海水倒灌，会影响河道灌溉用水，在水库调度时通过底孔放水"压盐"，从而冲出部分沉积污染物，也能减少水库沉积物污染负荷。

可以看出，沉积入库的沉积物污染物出库过程主要受到水库运行管理方式的影响，因此研究沉积物污染物分布规律、优化水库调度与分质供水方法，对于降低沉积物污染负荷与保障优质供水有着重大意义。

3. 污染物累积

入库污染物减去出库污染物即为库内污染物，其中一部分以生物吸收、水体交换、取水等形式消耗，另一部分则逐渐沉积在库底形成内源污染。水库通过控制入库径流的蓄泄，达到防洪、兴利的目的。在满足防洪的前提下，基于兴利的目的弃水较少，导致水体交换周期长。如表4-4所示，我国南方几个水库日均换水量为0.025~0.029亿立方米/天，小于湖泊的0.09~0.89亿立方米/天，而我国北方由于水资源更加匮乏，为保障供水，水库的换水周期更长。

表 4 - 4　水库与湖泊换水周期

项目	水库				湖泊		
	广东省公平水库	广东省汤溪水库	广东省流溪水库	辽宁省碧流河水库	江西省鄱阳湖	湖南省洞庭湖	江苏省洪泽湖
库容/亿立方米	3.83	3.81	3.84	7.14	25.9	17.8	2.44
日均换水量/(亿立方米/天)	0.029	0.025	0.026	0.023	0.438	0.89	0.09
换水周期/天	133	151	170	314	59	20	27

　　漫长的水体交换周期使库内各种入库的污染物沉积在库底，在一定的条件下，沉积在库底的污染物释放出来，促进库内藻类生长、影响鱼类养殖等，这些生物的死亡沉积又进一步加重了沉积负荷。漫长的水体更新周期加上这种沉积－释放－沉积的模式导致入库的污染物"迅速"积累形成内源污染，如图 4-5 所示。

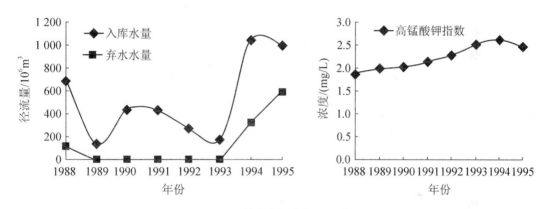

图 4-5　某水库污染物累积过程

　　入库污染物随着流速的降低，逐渐沉积在库内，沉积速率为每年几厘米。通常建库初期沉积率较大，之后逐渐减小，与水库淤积平衡演化趋势一致。入库污染物依照颗粒大小表现出不同的沉积形式。粒径小，质量轻的悬浮在库底，形成悬浮层；粒径大，质量重的沉积在库底；粒径小的在吸附、絮凝的作用下可以形成大的颗粒沉降，而沉积在库底的颗粒较大的污染物在生物、风力等因素扰动的作用下也可以形成粒径较小的悬浮态，促进污染的释放，且悬浮态的污染物浓度是沉积态的数倍。在垂向分布上，污染物浓度为悬浮沉积物＞表层沉积物＞沉积物＞底层水＞表层水；在纵向分布上，受到水力条件、库区地形、入库水量、含沙量等因素的影响，通常有库尾集中淤积、沿床比较均匀的带状淤积、锥状淤积三种形式。各水库由于其不同的流域背景与库底地形，内源污染分布不一，需要对不同水库的内源污染问题分别进行针对性的研究。

4.3.3　水库污染物释放对水质的影响

　　从沉积物污染的形成原因和累积过程可以看出，沉积物污染具有"汇"和"源"的双重特性。随着降雨驱动、人类影响、大气沉降和水库内生物自身新陈代谢，沉积入库的污染物蓄积在库底成为"汇"。当环境条件改变时，蓄积的污染物释放出来影响水质则成为"源"。水库沉积物释放对水质的影响主要体现在以下几方面。

1. 沉积物中污染物释放

水库沉积物中长期蓄积的污染物能在特定条件下（如厌氧环境下）释放，从而造成水源水质恶化。

水库水体分层是一种常见的自然现象，水体分层后，底层水体由于氧气得不到补充导致溶解氧逐步减少，同时生物的呼吸作用和底泥中大量还原性物质的氧化作用造成底层水体溶解氧的进一步消耗形成缺氧或厌氧状态，进而加速了内部营养盐循环和络合金属物质的溶解释放。在缺氧或厌氧条件下，底泥中的 N、P、Fe 和 Mn 等污染物向底部水体释放并溶解，使水产生色度和嗅味，pH 下降。

表 4-5 为实验室模拟黑河金盆水库沉积物中污染物释放的结果。结果表明，在厌氧条件下，底泥沉积物中 N、P、Fe 和 Mn 等污染物均发生了不同程度的释放，达到释放平衡后，上覆水体 pH 下降，其所含各种污染物的浓度均大大提高。其中，NH_3-N、TN、TP、Fe 超标均在 2 倍以上（含 2 倍），Mn 超标达 4 倍以上，COD 超标 1 倍，水质严重恶化。

表 4-5   黑河金盆水库沉积物中污染物释放的结果

项目	释放时间 /h	GB 3838—2002 Ⅲ类标准 /(mg/L)	释放极值 /(mg/L)	超标倍数
NH_3-N	58.5	1.00	3.35	2.35
TN	34.5	1.00	3.57	2.57
TP	106.5	0.05	0.15	2.00
Fe	106.5	0.30	1.08	2.60
Mn	106.5	0.10	4.64	45.40
COD	106.5	20.00	39.90	1.00

2. 水体富营养化

磷被广泛地认为是植物生长的限制性因子，过高的磷浓度被认为是水体富营养化最常见的原因之一。

尽管来自大气、冲积和地下水输入等外部磷负荷的减少被认为是长期的水质恢复的关键和先决条件，但并不会立即引起水质的改善。许多富营养化水体未能响应或滞后反映磷输入减少的效应。例如，Jeppesen（杰普逊）等归纳了 35 个湖泊富营养化控制的案例研究，发现通常水体磷水平至少需要 10~15 年才能响应总磷负荷的减少。水生系统的恢复迟滞于外部负荷的减少，通常归因于底部沉积物中磷的持续释放，即内部负荷。

如日本的岛地川坝（Shimajigawa）水库，磷在厌氧环境下从沉积物中释放并通过翻库作用被输送到表层水体,引发水库表层浮游植物的大量繁殖。

3. 重金属污染

我国学者对国内一些重要的河流、湖泊的重金属污染进行了不同程度的调查和研究,如长江、黄河、湘江、运河、南四湖、太湖、环渤海湾诸河口侧、山东小清河等。各地的实验评价结果表明,沉积物中重金属含量明显高于当地土壤背景值,部分河流或湖泊,尤其是受城市污水、工业废水、矿业废水影响的水体,其底泥受到重金属的严重污染。

当沉积物的氧化还原条件发生变化时,重金属重新转化为溶解状态而释放;另外,重金属不能被生物降解,但具有生物累积的特性,可以通过水体食物链产生生物富集和浓缩效应,最终影响"食物链"的顶级生物或者人类。因此,河流、湖泊和水库沉积物中的重金属具有相当大的生态风险。

表4-6为南四湖26个监测点的7种重金属分别对环境造成不同风险水平的比例。可以看出,96.15%的Cd和Pb、76.92%的Zn和57.69%的Cr会对环境产生高或很高的风险,65.38%的Cu和53.85%的Mn表现出中等风险,而Fe主要以残渣态形式出现,迁移性偏弱,大多(61.54%)对环境不会产生风险,少部分(34.62%)会对环境产生低风险。Cd、Pb、Zn和Cr存在潜在的易移动性。

表4-6 南四湖沉积物重金属对环境产生不同风险所占的比例

重金属	无风险	低风险	中等风险	高风险	非常高风险
Cd	0	0.00%	3.85%	30.77%	65.38%
Pb	0	0.00%	3.85%	50.00%	46.15%
Zn	0	11.54%	11.54%	46.15%	30.77%
Cr	0	19.23%	23.08%	19.23%	38.46%
Cu	0	7.69%	65.38%	23.08%	3.85%
Mn	0	15.38%	53.85%	3.85%	26.92%
Fe	61.54%	34.62%	3.85%	0	0

同时,可以发现沉积物能够释放多种污染物质,除了营养物质和重金属外,对难降解有机物也有影响。

4. 鱼类非事故性死亡

经实验室模拟中毒实验和野外实验,在严重富营养化或曾经网箱养鱼的湖库底质中,除高含量的总磷、总氮、有机质以及各种形态的含硫化合物以外,还溶有大量的 H_2S、CO_2、CH_4、CO 等气体。当环境温度、气候条件突然变化(如干燥高温气候突然降温、突降暴雨等)时,会引发上覆水体产生垂直运动,进而使水体发生剧烈搅动,从而导致多数湖泊大面积死鱼事件、湖泊"翻塘"事件发生。即因底泥与上覆水体间的胶质界面受到破坏,致使还原性、有毒有害物质得以突然释放并与被破坏了的胶质、水体混合在一起,形成较为复杂的污染环境，最终造成氧气在鱼类鳃丝上交换量少或无法交换而发生鱼类窒息死亡。所以，湖泊和水库非事故性大面积死鱼原因属于湖泊或水库沉积物环境污染物突然释放导致的结果。

4.4 其他水利工程的环境效应

4.4.1 灌溉工程的环境效应

灌溉工程包括蓄水工程、输水系统工程和灌区三部分。蓄水工程的环境效应如前所述，这里主要介绍输水系统和灌区的环境效应。

1. 输水系统的环境效应

输水系统是蓄水工程与灌区之间的过渡，沿线所经过的地带由水源区向人口稠密、社会经济活动频繁区和农业耕作区过渡。它上承水源区所产生的环境影响并向沿线各处传播，或加强或减弱，从而形成灌区环境影响问题。输水系统一般由人工渠道或河、渠联合组成，沿线工程设施和水情变化会带来各种环境影响。输水系统中水流过缓会引起泥沙淤积，影响渠道输水能力；同时岸壁水草及贝类生长又会增大渠道阻力、影响水质。输水系统中水流过急则会引起渠道冲刷，影响渠道安全。从多沙河流引水的输水系统中淤积往往不可避免，每年渠道清淤要将大量淤沙抛弃在渠道两侧。堆弃的粗沙不仅占压了农田，春季刮风时漫天黄沙又带来环境问题。

沿渠道两侧渗漏水量加大和地下水位抬高，会改变沿河的水文地质条件及地下水动态。输水系统除了输水，也有可能同时传播危害人、畜和植物的传染病。另外，排水系统则可能把灌区中含有农药、化肥的劣质水排入河流造成污染。

2. 灌区内部的环境效应

为了充分灌溉，灌区内部各级沟渠纵横交错。灌区生态系统要强于周边地区，但是这些沟渠可能因积水或排水不良而招致病虫害孳生，恶化环境卫生，诱发疟疾、肠道传染病等。回归地下的灌溉渗漏水抬高了地下水位，虽然提高了土壤湿润程度，但也可能形成渍害，造成土地沼泽化或盐碱化；如果土壤中施用大量化肥、农药，灌溉渗漏或降雨渗漏都会污染地下水，灌区灌溉或降雨退水也可能成为通过排水系统向外输出的污染源。

4.4.2 引水式水电站的环境效应

引水式水电站的基本特点是没有调节库容，利用河川天然径流发电。这种电站多数是修建在天然比降较大的河流上，没有良好的坝址条件或因淹没损失过大不宜修建坝式水电站。

引水式水电站的环境效应与有调节水库水电站相比有很大差异，前者没有调节库容，所以不可能对河川径流产生明显的影响。引水式水电站的环境效应主要体现在电站引水后，拦河闸（坝）下游河道水量显著减少，影响航运。枯水期电站运行时，如果河道水位低于拦河闸或低于引水坝，下游河道则可能完全断流，形成"脱水段"。这将对两岸人民生活与生产、航运和渔业造成不利影响，长期还会造成河槽萎缩。此外，拦河闸（坝）前泥沙淤积也会带来一些环境问题，如乌溪江水库有着与引水式电站相似的引水方式，非汛期造成坝下游几公里断流，影响了航运和渔业生产。

4.4.3　跨流域调水工程的环境效应

跨流域调水工程是规模庞大的水资源开发建设工程，主要涉及水量调出地区和调入地区及沿程输运区三方面的环境问题。工程涉及面广、影响范围大，对工程周边环境产生各种间接和直接影响、短期和长期影响。

1. 对调出地区环境的影响

水量调出地区主要存在以下几方面的问题：

（1）在枯水系列年，河流径流不足时，调水将影响调出地区的水资源调度使用，可能会制约调出区经济的发展。在枯水季节更可能造成紧邻调出口的下游地区灌溉、工业与生活用水的困难。例如，从山西引水济漳（河），使供水区河流下游水体污染程度扩大。

（2）调出地区河流水量减少，改变了原有河床的冲淤平衡关系，可能使河床摆动、河床淤积加剧；流量减小降低了河流稀释净化能力，加重了河流污染程度；另外也会影响河流与地下水的补给关系。

（3）若调水过多，便会减少河流注入海湾的水量，使海洋动力作用相对增强，淡水与海水分界线向内陆转移，影响河口区地下水水质及河口稳定。

2. 对调入地区环境的影响

调水工程解决了调入地区水资源缺乏问题，改善了调入地区的生态环境。同时对调入地区也可能产生一些影响，主要有以下几方面：

（1）改变了调入地区的水文和径流状态，从而改变了水质、水温及泥沙输送条件。例如，引黄入淀（白洋淀）工程、引黄济青（青岛）工程，黄河泥沙改变了原有的河流水沙输送匹配关系，含沙量加大会引起河道淤积并影响水质。

（2）改变了调入地区地下水补给条件，引起地下水位升高。若调水灌溉的排水系统处理不当，会造成土地盐碱化、沼泽化。

（3）改变了调入地区水生和陆生动植物的生态环境、栖息条件，相应动植物的种群、数量会发生一定的变化；生态环境的改变也会影响调入地区土地的利用。

（4）如调水时不注意对水质的控制，可能造成调入地区介水传染病的传播，影响人类健康。

3. 对沿途地区环境的影响

跨流域调水往往输送很长距离，有的沿程输运工程长达上千千米。一方面由于输运工程跨越众多河流，需要修建大量交叉建筑物，会引起跨越河流河床演变和防洪新问题；另一方面输运工程沿程经过一些调水工程范围内的工业和城市居民生活，可能对调水造成污染。另外调水工程沿程跨越不同自然条件的地域，可能承受这些地域对所调水体的污染。有的调水工程将所经过的众多河流和湖泊作为部分引水线路，如果这些河流和湖泊事先有污染，或者之后被来自调水区域已污染的水体所污染，这样就造成调水工程沿途各地对被调水体的污染。如我国南水北调东线输水工程沿线要通过洪泽湖、骆马湖和南四湖等湖泊，并且又利用大运河作为输水线路，自然就避免不了沿线的交叉污染。污染源一般来自以下几方面：

（1）生活污水。调水输运工程沿线居民生活污水与当地经济发展水平有关，当地生活污水有可能通过湖、河、渠进入被调水体。对跨流域调水工程进行评价时，污水的影响不能超过调水工程来水的自净量。若调水工程通过人口密集区，调水的水质易被生活污水所污染。例如，我国南水北调东线输水工程长达 1 150 km，整个输水线要通过江淮平原一系列湖泊（如洪泽湖等），穿过长江、淮河、黄河和海河 4 大水系，沿途人口密集、经济发达，还有利用调水渠道的航运都有可能造成沿途对调水的污染。

（2）城市暴雨径流。在有综合排污系统的地区，暴雨径流会跟污水混合，以溢流方式流进到排水渠道，进入河流和湖泊。这些混合径流含有城市街道、庭院、屋顶冲刷出来的污染物质，有可能被溢流到调水工程所经过的河流、湖泊，造成调水工程的水体污染。

（3）农田灌溉排水。来自农田灌溉的退水中一般含有碱性和含盐土壤的排出物；生活污水和工业污水灌溉的土地排出的污染物质；农药、化肥的残留物质。这些污染物经农田灌溉退水或暴雨径流通过水渠流入调水输运工程中，有可能污染调水的水体。

（4）工业废水。调水工程通过城市工业废水排放区域时，城市的工业废水（往往含有大量的有毒物质和致癌物质）有可能污染调水工程的水体。我国南水北调输水工程东线方案就可能受这方面的影响，中线方案相对来讲就好一些，西线调水工程由于沿途人烟稀少，工业不发达，受沿途污染最小。

（5）总干渠与沿线交叉工程。南水北调输水工程总干渠沿程与数百条河流交叉，每个交叉建筑物都对穿越的河流的泄洪与冲淤变化带来各种影响，同时交叉河流的泄洪也对总干渠建筑物安全构成威胁。另外，总干渠作为一条分水岭，阻隔了交叉河流自然洪水的传播通道，由此带来的串流淹没、穿渠泄水建筑物的分布及规模问题都必须慎重考虑与规划。冰期输水也会对总干渠建筑物带来一系列问题。

习　题

一、填空题

1. 水利建设对环境的正效应中改善生态环境，包括改善_____、改善_____、改善_____、减少_____、改善_____、改善和扩大_____。

2. 水利建设对环境的不利影响主要有_____影响、_____影响、_____、影响_____、_____影响、_____、_____以及其他影响。

3. 从时间看，水利水电工程本身对环境的影响，在施工时期是_____的、_____

的；而在运用期则是_____的、_____的。从空间看，水利建设工程环境影响的显著特点是：其环境影响通常不是一个点（建设工程附近），而是_____、_____（从工程所在河流上游到下游的带状区域）或者是_____（灌区）。

4. 以水库为主的蓄水工程对环境的影响是多方面的，它对工程附近的_____、_____、_____、_____和社会环境都会产生一定的影响。

5. _____被广泛地认为是植物生长的限制性因子，过高的该物质浓度被认为是水体富营养化的最常见的原因。

6. 灌溉工程包括_____，_____和_____三部分。

7. 在调水工程中，沿途各地会对被调水体造成各种污染，其污染源一般来自以下几方面：_____、_____、_____、_____，以及_____。

二、选择题

1. 水资源开发工程对环境的影响为正效应和（　　）。

A. 反效应　　　　　　　　　　B. 负效应

C. 不利效应　　　　　　　　　D. 有害效应

2. 水库蓄水后，一方面，由平滑的水面代替了起伏不平的陆面，粗糙率变小，可使风速加大；另一方面，蓄水后水位升高，使谷底变宽，两岸相对高度（　　），风区长度（　　），同时又会使河谷的狭管效应（　　）。

A. 降低、减小、减弱　　　　　B. 升高、减小、减弱

C. 降低、增加、减弱　　　　　D. 升高、增加、减弱

3. 大型水库蓄水后，在一定条件下，对环境地质造成（　　）和岸坡失稳。

A. 水土流失　　　　　　　　　B. 地震

C. 土地荒漠化　　　　　　　　D. 泥石流

4. 沉积物污染是各种形式入库污染物累积形成，主要有点源排放、（　　）、（　　）和（　　）四种形式。（多选题）

A. 面源排放　　　　　　　　　B. 降雨径流输入

C. 库内沉积　　　　　　　　　D. 大气沉降

5. 水库出于防洪兴利的目的，水量交换和湖泊有所不同，基于兴利目的，很少弃水，污染物主要通过汛期溢流、水库供水和生态放水带出水库。（多选题）

A. 水库供水　　　　　　　　　B. 灌溉用水

C. 汛期溢流　　　　　　　　　D. 生态放水

6. 随着水库运行时间的延续，外部的污染物进入水库累积沉积在库底，加上其自身的内在生物代谢沉积，受到物理、化学、生物的作用，以（　　）、（　　）和（　　）的形式存在。（多选题）

A. 沉积态　　　　　　　　　　B. 悬浮态

C. 溶解态　　　　　　　　　　D. 漂浮态

7. 灌溉工程包括蓄水工程（　　）和灌区三部分。

A. 进水系统工程　　　　　　　　　　B. 排水系统工程

C. 输水系统工程　　　　　　　　　　D. 入水系统工程

8. 跨流域调水工程是规模庞大的水资源开发建设工程，主要涉及水量（　　）、（　　）和（　　）三方面的环境问题。

A. 调出地区　　　　　　　　　　　　B. 沿程输运区

C. 调入地区　　　　　　　　　　　　D. 输运区

三、思考题

1. 水资源开发工程对环境的影响主要表现在哪几方面？

2. 河流上建坝后，对坝下游河道有什么影响？

3. 试论库区附近引起土壤盐碱化的原因。

4. 水资源开发工程对河流上下游渔业产生哪些有利影响和不利影响？

5. 水资源开发建设工程引起断航的原因有哪几方面？

6. 调水工程对环境的影响有哪几方面？

7. 如何实现水利工程与周边环境的协调统一？

8. 水资源开发工程对环境影响的特点是什么？

9. 什么叫冷害？

10. 水库中水温分层的规律是什么？

11. 蓄水工程引起的环境地质问题有哪些？

12. 蓄水工程对社会环境变迁的影响主要有哪几方面？

13. 蓄水工程运用改变水沙条件对下游河流环境有哪些影响？

14. 我国南水北调工程三条线路输运区的环境问题各有什么特点？

15. 水库污染物累积过程是如何实现的？

第 5 章

水环境调查与监测

内容概要

水环境管理数字化、智能化的基础是水环境信息，获得这些信息的根本手段是水环境调查与监测实践。本章分别介绍水环境调查与监测的工作任务、基本方法和操作过程，论述数据分析的目标和方法。针对河流和水库这两种代表性水体，系统论述获取完整水环境信息、进行数据处理的适应性方法。在介绍水环境指标浓度分析的基础上，特别强调通量分析的重要性，并给出相应的计算理论和方法。通过本章的学习，学习者应了解水环境调查与监测的重要性，掌握水环境调查与监测的信息获取和资料分析方法。

5.1 水环境调查

水环境调查是指对目标水体内部和外部环境要素及变化的调查活动。水环境调查是记录水环境状态、对比分析水环境变化、预测和防治水环境污染影响的基础性工作。调查范围可以根据调查的目的，设定为某个地点，一条河流或者一片水域。调查时间应该由满足所研究问题的需要而确定。

5.1.1 水环境调查方法

水环境调查主要采用资料收集及现场检测和新技术应用等方法，实际调查时应根据调查对象和内容的不同选择合适的调查方法。

1. 资料收集法

水环境调查时，需提前收集现有的全部相关资料，资料收集内容主要包括研究对象的相关文献资料；调查项目已有监测系统、站点的资料；调查项目知情者提供的信息等。以水质资料为例，主要从当地水质监测部门收集。收集的对象是有关水质监测报表、环境质量报告书及建于附近的建设项目的环境报告书等技术文件中的水质资料，按照时间、地点和分析项目排列、整理资料，并尽量找出其中各水质参数间的关系及水质变化趋势，同时与收集到的同期的水文资料一起，分析地面水环境各类污染物的净化能力。

资料收集法应用范围广、收效大，比较节省人力、物力和时间，适用性高，应用范围广。但该方法在客观条件影响下，只能获取第二手资料，一般获取的资料不够全面，不能满足问题研究的需求，往往还需其他方法补充更新。

2. 现场检测法

现场检测可以弥补资料收集法的不足，根据调查研究的需求，直接获取第一手数据和资料。现场检测内容主要包括前期布点采样规划、样品采集、样品储存运输，前期预处理、样品测定、数据处理和数据审核等，任一环节出现问题都会对检测结果造成影响。

现场检测程序复杂且技术性强，采样的合理性、样本的储存、检测技术的改进对水环境检测的准确性具有重要意义。虽然该方法获取的资料清晰直观，但工作量大，占用的人力、物力和时间较多，同时勘测现场环境会有突变性因素的影响，受到季节和仪器设备条件的限制。

3. 新技术应用

（1）卫星遥感技术。卫星遥感技术是基于信息技术和遥感技术而兴起的新型方法技术。随着遥感技术的进步，遥感卫星传感器的专业化、高精度化和其光谱的广域覆盖能力不断增强，遥感监测已成为水环境保护最重要的监测手段之一。此外，遥感监测技术还具有效率高，适用性强，可以获取、存储、传输和处理信息，进行动态性监测的优点。卫星遥感技术在水环境中主要应用于水质、水华、水表温度和热污染等大型内陆水体（饮用水水源地）、城市黑臭水体和近海遥感监测。

卫星遥感技术与地面常规调查和监测手段相结合，可以对污染区进行全面系统的调查，从而建立模型预测污染的未来发展趋势。虽然卫星遥感技术能够弄清人员无法到达地区的地表环境情况，但不宜用于微观环境状况的调查，一般只用于辅助性调查。

（2）无人机拍摄遥测。无人机航空测量系统是由无机人技术、遥感测量技术、计算机技术等共同发展融合的新技术。在水环境调查中，内陆水体环境较为复杂、污染类型多样，所以对数据精度要求很高。伴随着无人机摄影测量技术的兴起，无人机凭借高机动性、高分辨率、高安全性和成果丰富等优点，可有效解决河流、湖泊和水库等水环境监测问题，在水环境监测调查过程中有非常好的应用前景。此外，无人机拍摄遥测还可以提高监测工作质量、提高监测工作效率、减少监测工作成本和避免二次污染。

目前无人机拍摄遥测在内陆水环境监测中的应用主要是从宏观上观测水质状况，航拍制作实景图像数据，并实时追踪和监测突发环境污染事件的发展情况。

5.1.2 水环境现状调查

水环境现状调查是根据治理区域的污染情况、影响因素和区域环境特点，结合环境要素影响评价的工作等级，确定各环境要素的现状调查范围，并筛选出应调查的有关参数。其调查目的是掌握评价范围内水污染源、水文、水质和取水用水等方面的环境背景情况，为水环境现状、评价和预测提供基础资料。

1. 调查原则

水环境现状调查应根据治理区域的污染情况、影响因素和区域环境特点，结合环境要素影响评价的工作等级，确定各环境要素的现状调查范围和调查时间，并筛选出应调查的有关参数。

调查应充分收集和利用现有的有效资料，当现有资料不满足要求时，需进行现场调查和测试，并分析现状检测数据的可靠性和代表性。

在水环境现状调查中，对与评价项目有密切关系的各类指标应全面、详细调查，获得水环境质量现状的定量数据，利于进行分析或评价；对一般的环境要素，可根据治理区域的实际情况进行调查，或适当删减。

2. 调查时间

（1）根据当地水文资料初步确定河流、湖泊、水库的丰水期、平水期、枯水期，同时确定最能代表这三个时期的季节或月份。遇气候异常年份，要根据流量实际变化情况确定。对有水库调节的河流，要注意水库放水或不放水时的水量变化。

（2）水域类别不同，对调查时期的要求亦有所不同。各类水域在不同要求下水质的调查时期可见表 5 – 1。

表 5 – 1　各类水域在不同要求下水质的调查时期

位置	严格	一般	较低
河流	一般应调查一个水文年的丰水期、平水期和枯水期；若时间不够，至少调查平水期和枯水期	一般应调查平水期和枯水期；若时间不够，可只调查枯水期	可只在枯水期调查
河口	一般应调查一个水文年的丰水期、平水期和枯水期；若时间不够，至少调查平水期和枯水期	一般应调查平水期和枯水期；若时间不够，可只调查枯水期	可只在枯水期调查
湖泊/水库	一般应调查一个水文年的丰水期、平水期和枯水期；若时间不够，至少调查平水期和枯水期	一般应调查平水期和枯水期；若时间不够，可只调查枯水期	可只在枯水期调查
海湾	调查评价工作期间的大潮期和小潮期	调查评价工作期间的大潮期和小潮期	调查评价工作期间的大潮期和小潮期

（3）冰封期较长的水域，且作为生活饮用水、食品加工用水的水源或渔业用水时，应调查冰封期的水质、水文情况。

3. 调查内容

水环境现状调查内容包括自然环境调查、水文情势调查、水功能区现状调查和水质现状调查。其中自然环境调查是对研究区调查的基础工作；水文情势调查与水环境现状联系最紧密，是了解流域内水环境综合情况，分析水污染依据的重要内容；水功能区现状调查根据水域主导功能的不同，确定相应质量标准，进而满足水资源合理开发和有效保护的需求；水质调查应尽量使用现有的数据资料，资料不足时应实测。

（1）自然环境调查。自然环境调查一般包括地理位置、地质条件、地形地貌、气候要素等内容。

地理位置指的是研究区域所在的经纬度、行政区位置、交通位置和地理位置图等。

地质条件指的是现有资料记录下的当地的地层概况、地壳构造的基本形式以及与本底值有关的信息。

地形地貌调查指现有资料记录下的海拔高度、地形特征及周围的地貌类型。

气候要素资料包括年平均风速和主导风向，年平均气温、极端气温与月平均气温（最冷月和最热月），年平均相对湿度，平均降水量、降水天数、降水量极值，日照等主要的天气特征。

（2）水文情势调查。应尽量从有关的水文测量和水质监测等部门中收集现有资料，当上述资料不足时，应进行与水质调查同步的水文调查和水文测量。一般情况下，水文调查与水文测量在枯水期进行。必要时，其他时期（丰水期、平水期、冰封期等）可进行补充调查。水文测量的内容与拟采用的环境影响预测方法密切相关。与水质调查同时进行的水文测量，原则上只在一个时期内进行。它与水质调查的次数不要求完全相同，在能准确求得所需水文要素及环境水力学参数（主要指水体混合输移参数及水质模型参数）的前提下，尽量精简水文测量的次数和天数。

水文情势调查内容详细见表 5 - 2。

表 5 - 2 水文情势调查内容表

水体类型	水污染影响型	水文要素影响型
河流	水文年及水期划分、不利水文条件及特征水文参数、水动力学参数等	水文系列及其特征参数；水文年及水期的划分；河流物理形态参数；河流水沙参数、丰枯水期水流及水位变化特征等
湖库	湖库物理形态参数（面积和形状）；水库调节性能与运行调度方式；水文年及水文期的划分；不利水文条件特征及水文参数；出入（库）水量过程；湖流动力学参数；水温分层结构等	
入海河口（感潮河段）	潮汐特征、感潮河段的范围、潮区界与潮流界的划分；潮位及潮流；不计水文条件组合及特征水文参数；水流分层特征等	
近岸海域	水温、盐度、泥沙、潮位、流向、流速、水深等，潮汐性质及类型，潮流、余流性质及类型，海岸线、海床、滩涂、海岸蚀淤变化趋势等	

（3）水功能区现状调查。水功能区是根据水资源的自然条件、功能要求、开发利用状况和经济社会发展需要划分的不同水体区域。我国水功能区划主要采用两级体系，即一级区划和二级区划。水功能一级区分为四类，即保护区、缓冲区、开发利用区和保留区；水功能二级区是在一级区划的开发利用区内进行划分，共分为七类，分别为饮用水

源区、工业用水区、农业用水区、渔业用水区、景观娱乐用水区、过渡区和排污控制区。

划分完成并得到审批的水功能区是水资源和水环境管理的基本依据。每个水功能区都有明确的设定指标，对水功能区的水环境现状调查，就是按照水功能区设定的水环境指标进行采样调查，分析检测水质参数值，为水功能区设定标准的达标分析创造条件。

（4）水质现状调查。应根据不同水域的调查要求开展水环境质量现状调查，并优先采用国务院生态环境保护主管部门统一发布的水环境状况信息。当现有资料不能满足要求时，按照要求开展现状监测，当调查要求严格时，应调查受纳水体近3年的水环境质量数据，分析其变化趋势。

在选择水质参数时，应考虑能反映水域水质一般状况的常规水质参数和能代表建设项目将来排放的水质的特征水质参数。常规水质参数以《地表水环境质量标准》（GB 3838—2002）中所提出的 pH、溶解氧、高锰酸盐指数、BOD$_5$、凯氏氮或非离子氨、酚、氰化物、砷、汞、铬（六价）、总磷以及水温为基础，根据水域类别、评价等级、污染源状况适当删减。高等级评价可考虑水生生物和底泥方面指标。特殊水质参数指能够反映治理区域特点的水质参数，其选择应根据区域特点、水质类别等选定。

5.1.3 水污染源调查

污染源调查是水环境评价中必不可少的基础性工作。污染源调查的目的主要是掌握污染源的类型、数量及分布，进而分析污染源排放污染物的途径和时间变化规律，明确重点污染物的产生、排放和处理情况，为制定经济社会发展和环境保护政策、规划提供依据。在综合分析的基础上，经过数据计算确定研究区的主要污染源和污染物，进而提出切合实际的污染控制和治理方案。

1. 污染源分类

水环境污染源通常指向水体中排放污染物的场所、设备和装置。根据污染物的来源、特性、结构形态和调查研究目的不同，对其类型划分的方式也不同。了解污染源分类对水污染综合治理有一定的指导意义。

按污染物的来源，水环境污染源可分为天然污染源和人为污染源两类；按污染源释放的污染物种类，其可分为物理性（如热、放射性物质等）、化学性（如无机物、有机物和重金属）、生物性（如细菌、病毒等）污染源；按污染源的形态和排放形式，可分为点源和面源；按污染源位置的动态稳定性，可分为固定污染源（如污水排放口）和移动污染源（如船舶等）；按污染源的排放时间或作用时间长短，可分为连续性污染源（如污水河渠的渗漏等）、间歇性污染源（如固体废物淋溶液等）和瞬时污染源（如排污管的短时渗漏等）；按污染性质可分为持久性污染物、非持久性污染物、水体酸碱度和热效应。

2. 污染源调查内容

污染源排放的污染物质种类、数量、排放方式、途径以及污染源的类型和位置，直接关系到其影响对象、范围和程度。为准确掌握污染源排放的废、污水量及其中所含的污染物特性，总结分析其时空变化规律，需要对污染源进行一定的调查。污染源调查主要包括工业污染源调查、生活污染源调查和农业污染源调查3个方面内容。

（1）工业污染源调查的内容。工业污染源调查要了解污染源的基本情况，污染物的种类、数量和浓度，污染治理设施及其运行情况等指标。

① 企业项目概况。企业项目概况包括企业或项目的注册情况，项目规模，资产情况，运营情况等。

② 生产工艺及资源消耗调查。生产工艺调查包括工艺原理、工艺水平、设备水平、环保设施等。

消耗资源调查包括能源、水源、原辅材料的情况调查，消耗水源的项目包括水源类型、供水方式、供水量，循环水量、循环利用率、水平衡等。

③ 生产布局和管理调查。生产布局调查包括企业或项目总体布局、原料和燃料堆放场、堆渣场、污染源的位置等。管理调查包括管理体制、编制、生产制度，以及环境保护管理机制和管理水平等。

④ 污染源治理调查。污染源治理调查包括工艺改革、综合利用、管理措施、治理方法，治理工艺、投资、效果、运行费用，副产品的成本及销路、存在的问题、改进措施、今后的治理规划或设想。

⑤ 污染物排放情况调查。污染物排放情况调查包括污染物种类、数量、成分、性质，排放方式、规律、途径、排放浓度和排放量（日、年），排放口位置、类型、数量、控制方法，排放去向、历史情况、事故排放情况。

⑥ 污染危害调查。污染危害调查包括人体健康危害调查、动植物危害调查、污染物危害造成的经济损失调查、危害生态系统情况调查。

（2）生活污染源调查的内容。生活污染源主要指住宅、学校、医院、商业及其他公共设施，排放的主要污染物包括污水、粪便、垃圾和废气等。

① 城市居民人口调查。人口调查包括总人口数和户数，人口构成、分布、密度和年龄构成，流动人口数以及居住环境等。

② 城市居民用水和排水调查。城市居民用水和排水调查包括用水类型（城市集中供水、自备水源），人均用水量，办公楼、旅馆、商店、医院及其他原单位的用水量，下水道设置情况（有无下水道、下水去向），机关、学校、商店、医院有无化粪池及小型污水处理设施。

③ 民用燃料调查。民用燃料调查包括燃料构成（煤、煤气、液化气）、来源、成分、供应方式、消耗情况（年、月、日用水量，每人消耗量，各区消耗量）。

④ 城市垃圾及处置方法调查。城市垃圾及处置方法调查包括垃圾种类、成分、数量，垃圾场的分布、输送、处置方式，处理站自然环境、处理效果、投资、运行费用，管理人员、管理水平。

（3）农业污染源调查的内容。农业常常是环境污染的主要受害者，同时，由于使用农药、化肥，如果使用不合理其也会产生环境污染。

① 农药使用情况调查。农药使用情况调查包括使用农药的品种，使用剂、方式、时间，施用总量、年限，有效成分含量（有机氮、有机磷、汞制剂、砷制剂等），稳定性等。

② 化肥使用情况调查。化肥使用情况调查包括化肥的品种、数量、方式、时间，每亩平均施用量等。

③ 农业废弃物调查。农业废弃物调查包括农作物秸秆、牲畜粪便、农用机油渣等。

④ 农业机械使用情况调查。农业机械使用情况调查包括汽车、拖拉机台数，月、年耗油量，行驶范围和路线，其他机械的使用情况等。

除了以上几项调查工作外，有时还要考虑畜禽养殖污染源调查和内源污染调查等其他形式的调查。一般情况下，在进行一个地区的污染源调查时，还应同时进行自然背景调查和社会背景调查。自然背景调查主要包括地质地貌、水文气象、土壤和生物等。社会背景调查主要包括居民区、水源区、风景区、名胜古迹、工业区、农业区和林业区等。根据调查目的、项目不同，调查内容可以有所侧重。

3. 污染源调查方法

污染源调查可采用点面结合的方法，分为普查和详查两种。

普查是指首先从有关部门查清区域或流域内的工矿、交通运输等企事业单位名单，采用发放调查表的方法对各单位的规模、性质和排污情况做概略调查。对于农业污染源和生活污染源，也可到主管部门调查农业、渔业和畜禽饲养业的基础资料、人口统计资料、供排水和生活垃圾排放等方面的资料，通过分析和推算得出本区域和流域内污染物排放的基本情况。在普查的基础上筛选出重点污染源，再进行详查。

详查是对重点污染源进行调查。各类污染源调查都应有自己的侧重点，同类污染源中，应选择污染物排放量大、影响范围广、危害程度大的污染源作为重点污染源进行详查。对被详查单位应派调查小组蹲点进行调查。详查的工作内容从广度和深度上都超过普查。重点污染源对一个地区的污染影响较大，需要进行认真的调查。

此外，还可以根据具体情况进行重点调查和典型调查。重点调查是选择一些对环境影响较大的污染源进行细致调查的方法，它为解决实际问题提供了重要的资料，尤其适用于那些只有少数污染源，但其污染物排放又是区域内主要污染来源的单位。典型调查是根据所研究问题的目的和要求，在总体分析的基础上有意识地对区域内一些具有代表性的污染源进行细致调查和剖析的调查方法。

5.1.4　水污染事故调查

突发性水污染事件危害程度的不确定性和流域性，不仅会造成人民生活质量下降，且会带来巨大的经济损失及一系列潜在危害。污染源事故的发生通常是计划之外的，对环境问题造成的影响往往是始料不及的，目前的应对措施多为事故前期预防和事故紧急处置工作，而事故后期工作可以为预防和处置环境事件提供有价值的经验和参考依据。因此，为保护水环境安全和减少突发性水环境污染问题，对突发性污染源事故调查十分必要。突发性环境污染事故没有明确的应急主体，处理艰难，具有潜伏性、突发性和不可预见性的特点，对其进行准确详细调查，是选取正确处理方法的前提。

1. 前期准备

事故调查成员需要提前做好调查前的准备工作，主要包括以下内容。

（1）研判事故情况。根据前期事故的处置结果判断事故的调查方向；根据事故通报的内容，明确调查小组内人员分工；制订安排具体的事故调查方案。

（2）组织准备。事故调查组由相关负责人带队或指定一名现场调查负责人，并根据事故的类型选择相应的事故调查组成员进入现场调查。将现场调查、笔录、采样、摄像、拍照等工作任务明确到人，分工合作，共同完成现场调查任务。

（3）物资准备。保障现场调查需要的调查取证设备、工具、防护器具齐全，功能完好；现场执法文书完备；执法车辆、装备完好，保持通信畅通。

2. 现场调查

污染源事故的现场调查应包括核实事故情况、现场调查和技术调查三方面的内容。

（1）核实事故情况。掌握事故地点的自然地理、人口健康和社会经济活动信息等情况。根据前期掌握的事故基本情况，现场核实事故污染源、事故经过、事故造成的环境污染情况、目前已采取的措施和救援工作、事故发生地周边环境和居民区等敏感区域信息等内容。

（2）现场调查。现场调查包括通用调查内容以及分行业调查内容（企业违法排污、建设项目违法行为及化学品事故造成的污染事故调查内容）。

① 通用调查。通用调查内容有：

第一，企业相关资质及制度规程。企业生产经营许可证，企业负责人和环境安全管理人员的资质条件；企业环境管理机构、应急组织机构设置情况，环境应急预案环境相关法律法规、操作规程执行情况。

第二，企业环保文件。审查项目环评及审批文件、排污许可证、限期治理的验收手续、排污费缴纳通知单及缴款回执、危险废物转移联单等相关文件。

第三，企业生产工况。审查生产工艺、建设规模与环评批复的一致性，主体工程与环保设施"三同时"实施情况，重大变更时环保手续的履行情况。查看其生产负荷、原辅材料使用及能耗情况。

第四，审查污染防治设施建设规模、处理工艺、采用设备、排污口规范化及自动监控设施安装与环评批复一致性。

第五，环境风险防范情况。查看风险防范措施的落实、运转和巡检记录。

第六，自动监控设施的运行情况。查看自动监控设施历史监测数据和数据间隔时间；查看定期比对监测、运行维护和巡检记录。

② 分行业调查内容。分行业调查内容主要包括以下三方面：

第一，企业违法排污造成的环境污染事故：

排污申报及排污费缴纳情况。查看申报污染物排放的种类、数量、浓度和《排污费缴纳通知单》《排污费限期缴纳通知书》及缴款回执。

废气治理设施运行情况。查看其烟气黑度、粉尘的排放情况、自动监控系统实时数据和历史数据情况、处理废气所需原料的使用量。

废水治理设施运行情况。查看排污口规范化建设情况，进水、出水情况，自动监控实时数据和历史数据情况，废水处理药剂使用量、污泥产生量及污泥处置情况。

企业固体废物处理、处置情况。查看其生产工艺过程中产生废物堆放场"防扬散、防流失、防渗漏"措施落实情况，综合利用情况，外运固体废物的管理情况。

第二，建设项目违法行为造成的污染事故：

申请试生产及试生产行政审查决定，临时排污许可证。

新建项目污染物排放总量替代情况，以新带老项目的整改落实情况。

申请验收及验收监测情况。

环保部门根据试生产现场检查后下发的整改通知落实情况。

第三，化学品事故（生产、储存、运输和使用环节）造成的污染事故：

泄漏化学品的性质、泄漏量及污染范围。

泄漏点的堵漏情况剩余有毒物质的处理情况。

污染物、消防废水等处置物的收集和处理情况。

人员伤亡情况。

（3）技术调查。调查技术主要包括采样检测和声像取证等。

① 采样检测。按照相关技术规范，利用各种检测手段测定事故地点及扩散地带有毒有害物质的种类、浓度、数量，污染物在环境各要素（如土壤、水体、大气）区和部位存在浓度等。

② 声像取证。录制事故现场周边情况，当事人员及周边群众的陈述，被害人介绍事故发生情况等声像资料。

5.1.5　水环境调查分析与评价

利用各种方法获得水环境调查资料和有关信息之后，通过调查资料的整编、分析和评价，可以从错综复杂的现实状态中获取有价值的信息，从而针对根本问题制定管理对策。同时，规范化分析和整理水环境调查资料是建立水环境调查档案、为后续研究深层次问题而积累资料的重要步骤。

1. 资料整编

资料整编是指根据基本资料、调查资料和说明资料进行整理编制，应严格按照《水环境监测规范》和《水环境监测技术补充规定》等相关技术要求，并对原始记录和整编成果进行合理性检查，使成果合理可靠。

2. 综合分析

根据调查结果进行分析计算，确定排放污染源种类及排放量。在对水环境现状进行评价的基础上，分析水质和水资源指标变化过程及变化趋势，进而预测水环境变化趋势。

3. 调查评价

根据水环境影响特点与水环境质量管理要求，结合水环境调查结果，将对以下内容开展评价。

（1）水环境功能区或水功能区、近岸海域环境功能区水质达标状况。

（2）水环境控制单元或断面水质达标状况。

（3）水环境保护目标质量状况。

（4）对照断面、控制断面等代表性断面的水质情况。

（5）底泥污染评价。

（6）水资源与开发利用程度及其水文情势评价。

（7）水环境质量回顾评价。

（8）流域（区域）水资源开发利用总体状况、生态流量状况满足程度。

（9）依托污水处理设施稳定达标排放评价。

4. 调查报告

调查报告是水环境调查成果的书面表现形式。调查报告编写要满足水环境现状调查全面，主要环境问题阐述清晰，重点突出的目标；同时，要文字简洁、准确，文本规范，计量单位标准化，数据可靠，资料真实，结论合理。调查报告既有利于针对性问题的解决，也有利于资料积累和对水环境长期演变过程的把握。

5.2 水环境监测

对水体环境指标的时序监测，既可以掌握一定时空内的水环境状况，也可以分析其动态变化过程，是水资源开发利用和水环境保护的基础性工作。区别于水环境调查针对某个时间水环境状况的资料收集，水环境监测由于其资料收集的时间持续性和监测行为的系统性，能够掌握水环境状况更为全面的基本信息，系统性积累长序列监测资料还可以挖掘出更多的内在规律，有利于发现水环境在不同时空条件下的规律性和变异性问题。

5.2.1 监测目标和监测对象

1. 监测目标

（1）掌握水环境时空分布状况。对江河湖库水体进行连续、系统的水环境监测活动，可以掌握水体中污染物质的时空分布特征和总体环境状况。为了对江河湖库进行日常水环境监测，国家建立了全国性的水环境监测站网，体系完整的水环境监测队伍从事着日常监测和分析工作，同时，国家建立了一系列自动水质监测站配合监测工作，实现了环境管理部门对主要水系水质状况的实时跟踪。

（2）监视水功能区的环境质量。诸如取水口、水源地、亲水河段等水体，国家在水功能区划框架下设定了水环境质量标准。水环境监测是及时掌握目标水体环境状况的唯一手段，也是监视水功能区是否达标的技术保障。实践中具体目标水体的水环境监测，由相应的工程运行管理部门或环境责任部门实施。

（3）跟踪突发性水污染事件。突发性水污染事件具有指标、规模和过程的超常性，事件的发生也无明显规律，而且在不同地区、不同事件中水质指标呈现多元性、复杂性以及时变性等特点。水污染事件的跟踪监测可以有目标地及时掌握突发性水污染事件的运动过程和演变情况，以便有针对性地及时采取处理措施。

2. 监测对象

水环境监测可分为水体污染现状监测和水污染源监测。代表水体污染现状的水体包括地表水（江、河、湖、库、海水）和地下水；水污染源包括生活污水、医院废水和各种工业废水，有时还包括农业退水、初级雨水和酸性矿山排水等。水体污染监测就是以这些未被污染和已受污染的水体为对象，监测影响水体的各种有害物质和因素，以及有关的水文和水文地质参数。

5.2.2　监测技术

1. 人工监测

传统水环境监测，以规划时间和地点为背景的人工采样检测的方式为主，主要监测指标为水温、浊度、电导率、COD、氨氮、总磷等。采用人工监测方式，采样人员需要预先前往目标点位进行采样，水样采集完毕后送往实验室进行水质分析。人工监测是当前水环境监测中应用最广泛、方法最简便的监测方式，具有监测数据准确、监测指标齐全、适用范围广泛等特点。当前水环境形势日益严峻，新型污染物问题日趋严重，传统监测技术已无法满足更加精细的水环境管理需求。当发生突发性水污染事故时，传统监测技术就表现出一定的局限性，往往不能第一时间反映事故发生当时水质的变化情况，具有相对滞后性，无法满足水污染事故及时分析和应急处理需求。在面对复杂严苛的取样条件时，采样人员无法及时前往取样现场。当采样点位和分析指标较多时，需要投入大量的人力物力，给监测部门组织管理造成巨大压力，不利于水环境监测工作的长期稳定发展。

2. 自动监测

水质自动监测是一套以在线自动分析仪器为核心，运用现代传感器技术、自动测量技术，自动控制技术、计算机应用技术以及相关的专用分析软件和通信网络组成的一个综合性的在线自动监测体系。一套完整的水质自动监测系统能连续、及时、准确地监测目标水域的水质及其变化状况；中心控制室可随时取得各子站的实时监测数据，统计、处理监测数据，可打印输出日、周、月、季、年平均数据以及日、周、月、季、年最大值、最小值等各种监测、统计报告及图表（棒状图、曲线图、多轨迹图、对比图等），并可输入中心数据库或上网。系统能收集并可长期存储指定的监测数据及各种运行资料、环境资料备检索。系统具有监测项目超标及子站状态信号显示、报警功能；自动运行，停电保护、来电自动恢复功能；维护检修状态测试，便于例行维修和应急故障处理等功能。实施水质自动监测，可以实现水质的实时连续监测和远程监控，达到及时掌握主要流域重点断面水体的水质状况、预警预报重大或流域性水质污染事故、解决跨行政区域的水污染事故纠纷、监督总量控制制度落实情况、排放达标情况等目的。

（1）水质自动监测站。水质自动监测站可分为两种形式：固定监测站和移动监测站。固定监测站主要依托于在水体周边建造的、有固定结构的建筑，站内往往需要专职人员进行长期驻站或定期巡查维护，一般建立在取水口上游、废水排出口下游或者江河入海口处。固定监测站功能较全，监测稳定，但建造成本较高，一旦建立不可移动。移动监测站主要依托于车、船或者飞机等可移动载体。它主要根据水质监测的具体需要活动在水体的不同位置，以辅助固定监测站的监测工作。

（2）水质监测站网。水质监测网站由一个或多个远程控制中心（中心站）及多个水质自动监测子站组成，能够对某个流域或区域的水质状况自动进行全面、系统的采样检测，数据传输和数据管理。中心站通过无线网络以多种通信方式实现对各子站的实时监视，远程控制和数据传输功能。子站是完成水质自动监测的子系统，每个子站系统能够实现自动采样，自动监测，数据采集与处理及传输功能，并必须保证连续稳定运行。

生态环境保护部于1999年9月开始，在我国部分主要流域开展了地表水水质自动监测站的试点工作，并分别在松花江、淮河、长江、黄河及太湖流域的重点断面建设了10个水质自动监测站。在试点的基础上，从2000年9月开始，我国陆续在松花江、辽河、海河、黄河、淮河、长江、珠江、太湖、巢湖、滇池流域十大流域的重点断面以及浙闽河流、西南诸河、内陆诸河、大型湖库以及国界出入境河流上建成了149个水质自动监测站，初步形成了覆盖我国主要水体的水质自动监测网络。

3. 遥感监测

遥感技术作为当前科技背景下的一种新型探测技术，具有极高的实用价值，可以应用在不同监测领域中，发展前景广阔。伴随航空技术发展，遥感技术开始与航空航天技术进行结合，技术人员将遥感技术应用在飞机、卫星等设备中，从而实现了对地面数据的探索。在航天技术的加持下，遥感技术可以实现大范围的目标探测，同时还可做到短时间内多次探测同一区域。当前国内遥感技术已经十分完善，成为热门的监测技术之一，可以用于多种水环境指标的遥感监测。

（1）悬浮物监测。水质环境中，悬浮固体物质增多会影响水环境的浊度以及光学性质，因此在使用遥感技术对水环境污染程度进行分析时，可以对悬浮固体物质含量进行判断。水体本身对波长较长的红外线具有良好的吸收性，所以可以使用一定波长的红外线对水质悬浮物固体含量情况进行监测。在数据分析中，监测人员可以通过对设备传回的信息进行收集，分析水质的浓稠度以及光学性质，最终得出准确的悬浮固体含量信息。

（2）油污监测。在水污染问题中油污问题是最为严重的问题之一，直接影响水环境的生态平衡。油污是利用遥感技术进行水环境监测的主要监测对象。在利用遥感技术进行油污监测时，可以使用红外遥感技术、紫外遥感技术、可见光遥感技术 3 种技术进行测算，从而得出被监测区域的污染物含量，并根据监测结果，建立计算模型。监测人员可以根据遥感监测分析数据，确定污染物来源，并有针对性地对污染物源头进行分析治理，从而消除或缓解水环境污染。

（3）水体富营养化监测。水体富营养化的一个重要标志就是悬浮固体物质大量繁殖，水体环境恶化。在利用遥感技术进行水体富营养化监测中，技术人员大都会借助可见光以及近红外波段进行监测。之所以采取此种监测手段，主要是这些悬浮固体物质体内含有叶绿素，叶绿素会对近红外波段产生陡坡效应，由此可知，水环境浮游植物大体的反射光谱特征。在实际操作中，技术人员可以使用合适的红外波段，监测水中悬浮物情况，收集数据，并使用相应模型进行反演，推演结果就是水体污染物的含量情况。在这一流程中技术人员必须建立有效的计算模型，确保最终结果的准确性。

4. 生物监测

在水环境监测中，物理指标和化学指标能反映污染物的来源、浓度，能反映水环境的质量变化，却不能体现污染物对生物的影响，也不能解释水生生物对污染物的作用机理。因此，应用生物监测技术，从水生生物对污染物的利用角度反映污染物对生物的影响，展现污染物的潜在风险和威胁，是水环境监测发展的必然趋势。

能够用于生物监测的生物种类有很多种，微生物、浮游植物、浮游动物、着生生物、底栖动物、高等水生植物、鱼类等均是可参与生物监测的对象，能够从不同层面反映水体中污染物带来的影响。

（1）微生物监测。用于生物监测的微生物应当是群落多样性、群落均匀度、优势细菌丰度都十分优秀的种类，如广泛分布于水环境中的发光细菌、与各种鱼类共生的费氏弧菌。发光细菌的发光主要依赖于发光酶系统，这种酶是一种异二聚体蛋白质，在与有毒物质接触时，若它被有毒物质抑制，则细菌的发光强度会迅速降低，这是一种指示性十分明确的微生物。生物监测技术领域通常用发光细菌来量化污染物的毒性，量化对象可以是急性毒性（5 ~ 30 min），也可以是慢性毒性（12 ~ 24 h）。目前，发光细菌对毒性的量化已经被广泛应用于饮用水系统、海洋沉积物的水质检测中，发挥了巨大作用。

（2）浮游植物监测。浮游植物是指水环境中以浮游状态生存的植物，多指水体中的藻类植物。藻类在水体中过度繁殖，会出现水华现象，也就是水体富营养化。近年来，生活污水含磷量大幅度提升，促使以磷为营养物质的藻类植物大量生长，遮蔽水面，抢夺水体中的溶解氧，影响阳光的射入，导致水体中的植物、动物生存环境恶化。因此，藻类植物成为生物监测领域重要的指示生物。不同种类的藻类植物对不同污染物的反应有较大的差异，监测人员可以通过藻类的丰度、细胞密度、光合作用强度进行判断。

（3）浮游动物监测。浮游动物主要包括无脊椎动物和脊椎动物的幼体，它们没有主动游泳的能力，只能随着水波漂动。在自然水体中，浮游动物的分布非常广泛，对水体中污染物的影响也十分敏感，且作为鱼类生物的捕食对象，也能够间接反映鱼类生物种群的一些变化，因此，浮游动物在生物监测领域内发挥着重要作用。

（4）着生生物监测。着生生物是指附着在基面上的生物群落，包括藻类、细菌、真菌和一些原生动物，这些生物在基面上的均匀度、密度、总量都是十分常用的生物指标。生物监测过程中，监测人员可以通过刮取基面上生物的方式来采样，在显微镜下进行单一生物群落的计数和总生物量的计数，其中，某些生物群落的扩大或缩小都标志着水体中物质的成分变化。比如，在重金属污染较为严重的河流中，着生生物的生物总量出现明显扩大；富营养化的河流中，着生生物中的藻类部分比例扩大，其他生物则受限。

（5）底栖动物监测。底栖动物是指生活在水体底部岩石、泥沙上的动物，常见的有牡蛎、河蚌、贻贝、虾蟹等无脊椎动物，它们更容易受到重金属、营养物、沉积物的影响。目前，底栖动物已经成为评价水体质量的重要指示物。国际上已经建立了比较成熟的以底栖动物作为标志的生物指数，底栖动物的种群完整性、多样性、优势度、丰度都是指示水质变化的重要指数。比如，贻贝的肝胰腺组织中 SOD（超氧化物气化酶）和碳氮同位素是监测重金属污染变化的重要标志物，尤以 SOD 为主。

（6）高等水生植物监测。高等水生植物是指在多水环境中生长、繁衍的植物，包括常见的荷花等挺水植物，王莲、芡实等浮叶植物，水葫芦等漂浮植物，金鱼藻等沉水植物。高等水生植物是水体中生物链的重要一环，不仅能够净化水体，还能够为鱼类、浮游生物、浮游植物、微生物提供生长栖息环境和丰富的食物来源。但高等水生植物的过度生长也会对水体形成遮蔽，过度消耗水体中的含氧量和营养物质，对浮游生物等水体中的其他生物生长、繁衍造成影响。黄花水龙是一种对亲脂性有机物有较高积累能力的水生植物，常作为有机农药的污染指示生物来检测浅水域的水质情况。

（7）鱼类监测。鱼类是水环境中处于生物链顶端的生物，鱼类的生长受到水体中各个方面因素的影响，很多水体污染物最终都会富集到鱼类的体内，对鱼类动物造成生长、繁殖等方面的负面影响。因此，鱼类是监测水体中污染物变化不可缺少的指示生物。水体中的持久性污染物（如 DDT 等）都会在鱼类体内富集，并对鱼类生物造成持续性影响，只有当含量达到一定程度时，其才会对鱼类表现出影响，且这种影响会随着更高的生物链对人体健康构成威胁。

5.2.3 监测分析

1. 水质评价

水质评价指按照评价目标，选择相应的水质参数、水质标准和评价方法，对水体的质量利用价值及水的处理要求做出评定。水质评价是水质监测分析的首要工作，也是合理开发利用和保护水资源的基础。主要评价方法有单因子评价法与综合指数法。

（1）单因子评价法。《地表水环境质量标准》（GB 3838—2002）规定："地表水环境质量评价应根据应实现的水域功能类别，选取相应类别标准，进行单因子评价，评价结果应说明水质达标情况，超标的应说明超标项目和超标倍数。"单因子评价法首先要确定该水体评价标准，将各参数浓度与评价标准相比，根据其水质指标是否超过规定限值判定其是否超标，并判定评价指标的水质类别，以最差的水质类别作为水质综合评价的结果。该方法简单明了，可直接了解水质状况与评价标准之间的关系，是目前政府部门对环境监测系统划分水质类别的主要评价方法。

（2）综合指数法。综合指数法是对各污染指标的相对污染指数进行统计，得出代表水体污染程度的数值，该方法用以确定污染程度和主要污染物，并对水污染状况进行综合判断。在一般情况下综合指数法的应用，是假设各参与评价因子对水质的贡献基本相同，采用各评价因子标准指数加和的算术平均值进行计算，也可利用数学上相关方法进行权重计算（如模糊综合评价法，内梅罗指数法），综合指数法同时反映了多个水质参数与相应标准之间的综合对应关系，但其结果与单因子评价方法一样是相对值，评价标准不同，计算的水质指数值也不相同。

2. 水体主要污染指标的确定

受地理因素，人为因素等影响，不同水体的受纳的污染物类型不同，主要污染指标不同，在水环境治理中，要对主要的水体污染指标进行确定，以保证后期治理工作的针对性。断面水质超过其所规定的标准时，先按照不同指标对应水质类别的优劣，选择水质类别最差的前三项指标作为主要污染指标。当不同指标对应的水质类别相同时计算超标倍数，将超标指标按其超标倍数大小排列，取超标倍数最大的前三项为主要污染指标。当氰化物或铅、铬等重金属超标时，优先作为主要污染指标。

确定了主要污染指标的同时，应在指标后标注该指标浓度超过所规定的水质标准的倍数，即超标倍数，如高锰酸盐指数。对于水温、pH 和溶解氧等项目不计算超标倍数。

$$超标倍数 = \frac{某评价指标浓度值 - 水质标准限值}{水质标准限值}$$

对于水系或者流域来说，将水质超过所规定的水质标准的指标按其断面超标率大小排列，一般取断面超标率最大的前三项为主要污染指标。对于断面数少于 5 个的河流、流域（水系），按超标倍数最大值确定相应断面的主要污染指标。

3. 趋势分析

由于河流水质系统是受多种因素综合作用的复杂系统，随着外界环境的改变，河流水质将发生变化。目前，常用的水环境时间变化趋势分析的方法有简单直观的图解法、时间序列分析法、线性回归法、假设检验法（Daniel 趋势检验、非参数 Mann - Kendall 检验和 Sen 方法）、季节性 Kendall 检验等。

（1）时间序列法。时间序列，是将某一统计指标数据，按照时间顺序排列起来而形成的统计序列，也称为时间数列或动态数列。以时间点为横坐标，以某一变量值为纵坐标可以绘制时间序列图。通过时间序列图，可以更加直观地看出观测指标在具体条件下的发展状况和结果，并进行各种动态分析，研究现象发展变化的方向和程度，进而分析其变化趋势及规律，如长期趋势、季节性趋势等，从而为动态预测提供参考依据。

（2）线性回归法。线性回归，作为一种线性模型可以进行趋势分析。水中的氯化物含量、氨氮含量、重金属等含量，随着时间会发生变化，有些物质含量有时增多，有时减少。但是，由于水环境过程的内在规定性，水环境指标的变化存在一定的趋势性。内在规定性越强，趋势性越清楚。

一元线性回归方程的一般形式为：

$$Y = \beta_0 + \beta_1 x + \varepsilon \qquad (5-1)$$

式中，x 是自变量（解释变量，水质趋势分析时一般指时间），Y 是因变量（被解释变量，水质趋势分析时一般指水质指标），线性函数部分表示 x 的变化引起 Y 线性变化的部分，回归系数 β_1 可以表示变量 x 与 Y 之间关系的密切程度（并非相关程度）。ε 是由随机因素引起的随机误差。回归方程从平均意义上表达了变量 Y 与 x 的统计规律性。

（3）假设检验法。假设检验法是根据水质监测结果，在一定可靠性程度上对一个或多个水质指标的趋势性假设做出拒绝还是不拒绝（予以接受）结论的方法。在水质趋势预测方面主要有 Daniel 趋势检验，Mann - Kendall 检验，非参数 Sen 方法等。

Daniel 趋势检验是用 Spearman 秩相关系数检验二元定序变量间线性相关程度的一种方法，适用于单因素小样本的相关检验，主要步骤是将水质的时间序列进行排序，计算出其秩相关系数 r_s，将计算所得的 r_s 与 spearman 秩相关系数统计表中的临界值 W_p 进行比较，确定水质数据变化趋势

Mann - Kendall 检验的原理是将历年的水质资料进行比较，如后面的值（时间上）高于前面的值记为 "1"，否则记作 "-1"，具体计算方法见下。

$$S = \sum_{k=1}^{n-1} \sum_{j=k+1}^{n} \text{sign}(x_i - x_k), (k = 2,3,4,\cdots,n) \qquad (5-2)$$

其中：

$$\text{sign} = \begin{cases} 1, & if\ x_i - x_k > 0 \\ 0, & if\ x_i - x_k = 0 \\ -1, & if\ x_i - x_k < 0 \end{cases} \qquad (5-3)$$

利用 S 构造统计量：

$$UF_k = \frac{S_k - E(S_k)}{\sqrt{Var(S_k)}}, (k = 2,3,4,\cdots,n) \qquad (5-4)$$

式中，$UF_1 = 0$，$E(S_k)$ 和 S_k 是 S 的均值和方差。给定显著水平 $\alpha = 0.05$ 和极显著水平 $\alpha = 0.001$，即 $U_\alpha(0.05) = \pm 1.96$，$U_\alpha(0.001) = \pm 2.58$。若 $|UF|_k > 0$，表示序列呈上升趋势；若 $|UF_k| < 0$，表示序列呈下降趋势；若 $|UF_k| < 1.96$，变化趋势不显著；若 $1.96 < |UF_k| < 2.56$，变化趋势显著；$|UF_k| > 2.56$，变化趋势极显著。UF_k 是标准正态分布，是按照时间序列 $\{X\}$ 计

算出的统计量，将时间序列逆序，再重复上述过程，同时使 $UB_k = -UF_k$，则称 UB_k 为序列 UF_k 的反序列。将 UB_k 和 UF_k 绘于同一坐标轴下，给定显著水平 α 对应的置信曲线，若 UB_k 和 UF_k 在置信曲线之间相交，则相交点所对年份即为水质突变发生时间。

非参数 Sen 方法在评估确定变化趋势的变化程度（如每年的变化）时用来估计变化趋势的斜率（变化量）。假定趋势变化是线性的，其趋势函数可以表示如下：

$$f(t) = at + b \qquad (5-5)$$

式中，$f(t)$——序列 t 时刻；

A——变化趋势程度（斜率）；

B——常数。

为获得式中 a 的估计值，首先计算所有序列值对应的斜率：

$$a_i = \frac{x_i - x_k}{i - k}, \; i > k \qquad (5-6)$$

当水质序列中有 n 个非漏测值时，就有 $N = n(n-1)/2$，斜率估计值 a_i。Sen 方法的斜率估计值就等于这 N 个 a_i 值的中位数。a_i 从小到大排列，则 Sen 方法的斜率估计值为：

$$a = \begin{cases} a_{[(N+1)/2]}, & N\text{ 为奇数} \\ a_{(N/2)} + a_{[(N+2)/2]}, & N\text{ 为偶数} \end{cases} \qquad (5-7)$$

当 a 为正值时，表示序列有增加趋势；当 a 为负值时，则表示减少的趋势。

在双尾趋势检验中，当置信水平为 100 $(1-a)\%$ 时，斜率估计的置信区间可以通过基于正态分布的非参数方法得到。选择的显著性水平 α 为 0.01 和 0.05，分别得到两种不同的置信区间，首先临界值 C_α 计算如下：

$$C_\alpha = Z_{1-\alpha/2} \sqrt{\text{Var}(S)} \qquad (5-8)$$

其中，$\text{Var}(S)$ 由式（5-4）计算得到，$Z_{1-\alpha/2}$ 从标准正态分布函数获得，a 为检验的显著性水平。然后根据已经排好顺序的斜率估计值 Q_i 计算置信区间的下限 $Q_{\min}$ 和上限 $Q_{\max}$，分别为第 M_1 大的值和第 (M_2+1) 大的值，其中 $M_1 = (N - C_a)/2$。若 M_1 不是整数，则修改下限；若 M_2 不是整数，则修改上限。b 通过 $x_i - Q_i$ 计算而得，取其中位数。可采用同样的方法计算置信水平为 99% 和 95% 时的常数 b。

（4）季节性 Kendall 检验。季节性 Kendall 检验是通过计算和统计实测浓度的特征值（最大、最小、年均值）、浓度中值、变化趋势、变化率及显著性水平来确定污染物的变化趋势，其是 Mann - Kendall 检验的一种推广。

季节性 Kendall 检验的原理就是将历年相同月或季的水质资料进行比较，如果后面的值（在时间上）高于前面的值，就记为"+"号，否则记作"-"号。若正号的个数多于负号的个数，则表示为上升趋势；反之，则为下降趋势。若正、负号的个数分别占 50%，则表示水质资料不存在上升或下降趋势。

河流流量具有一年一度的周期性变化，而河流水质参数指标浓度大小又多受流量周期性变化的影响。因此，将汛期和非汛期的水质资料进行比较，缺乏可比性。季节性 Kendall 检验是将历年相同月（季）间的水质资料进行比较，从而避免了季节性的影响。同时，由于数据比较只考虑数据间的相对排列顺序而不考虑其数值大小，故能避免水质数据中常见的漏测值问题，使奇异值对水质趋势分析的影响降低到最低限度。另外季节性 Kendall 检验能适应水质数据的非正态分布，不需要预先对数据做任何转换计算，从而避免了由此产生的误差。

季节性 Kendall 检验的统计量可用来判断水质的升降变化趋势，还可运用该检验的斜率估计方法，对水质变化趋势的大小进行定量分析。此外，为了判断河流水质变化趋势是否由流量变化引起，还需进行流量调节浓度检验，通过计算浓度与流量的相关性确定污染物来源于面源还是点源。

5.2.4　水质预测

水质预测是依据水质监测的历史数据，建立元监测数据与水质参数变化之间相应的映射关系，实现对监测因子或水质状况在未来一段时间内变化趋势的预测。水质预测在水环境管理保护中的作用主要有：

（1）科学准确的水质预测有助于认识水质变化的规律和发展趋势。

（2）为水环境保护部门提供水质预警信息，增加其在保障饮水安全、水污染防治上的决策主动性和工作效率。

水质预测需要根据问题的目标和资料掌握情况，选用不同的方法解决。常用的水质预测方法有两类，即机理性预测方法和统计性预测方法。

1. 机理性预测方法

机理性预测方法是根据研究水体水质的物理化学变化规律，建立起对水质指标变化的数学描述，即水质模型。它可用于水体水质未来状态的预测，进而研究水体的污染、自净过程以及水污染控制等问题。按照水质时变特性，水质模型分为稳态模型与非稳态模型，按照描述空间的结构可分为零维、一维、二维及三维模型，按照是否需要采用数值离散方法分为解析解模型与数值解模型。

一维水质模型是机理性水质模型中最简单常用的一种，当污染物在横向和垂向的浓度梯度可忽略时，常用一维水质模型描述污染物在水流方向上的浓度变化。一维水质模型的基本方程如下：

$$c_x = c_0 \exp\left(-k\frac{x}{u}\right) \tag{5-9}$$

式中：c_x——距原点 x 距离后的污染物浓度，mg/L；

c_0——起始断面（$x=0$）处污染物浓度，mg/L；

x——纵向距离，m；

u——河流纵向平均流速，m/s；

k——河段污染物衰减系数，s^{-1}。

水质预测模型的选取，应根据研究水体的污染源特性、受纳水体类型、水力学特征、水环境特点等要求选取。

2. 统计性预测方法

机理性预测方法虽然考虑了影响水质变化的物理、化学及生物因素，但这些模型往往比较复杂，所需的基础资料与数据较多，影响了适用性。统计性预测方法虽然是一种黑箱式方法，但因模型是针对某一特定的水质系统，通过数学统计或其他数学方法建立，模拟预测效果比较好，故也被广泛地应用于水质预测领域。时间序列分析法，多元线性回归法，逐步回归分析，指数平滑法等方法是较常使用的统计性预测方法。

时间序列预测法主要通过数理统计的方法，分析整理待预测水质指标本身历史数据序列，来研究其变化趋势而达到预测的目的。基本原理是：在考虑了水质变化中随机因素的影响和干扰的基础上，从水源水质变化的延续性出发，将水质指标变化的历史时间序列数据作为随机变量序列，运用统计分析中加权平均等方法推测水质未来的变化趋势，做出定量预测。自回归模型（Autoregressive model）是其中应用广泛，且简单快捷的一种方法。

自回归模型的原理是任何一个时刻 t 上的序列值 X_t 可表示为过去 P 个时刻上数值的线性组合加上 t 时刻的白噪声，P 称为模型的阶数，数学表达式如下：

$$X_t = a_0 + a_1 X_{t-1} + a_2 X_{t-2} + \cdots + a_p X_{t-p} + \varepsilon_t \qquad (5-10)$$

式中：X_t——t 时刻水质指标值；

$\quad a_i$——自回归系数；

$\quad \varepsilon$——t 时刻白噪声；

在实际使用时，可以根据经验方法确定自回归模型的阶数，相关方法如下：

设 N 为序列 $\{X_k\}$ 中 X 的个数，则：

当 $N = 20 \sim 50$ 时，$p = N/2$；

当 $N = 50 \sim 100$ 时，$p = N/3 \sim N/2$；

当 $N = 100 \sim 200$ 时，$p = (2N)/\ln(2N)$。

确定自回归模型结束后，利用最小二乘法计算自回归系数参数值，将参数结果代入式（5-10）进行预测。

此外，MA 模型（Moving Average Model），ARMA（Autoregressive Moving Average Mode）模型等时序分析模型在水质预测方面也有较多运用。随着近些年计算机技术的提高，以人工神经网络为代表的机器学习类方法也逐渐兴起，人工神经网络能够学习环境变量和待预测水质指标的历史数据之间的非线性因果映射关系，通过这种因果关系和"新"的环境变量值可以定量预测水质指标的变化。

各种预测方法都有自身的优点和不足，统计性预测方法是基于历史数据寻找统计规律，受检测数据系统误差和数据噪声的影响较大，短期预测精度较高，不适宜进行长期预测；机理性预测方法是在历史数据中寻找水质变化的物理、化学等因素，模拟水质变化的物理、化学过程，这一类方法对数据资料要求高，求解过程复杂，阻碍了其适用性。建立水质预测模型时必须考虑环境变量和待预测水质指标历史数据的特点、预测目的和预测期的长短，结合水质变化的规律，选用适当的预测方法。

5.3 河流水环境调查与监测

5.3.1 河流水环境

河流水环境是指自然界中河流水的形成、分布、转化所处的空间环境，也指河流水体本身，是地表水环境的一个组成部分。目前，水环境的污染与破坏使其受到了广泛的关注，而河流是陆地上最重要的水体之一，世界上的大工业区和大城市多沿河建设，依靠河流提供水源，便于原料和产品的进出，同时还将河流作为废水的排放场所。因此，河流水环境污染会对人类的生产生活造成不可忽视的影响。如今工业区和人口密集的城市河流大多受到不同程度的污染。其污染特点如下：

（1）河流水质恶化程度随流量的大小而变化。一般来说，河流的径污比值大，自净能力就强，且河流流量季节性变化大，同样的污染负荷条件下，不同季节下河流受污染的可能性和水质恶化程度也相应发生变化。

（2）河流水质恶化影响范围广。河水不断流动，搬运污染物的能力强，故上游遭受污染，很快就影响到下游。因此，河流水质恶化影响不限于污染发生区，还殃及下游地区，甚至可以影响到海洋。

（3）河流水质恶化影响大。河流是人们生活的主要饮用水源之一，河流中的污染物质可以通过饮用水直接危害人类。不仅如此，河流中的污染物质还可以通过生态系统的食物链和河水灌溉农田而间接危害人类。

（4）河流自净能力较强，水质恶化易于控制。河流不断流动，河水交换较快，其复氧概率也较大，废水或污染物质可以不断地被稀释和搬运。因此，河流自净能力较其他水体强。

河流水环境范围相对较小且集中，因此，其污染较易控制。但是，河流一旦遭污染，要恢复到原有的清洁程度，往往要花费大量的资金和较长的治理时间。

5.3.2 河流水环境调查

河流水环境调查的目的是掌握和评价一定范围内河流水体污染源、水文、水质和水体功能利用等方面的环境背景情况，为河流水环境现状和预测评价提供基础资料。河流水环境调查的主要方法有资料收集、现场监测、无人机或卫星遥感遥测等。

河流水环境调查除了要进行河流水环境现状调查、河流污染源调查、污染事故调查外，还应注意到，因河流水质受流量大小影响显著，河流水环境调查应进行水情、水质联合调查，即对同一区域同一时间点的河流进行水情、水质调查。

1. 水情、水质联合调查

（1）河流水情调查。河流水情调查主要包括河流水位、水深、流量与流速，河流水情调查资料主要来自水文测站的观测资料。当上述资料不足时，在进行河流水质调查时应同步进行河流水情调查。

（2）河流水质调查。河流水质调查是指为了了解河流水体水质情况，更好地保护、利用河流水资源而对河流水体进行调查、优化布点、样品采集、测试分析、数据处理、综合评价等的过程与工作。河流水质调查应尽量使用现有数据资料，如资料不足时应实测，实测时应同时测量河流水情（流速、流量、水深、水位等）。现场调查的前期应确定主要污染源并对污染源进行分类，了解各种废水的排放情况和流量变化。

河流水质调查因子有三类：一类是常规水质因子，它能反映受纳水体的水质状况；另一类是特殊水质因子，它是能代表建设项目外排污水的特征污染因子；在某些情况下还需调查一些其他方面的因子。

① 常规水质因子。以《地表水环境质量标准》（GB 3838—2002）中所列的 pH、溶解氧、高锰酸盐指数或化学耗氧量、五日生化需氧量、总氮或氨氮、酚、氰化物、砷、汞、铬（六价）、总磷及水温为基础，根据水域类别、评价等级及污染源状况适当增减。

② 特殊水质因子。根据调查需要选择特征水质参数。

③ 其他方面的因子。被调查水域的环境质量要求较高时考虑调查水生生物和底质，调查项目可根据具体需要要求确定。

水生生物方面主要调查浮游动植物、藻类、底栖无脊椎动物的种类和数量，水生生物群落结构等。

底质方面主要调查与建设项目排污水质有关的易积累的污染物。

河流水质调查中水质取样断面与取样点的布设一般与水质监测相同。

2. 调查技术与设备

河流水位的观测设备，可分为直接观测设备和间接观测设备两种。直接观测设备是利用传统的水尺，人工直接读取水尺读数加水尺零点高程即得水位，这种设备简单，使用方便，但工作量大，需人值守。间接观测设备是利用电子、机械、压力等感应作用，间接反映水位变化，其设备构造复杂，技术要求高，不需人值守，工作量小，可以实现自记，是实现水位观测自动化的重要条件。水位的直接观测设备大致分为直立式水尺、倾斜式水尺、矮桩式水尺、悬垂式水尺 4 种；间接观测设备按感应方式分为浮子式水位计、水压式水位计、超声波水位计。

河流水深测量根据不同探测仪器及工作原理可分为悬索测深、测深杆或测深锤测深、超声波测深。

河道流速一般采用流速仪进行测量，通常有转子式流速仪、超声波流速仪、电波流速仪、电磁流速仪、激光流速仪。测速方法分为积点法和积深法两种。积点法测速就是在断面的各条线上将流速仪放在许多不同的水深点处逐点测速，然后计算流速，是目前最常用的测速方法；积深法测速是流速仪沿垂线均匀升降而测得流速，此种方法可直接测得垂线平均流速，减少测速历时，是简捷的测速方法。

河道流量测量的方法和手段很多，按测流的工作原理，可分为流速面积法、水力学法、化学法、物理法和直接法测流。其中，流速面积法常用的有流速仪测流法、浮标测流法、航空摄影测流法、遥感测流法、动船法、比降法等；水力学法包括量水建筑物测流和水工建筑物测流；化学法包括溶液法、稀释法、混合法等；物理法有超声波法、电磁法和光学法测流等；直接法测流有容积法和重量法，适用于流量极小的山涧小沟和实验室模型测流。

河流的水质调查有设置采样点采样分析调查和应用遥感进行水质调查两种。采用采样点采样分析时，根据河流实际情况，可选用以下类型的采样器：

（1）直立式采样器，适用于水流平缓河流的水样采集。

（2）横式采样器，与铅鱼联用，用于山区水深流急的河流水样采集。

（3）自动采样器，利用定时关启的电动采样泵抽取水样，或利用进水面与表层水面的水位差产生的压力采样，或可随流速变化自动按比例采样等。

应用遥感技术进行水质调查时，可选用不同的传感器：多光谱扫描仪、主题测绘仪、高分辨率可见光扫描仪、改进型甚高分辨率辐射仪、欧洲遥感卫星（ERS）、日本地球资源卫星（JERS）和我国北斗星系统。

河流水样保存、分析的原则和方法参考《地表水环境质量标准》（GB 3838—2002）。标准中未说明者暂先参考《水和废水监测分析方法》。

3. 调查成果整理

整理水情水质调查成果数据时，首先对水量监测方法、计算方法及实测与调查成果进行合理性检查，确定资料的合理性和可靠性，按流域进行水量平衡分析，当观测次数较少，不能满足整编要求时，应与邻近站或上下游站资料对照或采用其他的方法进行延长插补。延长插补的资料应加以说明。其次，列出调查范围内的河流名称、数量、发源地，调查区域内的水情与水质状况。对于水质调查成果数据，应给出取样断面的地理位置，每个取样断面的采样点及数目，监测项目，并说明选择的理由。应给出调查时期、调查天数、每天采样次数。最后，将收集到的水情、水质数据按照时间、地点和分析项目排列整理，收集所需资料，并尽量找出其中各水质参数间的关系及水质变化趋势。

5.3.3 河流水环境监测

1. 水情、水质联合监测

河流水质监测是指为了掌握河流水环境质量状况和水系中污染物的动态变化，对水的各种特性指标取样、测定，并记录或发出信号的程序化过程。近年来，随着人类活动对河流影响的加剧，河流生态环境退化问题日趋严重，水污染事件发生率逐渐升高，河流污染及生态健康问题受到广泛关注。对河流水质进行监测是河流污染防治的必要前提。

另外，自然界的水量与水质是一个统一的整体，相同时间内相同的污染物质的输移总量，在大水体或大流量条件下的污染浓度低，在小水体或小流量条件下的污染浓度高，因此应该将水量与水质进行联合监测与分析。水文部门监测水质能同时监测水量，不仅能测到采集水样时的瞬时流量，而且有所需断面的水量过程，这就使计算污染物的输移量和输移率成为可能，并且为分析污染物的降解率、划分水功能区域、提高水质模拟的精度打下了良好的基础。要达到水量与水质联合监测，就要有布局合理的水量与水质监测网，合理的水质监测取样频率或水质实时监测仪器，合理的分析方法。

2. 河流水情、水质监测方法

（1）河流水体污染监测站网设置。河流水体污染监测站网是在研究水域范围内，在对污染源调查和水体污染现状调查的基础上，按照流域的特点、气象水文条件、流域污染源的分布、污染物质含量和组成的时空变化规律和其他影响水环境质量的因素，选定一些站点，定时、定点地确定一些项目进行监测。

水体污染监测站的布设要有利于掌握流域水体的污染状况，已经投产的、正在建设和即将兴建的大中型工矿企业的河段，重点城市及人口稠密的城镇的下游，大型灌溉区、主要风景旅游区、水文特征和自然地理变化比较显著的地段，或有特殊要求的地段（如严重的水土流失区、盐碱化区、地震预报区、地方病区等）均应设站。

（2）河流水质监测断面及采样点的选布。监测断面的布设在总体和宏观上须能反映河流所在区域的水环境质量状况。

① 监测断面的选布。河流水质监测断面主要有对照断面、控制断面、削减断面。

对照断面：布设在污染排放口上游未受污染处，以反映水体的初始状况。

控制断面：布设在各类污水、废水排放的下游口，污水与河水汇合处，以反映和控制排放污水对河段水体污染影响的状况。

削减断面：在控制断面下游污染物的浓度明显下降处、水质好转处设置削减断面，以反映水体对污染物的稀释自净能力及水质恢复情况。

② 河流水质采样点位的设置。河流垂线布设应按照表 5-3 执行，特殊情况下根据河流水深和待测物分布的均匀程度确定。其采样垂线上采样点的设置按照表 5-4 执行。

表 5-3　河流监测垂线布设表

水面宽	一般情况	有岸边污染带	说明
<100 m	一条（中泓）	三条（增加岸边两条）	如仅一边有污染带，则只增设一条垂线
100~1 000 m	三条（左、中、右），左右两条设在水流明显处	三条（左右两条设在污染带中部）	如水质良好，且横向浓度一致，可只设一条中泓线
>1 000 m	三条（左、中、右），左右两条设在水流明显处	五条（增加岸边两条，设在污染带中部）	河口处应酌情增设

表5-4 采样点设置规定表

水深范围	层次
<5 m	只采上层
5~15 m	采上、下两层
>15 m	采上、中、下层

注：① 上层指水面下0.5 m水深处，水深不足0.5 m时，则在其1/2处采样；中层指1/2水深处；下层指河底以上0.5 m处；② 如果垂直方向水质变化较小，水深大于15 m，中间层可不采样；③ 中国北方冬季冰封的河流，采样点应选在冰下有水流的地方，避开连底冰冻处，一般在冰层下0.5 m处采样；④ 对一般监测项目，如在垂线上只取一点时，以取上层为宜，但重金属化合物测定应考虑取底层水样。

图5-1所示为采样断面分布及采样点布置示意图，从图中可见城市排水河流于城区下游汇入干流，这种布置避开了污废水排放与城市用水的冲突。为了监测城建区对流经河流的水质影响，以及沿河水环境控制目标的实现情况，应分别布设对照、控制和削减三个水质监测断面，并在每个监测断面根据河流水面宽度及水深状态，依照监测规范布置水质监测垂线和水质样本采集点。

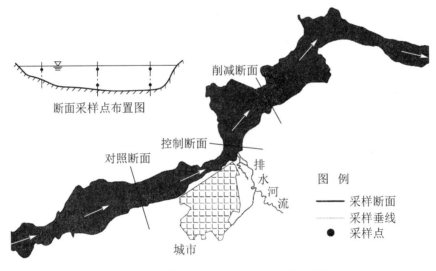

图5-1 采样断面分布及采样点布置示意图

3. 监测技术与设备

（1）河流水质监测的技术。河流水质监测技术分为传统的瞬时水样监测技术与水质自动在线监测技术、水环境遥感监测技术。传统的瞬时水样监测就是定期采样然后进行实验室分析。河流水质自动在线监测有实时在线监测和间歇式在线监测两种，通过远程传输把监测数据自动传至各级环保行政主管部门和环境监测执法部门。水环境遥感监测技术是通过分析水体吸收和散射太阳辐射能形成的光谱特征来获取水质参数。遥感技术因其及时、客观、可追溯、不受地域限制等优势，为新时期水利信息化发展提供了新的手段，尤其被广泛应用于河流治理与监管。通过遥感技术能够快速获取时空信息，在时空尺度上实现精细化监测监管，既能满足我国大范围内河流水质监测的需求，又能动态监测水质变化情况，且满足河流的关键要素（流速、泥沙、洪涝、水土流失等）的时空异质性要求，实现了水文、水质联合监测。

（2）河流水量监测技术。河流水量监测除了水量站监测、通过水位监测推求水量之外，也可应用遥感进行监测，基于遥感的水量监测技术有两种方法，一种是基于遥感数据产品和分布式水文模型开展流域径流量模拟分析，另一种是遥感探测河流水位高度，进而推求水量。

5.3.4 河流水环境分析

基于河流水环境的调查与监测，获得大量水情和水质信息，通过信息处理可以得出河流深入的水环境分析成果。

1. 污染源分析

控制和消除河流污染源是防止污染的根本措施。河流污染源分析就是识别流域河流污染物及其来源的因果对应关系，以提出减少和控制流域河流污染物输入的途径和措施。

河流水环境污染源分析应用的方法和模型主要有多元统计模型（主成分分析法、因子分析法）、化学质量平衡模型等方法。

（1）多元统计模型。多元统计模型的基本思路是利用观测信息中物质间的相互关系来产生源成分谱或产生暗示重要排放源类型的因子，主要包括主成分分析法及因子分析法。主成分分析法和因子分析法都是从相关矩阵或协方差矩阵出发，对高维变量系统进行最佳的综合和简化，其基本方程式是：

$$\mathop{D}_{(m\times r)} = \mathop{C}_{(m\times n)} \times \mathop{R}_{(n\times r)} \tag{5-11}$$

式中，D——由 m 个样品中对 r 个变量观测结果组成的矩阵；

C——因子载荷矩阵，表示源成分谱；

R——因子得分矩阵，表示污染源的贡献率。

在源解析中应用这两种方法，还需要以下几个假定：

① 污染源成分谱在从源到受体这段距离没有显著变化。

② 单个污染物通量的变化与浓度成比例。

③ 在给定时段污染物总通量是所有已知源通量的总和。

④ 源成分谱和贡献率都线性无关。

⑤ 所有采样点均主要受几个相同源的影响。

诊断解析结果的手段有决定系数、方差累计贡献和 Exner 方程。解析结果中包含的因子数量越多，单个污染物的决定系数越接近于1，方差累计贡献越接近于100%，Exner 方程值越小。一般只要选取方差累计贡献大于 85% 的因子组合就可以了。最后根据实测的污染源成分谱，通过参数 $\log Q^2$ 确定由因子分析法/主成分分析法得到的几个主要因子究竟是哪种类型的源。

$$\log Q^2 = \sum_{i=1}^{m} \log Q^2(C_{ijp}/C_{ijm}) \qquad (5-12)$$

式中，C_{ijp}——模型的预测值；

C_{ijm}——实测值；

$\log Q^2$——j 源 m 个污染物预测值与实测值的自然对数差的平方和，该值越小，说明预测污染源类型与实测污染源类型越接近。

（2）化学质量平衡模型。化学质量平衡模型的基础是质量守恒，即污染源的组分与采样点污染物的组分呈线性组合。设通过采样分析测得受体的污染物浓度为 $D(\mathrm{mg/L})$，若其中由污染源 i 所排放污染物各组分的含量分别为 $X_{ij}(\mathrm{mg/L})$（污染源 i 的"成分谱"，在水体中 X_{ij} 为一变量），则受体中源自污染源 i 的污染物所占的比例（污染源 i 的贡献度）g_i 应满足：

$$D \times g_i = \sum_{i=1}^{n} X_{ij}, \quad g_i = \sum_{i=1}^{n} g_j(i=1,2,\cdots,m; j=1,2,\cdots,n) \qquad (5-13)$$

式中，m——污染源个数；

n——污染物种类；

根据选择测定的组分可建立 n 个方程，只要 $n \geqslant m$，联立方程组原则上可求出 g_i。该模型关键在于确定污染源的"成分谱"。水体中某一污染源的成分谱较复杂时，各污染物的扩散趋势是不同的，仅依据源成分谱无法确定其对受体的贡献度。水体表层中污染物的迁移要受排放浓度、沉降速度、降解速度、颗粒物对其吸附作用等因素的影响。采用去离子水、控制光强，可降低污染物迁移、转化作用（不产生新的污染组分），其他因素仅影响扩散系数的大小。总之，可认为单位时间受体污染物浓度只与排放浓度和采样点与污染源的距离有关。扩散经验方程可表示如下：

$$Y = c_0 \times \exp(-b \times x) \qquad (5-14)$$

式中，Y——污染物在受体中的浓度；

c_0——排放点（污染源）所对应的污染物浓度理论值；

b——该污染物的经验扩散系数；

x——受体与污染源之间的距离；

如污染物间不发生相互作用，一定时间段内同一污染源排放的各种污染物的扩散是稳定且互不干扰的，比较其各组分间的扩散方程，各污染物扩散方程之比可用于表示"成分谱"的变化，再由实测污染物浓度便可算出贡献度。

应用该模型需要满足以下条件：

① 源成分谱在从源到受体这一段距离保持基本不变。

② 化学物质之间不发生反应。

③ 对受体有明显贡献的源均被纳入模型。

④ 不同源的成分谱线性无关。

⑤ 测量误差是随机误差且符合正态分布。

判断解析结果可靠性的参数包括如下 5 个：

① x^2 值，即受体各化学组分浓度实测值与测量值差值平方和与分析不确定度的比值，理想情况下，$x^2 = 0$；$x^2 < 2$ 时，解析结果可以接受；$x^2 > 4$ 时，说明至少有一种组分的解析结果不可以接受。

② R^2，即受体各化学组分计算值的变化值与测量值的比值，越接近 1 说明解析结果越可靠。

③ 百分比，即受体化学组分的计算总值与测量总值的比值，越接近于 1 说明解析结果越可靠。

④ 标准误差。

⑤ t 检验值。

2. 河段水质评价分类

（1）断面水质类别评价分类。河流断面水质类别评价采用单因子评价法，即根据评价时段内该断面参评的指标中类别最高的一项来确定。描述断面的水质类别时，使用"符合"或"劣于"等词语。断面水质类别与水质定性评价分级对应关系见表 5 - 5。

表 5 - 5　断面水质定性评价

水质类别	水质状况	表征颜色	水质功能类别
Ⅰ～Ⅱ类水质	优	蓝色	饮用水源地一级保护区、珍稀水生生物栖息地、鱼虾类产卵场、仔稚幼鱼的索饵场等
Ⅲ类水质	良好	绿色	饮用水源地二级保护区、鱼虾类越冬场、洄游通道、水产养殖区、游泳区
Ⅳ类水质	轻度污染	黄色	一般工业用水和人体非直接接触的娱乐用水
Ⅴ类水质	中度污染	橙色	农业用水及一般景观用水
劣Ⅴ类水质	重度污染	红色	除调节局部气候外，使用功能较差

（2）河流水质评价分类。当河流的断面总数少于 5 个时，计算河流所有断面各评价指标的浓度算数平均值，然后按照河流断面水质类别评价的方法进行评价，并按表 5 - 5 指出每个断面的水质类别和水质状况。

当河流的断面总数在 5 个（含 5 个）以上时，采用断面水质类别比例法，即根据评价河流中各水质类别的断面数占河流所有评价断面总数的百分比来评价其水质状况。河流的断面总数在 5 个以下时不做平均水质类别的评价。河流水质类别比例与水质定性评价分级的对应关系见表 5 - 6。

表 5－6　河流水质定性评价分级

水质类别比例	水质状况	表征颜色
Ⅰ～Ⅲ类水质比例≥90%	优	蓝色
75%≤Ⅰ～Ⅲ类水质比例<90%	良好	绿色
Ⅰ～Ⅲ类水质比例<75%，且劣Ⅴ类水质<20%	轻度污染	黄色
Ⅰ～Ⅲ类水质比例<75%，且20%≤劣Ⅴ类比例<40%	中度污染	橙色
Ⅰ～Ⅲ类水质比例<60%，且劣Ⅴ类水质≥40%	重度污染	红色

3. 河流水质变化趋势分析及预测

河流的水质是受多因素综合作用的复杂系统。河流上游来水量的多少在很大程度上决定着水质的变化，而河流流量具有一年一度的周期性变化，受河流流量周期性变化的影响，河流水质也具有一定的周期性。河流水质变化趋势分析是在水环境监测获得系统性加测资料的基础上，分析某些指标随时间变化的过程，描述其变化程度或变化速率，进而掌握水质随时间变化的稳定性和变异性。这种变化可以是局部的，也可以是长期延续性的。河流水质变化趋势分析有助于河流水质规划与管理。常用的河流水质变化趋势分析方法有时间序列法、线性回归法、假设检验法等。

河流水质预测对河流水环境的精细化管理有重要作用。随着我国工业化、城镇化以及农业化进程的加快，自然灾害、生产事故等引发的污染事件频繁发生，对人类健康、生态环境发展造成了严重影响。此外，水功能区划对不同河段的水量和水质给出了明确指标，需要逐步达标运行。在这些背景下，水质预测预报是科学管理的必要手段。河流水质预测的依据是实际监测资料和历史累计资料，运用水质预测方法可以计算推断出目标时空中水体水质的未来变化趋势。河流水质预测方法有基于机理推导的水质模型方法和基于水质监测数据序列分析的统计性预测方法两大类多种方法。水质预测结果是河流水质目标管理的重要依据，预测给出河流水环境质量演变趋势，从而可以及时发现水质恶化原因，并及时准确地制定相应的治理措施，有效预防和处理水污染事件。基于目标水体关联断面的水质监测数据的水质预测，可以预先掌握水功能区水质达标状况，若有超标风险时，可以及时采取措施进行防治，保证水功能区的水质安全。此外，在区域水环境保护与污染防治管理中，河流水质预测也是一项基础性工作。

5.4　水库水环境调查与监测

5.4.1　水库水环境

1. 水环境特征

水库主要的水文特征是：水流流速迟缓，水体交换能力差，水体停滞及更新周期长，悬浮物较易沉积，淤泥较厚且富含有机质、氮、磷等营养物质。同时水库水质还受风浪作用、地理条件和蓄水更新期的影响。与河流相比，绝大多数水库的特征更接近于湖泊。水库的一般特性及其对水质的影响主要有下述几方面：

（1）水库热分层现象。热分层是指水库上下层水体温度差异产生密度差异从而导致水库分层的现象。大水深的水库在水深方向上存在着水温和水质的分层。随着一年四季的气温变化，水库水温的垂向分布呈有规律的变化。夏季水库具有表层水温高、深层水温低的分布特点，水温从上到下依次分为变温层、温跃层（斜温层）和等温层（均温层）。到了秋末冬初，由于气温的下降，不同水深之间温度差异逐渐变小，水体密度差异逐渐减弱，各分层逐渐混合。在冬季，北方地区会出现表层水温低、深层水温高的逆分层现象。随水库水体热分层的季节性变化，水体中的溶解性气体和营养盐类的分层亦有明显的季节性变化。

（2）水库是个半河、半湖的人工水体。水库水位不稳定、混浊度大，生产力往往低于天然湖泊；同时水库水体交换频率高于湖水，水质状况接近河水。在水库淹没区植被的分解、土壤的浸渍作用以及岩石溶蚀作用下水体的矿化度、溶解性气体和营养物质逐渐接近湖水。

（3）水库水面宽广，水体流动缓慢。水库水面面积大，一方面造成水质分布呈平面不均匀性。另一方面增加水面蒸发。水面蒸发是水库水量损失的主要部分，我国西北干旱地区水库由于水面宽广，在强烈的蒸发作用下蒸发、渗漏损失可占入库水量的 20% ~ 60%。库区水体流动缓慢，产生多方面影响，如有利于流沙等物质的沉淀，降低浑浊度；对污染物的生物降解、累积和转化能力增强，稀释自净能力下降；污染物在水库中的滞留时间长；入流的营养物（N、P）等沉淀较多时，易造成水体富营养化等。

（4）水库水深大，水位变化幅度大，调节性能强。水位是水库重要的水文要素之一，水位调度是人为调控水库水动力过程的有效手段。三峡水库在蓄水期发挥航运、发电作用，在低水位运行期发挥蓄洪作用，高水位运行期与低水位运行期水位差异可达 30 m。水位波动能显著改变水库水体热分层、水流特性及物质能量传递等物理过程，并间接影响水生生物生境及生物群落结构。水库蓄水期水位抬升增强了干支流的水体交换，使支流库湾分层减弱，与此同时，蓄水过程对支流库湾的营养盐具有补给作用，增大了支流库湾蓄水后的富营养化风险。

2. 水库生境分区

根据水流和生态特征，水库蓄水区从河流入库口到大坝前可依次划分为河流区和湖泊区，湖泊区还有浅水区和深水区的区别（见图 5 - 2）。三个区域之间并不固定，而是动态变化的，主要驱动因素是入库和出库流量变化导致的水库水位变化。各区水动力学过程不完全一样，在流速、滞留时间、携沙能力、光照、营养盐和生物生产力等方面具有明显的纵向梯度分布。

河流区位于水库入库区，是入库水流在库区内没有蓄水的部分形成的临时河流。过流断面既窄又浅，河水流速虽已开始减慢，但仍是水库中流速最快，水力滞留时间最短的区域。

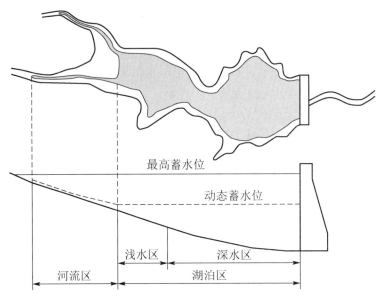

图 5-2　水库生境分区示意图

入库水流从流域上带来了大量的营养盐、无机和有机颗粒物，造成河流区水体营养物含量最高，透明度最低。但由于水体仍能保持较强的交换能力，加上水流速度相对较快，不利于浮游植物的生长及群落结构组织的保持，因而较难爆发水华，对富营养化敏感性也最低。浮游植物的生长受光抑制，营养盐靠平流输送，浮游植物生物量及生长率均相对比较低。开始沉淀的悬浮物主要是粒径较大的泥沙，而淤泥和黏土吸附着大量的营养盐被水流输送到浅水区。底部沉积物主要是外源性，沉积物营养盐含量少。

浅水区相对于河流区过流断面宽而深，水流流速进一步减缓，水力滞留时间增长。这时粒径小的泥沙和细颗粒有机物大量沉积，是悬浮物沉积的主要区域。由于沉积的淤泥和黏土对营养盐有较强的吸附能力，该区水中营养盐的浓度进一步降低。悬浮物的大量沉积，使浅水区透明度升高，浮游植物生长受光限制的现象得到改善。浅水区的浮游植物的生物量及生长率是水库中最高的区域，对富营养化敏感性也显著增大。在有风浪影响时，底部沉积物会受到扰动而再悬浮，因此，该区域沉积物中营养盐的含量相对较高。

深水区是指水深达到 5 m 以上深度的区域，受到水库总深度和水库水位的影响，该区域到坝前的距离和范围不等，是库区最宽最深的区域。深水区水流流速最慢，粒径更小的颗粒物进一步沉淀，水体透明度在三个区中最高。营养盐一方面被浅水区沉积物部分吸附并沉积到水库底部，另一方面被浮游植物生长吸收，所以深水区表层水营养盐的含量比其他两个区低。浮游植物生长主要受营养盐限制。深水区底部内源性有机沉积物比例比前面两个区高。

3. 水库垂向特征

（1）水温特征。水体分层是指水体由于温度或盐度等条件差异，从而产生的密度分层变化的现象。由于在淡水水库中，尤其对于水源水库，水体的盐度一般保持恒定，因此水体密度分层主要是由于温度变化所致。根据水库水温的垂向分布可以将水库的水温结构类型分为：稳定分层型、过渡型以及混合型三种。对于稳定分层型水库，人们习惯性地将水体从上至下依次分为变温层、温跃层和等温层。变温层位于上层水体，受外界的影响较为明显，变温层水体的温度会随着气温的升高、太阳辐射的增强而上升；温跃层在垂向方向上的温度梯度较大，随着季节的变化会发生规律性的演变。水库分层后，稳定的热分层一定程度上阻碍了上层温水与下层较冷水体的交换，在温跃层上下形成热/冷、氧化/还原的对立环境。等温层位于水库下层水体，受气温、风力等外界影响较小，常年处于低温状态，水体温度基本上呈均匀分布。混合型水库水体温度在沿水深方向上没有明显温度分层，该类型水库上下层水体温度分布均匀，但年内整体水温变化较大。过渡型水库则介于稳定分层型水库与混合型水库之间。关于水库水温结构的判别方法许多学者提出了不同的分层指标，其中主要的有 $\alpha-\beta$ 法、密度弗劳德数法和水库宽深比法。

（2）环境特征。水体的热分层结构对水库物质循环过程以及水生生物活动产生较大的影响，在水温、光照等环境因素的影响下水体中溶解氧，pH，氮、磷营养盐等也存在垂向差异。

水体溶解氧垂向分布与水温密切相关。在水温分层期间，温跃层抑制了水体对流交换作用，溶解氧无法到达底部对等温层水体进行溶解氧补偿，同时底部沉积物有机质的矿化降解和大量有机体死亡下沉分解消耗水体中的溶解氧，从而逐渐形成底层水体缺氧现象。受季节性水温分层的影响，水体溶解氧同样具有分层现象，在夏季呈现出表层溶解氧含量较高，底层溶解氧含量较低的现象。

水体中 pH 的垂向变化主要和藻类生长过程中的光合作用有关。水体表层浮游植物大量生长繁殖时，光合作用使水体中的 CO_2 含量下降，导致 pH 上升，水体呈现弱碱性。随着水深增加，藻类丰度急剧下降，溶解氧含量降低。兼性厌氧菌在自身的新陈代谢及对水中有机质矿化降解的过程中不断产生并积累 CO_2，底层水体 pH 降低。水库呈现出表层水体 pH 大，底层水体 pH 较小的现象。

沉积物的内源释放是氮、磷等营养盐的主要来源之一。在厌氧环境、还原条件下，水库中底泥会向上覆水体中释放大量的氮、磷等营养物质。夏季稳定热分层期间，底层水体溶解氧含量逐渐降低，厌氧区水体具有较强的还原环境，底层水体氮、磷浓度明显升高。同时温跃层的存在阻挡了底层污染物扩散至表层水体，故表层水体氮、磷浓度无明显变化。水库呈现出表层氮、磷浓度较低，底层氮、磷浓度较高的现象。

5.4.2 水库水环境调查

1. 水环境调查程序与指标

（1）水环境调查程序。水库水环境调查的一般程序如图 5-3 所示。

（2）水环境调查指标。水库水环境调查主要包括水质调查、底质调查和水生生物调查。其中，水质调查指标重点测定：水温、pH、电导率、透明度、溶解氧、五日生化需氧量、化学需氧量、总氮、氨氮、总磷、叶绿素 a 和重金属等。底质调查指标重点测定：pH、

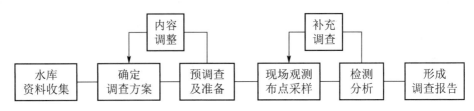

图 5－3　水环境调查程序

氧化还原电位、粒度、碳（有机、无机）、氮（总氮、氨氮）、磷和含水量等。水生生物调查包括：生态调查，浮游植物、浮游动物、底栖动物、大型水生植物、细菌总数、鱼类；初级生产力调查，叶绿素 a、初级生产力等。

2. 水质调查

（1）调查目的。进行系统、全面的水质调查，以掌握水体中主要离子以及各类污染物的现状，判别水库水环境趋势，可为水库控制运用、水库环境保护和有关科学研究提供依据和基本资料。

（2）采样要求。采样点位的布设，应在较大的采样范围进行详尽的预调，在获得足够信息的基础上，应用统计技术合理地确定。采样点位的布设应充分考虑水库水体的水动力条件、水库面积、补给条件、出水及取水条件、可能的排污设施位置条件、污染物在水体中的循环及迁移转化条件等。

① 采样点水平分布。许多水库都具有复杂的岸线，或由几个不同的水面组成，由于形态的不规则可能出现水质特性在水平方向上的明显差异。为了评价水质的不均匀性，需要布设若干个采样点，并对其进行初步调查。所收集的数据可以使所需要的采样点有效地确定下来。水库的水质特性在水平方向未呈现明显差异时，允许只在水的最深位置布设一个采样点，具体见表 5－7。

表 5－7　不同面积应设的采样点数目

面积/km²	10～100	100～500	500～1 000	1 000～2 000	>2 000
样点数	2～5	5～10	10～15	15～18	18～25

② 采样点垂直分布。由于分层现象，水库的水质沿水深方向可能出现很大的不均匀性，其原因来自水面（透光带内光合作用和水温的变化引起的水质变化）和沉积物（沉积层中物质的溶解）的影响。此外，悬浮物的沉降也可能造成水质垂直方向的不均匀性。在温跃层也常常观察到水质有很大差异。如图 5－4 所示，基于上述情况，在非均匀水体采样时，要把采样点深度间的距离尽可能缩短。采样层次的合理布设决定于所需要的资料和局部环境。初步调查可使用探测器（如测量温度、溶解氧、pH、电导、浊度和叶绿素的荧光）探测。水深 6 m 以内的采集柱水样，超过 6 m 的采集柱水样以及底样。对分层水库，水深 3～10 m 的一般分 5 层进行采样，而水深大于 10 m 的分 7 层采样，对个别很深的水库可以酌情

增加采样层次，见表 5-8。

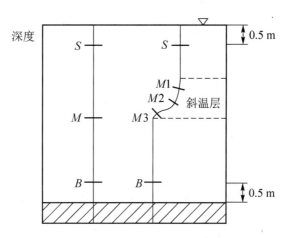

图 5-4 垂线剖面采样点布设示意图

表 5-8 水库垂线剖面采样点数目

面积/km²	10~100	100~500	500~1 000	1 000~2 000	>2 000
样点数	3~5	4~5	4~6	4~7	≥8

③ 采样频率和时间。水库的水质有季节性的变化时，采样频率取决于水质变化的状况及特性。在调查年度，大部分水库平水、枯水季节各采样 1 次；少量重点水库按季节进行采样。

3. 沉积物调查

（1）调查目的。沉积物是水库环境的一个重要组成部分，它与水和水生生物组成了一个完整的湖泊生态系统。随着经济、社会的不断发展，大量污染物未经处理直接输入水库水体。其中相当一部分经过各种物理、化学和生物过程在沉积物中累积起来，水库沉积物成为污染物质的重要蓄积库，同时也成了水库二次污染的"源"。受到污染的沉积物不仅会影响水库水体的水质，对水库生物构成直接或间接的威胁和损害，并可通过食物链对人类健康产生影响。了解水库沉积物的各种物理、化学性质，生物遗存，掌握其变化历史，对水库状况的调查和评估具有重要意义。

（2）采样要求。在进行水库沉积物调查时，应根据调查水库的大小和类型选设适当数量的采样点。在主要的河流入湖处和排放口周围适当增加采样点位。许多水库具有复杂的岸线，或由几个不同的水面组成，由于形态的不规则可能出现沉积物底质特性在水平方向上的明显差异。样点位布设的选择，应在较大的采样范围进行详尽的预调查，在获得足够信息的基础上，应用统计技术合理地确定。

详细调查需在湖中按一定规则划分网格设置采样点。网格大小的设置应根据沉积物差异情况及分析的目的而定，把沉积物划分成若干采样区。当然每一网格的面积越小，样品的代表性越可靠，但采样所需的经费及分析工作量也将成倍增加。因此，要选择在样品代表性和经费上都较合理的采样布点方案。

实际中可采用以下单个方式或者结合起来布点。

网格采样：针对调查区域按照固定间距进行采样布点；分区采样：将调查区域分为多个不重叠的均质分区，以分区面积权重分配采样布点；多阶段采样：利用初步大范围系统调查结果，逐步向高污染区做细密采样。

① 采样点布设。底质相对于水质而言无论在时间还是空间上都比较稳定。因此底质采样点数目可少一些，可在水质采样点位中选部分有代表性的地点进行采样，见表5-9。一般来讲，底质采样点站位应与水质垂线剖面站位吻合。同时考虑湖底地形对沉积的影响及主要河道、点源入处（湖水与污水混合处）布设采样点位。

表5-9 水库底质采样点数目

面积/km²	10~100	100~500	500~1 000	1 000~2 000	>2 000
样点数	2~6	6~7	6~8	7~9	≥8

② 采样频率和时间。如条件允许应选择沉积物底泥所含物质对水体的利用有最不利影响时采样。季节的变化将伴随温度的变化，虽然水温的变化比气温的变化要小，但不同季节水库中的水温会出现不同的温度层变化，这将影响沉积物成分的变化。

③ 采样设备要求。水库沉积物样品的采集是决定分析结果是否可靠的重要环节，尤其是沉积物受到严重污染时其理化组成差异很大，所以有时采样误差要比分析误差大若干倍，因此采样时，必须十分重视样品的代表性。一个样品的代表性与采样方法、采样工具等均有关。采样容器的材质（如不锈钢或塑料）应尽可能不与沉积物发生反应。制造容器的材料在化学和生物方面应具有惰性，使样品组分与容器之间的反应减到最低程度。表层样采集：深度0~1 cm。柱状样采集：采集深度一般不少于50 cm。

4. 水生生物调查

（1）调查目的。水生生物在维持生态系统平衡、净化水质、维持生物多样性中扮演着重要角色。开展水库水生生物调查，可以判别水库生态环境趋势，可为水库生态环境保护和有关科学研究提供依据和基本资料。

（2）采样要求。生物试验考虑到人力、时间和经费等条件，应尽量减少调查点。可以从水质点样选择一部分对生物采集有代表性的站位。一般来讲，水库最深处为主要采样点，再从水库入库出库处选取其他采样点，后者的采样频率和采样深度均可少些。水生生物采样可分表层、中层和底层三层采样；在分层期可酌情增加采样层次。原则上斜温层以上的层采样点布设较密，而其下层相应减少。表5-10是水库水生生物采样点的控制数目。

表5-10 水库水生生物采样点的控制数目

面积/km²	10~100	100~500	500~1 000	1 000~2 000	>2 000
样点数	2~6	6~7	6~8	7~9	≥8

5.4.3　水库水环境监测

水库水环境监测包括水文监测与水质监测两部分。相比于水库水环境调查，水库监测具有目标的长远性、时间的持续性、指标的系统性三个特点。

1. 水文监测

水文监测的内容包括：水位、流量、流速、降雨（雪）、蒸发、泥沙、冰凌等。水库发电或灌溉需水量的变化具有季节性，从而导致水库每年经历完整的水位下降期。对于浅水或坡度小的水库，其水位通常会下降 2 ~ 4 m，甚至更多，这使水库中大部分的库底裸露。不管是天然水体还是人工水体，水位的波动都会对大型水生植物、底栖生物群落、鱼类的出现或者消失造成很大的影响。因此水库入库、出库流量监测、库区水位监测具有重要意义。以小浪底水库库区水文监测站网的布设及控制情况为例，其水文监测主要由进出库水沙控制站、库区水位站、水沙因子站、库区淤积断面、异重流监测断面等组成。

2. 水质监测

（1）水质监测断面布设原则。水质监测断面布设原则有：

① 能够客观、真实反映自然变化趋势与人类活动对水环境质量的影响状况。

② 具有较好的代表性、完整性、可比性和长期观测的连续性，并兼顾实际采样时的可行性和方便性。

③ 充分考虑取水口和排污口分布，支流汇入及水利工程等影响水文情势变化的因素。

④ 与现有水文观测断面相结合。

（2）水库环境监测断面布设要求。水库环境监测断面布设要求有：

① 在水库出入、中心区、滞流区、近坝区等水域分别布设监测断面。

② 水库水质无明显差异，采用网格法均匀布设，网格大小依据水库面积而定，精度应满足掌握整体水质的要求。设在湖泊、水库的重要供水水源取水口，以取水口处为圆心，按扇型法在 100 ~ 1 000 m 范围布设若干弧形监测断面或垂线。

③ 河道型水库，应在水库上游、中游、近坝区及库尾与主要库湾回水区分别布设监测断面。

④ 水库的监测断面布设与附近水流方向垂直，流速较小或无法判断水流方向时，以常年主导流向布设监测断面。

（3）水库采样垂线布设要求。水库在监测断面上采样垂线的设置应符合表 5 – 11 的规定。北方地区冰封期，应以断面冰底宽度作为水面宽度设置采样垂线。

（4）水库采样点布设要求。水库在监测断面上采样点的设置应符合表 5 – 12 的规定。当水库有温度分层现象时，应对水库的水温、溶解氧进行监测调查，确定分层状况与分布后，分别在垂线上的变温层、斜温层和等温层设置采样点。

表 5 - 11　采样垂线数的设置

水面宽/m	垂线数	说明
≤50	1 条（中泓）	1. 垂线布设应避开污染带，考虑污染带应另加垂线。
50 - 100	2 条（左岸、右岸）	2. 确能证明该断面水质均匀时，适当调整采样垂线。
100～1 000	3 条（左岸、中泓、右岸）	3. 解冻期采样，适当调整采样垂线
>1 000	5～7 条	

表 5 - 12　采样垂线上的采样点数的设置

水深/m	采样点	说明
≤5	1 点（水面下 0.5 m 处）	1. 水深不足 0.5 m 时，在 1/2 水深处。
5 - 10	2 点（水面下 0.5 m 处、水底上 0.5 m 处）	2. 封冻时在冰下 0.5 m 处采样，有效水深不到 0.5 m 处时，在水深 1/2 处采样。
>10	3 点（水面下 0.5 m 处、水底上 0.5 m 处、中层 1/2 水深处）	3. 潮汐河段分层设置采样点

5.4.4　水库水环境分析

1. 水质评价

水质评价指标根据需要可以为全部监测指标。一般评价指标为地表水环境质量标准基本项目中除水温、总氮、粪大肠菌群以外的 21 项指标，见表 7 - 1。

水质评价一般采用单因子评价法，水质类别与水质定性评价分级的对应关系见表 5 - 5。当一个水库有多个监测点位时，计算水库多个点位各评价指标浓度算术平均值，然后按照单因子方法评价。水库多次监测结果的水质评价，先按时间序列计算水库各个点位各个评价指标浓度的算术平均值，再按空间序列计算水库所有点位各个评价指标浓度的算术平均值，最后用单因子方法评价。对于大型水库，亦可分不同的库区进行水质评价。

2. 富营养化评价

水库营养状态评价指标为：叶绿素 a（Chla）、总磷（TP）、总氮（TN）、透明度（SD）和高锰酸盐指数（COD_{Mn}）共 5 项。评价方法采用综合营养状态指数法［$TLI(\sum)$］。

（1）营养状态分级。采用 0～100 的一系列连续数字对水库营养状态进行分级，$TLI(\sum)$ 与营养类别的对应关系见表 5 - 13。

表 5 - 13　$TLI(\sum)$ 与营养类别的对应关系

营养级别	贫营养	中营养	轻度富营养	中度富营养	重度富营养
$TLI(\sum)$	$TLI(\sum)<30$	$30 \leq TLI(\sum) \leq 50$	$50 < TLI(\sum) \leq 60$	$60 < TLI(\sum) \leq 70$	$TLI(\sum)>70$

（2）综合营养状态指数计算。综合营养状态指数计算公式如下：

$$TLI(\sum) = \sum_{j=1}^{m} w_j \times TLI(j) \qquad (5-15)$$

式中：$TLI(\Sigma)$——综合营养状态指数；

　　　w_j——第 j 种参数的营养状态指数的相关权重；

　　　$TLI(j)$——代表第 j 种参数的营养状态指数。

以 chla 作为基准参数，则第 j 种参数的归一化的相关权重计算公式为：

$$W_j = \frac{r_{ij}^2}{\sum\limits_{j=1}^{m} r_{ij}^2} \qquad\qquad (5-16)$$

式中：r_{ij}——第 j 种参数与基准参数 chla 的相关系数，参数之间的相关关系见表 5-14；

　　　m——评价参数的个数。

表 5-14　中国湖泊（水库）部分参数与 chla 的相关关系 r_{ij} 及 r_{ij}^2 值

参数	chla	TP	TN	SD	COD$_{Mn}$
r_{ij}	1	0.84	0.82	−0.83	0.83
r_{ij}^2	1	0.705 6	0.672 4	0.688 9	0.688 9

（3）各项目营养状态指数计算

$$TLI(\text{Chla}) = 10(2.5 + 1.086\ln \text{Chla})$$

$$TLI(\text{TP}) = 10(9.436 + 1.624\ln \text{TP})$$

$$TLI(\text{TN}) = 10(5.453 + 1.694\ln \text{TN})$$

$$TLI(\text{SD}) = 10(5.118 - 1.94\ln \text{SD})$$

$$TLI(\text{COD}_{Mn}) = 10(0.109 + 2.661\ln \text{COD}_{Mn})$$

式中：Chla 单位为 mg/m^3，SD 单位为 m；其他指标单位均为 mg/L。

根据上述公式对水体水质进行富营养化评价，由各采样点的综合营养状态指数及对应的营养类别得出水体富营养化状况。

5.5　水体组分含量及通量

水环境调查与监测可以明确水体中的物质含量及分布，判断水体中的主要污染物。在对水环境进行调查和监测后，不仅要得到各研究断面的物质的浓度，还需要计算出各水体组分的总量，对各断面主要污染物通量进行计算，对水质通量系统进行分析，更好地明确大区域的水质污染程度，明确各物质组分从河流支流到干流，再到湖泊、水库和海洋的变化过程，系统认识区域主要污染来源和汇出途径，有利于进行针对性污染物排放总量控制和管理，是污染物总量控制的基础。

5.5.1　研究意义

水体组分是指存在于水体中的所有物质成分，在水环境研究的范畴中，包括各种元素的离子、分子、溶解和未溶解的气体、固体成分等。天然水体在水循环过程中总是不断地与自然和社会环境中的各种物质成分相接触,并在一定程度上携带或溶解了这些物质。

通过水环境调查与监测,得到通过各监测断面的各种水质指标后,利用水质评价方法初步可以判断水环境的污染程度,根据污染物含量的主成分分析,能够明确水体中的主要污染物。为了确定污染物在各个水体中的迁移变化过程,还需要从径流过程、污染物组分含量、污染物通量等多方面对水体水质时空变化进行综合性、系统性分析,研究污染物的组合及演变过程,从而因地制宜地进行污染控制和治理。

研究水体组分含量及通量是水环境保护中的重要一环。水体中污染物的成分及其含量多少是判断水环境污染程度,污染物危害大小的基础之一;污染物通量是水环境管理中重要的控制目标。在湖泊、水库、海湾等回水区域中,污染物通量的环境影响更为突出,水污染累积效应也与进出水域的污染物通量密切相关。研究水体污染物通量可以有效地判断污染物累积过程,对污染物进行源汇分析,为水环境保护提供科学的依据。

5.5.2 水体组分含量计算

明确各水体的组分后,通过水环境调查和水质监测等手段得到各断面水质参数等数据,对原始数据进行分析处理,研究水质参数描述统计特征与各污染物指标的相关性,初步判断研究区域的总体污染现状,进行研究区域的水质时空特征评估,确定主要特征污染物,从而计算研究区域主要特征污染物浓度、含量和污染物通量。以下详细介绍各水体组分浓度和含量的计算方法。

1. 组分浓度

(1) 断面平均浓度。通过水质调查监测手段可以得到各断面布置点的各个时刻的物质浓度数据,根据断面布置情况和特点,可对指定断面各布置点该时刻监测得到的物质浓度数据进行算术平均(式5-17)或者采用面积加权平均(式5-18)得到断面平均浓度。

$$\overline{C}_i = \frac{1}{n}\sum_{j=1}^{n} C_{ij} \qquad (5-17)$$

$$\overline{C}_i = \frac{1}{F}\sum_{j=1}^{n} F_j C_{ij} \qquad (5-18)$$

式中:$\overline{C}_i$——考察断面水质参数时刻 i 的平均浓度,mg/L;

j ——监测点编号;

n ——监测点总数;

F ——考察断面总面积,m^2;

F_j——监测点 j 的控制面积,m^2;

C_{ij}——水质参数在时刻 i 监测点 j 所监测到的水质参数浓度值,mg/L。

(2) 断面时段平均浓度。计算一定时段内的断面某组分的通量需要知道该时段内的断面平均浓度。通过该时段各时刻的断面物质平均浓度值计算该时段的断面平均浓度,见式（5-19）。

$$\overline{C} = \frac{1}{K} \sum_{i=1}^{K} \overline{C}_i \qquad (5-19)$$

式中：$\overline{C}$——考察断面的水质参数时段平均浓度，mg/L；

K——该时段的时刻总数。

2. 组分含量

通过水环境调查与监测，可以计算出水体各断面的组分浓度，从而推求整个水体的组分含量值，有助于对水体的环境现状有更直观清晰的认识。

（1）河段组分含量。河段某断面 i 单位长度的某一组分的含量可按式（5-20）表示。

$$w_i = \overline{C}_i \cdot A_i \qquad (5-20)$$

式中：w_i——断面 i 的单位长度组分含量，g/m；

$\overline{C}_i$——断面 i 的组分平均浓度，mg/L；

A_i——断面 i 的面积，m²；

整个河段的组分含量可按式（5-21）表示。

$$W = \int wdl = \sum_{i=1}^{n} w_i \cdot l_i \qquad (5-21)$$

式中：W——河段某一组分含量，g；

w_i——断面 i 的单位长度组分含量，g；

l_i——单位河段长度，m；

（2）水库组分含量。计算水库的组分总变化量时可以根据入口和出口断面的组分含量得到水库内的组分含量，入口的组分含量减去出口的组分含量即为水库内总的组分变化量。

一个库段的组分含量计算可以根据每个断面监测得到的水质断面的平均浓度得到。每个断面在垂向和纵向布设足够的监测点，利用式（5-22）计算水库断面 i 的单位库段组分含量。

$$w_i = \sum_{j=1}^{n} C_j \cdot A_j \qquad (5-22)$$

式中：w_i——水库监测断面 i 的单位库段组分含量，g/m；

C_j——水质参数在监测点 j 所监测到的水质参数浓度值，mg/L；

A_j——监测点 j 的控制面积，m²；

j——断面在垂向和纵向布置的监测点；

n——监测点总数。

得到单位库段的组分含量后，一个库段的组分含量按式（5-23）由各单位库段组分含量相加得到。

$$W = \sum_{i=1}^{n} w_i \cdot l_i \qquad (5-23)$$

式中：W——水库一个库段的组分含量，g；

　　　w_i——水库断面 i 的单位库段组分含量，g/m；

　　　l_i——单位库段长度，m；

　　　n ——水库该库段监测的总断面数。

5.5.3　水体组分通量计算

1. 水体组分通量计算

水体污染物组分通量是指水体中的组分在一定时间内通过研究断面的总量。特别地，河流组分通量是指某污染物在单位时间内通过研究断面的物质总量，单位可表示为 kg/s、g/s 或 t/a 等。

根据通量的定义，水体中某时刻某组分通量 W' 的表达式为：

$$W' = CQ = CuA \tag{5-24}$$

式中：W'——断面的污染物时刻通量，g/s；

　　　C——该时刻污染物断面平均浓度，mg/L；

　　　Q——该时刻断面流量，m^3/s；

　　　u——该时刻断面平均流速，m/s；

　　　A——断面面积，m^2。

时段通量的积分表达形式如下：

$$W = \int Q(t)C(t)\,dt \tag{5-25}$$

可简化为：

$$W = \sum_{i=1}^{n} C_i Q_i \Delta t_i \tag{5-26}$$

式中：W——断面污染物时段通量，g；

　　　C_i——i 时刻的断面污染物平均浓度，mg/L；

　　　Q_i——i 时刻断面的流量，m^3/s；

　　　Δt_i——单位时段长度，s。

2. 河流组分时段通量估算

在流量和污染物浓度能够同时获取的基础上，单次调查所获得河流污染物通量可以直接计算得出。之后可以根据调查所代表的时段长度对通量进行简单的相加，最后得出河流污染物的年月等长时段通量。但事实表明单纯性采用这样的方法会产生相当大的误差。

由式（5-25）和式（5-26），要得到准确的时段通量需记录每个瞬间的流量和浓度值，在实际工作中是无法实现的。因为在实际监测中，只能获得离散分布的时间跨度较大的数据，所以时段通量的公式通常转化为算术表达式（5-27）。

$$W = \sum_{i=1}^{n} C_i Q_i \Delta t_i = \overline{Q} \cdot \overline{C} \cdot t + \sum_{i=1}^{n} Q''_i C''_i \Delta t_i \tag{5-27}$$

式中：W——断面污染物时段通量，g；

$\overline{Q}$——断面污染物时段平均流量，m^3/s；

$\overline{C}$——断面污染物时段平均浓度，mg/L；

t——计算时段总长，s；

Δt_i——单位时段长度，s；

Q_i''——时均流量偏差，m^3/s；

C_i''——时均浓度偏差，mg/L；

n——监测数据的总数。

式（5-27）右边第 1 项为时均流量和时均浓度的乘积项，第 2 项为时均离散项。根据式（5-27），河流污染物时段通量的计算可简化为表 5-15 的 5 种方法。由表 5-15 可知，前两种方法只包含了式（5-27）中的时均流量和时均浓度的乘积项（对流通量），而后三种包含了所有项。方法一与方法二、方法三与方法四的差别类似，前者采用离散的流量平均，后者采用连续的流量平均。方法五采用了与断面通量平均浓度相同的方式表达时段通量平均浓度，然后与时段平均流量相乘得到时段通量。

表 5-15 时段通量估算方法及其应用范围分析

方法	计算公式	对流通量	离散通量	应用范围
瞬时浓度 C_i 平均与瞬时流量 Q_i 平均之积	$t\sum_{i=1}^{n}\dfrac{C_i}{n}\sum_{i=1}^{n}\dfrac{Q_i}{n}$	有	无	用于对流项远大于时均离散项的情况，弱化径流量的作用
瞬时浓度 C_i 平均与时段平均流量 $\overline{Q}$ 之积	$t\left(\sum_{i=1}^{n}\dfrac{C_i}{n}\right)\overline{Q}$	有	无	用于对流项远大于时均离散项的情况，强调径流量的作用
瞬时通量 C_iQ_i 平均	$t\sum_{i=1}^{n}\dfrac{C_iQ_i}{n}$	有	有	弱化径流量的作用，较适合点源占优的情况
瞬时浓度 C_i 与代表时段平均流量 $\overline{Q}$ 之积的总和	$t\sum_{i=1}^{n}C_i\overline{Q}$	有	有	强调径流量的作用，较适合非点源占优的情况
时段通量平均浓度 $\dfrac{\sum_{i=1}^{n}C_iQ_i}{\sum_{i=1}^{n}Q_i}$ 与时段平均流量 $\overline{Q}$ 之积	$t\dfrac{\sum_{i=1}^{n}C_iQ_i}{\sum_{i=1}^{n}Q_i}\overline{Q}$	有	有	强调时段总径流量的作用，较适合非点源占优的情况

每种方法所应用的场景不同，对同一条河流不同的方法估算的结果相差较大，主要原因有：一是时间离散通量由时间平均方法引出，在浓度及流量时段内变化较大的情况下均离散，一般不能忽略；二是由于污染物的点源、面源特性的差别，点源类型的污染物浓度随径

流量的增加而减小，而面源相反。在统计长时间通量时对于不同污染物采用不同的估算方法是必要的。

因此，在进行时段通量的估算方法上对点源、面源的处理需要有一个主观或经验的判断，其具体的做法是，首先做出污染物浓度随径流变化的散点图，之后确定其关系，是正相关、负相关还是无关。正相关表明面源在污染物组成中占优，负相关表明点源在污染物组成中占优，无关表明面源和点源对污染物的贡献几乎相当，污染源属混合类型。最后根据流量变化分布及污染源的组成开展时段通量的估算的应用取向分析。以赣江下游的滁槎断面为例，研究表明滁槎断面 COD_{Mn} 采用瞬时浓度 C_i 与代表时段平均流量 $\overline{Q}$ 之积的方法计算年通量更准确；而 $NH_4^+ - N$ 由于瞬时通量与流量相关性不显著，采用时段瞬时通量平均计算年通量更准确。理论与实践研究表明，前两种方法适用于河流断面流速均匀的情况；第三种方法适合通量与流量关系不大的污染物；第四种方法适合通量与流量关系密切的污染物；第五种方法是方法四考虑总径流量修正后的变形，也适用于通量与流量关系密切的污染物。

5.5.4 水质通量系统分析

水质通量系统分析的主要过程为：对流域水环境进行调查与监测，调查与监测流域内各水体组分组成，判断流域内河流和湖库等中的主要污染物成分，计算各河流和湖库断面的组分平均浓度及组分含量，对水体按地表水水质标准进行分类，计算流域内各河流断面的主要污染物通量，对污染物通量与河流径流量、入库和入海水量等进行对比分析，从而确定流域内主要污染物来源和污染物变化过程，根据各个水体对应的水环境容量，确定各断面最大通量，从而控制各支流污染物排放量，因地制宜地进行水环境污染防治。水质通量系统分析的主要过程如图 5 - 5 所示。

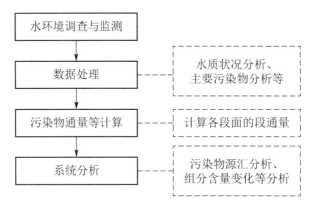

图 5 - 5　水质通量系统分析流程图

1. 河流水系水质通量系统分析

河流沿途接纳众多支流，并形成复杂的干支流网络系统，即为水系。在基于水环境调查与研究的基础上，对一个水系进行水质通量系统分析，分析水系中支流到干流的水量、污染物含量、污染物通量等，可以有效地研究污染物在河流中的变化过程，对污染物进行溯源，分析摸清主要污染物来源与汇出途径，以期提供更为切实有效的管理决策支持，确定重点控制河段。下面通过一个案例对河流水系水质通量系统分析进行说明。

对河流水系水质通量进行系统分析时，应首先初步对水系的水环境进行调查，在了解各河流污染情况的基础上，在各支流干流布置一定量的监测断面，如图 5-6 所示。并按相应规范准则在监测断面上布设一定量的垂向和纵向采样点，进行河流水质监测和组分浓度含量计算，得到各断面水文水质数据。若断面 i 上一共布置 n 个采样点，可运用河流组分浓度含量计算方法，即算术平均式（5-17）或者面积加权平均式（5-18）得到断面 i 污染物的平均浓度 $\overline{C_i}$。得到各监测断面的污染物平均浓度后，将监测断面的污染物平均浓度看作相应河段的断面平均浓度，利用式（5-20）可计算各河段单位长度的组分含量。

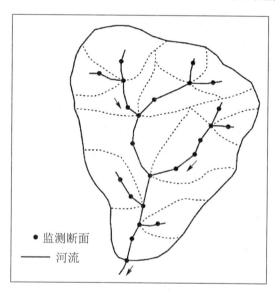

图 5-6　河流水系水质通量系统分析示意图

按式（5-21），将各支流干流河段组分含量相加可得整个水系的组分含量。对数据进行分析后可判断主要污染物，运用河流时段污染物通量计算方法，按污染源的类型，结合五种常用时段通量的估算方法应用范围，选取合适的河流时段通量估算方法（见表 5-15），估算各段面固定时段的污染物通量，如年、月通量，即可得到污染物通量时空变化。结合各支流汇入干流的水量和主要污染物通量，可以清楚地明确各污染负荷从各支流输入到干流的情况，计算各支流到干流的污染负荷贡献率，能够有效地找到干流河道中污染物的来源与汇出，这对于切断污染、削减污染负荷具有非常重要的实践意义。

2. 水库水质通量系统分析

对一个大流域内包含的河道和水库进行水质通量系统分析，分析出入水库河流的污染物通量时空变化趋势，能够有效地确定污染物进出湖库的情况以及河道中的污染物对湖库的影响程度，为污染物入库总量控制管理提供基础依据。

分析水库组分含量的变化情况，研究污染物从入库到出库的变化过程。利用河流时段污染物通量的计算方法（见表5-15），计算汇入水库的不同河道的污染物通量和出库污染物通量，得到入库通量和出库通量后，根据式（5-28），可得到水库内的污染物存量变化。

$$\Delta W = W_1 - W_2 \tag{5-28}$$

式中：ΔW——水库内污染物存量变化量，g；

W_1——入库污染物通量，g；

W_2——出库污染物通量，g。

对出入库河流的污染物通量和水库内污染物存量的变化进行分析，可以解译出湖库污染物主要来源的水系，依次从上溯源，最终找到污染物源头，有效地治理湖库的环境问题；计算对比各出库口河道的通量和水库内污染物存量的变化，可以有效明确水库对下游河段的影响，更全面地掌握水库对下游流域水环境的影响。

3. 入海河口通量系统分析

对河口以及上游的流域进行通量系统分析，计算各河流以及河口断面的污染物通量，可以有效地明确河口及附近海域的污染物来源，对海洋环境的改善和治理有很大的帮助。

计算河口上游流域的河流长时段污染物通量，如污染物年通量，可采用河流污染物时段通量的估算方法，依据污染物特点，选用合适的计算公式（见表5-15），得到各入海河流的污染物年度入海通量。同时需要依据多次监测所得的河流单次入海通量，计算河流年度入海总量，计算式为：

$$W_{水} = \sum_{i=1}^{n} W_i \cdot a_i \tag{5-29}$$

式中：$W_{水}$——河流年度入海总量，m^3；

W_i——第i次调查所计算出的河流入海总量，共n次，m^3；

a_i——第i次调查所代表的时间间隔。

对计算得到的河流污染物入海通量和河流入海总量进行分析，得到各河道对研究河口的污染物贡献率，明确海洋的主要污染物来源。通过年度的污染物入海通量可以明确河流污染物输入海洋的总量，结合海域水环境容量，控制污染物排放总量，明确总量控制指标并对各河流的排污负荷进行分配和控制，对排海污染物总量控制管理具有重要的意义。

习 题

一、填空题

1. 水环境调查的方法包括_____、_____、_____、_____。

2. 污染源调查主要包括_____、_____和_____。

3. 生物监测的内容主要包括：_____、_____、_____、_____、_____、_____、_____。

4. 为保证水质变化趋势的可比性，数据选择的三项原则是：_____、_____、_____。

5. 河流水情调查主要包括河流_____、_____、_____与_____调查。

6. 河流水质调查中水质取样断面一般应设置_____、_____、_____三种类型的断面。

7. 水库水环境调查主要包括_____、_____和_____。

8. 水库水环境监测包括_____与_____两部分。相比于水库水环境调查，水库水环境监测具有：_____、_____、_____三个特点。

9. 水体污染物组分通量是指水环境中的组分_____。

10. 水质通量系统分析的大致步骤为：_____、_____、_____、_____。

二、选择题

1. 基于物体电磁波的监测技术，由于不同物体的电磁波不同，让监测者可以借助遥感技术在不接触目标的前提下，对目标的电磁波情况进行收集记录，并进行分析，从而得出初步判断的监测技术是（　　）。

A. 手工监测　　　　　B. 自动监测　　　　　C. 生物监测　　　　　D. 遥感监测

2. 下面哪一项不属于河流污染特点。（　　）。

A. 恶化程度随流量大小变化　　　　　B. 自净能力强

C. 水质恶化容易控制　　　　　D. 水质恶化影响范围小

3. 河流水环境调查中，河流流量测量物理方法不包括（　　）。

A. 超声波法　　　　　B. 电磁法

C. 光学法　　　　　D. 流速仪测流法

4. 点源类型的污染物浓度和径流量呈（　　）。

A. 负相关　　　　　B. 正相关　　　　　C. 无关

三、思考题

1. 传统手工监测方式发展到现在，有哪些局限性？

2. 简述综合指数评价法的原理与实施步骤。

3. 河流水情水质联合监测的意义是什么？

4. 简述河流水文水质监测的发展趋势。

5. 水库水环境特征是什么？

6. 水库生境分区有哪些特点？

7. 简述水库富营养化评价步骤，计算当 $Chla = 10\ mg/m^3$、总磷 $TP = 2\ mg/L$、总氮 $TN = 2\ mg/L$、$SD = 1\ m$ 和 $COD_{Mn} = 15\ mg/L$ 时的营养级别。

8. 研究水体组分含量及通量的意义是什么？

9. 简述五种河流时段通量估算方法的差异和应用范围。

第 6 章

水 质 模 型

内容概要

本章主要介绍了静态和动态水域水质模型的原理和构建，以及河流和湖库水环境容量的计算。通过学习本章内容，了解污染物在静态水域的分子扩散和动态水域的移流扩散特点，掌握静态水域和动态水域扩散方程，掌握不同污染源（瞬时源、连续源）排放后对水域的影响，理解水质模型的基本理论，掌握不同类型水质模型的建立及基本计算方法，掌握河流和湖库水环境容量的具体计算方法。

6.1 概述

在环境控制与评价实践中，人们往往需要如下一些问题的量化解答，例如：污染物在水中的扩散范围有多大？环境管理水域中的特定点（如一些重要的取水口附近）污染物的浓度是多少？污染物从投入点到关注点的传播时间有多长？要准确回答这些问题，就必须了解污染物在水中的传播规律。

污染物在水中扩散输移的规律与其自身的物理化学特性有关，同时又受其所处水环境的影响。由于不同的污染物特性及水环境条件将产生不同的传播规律，为了简化方程便于求解，可以对不同的污染物特性及水环境条件进行适当分类。污染物有保守物质和非保守物质之分。所谓保守物质，是指在运动过程中，污染物自身不发生化学变化，原物质的总量保持恒定；非保守物质则相反，污染物本身将在运动过程中发生化学变化，物质总量也随之变化。本章如无特别指出，所研究的污染物均指保守物质。水环境一般可以分为静态水环境和动态水环境。前者是指流速很低甚至静止的水体，如一些水库、湖泊等；后者则是指具有一定流速的水体，如河流、渠道中的水流。就污染物质在水中运动的形式，其可以分为两大类：一是随流输移运动，二是扩散运动。在随流输移运动中，污染物服从水体的总体流动特征，产生从一处到另一处的大范围运动（包括主流方向以及垂直主流方向）。按物理机制的不同，扩散运动包括分子扩散、紊动扩散和剪切流离散，它们是污染物质在水体中得以产生分散、出现混合的重要物理机制。此外，在工程实际当中遇到的水体大都是具有固体边界的（大面积水体中的局部污染问题除外），而污染物在边界附近，运动会受其限制，将产生所谓边界反射问题，而且这种反射作用往往对污染物的分布产生重要影响，不可忽略。

水质模型又称水质数学模型，是水体水质变化规律的数学描述，可用于预测水体水质，研究水体的污染、自净及排污控制等。以河流水质模型为例，河流水质数学模型是用数学的语言和方法来描述河流水体污染过程中的物理、化学、生物及生态各方面的内在规律和相互关系，即将一个复杂的河流系统转化成一组适当的数学方程进行数学模拟。

随着社会经济的发展以及环境问题日益突出，水质模型已从单纯、孤立、分散的水质研究，通过自身内部之间以及与其他有关模型之间的相互渗透、联合，逐步发展为以水质为中心的流域管理研究，如将水质模型应用于水功能区管理、入河排污口监督管理、日常水质模拟等水资源保护管理中。这不仅为流域水资源保护管理提供了技术支撑，也丰富了流域水资源保护管理系统的内涵和方法。

水环境容量是指在满足水环境质量的要求下，水体容纳污染物的最大负荷量，又称作水体负荷量或纳污能力。水环境容量的推算同样是以污染物在水体中的输移扩散规律以及水质模型为基础，从本质上讲是由水环境标准出发，反推水环境在此标准的污染物允许容纳余量，其中包含了在总量控制的情况下，对纳污能力的估算和再分配。

6.2　水质模型基础理论

污染物在水环境中的对流扩散运动规律是环境水力学的核心问题，对流扩散规律通常用进入水环境的污染物浓度随时间和空间变化的函数来表达。在实际应用中，常常将水环境条件分为静态水环境（如水库）和动态水环境（如河流），这两种水环境分别代表了工程上遇到的大多数水环境状态。

水质模型是一个用于描述污染物质在水环境中的混合、迁移过程的数学方程或方程组。建立水质模型，首先要针对所研究污染的性质选择合适的变量，明确这些变量的变化趋势以及变量相互作用的实质；然后用数学方程或方程组予以描述，通过建立模型，利用数学方法求解；最终与实际资料对比、验证，修改、提炼模型，以解决实际问题。

6.2.1　静态水环境中的分子扩散

1. 扩散现象

扩散是自然界物质运动的普遍现象，是指在流体中物质总是从浓度（或物质含量）高的地方向浓度低的地方传播的现象。无论物质所在流体是否发生运动，扩散现象都会发生。然而，流体的运动与否，造成了扩散内在机理的差异。比如，当流体静止时，流体中污染物的扩散完全依靠污染物分子的热运动完成，这种扩散运动的速率非常缓慢，我们称其为静态水环境中的分子扩散。当流体具有一定的流动速度，特别是当流体达到紊流流态（天然河流中的流动大多属于紊流）时，污染物质在流体微团的紊动作用下，以比分子扩散运动更快的速度进行扩散，称为紊动扩散。

2. 分子扩散运动的费克定律

1885 年，德国生理学家费克（Fick）首先发现了用于描述分子扩散现象的费克定律。

在实验中，他发现溶质（污染物）在静止溶液（水环境）中的扩散运动与热在金属中的传导具有可比拟性，进而提出了描述分子扩散现象的著名定律——费克定律。

（1）费克第一定律。费克第一定律提出，在单位时间内，通过单位面积的溶解物质与溶质浓度在该面积法线方向的梯度成比例，扩散强度与污染物自身特性有关。

$$Q_x = -D_m \frac{\partial c}{\partial x_x} \tag{6-1}$$

式中：Q_x——在 x 方向单位时间通过单位面积的扩散物质的质量，简称通量；

c——扩散物质的浓度（单位体积流体中的扩散物质的质量）；

$\frac{\partial c}{\partial x}$——扩散物质在 x 方向的浓度梯度；

D_m——分子扩散系数，与扩散物的种类和流体温度有关，量纲为 L^2/T。

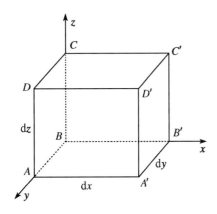

图 6-1　微分六面体及其坐标系

式中的负号表示扩散物质的扩散方向为从高浓度向低浓度，与浓度梯度相反。

另需指出，该定律为基于梯度形式的经验公式，但大量实践表明该定律能够很好反映分子扩散的函数关系。

（2）费克第二定律。在水体中取微分六面体（见图 6-1），对其应用质量守恒定律，可以得到三维分子扩散方程，它在直角坐标下的一般形式为

$$\frac{\partial c}{\partial t} + \frac{\partial Q_x}{\partial x} + \frac{\partial Q_y}{\partial y} + \frac{\partial Q_z}{\partial z} = 0 \tag{6-2}$$

式中：$\frac{\partial c}{\partial t}$——污染物浓度在水环境中随时间的变化率。

Q_x、Q_y、Q_z——污染物在 x、y、z 方向上的通量，与费克第一定律中的意义相同。

将式（6-1）代入式（6-2）并移项，得

$$\frac{\partial c}{\partial t} = \frac{\partial}{\partial x}\left(D_x \frac{\partial c}{\partial x}\right) + \frac{\partial}{\partial y}\left(D_y \frac{\partial c}{\partial y}\right) + \frac{\partial}{\partial z}\left(D_z \frac{\partial c}{\partial z}\right) \tag{6-3}$$

式中：D_x、D_y、D_z——沿 x、y、z 方向的分子扩散系数。

在各向同性情况下，$D_m = D_x = D_y = D_z$，此时，式（6-3）变为

$$\frac{\partial c}{\partial t} = D_m\left(\frac{\partial^2 c}{\partial x^2} + \frac{\partial^2 c}{\partial y^2} + \frac{\partial^2 c}{\partial z^2}\right) \tag{6-4}$$

式（6-4）即为各向同性情况下的三维分子扩散方程，是费克第二定律的特殊形式。

在实际应用中，常常遇到只关心污染物在平面上的分布或者沿着某一方向的分布问题，这时可将式（6-4）中不需考虑的方向的偏导数忽略，即得到二维分子扩散方程和一维分子扩散方程：

$$\frac{\partial c}{\partial t} = D_m \left(\frac{\partial^2 c}{\partial x^2} + \frac{\partial^2 c}{\partial y^2} \right) \tag{6-5}$$

$$\frac{\partial c}{\partial t} = D_m \frac{\partial^2 c}{\partial x^2} \tag{6-6}$$

在费克定律中，分子扩散系数是随着扩散质的种类、温度、压力等因素变化的。表 6-1 列出在环境水力学中常见的扩散质在水中的分子扩散系数的数值。

表 6-1　常见扩散物质在水中的分子扩散系数

扩散质	温度/℃	分子扩散系数 $D_m/(10^{-5}\ \mathrm{cm^2/s})$
O_2	20	1.80
NaCl	0	0.784
H_2S	20	1.41
甘油	10	0.63
甘油	20	0.72

6.2.2　动态水域中的移流扩散

费克定律描述了扩散物在静止流体中的扩散问题，明确了扩散物（污染物）浓度的时间和空间变化。但在实际工程中，所研究的大多数问题是处于流动的水环境，污染物受到流体的紊动作用而产生强度更高的紊动扩散运动。不仅如此，污染物质点还要随流体一起运动，产生所谓的对流输移运动。

从运动阶段上考察，移流扩散大致分为三个阶段：第一阶段为初始稀释阶段。该阶段主要发生在污染源附近区域，其运动主要为沿水深的垂向浓度逐渐均匀化；第二阶段为污染扩展阶段。在该阶段，污染物在过水断面存在浓度梯度，污染由垂向均匀化向过水断面均匀化发展。第三阶段为纵向离散阶段。由于沿水流方向的浓度梯度作用以及断面上流速分布，出现了沿纵向的移流扩散，该扩散又反过来影响了断面的浓度分布，从而与第二阶段的运动相互作用。

1. 紊动扩散

紊动扩散是扩散理论的重要研究领域，然而对紊动扩散的研究至今没有很好地解决，原因是紊动扩散的基础是对紊动机理本身的准确描述，但由于紊流研究的复杂性，紊流及其引起的扩散问题还只能用半理论半经验的方法解决。

紊动扩散理论最早于 1921 年由泰勒（Taylor）通过研究单个质点的紊动扩散问题而得到初步解决，由于该理论及推导非常复杂，在这里只对其结论做如下描述：

紊流在充分发展的过程中，紊动扩散的规律逐渐接近于分子扩散，可用分子扩散方程描述紊动扩散现象。因此，在描述紊动扩散规律时可以定义一个类似于分子扩散系数 D_m 的紊动扩散系数 E_t。此时分子扩散作用虽然存在，但其强度与紊动引起的扩散作用相比，其数值仅约为后者的万分之一，在紊动强烈的水环境（大多数河流即是这种情况）中，分子扩散往往可以忽略。

通过上述类比得到三维情况下的紊动扩散方程：

$$\frac{\partial c}{\partial t} = \frac{\partial}{\partial x}\left(E_x \frac{\partial c}{\partial x}\right) + \frac{\partial}{\partial y}\left(E_y \frac{\partial c}{\partial y}\right) + \frac{\partial}{\partial z}\left(E_z \frac{\partial c}{\partial z}\right) \quad (6-7)$$

2. 移流扩散

当扩散质（污染物）在流动水环境下运动时，除了上述的扩散运动（在这里主要考虑紊动扩散）外，还必须考虑随流体的输移问题。既然是对流输移问题，必然与环境流体在三个方向的运动速度有关。定义 u_x、u_y、u_z 分别为环境流体在 x、y、z 方向的速度分量，根据质量守恒原理，可以得到扩散质在动水环境中的移流扩散规律：

$$\frac{\partial c}{\partial t} + u_x\frac{\partial c}{\partial x} + u_y\frac{\partial c}{\partial y} + u_z\frac{\partial c}{\partial z} = \frac{\partial}{\partial x}\left(E_x \frac{\partial c}{\partial x}\right) + \frac{\partial}{\partial y}\left(E_y \frac{\partial c}{\partial y}\right) + \frac{\partial}{\partial z}\left(E_z \frac{\partial c}{\partial z}\right) \quad (6-8)$$

忽略扩散系数在三个方向上的变化，式（6-8）可简化为

$$\frac{\partial c}{\partial t} + u_x\frac{\partial c}{\partial x} + u_y\frac{\partial c}{\partial y} + u_z\frac{\partial c}{\partial z} = E_x\frac{\partial^2 c}{\partial x^2} + E_y\frac{\partial^2 c}{\partial y^2} + E_z\frac{\partial^2 c}{\partial z^2} \quad (6-9)$$

式中：$u_x\frac{\partial c}{\partial x} + u_y\frac{\partial c}{\partial y} + u_z\frac{\partial c}{\partial z}$——对流输移项，表示在三维水环境中污染物随流体输移的量；

$E_x\frac{\partial^2 c}{\partial x^2} + E_y\frac{\partial^2 c}{\partial y^2} + E_z\frac{\partial^2 c}{\partial z^2}$——紊动扩散项，表示在三维水环境中污染物的紊动扩散量。

实际上，式（6-9）表达的是在动态水环境中，污染物浓度随时间的变化量及其随流体的输移以及扩散作用的定量关系。

6.2.3 扩散方程的求解

1. 方程求解概述

扩散方程的求解属于二阶抛物型偏微分方程，其求解与污染源的存在形式以及水环境状况密切相关。在紊流情况下，求方程解析解非常困难，必须对问题进行简化处理。由6.2.2小节的扩散方程可以看出，方程中同时存在水流因素（流速）以及污染物浓度（要求的解析解）。严格地讲，对于实际问题，由于污染物质在流体中将对流体运动产生影响，因此需要将上述方程和流体的基本运动方程组联立耦合求解，同时求出包括流速和浓度在内的全部变量。然而，这样的求解方法将产生高阶的非线性偏微分方程，在数学上难以很好地处理。因此，在实际应用中，除非污染质黏性很高或者质量较大，一般可将其假定为标志物质（示踪物），将流体流场和污染物浓度场分开求解，先计算出流场，然后在已知流速分布的情况下求解输移扩散方程。本章均假设流场已知，即已知流速分布状况。

从污染源在水域空间位置看，可将污染源概化为点源（点式排放）、线源（线状排放）和面源（面状排放）。按污水排放时间划分，污染源有瞬时源（瞬间排放）和连续源（连续排放）之分。

水质模型主要有如下求解方法：

（1）理论解析解。将问题简化后，将方程变为低维、低阶、线性的形式，可以用数理方程中的标准方法进行求解，包括量纲分析方法、变量替换法、镜像法等。

（2）数值解法（数值模拟方法）。如果问题本身无法简化，可以将连续的方程离散化，采用差分法、有限元法、有限体积法等，求解有限个网格节点上的函数值。数值模拟方法有许多优点，例如，可解决高阶非线性问题，不受场地和比尺限制，可在短时间内测试各种可能方案等。由于当前计算机技术的高度发展，数值模拟方法有着更加广阔的前景和应用范围。

（3）物理模型。这是传统的解决流体力学问题的方法，同样适用于水环境问题的解决。在实物模型中，可以直接观测流动和扩散现象，测量所关心的污染物浓度分布。物理模型方法比较直观，对于一些未能建立数学方程的复杂问题，只要抓住影响扩散的主要因素，即可得到较为符合实际的结果。不足之处在于其对概化的灵敏度较高，而且物理模型往往需要大量试验材料，可能需要较多的经费。

（4）原型观测、类比分析。该方法用于在天然流场中，对实际的污染物形成的浓度场进行观测。该方法较之前面几种方法缺乏预测性，一般用来确定解析方法或者数值模拟方法中需要的扩散系数等参数，或用于验证物理模型和数学模型的可靠性及类似水环境问题的类比分析。

理论和实测都表明，静态与动态水环境中的扩散规律有相似之处，公式结构也具有一致性。只是某些物理概念不同，具体的扩散系数的意义及数值也不相同。因此，应按先静态水环境后动态水环境的顺序，依据不同污染源形式分别讨论。

2. 静态水域中瞬时源和连续源扩散问题的解析解

静止流体中只存在分子扩散，此类扩散问题可以求出其解析解。这些基本解在环境污染分析中应用较多，也是解决其他复杂扩散问题的基础。

（1）一维瞬时点源投放。所谓瞬时源，是指在某时刻在极短时间内将污染物投放到水环境当中，如海洋中突然发生的油轮事故使石油泄漏，导致水体污染。

假设在一维水域里，时刻 $t=0$ 时于某点投放的污染物向水域两侧扩散，形成浓度场。取污染物投放处为计算的坐标原点。

① 扩散方程：

$$\frac{\partial c}{\partial t} = D_{\mathrm{m}}\frac{\partial^2 c}{\partial x^2}$$

② 初始条件：$t=0$ 时，$c(x,0)\big|_{x\neq 0}=0$，$c(0,0)=M\delta(x)$，其中 $\delta(x)$ 为狄拉克函数，M 为单位时间单位面积上污染物的瞬间投放量。

③ 边界条件：$t>0$ 时，$c(x,t)\big|_{x\to\pm\infty}=0$，此条件表明，在无穷远处，有限时间内不会受到扩散场的影响。

④ 求解。此类问题，由于形式较为简单、参量较少，可采用量纲分析的方法。量纲分析的具体过程可参考水力学相关内容。

分析可知：浓度 $c(x,t)$ 为 M、x、t、D_{m} 的函数，因为分子扩散系数是物性常数，方程是线性的（这表示扩散过程是线性的），所以浓度 c 与瞬间投放的污染物 M 成正比。在一维扩散中，浓度 c 的量纲为 $[M/L]$，扩散系数 D_m 的量纲为 $[L^2/T]$，因此，可选用 $\sqrt{D_m t}$ 作为特征长度，这样通过量纲分析，得到如下关系：

$$c = \frac{M}{\sqrt{4\pi D_m t}} f\left[\frac{x}{\sqrt{4D_m t}}\right] \qquad (6-10)$$

式（6-10）中存在未知函数 f，为确定其具体形式，可令 $\eta = \dfrac{x}{\sqrt{4D_m t}}$，则 η 和函数 $f(\eta)$ 是无量纲数组和函数。将式（6-10）代入扩散方程，得到常微分方程：

$$f''(\eta) + 2\eta f'(\eta) + 2f(\eta) = 0 \qquad (6-11)$$

其通解为 $f(\eta) = c_0 e^{-\eta^2}$。

因为污染物为保守物质，任何时刻分布在扩散空间内的物质总量保持不变，便有 $\int_{-\infty}^{\infty} c dx = M$，将 $f(\eta)$ 及 c 的表达式代入此式积分可得 $c_0 = 1$。

因此，在一维水域中，忽略边界反射影响，浓度分布的解为

$$c(x,t) = \frac{M}{\sqrt{4\pi D_m t}} \exp\left[-\frac{x^2}{4D_m t}\right] \qquad (6-12)$$

⑤ 分析。式（6-12）为一维瞬时点污染源时的解析解，首先从解的形式可以看出该式表明浓度分布符合高斯正态分布，从图6-2可以看出随着时间的推移，扩散范围变宽而浓度峰值变小，分布曲线趋于平坦，即污染物投放点及其周围地区的污染物浓度逐渐变低，而污染物的范围向两端扩散，有逐渐覆盖整个水域的趋势。式（6-12）中 $\dfrac{M}{\sqrt{4\pi D_m t}}$ 是任何时刻的源点浓度，这个解对应着污染源点与坐标原点重叠的情况。

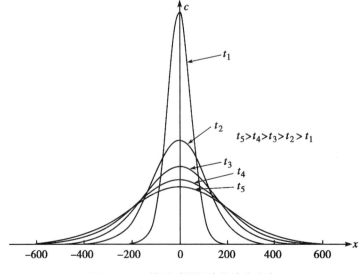

图6-2 一维瞬时源污染物浓度分布

（2）一维瞬时空间分布排放。在实际问题中常常会发生这样的情况：在一段距离内，瞬间将污染物均匀地或者不均匀地投放入环境水体，也就是说排放虽是瞬时的，但情况与上述点源不同，其污染物的排放在空间上具有一定的分布，如埋设在水下的输送某种物质的管道由于某种原因突然破裂。

对于这种问题，最简单的解决方法就是把这种空间分布源看成若干个瞬时集中点源的叠加，在数学上，即为对点源的积分。

设沿 x 方向在 $x = \xi$ 处 $\mathrm{d}\xi$ 的线源的强度为 $M(\xi) = f(\xi)\mathrm{d}\xi$，在 $\mathrm{d}\xi$ 的微分距离上，可代入上述的瞬时点源公式（6 - 11），得到

$$\mathrm{d}c = \frac{f(\xi)\mathrm{d}\xi}{\sqrt{4\pi D_m t}}\exp\left[-\frac{(x-\xi)^2}{4D_m t}\right]$$

对上式在 $[a, b]$ 区间上积分，得到 t 时刻在 x 处的浓度为

$$c(x,t) = \int_a^b \frac{f(\xi)}{\sqrt{4\pi D_m t}}\exp\left[-\frac{(x-\xi)^2}{4D_m t}\right]\mathrm{d}\xi \qquad (6-13)$$

假设在初始时刻，在研究水域内，原来没有污染物，现在坐标原点右边很长距离内瞬时排放污染物，其浓度为 c_0：

$$f(\xi) = \begin{cases} 0, x < 0, t = 0 \\ c_0, x > 0, t = 0 \end{cases}$$

代入式（6 - 13），同时对积分变量做变换，得到

$$c(x,t) = \frac{c_0}{2}\left[1 + \mathrm{erf}\left(\frac{x}{\sqrt{4D_m t}}\right)\right] \qquad (6-14)$$

式中：$\mathrm{erf}(x)$——误差函数，定义为 $\mathrm{erf}(x) = \frac{2}{\sqrt{\pi}}\int_0^x \mathrm{e}^{-\xi^2}\mathrm{d}\xi$，为便于计算，现将该函数常用范围内的函数值用表 6 - 2 列出。浓度分布见图 6 - 3。

表 6 - 2　误差函数计算表

x	$\mathrm{erf}(x)$	x	$\mathrm{erf}(x)$	x	$\mathrm{erf}(x)$
0	0	1.1	0.880 21	2.2	0.998 14
0.1	0.112 46	1.2	0.910 31	2.3	0.998 86
0.2	0.222 7	1.3	0.934 01	2.4	0.999 31
0.3	0.328 63	1.4	0.952 29	2.5	0.999 59
0.4	0.428 39	1.5	0.966 11	2.6	0.999 76
0.6	0.603 86	1.7	0.983 79	2.8	0.999 92
0.7	0.677 8	1.8	0.989 09	2.9	0.999 96
0.8	0.742 1	1.9	0.992 79	3	0.999 98
1	0.842 7	2.1	0.997 02		

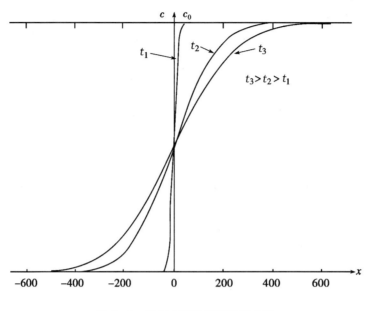

图6-3 空间分布投放源浓度分布

（3）一维连续点源排放。在实践中，不同于突发事故的污染情况也普遍发生，如湖泊、河流附近的企业排污口，由于多数企业连续生产，排放的污染物质也从排污口持续地排入水环境，这就是时间连续源排放。

对于这种情况，其控制方程仍与前边提到的瞬时源相同，不同的是其初始条件和边界条件。

① 控制方程：

$$\frac{\partial c}{\partial t} = D_m \frac{\partial^2 c}{\partial x^2}$$

② 初始条件：$t = 0$ 时，$|x| > 0$，$c = 0$；$x = 0$，$c = c_0$。

③ 边界条件：$t > 0$ 时，$|x| = 0$，$c = c_0$；$|x| \to \infty$，$c = 0$。

④ 求解。对于此问题，仍可采用量纲分析方法转化为常微分方程求解，求解过程从略，这里只给出解：

$$c(x,t) = c_0 \left[1 - \text{erf}\left(\frac{x}{\sqrt{4D_m t}} \right) \right] \tag{6-15}$$

式中：c_0——排污点的持续恒定排污浓度，其他各项及误差函数同前。

浓度分布如图6-4所示，从图中可以看出，与瞬时排放的点源扩散不同，时间连续源排放时，在污染源附近的区域内，浓度随时间不是削减，而是随时间的延长而逐渐增加，且越靠近污染源，其起始浓度增加得越迅速，距污染源较远的区域浓度也随时间增加，但相对较缓慢。

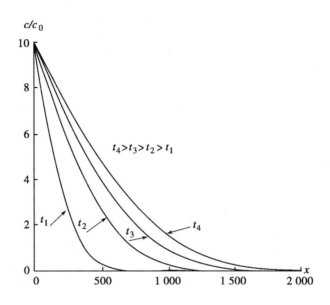

图6-4　一维时间连续源污染物浓度分布

（4）考虑边界反射效应的扩散。上面所讨论的问题，是在假设的无限空间或者边界足够远的情况下进行的，而实际水域都是有界的，污染物不可能穿越固体边界，因此，实际边界也就成为扩散方程的边界条件，这给方程的求解带来很大的困难。污染物扩散到岸边不被岸边所吸收或黏着形成完全反射，这种情况对水域的污染最严重。

一边有完全反射的情况，如图6-5所示。由于完全反射，污染物在 $x=0$ 处，$t=0$ 时瞬时投放，在 $x=-L$ 处有一个完全反射的岸壁，在任何时刻通过该岸壁的污染物的净通量为0。因此，在岸壁处的浓度梯度必须为0。为此，引入"镜像法"。设想有一平镜置于 $x=-L$ 的岸壁处，在镜的后面，$x=-2L$ 处有一个反射源（又称像源），像源的投放强度和真源相同，标准差 σ 也相同。这等于在像源投放了质量相同的污染物，因而以岸壁为对称平面的分居两边的像源和真源在岸壁处造成的污染物的通量大小相等，但方向相反，以致达到岸壁处的净通量为0，即该处浓度梯度为0。由这两个瞬时点源（真源和像源）产生的浓度场叠加为本问题的解：

$$c(x,t)=\frac{M}{\sqrt{4\pi D_m t}}\left\{\exp\left[-\frac{x^2}{4D_m t}\right]+\exp\left[-\frac{(x+2L)^2}{4D_m t}\right]\right\} \qquad (6-16)$$

对于污染源在岸边排放的情况，即 $L=0$，代入式（6-16）得到

$$c(x,t)=\frac{2M}{\sqrt{4\pi D_m t}}\exp\left[-\frac{x^2}{4D_m t}\right] \qquad (6-17)$$

从式（6-17）可以看出：若污染源就在岸边，则其形成的污染浓度场中任一点的浓度都为没有边界时的2倍。

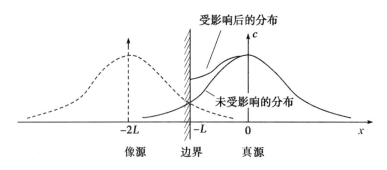

图 6-5　考虑边界反射的镜像法

[例6-1]　某狭长静止水域可近似按一维处理，若在水中瞬间投放某种污染物质 2 kg（单位面积上的投放量），不计投放扰动，取分子扩散系数 $D_m = 6.75 \times 10^{-5}$ cm^2/s，试确定 30 d 后距投放点 0.6 m 处的污染物浓度。

解　该问题属于一维瞬时点源排放，则以排放处为源点的浓度分布为

$$c(x,t) = \frac{M}{\sqrt{4\pi D_m t}} \exp\left[-\frac{x^2}{4D_m t}\right]$$

将 $t = 30 \times 24 \times 3\ 600 = 2.592 \times 10^6$（s）、$M = 2$ kg $= 2 \times 10^6$ mg、$D_m = 6.75 \times 10^{-5}$ cm^2/s，$x = 0.6$ m $= 60$ cm 代入上式可得

$$c = 248.85 \text{ mg/cm}^3 = 2.49 \times 10^5 \text{ ppm}$$

这里的 ppm（parts per million）是用溶质质量占全部溶液质量的百万分比来表示的浓度，1 ppm $= 10^{-3}$ mg/cm^3。

[例6-2]　在一维静止水域中，某处恒定连续排放 HCl 溶液。若分子扩散系数 $D_m = 2.64 \times 10^{-5}$ cm^2/s，试确定距源点 10 cm 处，浓度达到 c_0 的 16% 和 48% 时所需要的时间。

解　该问题属于一维连续点源排放，故

$$c(x,t) = c_0\left[1 - \text{erf}\left(\frac{x}{\sqrt{4D_m t}}\right)\right]$$

则

$$\frac{c}{c_0} = 1 - \text{erf}\left(\frac{x}{\sqrt{4D_m t_1}}\right) = 16\%$$

可得 $\text{erf}\left(\dfrac{x}{\sqrt{4D_m t_1}}\right) = 0.84$，查表 6-2，有

$$\frac{x}{\sqrt{4D_m t_1}} = 1$$

于是

$$t_1 = \frac{x^2}{1^2 \times 4D_m} = \frac{10^2}{1 \times 4 \times 2.64 \times 10^{-5}} = 9.47 \times 10^5 \text{ s} = 263 \text{ h}$$

同理

$$t_2 = \frac{x^2}{0.5^2 \times 4D_m} = \frac{10^2}{0.25 \times 4 \times 2.64 \times 10^{-5}} = 3.79 \times 10^6 \text{ s} = 1\ 052.8 \text{ h}$$

[例6-3]　一个废弃的采石场,后来形成一个 $200 \text{ m} \times 200 \text{ m}$ 的水池,水池平均水深 50 m。附近工厂在极短时间内将工厂废水用泵排至池底,废水中有毒物总质量为 $4\ 000 \text{ kg}$,假设有毒物质沿池底均匀分布,池底和池壁对该物质完全不吸收,设该物质的扩散系数为 $1 \text{ cm}^2/\text{s}$,试估算1年之后水面有毒物质的浓度。

解　由于有毒物质沿池底均匀分布,可认为有毒物质只沿铅垂方向扩散。由于池底完全不吸收,因此属于一维瞬时点源投放、考虑一侧边界反射的扩散问题,其浓度计算公式为

$$c(x,t) = \frac{2M}{\sqrt{4\pi D_m t}} \exp\left[-\frac{x^2}{4D_m t} \right]$$

其中

$$M = \frac{4\ 000}{200 \times 200} = 0.1 \text{ kg/m}^2$$

$$D_m = 1 \text{ cm}^2/\text{s} = 8.64 \text{ m}^2/\text{d},\ t = 365 \text{ d},\ x = 50 \text{ m}$$

故

$$c = 8.2 \times 10^{-4} \text{ kg/m}^3 = 0.82 \text{ ppm}$$

3. 动态水域中瞬时源和连续源扩散问题的解析解

(1) 一维瞬时点源排放。以静态水域中相应问题为基础,在考虑动态水域中的输移扩散问题的解析解时,可以设想现象的观察者处于与主流流动相对静止的动坐标系统中,在这种动坐标系统中,输移效应就会消失,其观察到的现象仅为单纯的扩散运动,因此只需将静态水域方程解中的坐标做相应的变换即可。

假设水流在 x 方向的流速为 u_x,动坐标为 $x' - y'$,原静止坐标为 $x - y$。经过时间 t 后,动坐标中的某点坐标 $x' = x - u_x t$,用此式代换静态解,即可得到动态水域中的解:

$$c(x,t) = \frac{M}{\sqrt{4\pi E_x t}} \exp\left[-\frac{(x - u_x t)^2}{4E_x t} \right] \tag{6-18}$$

式中:E_x——紊动扩散系数

(2) 一维时间连续源排放。当污染源持续以 c_0 的浓度排放污染物时,将会形成一维时间连续源排放。与上述问题类似,仍可以以静态水域中的解为基础,通过坐标变换,得到一维时间连续源投放情况下的解:

$$c(x,t) = c_0 \left[1 - \text{erf}\left(\frac{x - u_x t}{\sqrt{4E_x t}} \right) \right] \tag{6-19}$$

(3) 平面二维时间连续稳定源。若单位时间投入的污染物质量 M 为常数,则整个过程可以作为一系列瞬时源沿时间的积分,然后采用坐标变换的方法,得到平面二维时间连续稳定源的浓度分布:

$$c(x,y) = \frac{M}{u_x h \sqrt{4\pi E_x x / u_x}} \exp\left[-\frac{u_x y^2}{4E_x x} \right] \tag{6-20}$$

式中：x，y——平面上沿水流和垂直水流方向的坐标，通常将河道水流方向定为 x 轴，水深

方向定为 y 轴；

M——线源强度，即单位长度单位时间内投入的污染物的质量，如果线源均匀，则

$m = M/h$，其中 M 为线源污染物投放率，h 为水深。

其他各量同上。

（4）污染物扩散输移中几个问题的探讨：

① 污染带浓度分布。在前述的第二阶段（污染扩展阶段）扩散中，污染源已经由点源发展成垂向均匀的线源。污染物分布规律如下：

中心排放时：

$$c(x,y) = \frac{M}{u_x h \sqrt{4\pi E_y x/u_x}} \exp\left[-\frac{u_x y^2}{4E_y x}\right]$$

岸边排放时，考虑反射作用，则

$$c(x,y) = \frac{M}{u_x h \sqrt{4\pi E_y x/u_x}} \left\{\exp\left[-\frac{u_x y^2}{4E_y x}\right] + \exp\left[-\frac{u_x (y-2b)^2}{4E_y x}\right]\right\} \tag{6-21}$$

式中：b——河宽。

② 断面最大浓度。由前述中心排放与岸边排放公式可知，中心排放时与岸边排放的断面最大浓度都为

$$c(x,y) = \frac{M}{u_x h \sqrt{4\pi E_x x/u_x}} \tag{6-22}$$

中心排放时，最大浓度出现在河道中心线上；岸边排放时，最大浓度出现在岸边。

③ 横向扩散系数 E_x 的确定。天然河道横断面极不规则，加之各种建筑物的阻挡，因此横向上存在不均匀流动，引起不同尺度的漩涡而促进横向扩散。由于紊流机理相当复杂，在一般应用中，采用垂向紊动扩散系数估算横向紊动扩散系数。

$$E_x = \alpha_x h u_* \tag{6-23}$$

式中：u_*——摩阻流速，$u_* = \sqrt{ghJ}$；

J——水力坡度；

α_x——与河渠特性有关的系数，对于天然河道，$\alpha_x = 0.4 \sim 0.8$，河渠几何特性较大

时，取较大值，反之取较小值。

④ 污染带宽的确定。污染带一般是指河道中边缘浓度为该断面最大浓度5%的各断面点的连线所形成的区域，该区域的宽度就是污染带宽。根据前述污染带浓度分布公式，可推得：

污染排放点在河流中心且不计两侧边界反射时，污染带宽为：

$$b = 6.92\sqrt{E_x x/u_x} \tag{6-24}$$

若排放点在河岸且不计另一侧边界反射时，污染带宽为：

$$b' = 3.46 \sqrt{E_x x / u_x}$$

(6 – 25)

确定污染带抵岸距离 x 时，则需考虑边界反射影响：

中心排放：

$$b' = 7.68 \sqrt{E_x x / u_x}$$

岸边排放：

$$b' = 3.84 \sqrt{E_x x / u_x}$$

⑤ 污染带长度的确定。在实际应用中，常常要确定污染带长度，从而确定补救措施。污染带长度实际上就是污染浓度达到全断面均匀混合的距离。一般采用如下公式：

$$L' = K u_x b^2 / E_x$$

(6 – 26)

式中：L'——污染带长度；

K——带长系数，中心排放时取 0.1，岸边排放时取 0.4；

b——河宽。

[例6-4] 某工厂污水排放口设于一宽浅微弯的河道中心，污水流量 $Q_p = 0.2$ m³/s，污水中含有毒物浓度 $c_p = 100$ ppm，河道平均水深 $h = 4$ m，平均流速 $u_x = 1$ m/s，横向扩散系数 $E_x = 9.76 \times 10^{-2}$ m²/s。假设污水排入河流后在垂向迅速均匀混合，试估算：

① 排污口下游 300 m 处的污染带宽、断面最大浓度和边缘浓度。

② 河宽 $b = 80$ m 时的污染带长。

③ 若排污口下游 400 m 处允许最大浓度为 5 ppm，问污水流量还能否增加？（假设排污浓度保持不变）

解： ① 由于工厂污水排放口设于河道中心，则污染带宽为

$$b' = 6.92 \sqrt{E_x x / u_x} = 6.92 \times \sqrt{9.76 \times 10^{-2} \times 300 / 1} = 37.44$$

最大浓度为

$$c_{max} = \frac{M}{u_x h \sqrt{4\pi E_x x / u_x}} = \frac{0.2 \times 100}{1 \times 4 \times \sqrt{4\pi \times 9.76 \times 10^{-2} \times 300 / 1}} = 0.261 \text{ ppm}$$

断面边缘浓度为

$$c = 5\% \times c_{max} = 0.013 \text{ ppm}$$

② 中心排放，带长系数 $K = 0.1$，则污染带长为

$$L = K u_x b^2 / E_x = 0.1 \times 1 \times 80^2 / 9.76 \times 10^{-2} = 6\,557 \text{ m} = 6.6 \text{ km}$$

③ 根据 400 m 处断面允许最大浓度，即 $c_{max} = 5$ ppm $= 5\,000$ mg/m³，推算最大允许排污量。

$$M = c_{max} u_x h \sqrt{4\pi E_x x / u_x} = 5\,000 \times 1 \times 4 \times \sqrt{4\pi \times 9.76 \times 10^{-2} \times 400 / 1} = 442\,872 \text{ mg}$$

因为排污口浓度保持在 $c_p = 100$ ppm $= 100\,000$ mg/m³，由 $M = c_p \times Q_p$，有 $Q_p = M / c_p = 4.43$ m³/s，排污流量大约可增加 22 倍。

6.3 水质模型

6.3.1 概述

近些年，河流、湖泊、水库等水体污染事件时有发生，典型的如松花江水污染事件、太湖蓝藻爆发事件和广西龙江镉污染事件等。

松花江水污染事件　　　　太湖蓝藻爆发事件　　　　广西龙江镉污染事件

1. 水质模型概述

水质模型是模拟污染物在水体中输运、转化过程的工具，可用于水环境质量的模拟和预测，以及水环境容量、污染物允许排放量的计算，为水质现状评价和污染物排放标准制订等提供依据，对水污染防治具有重要的现实意义。

水质模型是根据物质守恒原理，用数学方法描述水循环的水体中各水质组分（如生化需氧量 BOD、溶解氧 DO 等）所发生的物理、化学、生态学等诸方面变化规律和相互关系的数学模型。水质模型的发展历程可以分为三个阶段，各个历程的具体情况如下：

（1）第一阶段是水质模型发展的初级阶段。1925 年，斯特里特（Streeter）和菲里普斯（Phelps）在研究美国俄亥俄河的污染问题时，首次提出了水质模型的概念，并建立了氧平衡模型，即 Streeter – Phelps 模型。模型中，假定河流的自净过程存在耗氧—复氧两个相反的过程：有机污染物发生氧化反应，消耗水体中溶解氧，其速率与有机污染物浓度成正比；大气中的氧不断进入水体，其速率与水体中的氧亏值成正比。在这两个相反过程的作用下，水体中溶解氧达到平衡。20 世纪 20 年代到 60 年代间，水质模型均主要是针对河流的氧平衡变化关系进行研究，属于一维模型的范畴。

（2）第二阶段是发展阶段。20 世纪 60 年代到 80 年代是水质模型发展最迅速的时期，随着对污染物在水体中的污染机理和变化规律的深入研究，以往简单的氧平衡模型已经不能达到实际工作的要求。水环境容量计算开始考虑更多类型的污染物在更加复杂的水体环境中所发生的物理、化学、生态等方面的变化，污染物迁移维度由一维稳态发展到多维动态，水质模型更加接于实际。

（3）第三阶段是完善和成熟阶段。从 20 世纪 80 年代以来，如何提高水质模型的可靠性和评价能力成为研究的重点，新的水质模型中环境变量和污染物成分大大增加，研究人员还考虑了大气污染物沉降、面源污染排放、底泥污染物迁移、污染物的沉淀和挥发对水质模型的影响，同时目标污染物也增加了各类重金属、有毒和难降解化合物等，并结合了许多新技术方法，如随机数学、模糊数学、人工神经网络和专家系统等。

2. 水质模型的分类

根据具体用途和性质，水质模型的分类标准如下：

以管理和规划为目的，水质模型可分为 4 类，即河流水质模型、河口水质模型（加入了潮汐作用）、湖泊（水库）水质模型以及地下水水质模型。其中河流水质模型研究比较成熟，且能更加真实地反映实际水质行为，因此应用比较普遍。

根据水质组分，水质模型可以分为单一组分水质模型、耦合组分水质模型和多重组分水质模型 3 类。

根据水体的水力学和排放条件是否随时间变化，水质模型分为稳态模型和非稳态模型。对于这两类模型，其研究的主要任务是模型的边界条件，即在何种条件下水质能够尽可能处于较好状态。稳态模型可以用于模拟水质的物理、化学和水力学过程；而非稳态模型则用于计算径流、暴雨过程中水质的瞬时变化。

根据研究水质维度，水质模型分为零维水质模型、一维水质模型、二维水质模型、三维水质模型。其中零维水质模型较为粗略，仅为对于流量的加权平均，因此常常用作其他维度模型的初始值和估算值，而三维水质模型虽然能够精确反映水质变化，但是受到紊流理论研究的局限，有待进一步推广应用。一维水质模型和二维水质模型则可根据研究区域的情况适当选择，并可以满足一般应用要求的精度。

3. 水质模型建立的一般步骤

（1）模型概化。针对所研究污染的性质选择关心的变量，明确这些变量的变化趋势以及变量的相互作用，在保证能够反映实际状况的同时，力求所建模型尽可能简单。

（2）模型性质研究。对模型的稳定性、平衡性以及灵敏性进行研究。其中稳定性是指模型是否能够收敛，而灵敏性是指当模型中的参数变化时，其结果产生的差别是否在允许范围之内。

（3）参数估计。对于模型中需要通过实验或者实测数据进行确定的参数，要考虑这些实测资料能否全面、正确反映参数值，以及这些实测数据是否齐全、是否易得。对于无法通过实测数据反算的参数，需要重新设立参数，或者寻找其间接依赖关系。参数估计是水质模型中重要的一环。

（4）模型验证。若只用一套数据确定模型，则该模型不能具有预测功能，因此，需要用多套实测数据来验证所建模型。如果检验结果具有良好的一致性，则该模型具有预测功能，否则需要重新返回到第三步，重新调整和确定参数。

（5）模型应用。水质模型可以模拟和预测研究区域及其类似区域的污染状况，用以防治和控制区域或流域水污染。

6.3.2　河流水质模型

1. 零维水质模型

当研究河段的水力学条件为恒定均匀流且排污量也恒定时，可考虑应用零维水质模型。由图 6-6 可知：河流的流量为 Q，含有污染物浓度为 C_h，当有污水以 Q_p 的流量且污染物浓度为 C_p 排入时，认为汇流后下游的污染物浓度为两部分浓度按照流量加权平均，也可理解为所有污染物的量在 $Q+Q_p$ 的水量上重新分配，显然可得

$$c = \frac{QC_h + Q_pC_p}{Q + Q_p} \tag{6-27}$$

式中：c——汇流后污水均匀混合后的污染物浓度。

该公式适用于在混合过程中污染物既不分解也不沉淀的保守物质。

如果取完全混合后的浓度 c 为所规定的污染物水质标准 c_N，则式（6-27）即可推出污染物的最大允许排放量 $(C_pQ_p)_{max}$ 或最大允许排放浓度 c_{pmax}。

对于非保守物质，可在此基础上进行适当削减，如下式：

$$c = \frac{(1-k)(QC_h + Q_pC_p)}{Q + Q_p} \tag{6-28}$$

式中：k——污染物消减综合系数，可根据河段进出口断面及排污口水质监测资料和水文资料反求。

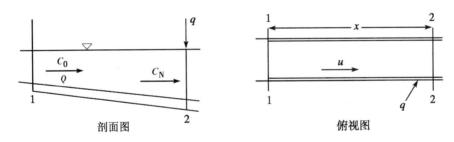

图 6-6　零维水质模型示意图

[**例 6-5**]　某工厂的生产废水拟排入附近河流，废水流量为 15 m^3/s，废水中含有总溶解盐浓度为 1 200 mg/L，河流平均流速为 0.8 m/s，平均河宽 45 m，平均水深 2 m，河水总溶解盐浓度为 330 mg/L。若总溶解盐的水质标准为 420 mg/L，预测废水排放后的影响。

解　河流流量 $Q = uA = 0.8 \times 45 \times 2 = 72$（$m^3/s$），则废水排入河流后，总的溶解盐浓度为

$$c = \frac{QC_h + Q_pC_p}{Q + Q_p} = \frac{72 \times 330 + 15 \times 1\,200}{72 + 15} = 480 \text{ mg/L} > c_N = 420 \text{ mg/L}$$

即总溶解盐浓度超过了水质标准，所以废水需要经过处理后才能排入，其去除率为

$$\delta = \frac{480 - 420}{480} \times 100\% = 12.5\%$$

2. 一维水质模型

假定污染物浓度只沿水流方向变化，忽略横向与垂向的对流扩散，且由生化作用引起的污染物降解符合一级动力衰减规律。河流为均匀流，而且平均污染物浓度 c_x 和纵向离散系数 E_x 均不随时间变化，则一维河流水质稳态模型的基本微分方程为

$$u \frac{dc_x}{dx} = E_x \frac{d^2 c_x}{dx^2} - kc_x \tag{6-29}$$

式中：u——河流纵向平均流速，m/s；

k——河段污染物衰减系数，s^{-1}。

该方程为二阶线性常微分方程。若取坐标原点在排污口，则边界条件为在 $x = 0$ 时，污染物平均浓度为 $c_x = c_0$，求解该方程即可得到一维水质模型：

$$c_x = c_0 \exp\left[\frac{u}{2E_x} \left(1 - \sqrt{1 + \frac{4kE_x}{u^2}} \right) x \right] \tag{6-30}$$

若忽略纵向离散作用，则

$$c_x = c_0 \exp\left(-k \frac{x}{u} \right)$$

式中：c_x——距原点 x 距离后的污染物浓度，mg/L；

c_0——起始断面（$x = 0$）处污染物浓度，mg/L；

x——纵向距离，m；

E_x——河段纵向离散系数，m^2/s。

其余符号同前。

当遇到瞬时突发排污时，可按式（6-31）预测河流断面水质变化过程：

$$c(x,t) = c_h + \frac{W}{A \sqrt{4\pi E_x t}} \exp(-kt) \cdot \exp\left[-\frac{(x - ut)^2}{4E_x t} \right] \tag{6-31}$$

式中：$c(x,t)$——距瞬时污染源 x 处 t 时刻的断面污染物浓度，mg/L；

W——瞬时污染源总量，g；

A——河流断面面积，m^2；

t——流经时间，s。

其余符号同前。

3. BOD – DO 模型

生化需氧量（BOD）和溶解氧（DO）是反映水质受到有机污染程度的综合指标。当有机污染物排入水体后，BOD 浓度便迅速上升。水体中的水生植物和微生物吸取有机物并分解时，消耗水中溶解氧使 DO 值下降。与此同时水生植物的光合作用要放出氧气，空气也不断向水中补充溶解氧，因此微生物吸取 BOD 的过程是在耗氧和复氧同时作用下进行的。

（1）单一河段 BOD – DO 模型。此模型适用于单一河流、单个排污口以下河段的水质模

拟。早在1925年，Streeter和Phelps就以生化指标BOD和DO作为反映污染程度的变量，基于如下假设建立了描述河流中BOD-DO变化规律的一维水质S-P模型。

① 只考虑耗氧分解引起的BOD衰减反应是一级反应。

② BOD衰减反应速率=溶解氧减少速率。

③ 复氧速率与亏氧量D（$D = DO_s - DO$）成正比，亏氧速率是耗氧速率和复氧速率的代数和。

④ 忽略河流水体的扩散作用。

一维河流输移方程可简化成如下水质模型的微分形式：

$$\begin{cases} \dfrac{\mathrm{d}B}{\mathrm{d}t} = -K_1 B \\ \dfrac{\mathrm{d}D}{\mathrm{d}t} = K_1 B - K_2 D \end{cases} \qquad (6-32)$$

式中：B——断面平均BOD_5浓度，mg/L；

D——断面平均亏氧浓度，mg/L，即为实测水温时的饱和溶解氧DO_s与实测断面溶解氧DO之差；

K_1——耗氧速度常数，d^{-1}，20℃时，可取$K = 0.23\ \mathrm{d}^{-1}$；

K_2——复氧速度常数，d^{-1}。

对式（6-32）积分可得河流中任一时刻的：

BOD衰减方程：

$$B_t = B_1 \mathrm{e}^{-K_1 t} \qquad (6-33)$$

亏氧方程：

$$D_t = \frac{K_1 B_1}{K_2 - K_1}(\mathrm{e}^{-K_1 t} - \mathrm{e}^{-K_2 t}) + D_1 \mathrm{e}^{-K_2 t} \qquad (6-34)$$

式中：B_1、D_1——表示起始时刻（或上断面）的BOD_5值和亏氧量，mg/L；

B_t、D_t——为任一时刻t时的BOD_5值和亏氧值，mg/L；

t——水流从河段上游断面流至下游断面的时间，d，$t = x/u$。

对于河流任一下游断面，S-P水质模型则为另一形式：

BOD衰减方程：

$$B_x = B_1 \exp(-K_1 x/u) \qquad (6-33')$$

亏氧方程：

$$D_x = \frac{K_1 B_1}{K_2 - K_1}[\exp(-K_1 x/u) - \exp(-K_2 x/u)] + D_1 \exp(-K_2 x/u) \qquad (6-34')$$

式中：x——任一断面距起始断面间距离；

u——河流纵向平均流速。

其余符号意义同式（6-33）和式（6-34）。

耗氧速率系数和富氧速率系数可利用某一河段进出口的BOD和DO的实测值用下述公

式计算:

水温为 20 ℃时:

$$K_1 = \frac{1}{t}\ln\frac{B_1}{B_2} \qquad (6-35)$$

$$K_2 = \frac{1}{t}\ln\frac{D_1}{D_2} \qquad (6-36)$$

式中: t——水流流经河段时间,d。

B_2、D_2——河段下游断面的 BOD$_5$ 和亏氧值,mg/L。

水温为 T ℃时:

$$K_1(T) = K_1 \times 1.047^{T-20} \qquad (6-37)$$

$$K_2(T) = K_2 \times 1.0159^{T-20} \qquad (6-38)$$

图 6-7 描述了耗氧、复氧和亏氧值的变化规律(氧垂曲线)。当微生物吸取、分解 BOD 的速率和大气复氧速率相等时,耗氧曲线便与复氧曲线相交。交点即为临界点,此点 处的溶解氧最少,亏氧量最大。该点在排放口以下多少距离(x_c)出现、何时出现(t_c)以 及溶解氧浓度为多大是水质预测和评价中必须掌握的资料。

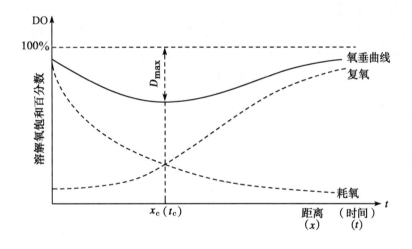

图 6-7 耗氧、复氧和亏氧值的变化规律

因为亏氧量最大,水质恶化最严重的临界点亏氧量满足$\frac{\mathrm{d}D}{\mathrm{d}t}=0$,故临界点亏氧量和出现 时间可由下式确定:

临界亏氧量:

$$D_c = \frac{K_1}{K_2}B_1\mathrm{e}^{-K_1 t_c} \qquad (6-39)$$

临界点出现时间:

$$t_c = \frac{1}{K_2 - K_1} \ln \left\{ \frac{K_2}{K_1} \left[1 + \frac{D_1(K_2 - K_1)}{B_1 K_1} \right] \right\} \qquad (6-40)$$

临界点出现的位置:

$$X_c = t_c \times u$$

如果已绘制氧垂曲线,则 t_c、x_c、D_c 可由氧垂曲线直接查出。

方程 (6-39)、方程 (6-40) 给出了初始条件 B_1、D_1 和污染最严重状态 D_c、t_c 之间的依存关系,在实际工作中既有已知初始条件以确定最不利状态的问题,也有给定最不利状态要求反求允许初始条件的问题。下边通过一个例题来具体讨论。

[例 6-6] 某工厂废水为 800 mg/L,废水水温为 31 ℃,污水流量 125 m³/s,溶解氧经曝气后达 6 mg/L,排入工厂附近的河中,河水 BOD$_5$ 为 2.0 mg/L,溶解氧含量 8.0 mg/L,水温为 22 ℃,河水流量为 250 m³/s,河水、污水混合后预计平均水深为 3 m,河宽 50 m,河流溶解氧标准 5.0 mg/L,耗氧速率常数 K_1 (20 ℃) = 0.23 d^{-1},复氧速率常数 K_2 (20 ℃) = 3.01 d^{-1},经查表,25 ℃时的饱和溶解氧 DO_s = 8.38 mg/L,试确定:

① 工厂污水允许的最大 BOD 含量;

② 临界点距排放口的距离;

③ 绘出下游溶解氧变化曲线。

解 ① 本题属于给定水质要求 C_N,溶解氧 DO_c = 5 mg/L,即最不利状态要求,反求允许初始排放条件。假设河水与排放废水完全混合,则有

$$Q = 250 + 125 = 375 \text{ m}^3/\text{s}$$

断面平均流速:

$$U = \frac{Q}{A} = \frac{375}{3 \times 50} = 2.5 \text{ m/s}$$

混合水温:

$$T = \frac{22 \times 250 + 31 \times 125}{375} = 25 ℃$$

混合水的溶解氧含量:

$$DO = \frac{8 \times 250 + 6 \times 125}{375} = 7.33 \text{ mg/L}$$

已知 25 ℃时水的饱和溶解氧 DO_s 为 8.38 mg/L,则初始亏氧量 $D_1 = 8.38 - 7.33 = 1.05$ (mg/L)。

因河流水质要求溶解氧标准为 5.0 mg/L,故最大允许亏氧量为

$$D_c = DO_s - DO_c$$
$$D_c = 8.38 - 5.0 = 3.38 \text{ mg/L}$$
$$K_1(25 ℃) = K_1(20 ℃) \times 1.047^{25-20} = 0.23 \times 1.047^5 = 0.29 (1/\text{d})$$
$$K_2(25 ℃) = K_2(20 ℃) \times 1.015 9^{25-20} = 3.01 \times 1.015 9^5 = 3.26 (1/\text{d})$$

求对应给定 D_c 值的允许初始条件 B_1 和相应于临界亏氧量的临界点的时间 t_c，可根据下面两方程用试算法求解。设 B_1（此处不能用实际 B_1，因为 D_c 已定，对应的允许 B_1 值未知）可求出相应的 t_c 与 D_c 值：

$$t_c = \frac{1}{K_2 - K_1} \ln \left\{ \frac{K_2}{K_1} \left[1 + \frac{D_1(K_2 - K_1)}{B_1 K_1} \right] \right\}$$

$$= \frac{1}{3.31 - 0.29} \ln \left\{ \frac{3.31}{0.29} \left[1 - \frac{1.05 \times (3.31 - 0.29)}{0.29 B_1} \right] \right\}$$

$$D_c = \frac{K_1}{K_2} B_1 e^{-K_1 t_c} = \frac{0.29}{3.31} B_1 e^{-0.29 t_c}$$

由试算表（见表6-3）得出对应 D_c 的 $B_1 = 46.9$ mg/L，即为河水初始断面允许的 BOD 负荷量（初始浓度），则工厂污水 BOD_5 最大允许排放浓度为

表6-3 试算表

$B_1/(\text{mg/L})$	t_c/d	$D_c/(\text{mg/L})$
100	0.776	7.10
50	0.733	3.60
40	0.709	2.90
45	0.723	3.25
48	0.729	3.46
47	0.727	3.39
46	0.725	3.32

$$BOD_5 = \frac{46.9 \times 375 - 2 \times 250}{125} = 136.7 \text{ mg/L}$$

而工厂污水 BOD_5 为 800 mg/L，远远大于允许排放量，因此必须经过处理才能排入河流，其去除率为

$$\frac{800 - 136.7}{800} \times 100\% = 82.9\%$$

② 求临界点距排入口的距离 x：

由试算得

$$t_c = 0.727 \text{ d}$$

$$U = 2.5 \text{ m/s}$$

所以

$$x = 0.727 \times 2.5 \times 86.4 = 157 \text{ km}$$

③ 根据式

$$D_t = \frac{K_1 B_1}{K_2 - K_1}(e^{-K_1 t} - e^{-K_2 t}) + D_1 e^{-K_2 t}$$

可求出不同时刻 t 时的 D_t 值，从而绘出溶解氧曲线图。

（2）具有多支流和排污口的河流 BOD - DO 模型：

① 河段划分。进行河流水质预测时，首先要选定合适的水质数学模型。一般河流较长时都需要按模型适用条件，根据河道的地形、水文地理和生化特性以及各排污口位置，将河流沿流向分为若干河段。一般支流入口和排污口常作为河段划分的节点，尽量使每一河段内的水文要素、水质参数基本一致，耗氧和复氧强度变化不大。

② 河段水质模型。当河流依河道特性和排污口位置分成若干河段后，在每一河段中如忽略扩散项、沉淀吸附项，则该河段内的 BOD_5 和 DO 的变化可用如下差分方程表示：

对于 BOD 值：

$$B_2 = B_1 \left(1 - 0.011\ 6\ \frac{K_1 x}{U} + 0.011\ 6\ \frac{B^*}{B_1 Q}\right)\alpha \qquad (6-41)$$

对于 DO 值：

$$c_2 = c_1 \left[1 - 0.011\ 6\ \frac{(K_1 B_1 - K_2 D_1)x}{c_1 U} + 0.011\ 6\ \frac{C^*}{c_1 Q}\right]\alpha \qquad (6-42)$$

式中：x ——河段长度，km；

　　　U ——平均流速，m/s；

　　　B^*、C^* ——河段 BOD_5 值和 DO 值的旁侧入流量，kg/d；

　　　$\alpha = \dfrac{Q}{Q+q}$ ——河流稀释比；

　　　Q ——河段旁侧入流量，$\mathrm{m^3/s}$。

已知各河段距离、流速、起始断面的 BOD 和 DO 值，K_1、K_2、DO 值以及各支流或排污口的旁侧流量 q，排污量 B^*、C^*，即可按上式求得起始断面以下各断面的 BOD_5 和 DO 值。

（3）河流水质模型中参数的选择：

① 扩散系数 E 的基本形式：

$$E = \alpha h u_* \qquad (6-43)$$

式中：h ——河流平均水深；

　　　α ——系数，不同方向的 α 值不同。

$$u_* = \sqrt{ghJ} = \frac{n\sqrt{g}}{h^{1/6}}U;$$

式中：n ——河流糙率。

② 横向扩散系数 E_z 的确定：

顺直河段： $E_z = 0.145hu_*$ (6-44)

灌溉渠道： $E_z = 0.245hu_*$ (6-45)

弯曲河段： $E_z = 0.6hu_*$ (6-46)

③ 纵向离散系数 E_x 的估值。由于纵向离散作用远大于纵向扩散作用，故常称实测纵向系数为纵向离散系数，其近似公式为

$$E_x = 0.011 \frac{U^2 B^2}{hu_*}$$ (6-47)

④ 耗氧速率系数 K_1 的确定。K_1 值受河道水文条件和水中生物影响，各河段往往不同，选择宜慎。这里仅介绍实测两点法。

$$K_1 = \frac{1}{\Delta t} \ln \left(\frac{B_1}{B_2} \right)$$ (6-48)

式中：Δt——河水流经上、下断面时间，d；

　　　B_1、B_2——上、下断面 BOD 浓度，mg/L。

⑤ 富氧速率系数 K_2 的估值。复氧速率主要取决于水体中溶解氧的亏损和水流紊动作用。

第一，差分复氧公式法：

$$K_2 = K_1 \frac{\overline{B}}{\overline{D}} - \frac{\Delta D}{2.3 \Delta t \, \overline{D}}$$ (6-49)

式中：K_1、K_2——耗氧和复氧系数，d^{-1}；

　　　$\overline{B}$，$\overline{D}$——上、下两断面 BOD_5 和氧亏值 D 的平均值，mg/L；

　　　ΔD——上、下两断面氧亏之差，mg/L；

　　　Δt——上、下两断面流经时间，d。

第二，S-P 公式法。Streeter 和 Phelps 提出富氧速率系数计算式为

$$K_2 = C \frac{U^\alpha}{h^2}$$ (6-50)

式中：C——谢才系数，其值为 $13 \sim 24 m^{1/2}/s$；

　　　α——指数，变化范围为 $0.57 \sim 5.40$；

　　　h——最低水位以上的平均水深，m。

4. 综合河流水质模型

20 世纪 80 年代以来，随着计算机技术的迅猛发展以及与环境科学的结合，水质模型的种类越来越多，数值计算技术也越来越成熟，部分学者将多个模拟指标、多种水环境下的水质模型进行了整合集成，形成了多元、多介质的综合河流水质模型系统，开发出许多大型的河流水质模型软件，如 WASP、QUAL2E、MIKE、CE-QUAL-ICM（Corps）、BLTM、DELWAQ 等。表 6-4 和表 6-5 分别展示了从适用范围和模拟功能两个方面比较各种模型的特点和优势。

表6-4　水质模型的适用范围比较

模型名称	流域	河网	河流	湖泊	河口	水库	海洋
BLTM			√		√		
CE – QUAL – ICM			√	√	√	√	√
CE – QUAL – R1				√		√	
CE – QUAL – RIV1		√	√				
CE – QUAL – W2			√		√	√	
CH3D – WES			√	√	√	√	√
EFDC			√	√	√	√	√
MIKE11		√	√		√		
MIKE21					√		√
MIKE3			√	√	√	√	
QUAL2K		√					
RMA10			√	√	√	√	
POM							√
WASP6		√	√	√	√	√	√

通过比较，商用 MIKE 系列水质模型的功能较为全面，但由于其非开源，用户无法根据实际情况进行二次开发，所以模型的适用性有所欠缺。相比之下，开源的河流水质模型中，EFDC 的功能较为完善，但其前后处理需要通过其他软件完成，较为复杂，不便于快速上手。

6.3.3　水库水质模型

湖泊基本上是封闭性水体，一般流动性很小。水库是人工湖泊，因受人工控制运用的影响，水库的水位变幅很大，并且具有一定的流动性。除一些调节性能很低的水库（如日调节或周调节水库）外，与河流相比，绝大多数水库的特性更接近于湖泊，水质模型与模拟也比较接近。因此，可以将二者归为一类进行介绍。

1. 浓度递减方程

对于水域宽阔的大型湖、库，当其主要污染物来自某些入湖河道或沿湖厂矿时，污染往往出现在入湖口附近水域。因而需要把废水在湖、库中的稀释扩散作用作为不均匀混合型来处理。废水在湖水中的稀释扩散现象很复杂，由于水面开阔且应考虑风浪等因素影响，在确立湖、库水质模型时，多采用圆柱坐标，此时即为一维扩散问题。这里仅介绍易降解物质的简化模型。

表 6 – 5　水质模型的功能比较

模型名称	DO	BOD	COD	N	P	藻类	重金属	大肠杆菌	pH	温度	盐度	溶解有机质	腐质	悬浮沉积物	底部沉积物	污染物再悬浮	无机碳	有毒有机物	示踪剂	结合GIS	用户自定义	开源代码
BLTM	√	√	√	√	√	√		√		√											√	√
CE – QUAL – ICM	√	√	√	√	√	√				√	√	√	√						√			√
CE – QUAL – R1	√		√	√	√	√	√		√	√	√	√	√	√								√
CE – QUAL – RIV1	√	√	√	√	√	√		√		√		√	√									√
CE – QUAL – W2	√	√	√	√	√	√		√	√	√		√	√	√	√							√
CH3D – WES	√										√									√		
EFDC	√	√	√	√	√	√	√	√	√	√	√	√	√	√	√	√	√	√	√		√	√
MIKE11	√	√	√	√	√	√	√	√		√	√	√	√		√	√	√	√	√	√		√
MIKE21	√	√	√	√	√	√	√	√		√	√	√	√		√	√	√	√	√	√	√	√
MIKE3	√	√		√	√	√	√	√		√	√	√	√	√	√	√	√	√	√	√	√	√
QUAL2K	√	√		√	√	√	√	√		√		√	√							√	√	
RMA10	√	√	√	√	√	√	√	√	√	√	√	√		√								√
POM	√	√	√	√	√	√	√	√	√	√	√	√		√	√	√	√	√	√			√
WASP6	√	√	√	√	√	√		√	√	√	√	√		√	√	√			√			√

如果湖水流速甚微，风浪很小，则扩散作用可略。考虑到污染水体的自净作用，采用稳态条件，则可得废水在湖中受平流和化学降解共同作用下的水质模型：

$$q \frac{\mathrm{d}c}{\mathrm{d}r} = -KCH\varphi r \qquad (6-51)$$

式中：K——湖水自净速率系数，d^{-1}，可由实测资料反求；

H——废水扩散区的湖水平均深度，m；

φ——污水在湖水中的扩散角度（弧度），污水在开阔岸边垂直排放时，取 $\phi = \pi$，在湖心排放时，$\varphi = 2\pi$；

r——计算点距污水排出口的径向距离，m；

q——入湖污水流量，m^3/d。

如果代入湖岸边界条件 $\begin{cases} r = 0 \\ c = C_0 \end{cases}$，$C_0$ 为污水排出口的污染物浓度，积分则得水库污染物浓度分布模式：

$$C = C_0 \exp\left(-\frac{K\varphi H r^2}{2q} \right) \qquad (6-52)$$

若采用 BOD_5 作为污染指标，则式（6-52）可表示为

$$B = B_0 \exp\left(-\frac{K_1 \varphi H r^2}{2q} \right) \qquad (6-53)$$

式中：B、B_0——计算点、排污口处的 BOD_5 值，mg/L；

K_1——BOD_5 的耗氧速率系数，d^{-1}。

其余符号意义同前。

2. 湖、库溶解氧方程

湖水中溶解氧的多寡，主要取决于耗氧物质进入湖泊后耗氧和复氧的对比关系。此外还受植物的光合作用增氧及其他增氧（如流入清洁的水）、耗氧（底泥、氮转化等）等的影响。考虑以上各因素，以圆柱坐标表示的简化一维氧亏方程为

$$q \frac{\mathrm{d}D}{\mathrm{d}r} = (K_1 B - K_2 D)\varphi H r \qquad (6-54)$$

式中：B——排污口的 BOD_5 值，mg/L；

D——离排污口距离为 r 处的氧亏量，即饱和溶解氧与现存溶解氧之差 $D = (DO_s - DO)$，mg/L；

K_2——湖水的复氧速率常数，d^{-1}。

其余符号意义同前。

式（6-54）积分可得

$$D = \frac{K_1 B_0}{K_2 - K_1}(\mathrm{e}^{-nr^2} - \mathrm{e}^{-mr^2}) + D_0 \mathrm{e}^{-mr^2} \qquad (6-55)$$

其中

$$m = \frac{K_2 \varphi H}{2q}, \quad n = \frac{K_1 \varphi H}{2q}$$

式中：B_0、D_0——排污口的 BOD_5 值和氧亏量，mg/L。

K_1 可以通过实验室获得，和求河流 K_1 一样也要进行水温修正（公式与河流一样）。K_2 一般认为与湖水的紊动强度有关。有些学者曾求得一些经验公式，可参考有关文献。在给排水工程中曾根据水体特征确定，见表 6-6。

表 6-6 水体复氧系数 K_2 值

水体特征	50 ℃	100 ℃	150 ℃	200 ℃	250 ℃	300 ℃
水不流动或流速甚缓	—	—	0.11	0.15	—	—
流速小于 1 m/s	0.16	0.17	0.185	0.2	0.215	0.236
流速大于 1 m/s	0.38	0.425	0.46	0.5	0.54	0.585
水流湍急		0.684	0.74	0.8	0.864	0.925

3. 水库总氮、总磷浓度及富营养化程度的预测模型

总氮（N）或总磷（P）浓度与预测公式为

$$c_y(N) = \frac{L_N(1-R)}{\overline{Z}P_W} \tag{6-56}$$

$$c_y(P) = \frac{L_P(1-R)}{\overline{Z}P_W} \tag{6-57}$$

式中：$c_y(N)$、$c_y(P)$——水库中总氮、总磷的预测浓度，g/m^3；

L_N、L_P——年度内水库单位面积氮、磷负荷，g/m^2；

$\overline{Z}$——水库平均水深，m；

P_W——水力冲刷系数，等于平水年入库水量与库容之比，a^{-1}；

R——滞留系数。

$$R = 0.426e^{-0.271Q_i} + 0.574e^{-0.00949Q_i} \tag{6-58}$$

式中：Q_i——单位面积水量负荷，等于平均年入库水量（m^3）与水库水面积（m^2）之比。

应用上述公式分析水库未来水质，可以用两种方法：

（1）将预测的 N 和 P 值与极限值或目标值相比较，看污染物浓度是否超标。

（2）用极限值或目标值的 N，P 代入上式，求出最大负荷 L_{Nm}、L_{Pm}，与未来水库可能入库的 L_N、L_P 负荷相比较，看污染物单位面积负荷是否超标。水库是否会发生富营养化，主要根据水体 N、P 含量判别。其指标浓度 $N = 0.3$ mg/L，$P = 0.02$ mg/L，临界负荷值 $L_{Nc} = 5 \sim 10$ g/($m^2 \cdot a$)，$L_{Pc} = 0.2 \sim 0.5$ g/($m^2 \cdot a$)。

另外，还可以用下列公式判别：

$$E = \left(\frac{T-N_i}{T-N_0}\right)^{\frac{1}{2}} + \left(\frac{PO_4-P_i}{PO_4-P_0}\right)^{\frac{1}{2}} + \left(\frac{BOD_i}{BOD_0}\right)^{\frac{1}{2}} \tag{6-59}$$

式中：E——营养型判定值，标准见表 6 – 7；

　　　BOD——生化需氧量；

　　　$T - N$——无机氮；

　　　$PO_4 - P$——磷酸磷；

　　　脚标 i——预测浓度，mg/L；

　　　脚标 0——标准浓度，mg/L。

表 6 – 7　营养型评价标准

判定值（E）	0 ~ 1	1 ~ 2	2 ~ 4	4 ~ 8	大于 8
营养型	贫	中贫	中	中富	富

4. 小湖完全混合型水质模型

（1）保守物质。当流进湖泊的污水量和流出湖泊的湖水量不相等时，对于守恒物质（惰性物质），根据质量守恒定律，单位时间湖泊内污染物浓度 C 的变化可用下式表示：

$$V\frac{\mathrm{d}C}{\mathrm{d}t} = qC_i - q'C \tag{6-60}$$

式中：q——流入湖泊的污水量，m^3/d；

　　　C_i——入湖污水中污染物浓度，mg/L；

　　　q'——流出湖泊的湖水量，m^3/d；

　　　V——湖泊容积，m^3。

设式（6 – 60）初始条件为：$t = 0$ 时，$C = C_0$。将式（6 – 60）积分，得 t 时刻的湖水中污染物的平均浓度为

$$C = RC_i - (RC_i - C_0)\mathrm{e}^{-\frac{t}{T}} \tag{6-61}$$

式中：R——流进湖泊的水量与流出湖泊的水量的比值；

　　　T——污水在湖中滞留时间，$T = V/q'$。

（2）非保守物质。当污染物为易分解的有机物时，湖水中污染物浓度的变化，可用下列方程来表示：

$$\frac{\mathrm{d}C}{\mathrm{d}t} = \frac{N}{V} - \frac{qC}{V} - k'C \tag{6-62}$$

设式（6 – 61）初始条件为：$t = 0$ 时，$C = C_0$。将式（6 – 61）积分，得 t 时刻的湖水中污染物的平均浓度为

$$C = C_0\exp\left(-\frac{q + k'V}{V}t\right) + \frac{N}{q + k'V}\left[1 - \exp\left(-\frac{q + k'V}{V}t\right)\right] \tag{6-63}$$

式中：C——湖水污染后有机物的含量，mg/L；

　　　C_0——起始时湖水有机物浓度，mg/L；

　　　N——每日湖中有机物的输入总量，g/d；

V——湖泊容积，m^3；

q——湖泊流出水量，m^3/d；

k'——有机物分解系数，d^{-1}。

5. 分层水库水质模型

分层水库水质模型包括完全混合箱式模型和分层箱式模型。

（1）完全混合箱式模型。完全混合箱式模型把水库考虑为一个统一的整体，相当于一个均匀的混合搅拌器，而不要求描述其内部的水质分布。沃伦威德尔（Wollenweider）模型和吉柯奈尔–狄龙（Kirchner–Dillon）模型是两种常用的完全混合箱式模型。

① 沃伦威德尔模型。沃伦威德尔模型适用于处于稳定状态的湖泊或水库，湖泊或水库可以被看作一个均匀混合的水体，即沃伦威德尔模型的假定是对停留时间较长、水质基本处于稳定状态的湖库，水体中某物质的浓度随时间的变化率是输入、输出和在湖内沉积衰减的该物质的量的函数，因此，建立以下质量平衡方程：

$$V\frac{dC}{dt} = I_c - SCV - QC \qquad (6-64)$$

式中：V——水库的容积，m^3；

C——某种营养物质的浓度，g/m^3；

I_c——某营养物的总负荷量，g/a；$I_c = Q_iC_i$；

S——营养物在水库中的沉积率，a^{-1}；

Q——水库出流的流量，m^3/a。

如果在完全混合箱式模型公式中引入冲刷速度常数 r（令 $r = Q/V$），则得到

$$\frac{dC}{dt} = \frac{I_c}{V} - SC - rC \qquad (6-65)$$

在给定初始条件，当 $t=0$，$C = C_0$时，求得式（6-65）的解析解为

$$C = \frac{I_c}{V(S+r)} + \frac{V(S+r)C_0 - I_c}{V(S+r)}e^{[-(S+r)t]} \qquad (6-66)$$

在湖泊、水库的出流、入流流量及营养物质输入稳定的情况下，当 $t \to \infty$ 时，可以得到营养物质的平衡浓度 C_p：

$$C_p = \frac{I_c}{(r+S)V} \qquad (6-67)$$

于是可得

$$\frac{C}{C_p} = 1 + \left[\frac{V(S+r)C_0}{I_c} - 1\right]e^{[-(S+r)t]} \qquad (6-68)$$

[例 6-7] 已知湖泊的容积 $V = 1.0 \times 10^7\ m^3$，出流流量 Q 为 $0.5 \times 10^8\ m^3/a$，湖泊内 COD_{Cr} 的本底浓度 $C_0 = 1.5\ mg/L$，河流中 COD 浓度为 $C_1 = 3\ mg/L$，COD 在湖泊中的沉积速度常数 $S = 0.08\ a^{-1}$。试求湖泊中的 COD 平衡浓度，及达到平衡浓度的 99% 所需的时间。

解 根据题目，得到

$$\frac{C}{C_p} = 1 + \left[\frac{V(S+r)C_0}{I_c} - 1 \right] e^{[-(S+r)t]}$$

$$t = -\frac{1}{S+r} \ln \frac{\dfrac{C}{C_p} - 1}{\dfrac{V(S+r)C_0}{I_c} - 1} = -\frac{1}{s+r} \ln \frac{\left(\dfrac{C}{C_p} - 1 \right) I_c}{V(S+r)C_0 - I_c}$$

根据题意已知：$V = 1.0 \times 10^7 \text{ m}^3$，$S = 0.08 \text{ a}^{-1}$，$r = Q/V = 5 \text{ a}^{-1}$，$C_0 = 1.5 \text{ g/m}^3$，$I_c = 0.5 \times 10^8 \times 3 = 1.5 \times 10^8 \text{ g/a}$。

当 $C/C_p = 0.99$ 时：

$$t = -\frac{1}{0.08 + 5} \ln \frac{(0.99 - 1) \times 1.5 \times 10^8}{1.0 \times 10^7 \times (0.08 + 5) \times 1.5 - 1.5 \times 10^8}$$

$$= -\frac{1}{5.08} \ln 0.020\,33 = 0.77 (\text{a})$$

$$C_p = \frac{1.5 \times 10^8}{(0.08 + 5) \times 10^7} = 2.95 \text{ g/m}^3$$

根据公式，计算结果为：达到 COD 平衡浓度的 99% 约需 0.77 a；平衡浓度值为 2.95 g/m³。

② 吉柯奈尔-狄龙模型。吉柯奈尔-狄龙模型引入滞留系数 R_c，滞留系数的定义是进入湖泊水库中的营养物在其中的滞留分数，主要是考虑污染物的沉淀—再悬浮作用，其建立的方程为

$$\frac{\mathrm{d}C}{\mathrm{d}t} = \frac{I_c(1-R_c)}{V} - rC \tag{6-69}$$

如给定初始条件 $t = 0$，$C = C_0$，得到式（6-69）的解析解：

$$C = \frac{I_c(1-R_c)}{rV} + \left[C_0 - \frac{I_c(1-R_c)}{rV} \right] e^{-rt} \tag{6-70}$$

若水库的出流、入流及污染物的输入都比较稳定，当 $t \to \infty$ 时，可以达到营养物质的平衡浓度 C_p：

$$C_p = \frac{I_c(1-R_c)}{rV} = \frac{L_c(1-R_c)}{rh} \tag{6-71}$$

可根据湖库的入流、出流近似计算出滞留系数：

$$R_c = 1 - \frac{\displaystyle\sum_{j=1}^{n} q_{oj} C_{oj}}{\displaystyle\sum_{k=1}^{m} q_{ik} C_{ik}} \tag{6-72}$$

式中：q_{oj}——第 j 条支流流出湖库的流量，m³/a；

　　　C_{oj}——第 j 条支流流出的营养物浓度，g/a；

　　　q_{ik}——第 k 条支流流入水库的流量，m³/a；

C_{ik}——第 k 条支流流入的营养物浓度，g/a；

m——流入的支流数目；

n——流出的支流数目。

（2）分层箱式模型。沃伦威德尔模型将湖库看作一个整体，相对于一个均匀混合的反应器，在考虑湖库水质的长期变化时是实用的。但是沃伦威德尔模型忽略了湖库内部的水质变化，特别是在夏季，水温造成密度差，致使水质强烈分层。由于大气湍流的影响，表层形成一定深度的等温层，底部的温度从上至下呈缓慢的递减过程，在上层与底层之间存在一个有很大温度梯度的斜温层。为了描述这种分层现象，1975 年斯诺得格拉斯（Snodgrass）等提出了一个分层的箱式模型，用来近似描述水质分层状况。

分层箱式模型把上层和下层各视为完全混合模型。分层箱式模型可分为分层期（夏季）模型、非分层期（冬季）模型和混合期模型 3 种，分层期考虑水库上、下分层现象，而非分层期则不考虑分层。分层箱式模型按污染物的降解情况分为守恒模型和衰减模型。

① 分层箱式守恒模型。分层期：

$$\begin{cases} C_{E(t)} = C_{pE} - (C_{pE} - C_{M(t-1)})\exp(-Q_{pEt}/V_E) \\ C_{H(t)} = C_{pH} - (C_{pH} - C_{M(t-1)})\exp(-Q_{pHt}/V_H) \end{cases} \tag{6-73}$$

式中：$C_{E(t)}$、$C_{H(t)}$——时间 t 时分层水库上层、下层的平均浓度，mg/L；

$C_{M(t-1)}$——分层水库非成层期污染物平均浓度，mg/L；下标 $(t-1)$ 表示上一周期；

C_{pE}、C_{pH}——向分层水库上层、下层排放的污染物浓度，mg/L；

Q_{pE}、Q_{pH}——向分层水库上层、下层排放的污水流量，m^3/d；

V_E、V_H——分层水库上层、下层的湖水体积，m^3。

完全混合期：湖水翻转时上下两层完全混合，混合浓度 C_T 为

$$C_{T(t)} = \frac{C_{E(t)}V_E + C_{H(t)}V_H}{V_E + V_H} \tag{6-74}$$

非分层期：

$$C_{M(t)} = C_p - (C_p - C_{T(t)})\exp(-Q_p(t-t_1)/V) \tag{6-75}$$

② 分层箱式衰减模型。分层箱式衰减模型通过引入污染物浓度变化的时间常数 K_h（d^{-1}）对水质分层状况进行描述。污染物浓度变化的时间常数 K_h（d^{-1}）是湖水滞留时间与污染物降解反应速率常数两部分之和，即

$$\begin{cases} K_{hE} = (Q_{pE}/V_E) + K_1 \\ K_{hH} = (Q_{pH}/V_H) + K_1 \end{cases} \tag{6-76}$$

分层期：

$$\begin{cases} C_{E(t)} = \dfrac{C_{pE}Q_{pE}/V_E}{K_{hE}} - \dfrac{(C_{pE}Q_{pE}/V_E - K_{hE}C_{M(t-1)})\cdot\exp(-K_{hE}t)}{K_{hE}} \\ C_{H(t)} = \dfrac{C_{pH}Q_{pH}/V_H}{K_{hH}} - \dfrac{(C_{pH}Q_{pH}/V_H - K_{hH}C_{M(t-1)})\cdot\exp(-K_{hH}t)}{K_{hH}} \end{cases} \tag{6-77}$$

完全混合期：

$$C_{T(t)} = \frac{C_{E(t)} V_E + C_{H(t)} V_H}{V_E + V_H}$$ (6-78)

非分层期：

$$C_{M(t)} = \frac{C_p Q_p / V}{K_h} - \frac{(C_p Q_p / V - K_h C_{T(t)}) \cdot \exp(-K_h t)}{K_h}$$ (6-79)

湖水分层箱式模型中各量的对应关系和计算时期示意图如图6-8所示。

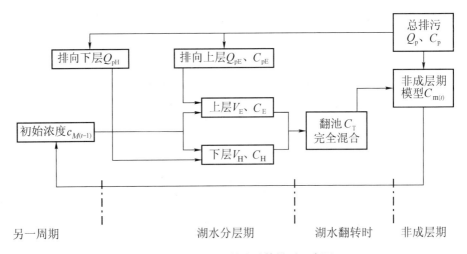

图6-8　湖水分层箱式计算模型示意图

6. 常见的湖泊水质模型

湖泊水质模型是在河流水质模型发展的基础上建立起来的，其研究始于20世纪60年代中期。经过了40多年的发展历程，湖泊水质模型已经逐渐成熟完善。在模型结构上，从简单的零维模型发展到复杂的水质—水动力学—生态综合模型和生态结构动力学模型；在理论上，其发展出许多新鲜的理论，如随机理论、灰色理论和模糊理论等；在研究方法上，结合运用了迅猛发展的如人工神经网络（ANNS）和地理信息系统（GIS）等的计算机新技术。这些成果都极大地推动了湖泊水环境管理技术的现代化。常见的湖泊水质模型如下：

WASP（Water Quality Analysis Simulation Program）是美国环境保护局提出的一个成熟的水质模型系统，可用于对河流、湖泊、河口、水库、海岸的水质进行模拟。WASP最原始的版本于1983年发布，之后又经过几次修订，如WASP4、WASP5、WASP6和WASP7。WASP包括两个独立的计算程序：水动力学程序DYNHYD和水质程序WASP，它们可以联合运行也可以独立运行。EUTRO（用来分析传统的水质指标项）和TOXI（可以模拟固体类物质和有毒物质的污染）是两个子模型，它们可以装入水质程序中。WASP在其基本程序中反映了对流、弥散、点杂质负荷与扩散杂质负荷以及边界的交换等随时间变化的过程。

MIKE模型体系是由丹麦水动力研究所（DHI）开发的。它包括3个版本MIKE11、

MIKE21 和 MIKE3。其中 MIKE21 和 MIKE3 可以用于湖泊水质的模拟。MIKE21 模型是 MIKE11 用来模拟在水质预测中垂向变化常被忽略的湖泊、河口、海岸地区。MIKE3 与 MIKE21 类似，但它能处理三维空间。MIKE 模型体系界面都很友好，但它的源程序不对外公开，使用有加密措施，而且售价很高。

SMS（Surface Water Modeling System）由美国杨百翰大学图形工程计算机图形实验室开发，它在二维（垂向平均）方向模拟河流、河口、湖泊、海岸。该软件中的计算模块包含美国陆军工程兵水道实验站开发的程序模块（RMA2、GFGEN、RMA4 等）和美国联邦公路管理局的两个模块（FESWMS、WSPRO），并且 CE‐QUAL‐ICM 模型将要被集入该系统。SMS 软件的程序以及代码都是美国政府公开的。

6.4　水环境容量的推算

环境容量是环境科学的一个基本理论问题，也是环境管理中的一个重要的实际应用问题。在实践中，水环境容量是环境目标管理的基本依据，是环境规划的主要约束条件，也是污染物总量控制的关键技术支持。从环境管理、监测与监督的角度出发，水环境容量是指在给定水域范围和水文条件，规定排污方式和水质目标的前提下，单位时间内该水域污染物质的最大允许纳污量。河流、湖泊、水库是最常见的三种储水体，本章将主要介绍这三者水环境容量的推算方法。

6.4.1　水质目标管理与水环境容量推算

1. 概述

水是生命之源、生产之要、生态之基。人多水少、水资源时空分布不均是我国的基本国情和水情，水资源短缺、水污染严重、水生态恶化等问题十分突出，已成为制约经济社会可持续发展的主要瓶颈。2012 年 1 月，国务院发布了《关于实行最严格水资源管理制度的意见》，对实行最严格水资源管理制度工作进行全面部署和具体安排，进一步明确水资源管理"三条红线"的主要目标，提出具体管理措施。一是确立水资源开发利用控制红线，到 2030 年全国用水总量控制在 7 000 亿立方米以内；二是确立用水效率控制红线，到 2030 年用水效率达到或接近世界先进水平，万元工业增加值用水量降低到 40 m³ 以下，农田灌溉水有效利用系数提高到 0.6 以上；三是确立水功能区限制纳污红线，到 2030 年主要污染物入河湖总量控制在水功能区纳污能力范围之内，水功能区水质达标率提高到 95% 以上。面对水环境的严峻形势，为切实加大水污染防治力度，保障国家水安全，2015 年 2 月，中央政治局常务委员会会议审议通过《水污染防治行动计划》（简称"水十条"），2015 年 4 月 2 日成文，2015 年 4 月 16 日发布，自起实施。其主要指标为，到 2030 年全国七大重点流域水质优良比例总体达到 75% 以上，城市建成区黑臭水体总体得到消除，城市集中式饮用水水源水质达到或优于 Ⅲ 类比例总体为 95% 左右。

为实现《关于实行最严格水资源管理制度的意见》和《水污染防治行动计划》的相关水环境目标，参考水质目标管理，通过定量地推算河流、湖库水环境容量从而得到各排污口的允许排放量，对指导工矿企业排污、城市规划布局、水资源的合理开发利用与保护，以及国民经济和社会可持续发展等方面具有重要意义。

2. 推算步骤

一般情况下，水环境容量计算分为以下5个步骤：

（1）基础资料调查与分析。收集目标水域的水文与水质资料，包括流域面积、流速、流量、水位、污染现状等；调查目标水域内的排污口资料，包括各个排污口的污水排放量、污染物浓度和位置；调查污染源资料，包括点源污染和面源污染的排污量、排污去向和排污方式等。

（2）水域概化。将复杂的河道地形概化成简单的河道地形，将非稳态的水流概化成稳态水流，将相邻的多个排污口或取水口概化成一个排污口或取水口。水域概化的最终目的是将复杂的天然水体简化成便于计算的简单水体。

（3）划分控制单元。根据水体水功能区划、水质敏感点和已有的控制断面将水体划分为多个控制单元，不同的控制单元执行不同的水质达标标准。

（4）选择水质模型。选择合适的水质模型是水环境容量计算的关键。选择适合于目标水体的水质模型不仅可以减少计算的工作量，还能提高计算准确度。常用的水质模型可以分为零维、一维、二维和三维水质模型，其中一维模型是使用最广泛的水质模型。

（5）计算水环境容量。确定已选水质模型所需要的参数，将前期收集的水文水质数据、排污数据和污染源数据带入到水质模型当中，计算出水环境容量。

6.4.2 河流水环境容量的推算

1. 中小型河流的水环境容量

对于上游来污量较稳定，即来水污染物浓度可视为常数，河段内污染物的离散、沉降可以忽略不计的情况，一元水质基本方程可用来推算水环境容量。为了简化，这里假设污染物呈线性衰减，并且从控制污染的安全角度考虑，选用设计枯水流量 Q。按排污口布置的方式，水环境容量可分为以下3种：

（1）只有一个排污口（单点）的河段水环境容量。排污口在河段下游时，如图6-9所示，可以得到

$$W_p = 86.4\left(\frac{C_N}{\alpha} - C_o\right)Q + K\frac{x}{U}C_oQ \tag{6-80}$$

式中：W_p——单点河段水环境容量，kg/d；

α——稀释流量比（清污流量比），$\alpha = \frac{Q}{Q+q}$；

C_o、C_N——上游来水的污染物浓度和水质标准，mg/L；

x——河段纵向距离，km；

U——平均流速，m/s；

K——污染物衰减系数，d^{-1}，对于难以降解的污染物，可取 $K=0$，一般来说

$$K = \frac{1}{\Delta t}\ln\frac{C_o}{C}$$

式中：Δt——河段流经时间；

C_o、C——流经上、下断面的污染物浓度，mg/L；

式（6-80）右端第一项代表的即是差值容量，而第二项则代表同化容量。

如果排污口在河段上游，则水环境容量计算式为

$$W_p = 86.4\left(\frac{C_N}{\alpha} - C_o\right)Q + K\frac{x}{U}C_N(Q+q) \qquad (6-81)$$

（2）有多个排污口（多点）的河段水环境容量。如图 6-9 所示，污染物浓度沿程变化，分析可得：

$$\sum W_p = 86.4(C_N - C_o)Q_o + KC_oQ_o\frac{\Delta x_o}{U_o} + 86.4C_N\sum_{i=1}^{n}q_i + C_N\sum_{i=1}^{n-1}\left(K\frac{\Delta x_i}{U_i}Q_i\right) \quad (6-82)$$

式中：Q_i——各断面总流量，$Q_i = Q_{i-1} + q_i$；

U_i——各断面平均流速；

U_o——起始断面平均流速；

Δx_i——各排污口断面间距离；

Δx_o——第一流段长度；

Q_o——原河道起始断面流量。

其余符号同前。

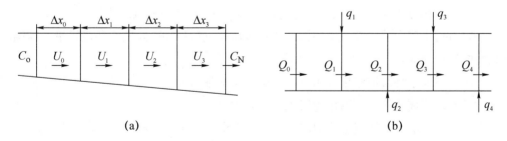

图 6-9　多个排污口的河段

（a）剖面示意图；（b）俯视图

（3）河段两岸均匀排污时的最大容量：

$$W_{pmax} = 86.4(C_NQ_n - C_oQ_o) + \frac{Q_o + Q_N}{2}C_NK\frac{x}{U} \qquad (6-83)$$

式中：Q_N——河段终端流量。

2. 大型河流水环境容量

大型河流一般宽深比和流量较大，流速也较大。由岸边排污口泄入河中的污水流量相对很小，同时污水沿岸边形成污染带。污染带的浓度及宽度都与污染物的横向扩散密切相关。横向扩散越强，河流的稀释自净能力就越强。

在诸多河道特性中，岸坡坡度、水深、流速对横向扩散影响较大。大河流的环境容量不但要考虑河道流量变化和相应横向扩散特性，而且必须考虑河段的保护范围和相应的环境目标。因此需要进行多种控制污染的组合方案的比较，才能最终确定其水环境容量。这里只简单给出污染带岸边控制点浓度的确定方法。

对于排污口为连续点源岸边排放（考虑边界反射影响），污染带内任一点的浓度可由二维移流扩散方程简化推得：

$$C(x,z) = \frac{2m}{U_x \sqrt{4\pi E_z x / U_x}} \exp\left(-\frac{U_x Z^2}{4 E_z x} \right) \tag{6-84}$$

式（6-84）适用于均匀紊流。

如采用岸边浓度控制，则岸边 $Z=0$，考虑一次反射影响，岸边浓度为

$$C(x,0) = \frac{2m}{U_x \sqrt{4\pi E_z x / U_x}} \tag{6-85}$$

式中：m——污染物投放率，即沿单位水深污染物平均投放量，g/s，可用 $m = \frac{q_o c_o}{h}$ 表达，其中 h 为河道水深，q_o、C_o 分别为排污口污水流量和浓度；

x、z——沿水流方向和沿河宽方向的纵、横坐标；

E_z——横向剪切离散系数。

3. 水环境容量的 m 值计算法

这种简化计算方法既是浓度控制法的改进（直接推算允许排放浓度），也是总量控制法的简化。它适用于确定受毒性较小的污染物和其他有机污染物影响的水环境容量，即确定这些污染物的排放标准。

此方法从河段水环境质量标准出发，根据河段水量与混合物的质量守恒原理，推算河段内各排污口允许排放浓度，同时也规定出排污流量。

如图6-10所示，大河流量为 Q，一侧岸边某排污口排污流量为 q，排污浓度为 C_d，排污口附近上下两断面的污染物浓度分别为 C_o 和 C_N，如果忽略污染物的衰减作用，只考虑稀释，则应有

$$C_N (Q+q) = C_o Q + C_d q \tag{6-86}$$

那么

$$C_d = \frac{[C_N(Q+q) - C_o Q]}{q} = C_N + \frac{C_N - C_o}{q} Q = C_N \left(1 + \frac{Q}{q} - \frac{Q}{q}\frac{C_o}{C_N} \right) \tag{6-87}$$

若取 C_N 为符合环境要求的水质标准（浓度），并令 $Q/q = \gamma$，$C_o/C_N = \beta$，符合水环境要

求的允许排放浓度即为

$$C'_d = C_N(1 + \gamma - \gamma\beta) \tag{6-88}$$

再令 $m = 1 + \gamma - \gamma\beta$，$m$ 为标准稀释系数，则

$$C'_d = mC_N \tag{6-89}$$

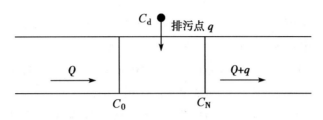

图6-10　排污示意图

式（6-89）只适用于 $\beta \leqslant 1$ 的情况，表面看这似乎只是对排放浓度的控制，而实质上对污水排放流量的控制已隐含在确定 m 值的过程中，即由清污水流量比 γ 来控制 q 值。

河段中有多个排污口相距又不太远时，可把它们合并为一个排污口考虑。总污水控制流量就是各排污口控制流量之和，即 $q = q_1 + q_2 + \cdots + q_n$；而各排污口排放浓度控制都用相同的 C'_d 值。

m 值计算法没有直接考虑衰减作用，但从 $C_d = C_N + (C_N - C_o)Q/q$ 中可以看出：此式右端第二项反映了由流量比 Q/q 控制的稀释作用，即允许 C'_d 超过 C'_N 的值是通过控制排污流量 q 来实现的。

当 $q = Q$，$C_d = 2C_N - C_o$；当 $q \gg Q$ 时，$C_d = C_N$，即排污标准必须达到水质控制标准：

$$W_p = C'_d \cdot q \cdot \Delta t = 86.4 C'_d \cdot q \tag{6-90}$$

4. 沿河各排污口排放限量的确定

（1）工作步骤：

第一步，对河流使用价值的历史与现状以及河流污染源和污染现状进行综合调查与评价。

第二步，将河流按自然条件与功能划分为若干河段作为水环境目标（对象）。

第三步，根据污染现状，分析找出造成河流污染的主要污染物作为水质参数。它们是选择河段排放标准的依据，故应具有较强的代表性。一般可选溶解氧、COD、BOD 和酚等。

第四步，根据各河段水环境目标，按国家水环境质量标准确定各河段水质标准。

第五步，确定各排污口河段的设计安全流量，一般取十年一遇的最枯月平均流量或连续 7 日最枯平均流量，此值选择是否合适将直接影响排放总量与污染物排放限量的确定。

第六步，计算河流水环境容量。先确定计算模式与系数估算方法，然后计算各河段现有各排污口的河流点容量及其总和。

第七步，对不同排放标准方案的经济效益和可行性进行对比分析，选择最优方案，从而

确定河流排污削减总量和各排污口的合理分摊率。

第八步，按照最优排放方案，对河段进行水质预测，即预测执行排放标准后的河段水质状况。

（2）削减总量的计算和分配。削减总量：

$$W_k = W^* - \sum W_p \qquad (6-91)$$

式中：W^*——河段中各排污口每日入河的污染负荷总量（即现实排污总量），kg/d；

$\sum W_p$——河段中各排污口的河流点容量之和，kg/d；

当 $W^* < \sum W_p$ 时，$W_k < 0$，说明还有一部分水环境容量未被利用，除留 10% ~ 20% 作为安全容量外，余量可作为今后工农业和城镇发展之用。

当 $W^* > \sum W_p$ 时，$W_k > 0$，说明该河段应削减的排污量为 W_k。各排污口应分担削减的量，可按各处的污染负荷比进行加权分配，即某排污口应削减量为

$$W_{ki} = W_k \frac{W_i^*}{W^*} \qquad (6-92)$$

式中：W_i^*——某排污口每日入河的污染负荷，kg/d。

实际上在进行削减总量分配时，还要考虑其他一些因素的影响，如环保部门有时要根据社会政治因素和环保技术政策对计算的分配额做适当调整，有时根据各排污口处理污水所需费用的经济分析比较，也会对分配额做适当调整，以求取得最佳经济效益的方案。

（3）计算实例：

[**例6-8**]　某河段如图6-11所示。断面1-1以上河流的环境目标是游览，以下为渔业。水环境质量标准及水文、水质资料见表6-8和表6-9。原主河道流量 $Q = 4 \text{ m}^3/\text{s}$，两条支流分别汇入流量为 $Q_1' = 1 \text{ m}^3/\text{s}$，$Q_2' = 1.5 \text{ m}^3/\text{s}$。试确定河段中排污点的排放标准。

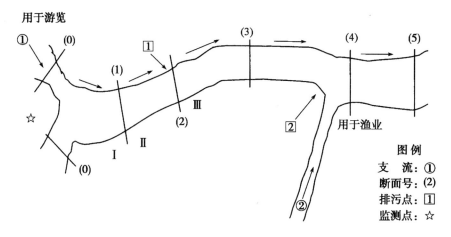

图6-11　河流形势及河段使用目标图

表6-8 河流水环境目标及水质资料

河流节点编号	距离/km	水环境目标	C_N/(mg/L)		流量/(m³/s)		稀释比	BOD		DO	
			BOD	DO	Q	q	α	mg/L	kg/d	mg/L	kg/d
初始断面（0）	0	游览	≤4.5	≥6.5	1			2.5		8	
支流①	2.5							2.0	172.8		691.2
断面（1）	3.0									0	
排污点1	4.5	渔业	≤6.0	≥4.5		1			4320		0
断面（2）	4.5						0.80	50			
断面（3）	6.0						0.83				
排污点2	7.5				1.5	0.5					
支流②	8.0						0.92	2	86.4	0	0
断面（4）	8.0						0.81	2	259.2	7.5	672
断面（5）	10						0.75				

注：C_N系参考值。

表6-9 有关河流水质的系数

河段号	流速	耗氧系数K_1	复氧系数K_2	河段长度
	m/s	d⁻¹	d⁻¹	km
I	0.45	0.25	0.6	3
II	0.4	0.3	0.55	1.5
III	0.35	0.35	0.5	1.5
IV	0.3	0.32	0.3	2
V	0.25	0.37	0.4	2

解 由表6-8可知，①断面以上的水质参数BOD和DO都符合游览水环境质量标准。断面①以下有两个排污点和支流"2"汇入，按环境目标，这一河段须依渔业用水要求来确定排污点的排放标准。首先用总量控制法考虑，本题取水质参数BOD进行控制。任一流段上、下断面污染物浓度关系可由一维水质模型推得：

$$C_下 = C_上\left(1 - 0.011\,6\,\frac{K_1 x}{U} + 0.011\,6\,\frac{W^*}{C_上 Q}\right)\alpha$$

式中：W^*——旁侧入流的实测污染负荷，kg/d；

$\quad\quad K_1$——耗氧系数；

$\quad\quad A$——稀释流量比。

浓度C以mg/L计，而X、U、Q分别以km、m/s、m³/s计。

① 确定①断面的BOD值。针对I流段，查表5-7和表5-8可得

$$x = 3 \text{ km}, \alpha = \frac{Q}{Q+q} = 4/5, C_{\pm} = 2.5 \text{ mg/L}$$

实测 $W^* = 172.8 \text{ kg/d}$, $U = 0.45 \text{ m/s}$, $K_1 = 0.25$。

下断面即①断面的浓度（BOD）值为

$$C_{\mp} = \text{BOD}_1 = 2.5\left(1 - 0.011\,6\frac{0.25 \times 3}{0.45} + 0.011\,6\frac{172.8}{2.5 \times 4}\right) \times 0.8 = 2.362 \text{ mg/L}$$

② 确定Ⅱ流段的环境容量，仍用 BOD 值控制，因该流段只有一个排污口，故按单点容量计算模式。依渔业标准取 $C_N = 6 \text{ mg/L}$, $Q = 5 \text{ m}^3/\text{s}$, $q = 1 \text{ m}^3/\text{s}$, $\alpha = 5/6$, $x = 4.5 \text{ km}$, 查表得 $U = 0.40 \text{ m/s}$, $K_1 = 0.30$。由式（6-71）得流段容量（纳污能力）：

$$W_{\text{II}} = W_p = 86.4 \times \left(\frac{6}{0.83} - 2.362\right) \times 5 + 0.3 \times 0.362 \times 5 \times \frac{1.5}{0.4} = 2\,115 \text{ kg/d}$$

查表知排污点"1"的实际污染负荷 $W_1^* = 4\,320 \text{ kg/d}$, 故此处须削减排污量：

$$W_k = W_1^* - W_p = 2\,205 \text{ kg/d}$$

③ 确定③断面的 BOD 值，如果认为Ⅱ流段经稀释净化、排污削减后，在第②断面处已达水质指标，故可取 $C_{②} = C_N = 6 \text{ mg/L}$。Ⅲ流段无旁侧入流，$x = 1.5 \text{ km}$, $K_1 = 0.35$, $U = 0.35 \text{ m/s}$, $\alpha = 1.0$, $W^* = 0$, 则对Ⅲ流段，有

$$C_{\mp} = \text{BOD}_{③} = \left(1 - 0.011\,6\frac{0.35 \times 1.5}{0.35}\right) \times 1.0 = 5.896 \text{ mg/L}$$

④ 确定Ⅳ河段各点的水环境容量，将排污点"2"和支流"2"作为两个旁侧入汇点，采用多点河流容量计算模式。

第一，本河段进入断面浓度即 $C_o = \text{BOD}_{③}$, 流量 $Q = 6 \text{ m}^3/\text{s}$, 区间汇入流量 $q = 0.5 + 1.5 = 2 \text{ m}^3/\text{s}$, 断面③至排污点 2 的距离 $\Delta x_o = 7.5 - 6 = 1.5 \text{ km}$, 排污点 2 至断面④的距离 $\Delta x_1 = 0.5 \text{ km}$, $U = 0.3 \text{ m/s}$, 本河段取 $K_1 = 0.32$, 依式（6-82）得各点容量和：

$$W_{\text{IV}} = W_p = 86.4 \times (6 - 5.896) \times 6 + 0.32 \times 5.896 \times 6 \times \left(\frac{1.5}{0.3}\right) + 86.4 \times 6 \times$$

$$(0.5 + 1.5) + 6 \times \left(0.32 \times \frac{0.5}{0.3} \times 6.5\right)$$

$$= 1\,168 \text{ kg/d}$$

第二，由表6-8可知Ⅳ河段包括支流"2"的实际污染负荷，即实测 BOD 值 $W_{\text{IV}}^* = 259.2 + 86.4 = 345.6 \text{ kg/d} < W_{\text{IV}}$, 没有超过该河段水环境容量，因此 BOD 浓度也不会超过渔业水质标准。

第三，排污点 2 的单独点容量。若取 $K_1 = 0.32$, $\alpha = 0.92$, 依式（6-80）得排污点 z 的排放标准：

$$W_{\text{pz}} = 86.4 \times 6 \times \left(\frac{6}{0.92} - 5.896\right) + 0.32 \times 5.896 \times \left(\frac{1.5 \times 6}{0.3}\right) = 381 \text{ kg/d}$$

因为 $W_z^* = 86.4 < W_{\text{pz}}$, 故排污点 2 无须削减排污量，而且该处水容量还有发展利用

余地。

这里再用 m 值控制法推算浓度控制的排放标准。前边已求得①断面的 $BOD_① = 2.362$ mg/L，则①断面下面紧邻排污点 1 上游处河流的 BOD 值即浓度 C_o 可由式（6–89）算得：

$$C_下 = 2.362\left(1 - 0.011\,6 \times \frac{0.3 \times 1.5}{0.4}\right) = 2.331 \text{ mg/L} = C_o$$

在排污点 1 处：

$$\gamma = Q/q = 5, \beta = C_o/C_N = 2.330/6$$

则

$$m = 1 + \gamma - \gamma\beta = 1 + 5 - 5 \times 0.388\,5 = 4.057\,5$$

排污点 1 处的排放浓度应为 $C_d = m$，$C_N = 24.345$ mg/L，相应每日允许排污量以 BOD 计为

$$W_允 = 86.4 \times q_1 \times C_d = 86.4 \times 1 \times 24.345 = 2\,103 \text{ kg/d}$$

前边总量控制法得排污点 1 处的容量，即允许排污量 $W_{p1} = 2\,115$ kg/d。这两种算法的结果仅差 12 kg/d，说明 m 值控制法还是比较可靠的。

6.4.3　水库水环境容量的推算

1. 单点排污口

如果湖泊或水库只有一个排污口，而且在其附近水域中无其他污染源，就可以按单点污染源废水稀释扩散法推算入湖、库废水的允许排放量，即环境容量。湖、库水体与河流有很大不同，计算前需要确定以下各参数：

（1）排污口附近水域的水环境标准 C_N，一般应根据该区域水体主要功能和主要污染物确定。

（2）自排污口进入湖、库的污水排放角度 ϕ（以弧度计）。若在开阔岸边垂直排放，可取 $\phi = \pi$；湖心排放，$\phi = 2\pi$。

（3）自排污口排出后，废水在湖中允许稀释距离 r（m）。

（4）按一定保证率（90% ~ 95%）的湖、库月平均水位，确定相应水位下的湖、库设计容积，再推算相应废水稀释扩散区的平均水深 H（m）。

（5）水体自净系数 K 由现场调查和试验确定。

计算单点排污口允许排放浓度 C_d' 的公式为

$$C_d' = C_N \exp\left(\frac{K\phi H}{2q}r^2\right) \tag{6–93}$$

式中：q——排污口日排放废水量，m^3/d；

$\qquad C_N$——湖、库水质标准。

其余符号意义同前。

计算允许排放总量（水环境容量）公式为

$$W_p = C_d' \cdot q \qquad (6-94)$$

入湖、库污染物排放量若仍以 $W^* = cq$ 表示，则需削减的排放量即为

$$W_k = W^* - W_p \qquad (6-95)$$

2. 多点排污口

一般小型（浅水）湖、库容量和径流量都较小，污水进入水体后容易混合，使水域各处浓度差异不大，这类水体称为均匀混合型。而大型（深水）湖、库水域宽阔，容积很大，污水进入水体后的稀释、扩散过程常为分层型不均匀混合。当湖、库周界上有多个排污口时，应首先确定水体是均匀混合型还是分层混合型，从而采取不同的计算方法。判别类型时，除应考虑水温是否分层外，还必须通过现场调查和水质监测资料的分析来确定。这里仅介绍均匀混合型湖、库水环境容量的推算方法。

具体步骤如下：

（1）现场调查与收集资料，确定：

① 按 90% ~ 95% 保证率调查相应湖、库最枯月平均水位，相应湖、库容积和平均深度。

② 枯水季节降水量和年降水量。

③ 枯水季节入湖、库地表径流量与年地表径流量。

④ 各排污口污水排放量和排放的主要污染物种类、浓度。

⑤ 湖、库面水质监测点的布设情况与监测资料。

（2）进行湖、库水质现状评价，以该水域主要功能的水环境质量要求作为评价标准；确定需要控制的污染物和相应的措施。

（3）根据湖、库用水对水质的要求和适宜的湖、库水质模型，对所需控制的那些污染物的允许负荷量（环境容量）进行计算：

$$\sum W_p = C_s' \left(\frac{HQ}{V} + 10 \right) A \qquad (6-96)$$

式中：$\sum W_p$——对某污染物的允许负荷量，kg/a；

$\quad\quad C_s'$——水体对该污染物的允许排放浓度，g/m^3；

$\quad\quad Q$——进入湖、库的年水量，包括入湖、库地表径流、污水和湖面降水，$10^4 \ m^3/a$；

$\quad\quad V$、H、A——90% ~ 95% 保证率的最枯月平均水位相应的水库容积（$10^4 \ m^3$）、平均水深（m）、湖面面积（$10^4 \ m^2$）。

（4）将推算的水库水环境容量 W_p 与入湖污染物实际排入量 W^* 比较，判别是否需要削减入湖污水排放量。如果需要削减，可参见本节前述，按式（6-91）和式（6-92）进行削减总量的计算与分配。

3. 安全容积法

许多研究资料表明：湖、库水环境容量主要与其蓄水量（容水体积）有关。因此防止水体污染就必须保证有一定的安全库容。这样才能使湖、库水体发挥其净化功能，使水体中的污染物控制在安全水平以下。通常把这种安全库容，即实际入湖、库负荷量等于该水体最

大容许负荷量时的湖、库蓄水量，称为防止污染的临界库容。湖、库水体的环境容量也可按能维持某种水环境质量标准的污染物排放总量进行计算。取枯水期湖泊容积等于安全容积，则其计算公式为

$$W = \frac{1}{\Delta t}(C_N - C_0)V + KC_NV + C_Nq \tag{6-97}$$

式中：W——湖泊水体环境容量，g/d；

　　　Δt——枯水期时间，d，取决于湖水位年内变化情况。若水位年内变幅较大，Δt 取60～90 d；若湖水位常年稳定，Δt 取90～150 d。

　　　C_N——某污染物的水环境质量标准浓度，mg/L；

　　　C_0——湖中该污染物的起始浓度，mg/L；

　　　V——湖泊的安全容积，m^3；

　　　q——在安全容积期间，从湖泊排出的流量，m^3/d；

　　　K——湖泊污染物质自然衰减系数，d^{-1}，K 值可从实测资料中反推算：

$$K = \frac{P\Delta t + M_0 - M}{\Delta t \cdot M_0} \tag{6-98}$$

式中：P——每日进入湖泊的污染物质量，kg/d；

　　　$P\Delta t$——Δt 时段内进入的污染物质总量，kg；

　　　M_0——起始时水体污染物质总量，kg；

　　　M——时段末水体污染物质总量，kg。

　　K 值也可由实验确定：

$$K = \frac{1}{\Delta t}\ln\frac{C_0}{C} \tag{6-99}$$

式中：Δt——实验时段，d；

　　　C_0——起始时的污染物浓度，mg/L；

　　　C——经过 Δt 时段后的污染物浓度，mg/L。

　　河流、水库等水体的水环境容量确定之后，便可以进行水质管理、水环境质量评价与水资源保护规划等工作。

习 题

一、填空题

1. 污染物有_____和_____之分。前者是指在运动过程中，污染物自身不发生化学变化，原物质的_____保持恒定。后者是指污染物本身将在运动过程中发生化学变化，也随之变化。

2. 水环境一般可以分为_____水环境和_____水环境。前者是指流速很低甚至没有流

动的水体，如一些水库、湖泊等；后者则是指具有一定流速的水体，如河流、渠道中的水流。

3. 污染物质在水中运动的形式，可以分为两大类：一类是_____；另一类是_____。

4. 水质模型，是一个用于描述物质在水环境中的混合、迁移的，包括物理、化学、生物作用过程的_____，该方程（或方程组）用来描述_____与_____间的定量关系，从而为水质_____、_____和_____提供基础的量化依据。

5. 水环境容量的推算是以污染物在水体中的_____以及_____为基础的，是对污染物基本运动规律的实际应用。

6. 水环境容量的计算，从本质上讲就是由_____出发，反过来推算水环境在此标准下所剩的_____，其中包含了在总量控制的情况下，对_____的估算和再分配。

7. 与瞬时投放的点源扩散不同，时间连续源投放时，在污染源附近的区域内，浓度随时间不是_____，而是随时间的延长而逐渐_____，且越靠近污染源，其起始浓度_____，距污染源较远的区域浓度_____。

8. 水质模型是一个用于描述污染物质在水环境中的_____的数学方程或方程组。求解方法很多，对于简单可解情况，可以求出其解析解；对于复杂情况，则可以采取数值解法。因此水质模型解的精度及可靠性不会超过_____。

9. 进行水质模型研究的主要目的，在现阶段主要是用于_____。随着社会的发展和水处理技术的进步，点源污染的影响相对变得越来越小；而_____污染，如农业和城市污染，变得越来越重要，水质模型也向_____发展。

10. 当研究河段的水力学条件为_____且_____时，可考虑应用零维水质模型。

11. 对于具有较大宽深比的河段，污染物在水流方向以及河宽方向的污染物分布都是我们所关心的，此时，可采用_____预测混合过程中的水质情况。

12. 随着水处理技术的发展，_____的污染问题逐渐减小，_____而_____污染（包括_____和_____）和来自农业、城市的雨水径流污染问题显得越来越突出。

13. 点排污口推算入湖、库废水的允许排放量即环境容量，需要确定排污口附近水域的_____，一般应根据该区域水体的_____和_____确定。

二、思考题

1. 污染物在静态水域是如何传播的？与静态水域相比，污染物在动态水域的传播特点是什么？

2. 简述随流输移运动与扩散运动的区别和联系。

3. 解释扩散与紊动扩散现象。

4. 从运动阶段上考察，如何理解移流扩散三个阶段的运动特点？

5. 简述水质模型主要求解方法。

6. 根据具体用途和性质，水质模型的分类标准有哪些？

7. 水质模型建立的一般步骤是什么？

8. 确定沿河各排污口排放限量的工作步骤是什么？

9. 简述混合型湖、库水环境容量推算方法的具体步骤。

三、计算题

1. 一均匀河段有一含 BOD 的废水从上游端流入，废水流量 $q = 0.2$ m^3/s，相应 $C_2 = 200$ mg/L，大河流量 $Q = 2.0$ m^3/s，相应 $C_1 = 2$ mg/L，河流平均流速 $U = 20$ km/d，BOD 衰减系数 $K_1 = 2$ d^{-1}，扩散系数 $E_x = 1$ m^2/d，试推算废水入河口以下 1 km、3 km、5 km 处的 BOD 浓度值。

2. 一均匀河段，有一含 BOD$_5$ 的废水稳定流入，河水流速 $U = 20$ km/d，起始断面，BOD$_5$ 和氧亏值分别为 $B_1 = 20$ mg/L，$D_1 = 1$ mg/L，$K_1 = 0.5$ d^{-1}，$K_2 = 1.0$ d^{-1}，试用 S – P 模型计算 $x = 1$ km 处的河水 BOD$_5$ 浓度、氧亏值、最大氧亏值及其出现的位置。

3. 仍以第 2 题数据，已知大河流量 $Q = 50$ m^3/s，若河段内有一排污渠汇入，排污流量 $q = 1.0$ m^3/s，污染负荷 $B^* = 4\ 320$ kg/d，$C^* = 72$ kg/d，用 BOD – DO 模型计算 $x = 1.0$ km 处的 BOD 和 DO 值。

4. 当有污水入库时，为什么要求水库要保证有一定的蓄水量？某河流岸边有一排污口，大河流量 $Q = 10$ m^3/s，排污口污水流量 $q = 0.8$ m^3/s。大河来流的污染物浓度 $C_0 = 6$ mg/L，本河段水质标准 $C_N = 12$ mg/L，河段长 $x = 1.2$ km，衰减系数 $K = 0.25$ d^{-1}，河段平均流速 $U = 0.6$ m/s，试用两种计算模式求该河段水环境容量 W_p。若排污口每日入河的实际污染负荷总量为 7 200 kg/d，试确定该河段排污量是否需要削减，以及削减总量。（排污口在河段下断面）

5. 若某水库枯水期库容 2×10^8 m^3，枯水期 80 天，该湖水质标准 BOD$_5$ 浓度 $C_N = 3$ mg/L，BOD$_5$ 起始浓度 $C_0 = 12$ mg/L，枯水期从湖中排出流量 $q = 1.5 \times 10^6$ m^3/d，$K = 0.1$ d^{-1}。试求水库 BOD 的环境容量。

第 7 章

水环境保护与污染控制

内容概要

本章主要介绍了水环境保护与污染控制的相关内容。通过学习本章内容，学习者能了解水环境保护标准和法规，理解水体污染监测的目的和方法，了解水体污染控制和治理的方法，了解水环境保护与管理规划的内容，了解水功能的区划体系和区划方法，理解水环境容量使用权交易的内涵和构建方法。

水环境是构成环境的基本要素之一，是人类社会赖以生存和发展的重要场所，也是受人类影响和破坏最为严重的区域。近年来，在水供求关系紧张及水污染严重的双重压力下，水环境问题日趋严重，已经成为制约国民经济发展的重要因素。因此，保护水环境，制定相应的管理措施刻不容缓。同时，维护和恢复水环境功能是社会文明的标志、社会经济发展的需求，也是生态环境保护和生物多样性保护的要求，其长远的环境效益、社会效益和经济效益十分显著。

7.1 水环境保护标准与法规

7.1.1 水环境保护标准

为了贯彻执行《环境保护法》和《水污染防治法》，控制水污染，保护江河、湖泊、运河、渠道、水库等地表水体及地下水的水质，我国环境保护行政主管部门和国家质量技术监督主管部门制定和发布了一系列的水环境标准，形成了较为完整的水环境标准体系，如图 7－1 所示。

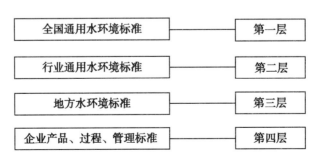

图 7－1　水环境标准体系层次图

水环境质量标准和水污染物排放标准是水环境标准体系中的两个基本标准。根据环境保护法规定，它们分为国家标准和地方标准、综合标准和行业标准，采用统一的环境标准代号：

GB——强制性国家标准

DB——强制性地方标准

HJ——强制性环保行业标准

GB/T——推荐性国家标准

HJ/T——推荐性环保行业标准

SL——水利行业标准

SL/T——水利行业推荐标准

水环境标准体系除了主体标准——水环境质量标准和水污染物排放标准外，作为支持系统和配套标准的还有：环境基础标准、水质分析方法标准、水环境标准样品标准和环保仪器设备标准（行标）4 种，如图 7－2 所示。另外，与其相关的标准还有排污收费标准等。

- 水环境标准体系
  - 水环境质量标准
    - 地表水环境质量标准
    - 地下水环境质量标准
    - 渔业用水水质标准
    - 农田灌溉水质标准
    - 风景游览区水质标准
    - 其他
  - 水污染物排放标准
    - 污水综合排放标准
    - 行业水污染物排放标准
  - 水质分析方法标准
    - 分析方法标准
    - 采样方法标准
    - 试验方法标准
  - 水环境标准样品标准
    - 标样
    - 样品标准
  - 环境基础标准
    - 专业术语
    - 原则导则
    - 图式标志
    - 管理标准
    - 技术规范
  - 环保仪器设备标准
    - 分析检测仪器
    - 环保设备

图 7－2　水环境标准体系

1. 水环境质量标准

水环境质量标准是为控制和消除污染物对水体的污染，根据水环境长期和近期目标而提出的质量标准。水环境质量标准也称水质量标准，是指为保护人体健康和水的正常使用而对水体中污染物或其他物质的最高容许浓度所做的规定。

各国一般按照水体的不同用途分别制定水环境质量标准。例如，美国将水域按游览、养鱼、水禽养殖和公共用水分为四大类。我国为了加强对水域的管理，制定了《地表水环境质量标准》（GB 3838—2002）、《地下水质量标准》（GB/T14848—2017）、《生活饮用水卫生标准》（GB5749—2006）等。

（1）地表水环境质量标准。《地表水环境质量标准》（GB 3838—2002）于 2002 年 4 月 28 日发布，2002 年 6 月 1 日实施。该标准适用于中华人民共和国领域内江河、湖泊、运河、渠道、水库等具有使用功能的地表水域。具有特定功能的水域执行相应的专业用水水质标准。

水域功能和标准分类：依据水域环境功能和保护目标，地表水按功能高低划分为五类。

Ⅰ类：主要适用于源头水、国家自然保护区。

Ⅱ类：主要适用于集中式生活饮用水地表水源地一级保护区、珍稀水生生物栖息地、鱼虾类产卵场、仔稚幼鱼的索饵场等。

Ⅲ类：主要适用于集中式生活饮用水地表水源地二级保护区、鱼虾类越冬场、洄游通道、水产养殖区等渔业水域及游泳区。

Ⅳ类：主要适用于一般工业用水区及人体非直接接触的娱乐用水区。

Ⅴ类：主要适用于农业用水区及一般景观要求水域。

对应地表水上述五类水域功能，地表水环境质量标准基本项目标准值也被分为五类，不同功能类别分别执行相应类别的标准值（见表 7-1）。同一水域兼有多类使用功能的，执行最高功能类别对应的标准值。

表 7-1 地表水环境质量标准（GB 3838—2002）

序号	参数	Ⅰ类	Ⅱ类	Ⅲ类	Ⅳ类	Ⅴ类
1	水温/℃	人为造成的环境水温变化应限制在： 夏季周平均最大温升≤1 冬季周平均最大温降≤2				
2	pH	6~9				
3	溶解氧≥	饱和率90%（或7.5 mg/L）	6 mg/L	5 mg/L	3 mg/L	2 mg/L
4	高锰酸盐指数/（mg/L）≤	2	4	6	10	15
5	化学需氧量（COD）/（mg/L）≤	15	15	20	30	40
6	五日生化需氧量（BOD_5）/（mg/L）≤	3	3	4	6	10
7	氨氮（NH_3-N）/（mg/L）≤	0.015	0.5	1.0	1.5	2.0

续表

序号	参数	Ⅰ类	Ⅱ类	Ⅲ类	Ⅳ类	Ⅴ类
8	总磷（以 P 计）/(mg/L) ≤	0.02（湖、库 0.01）	0.1（湖、库 0.025）	0.2（湖、库 0.05）	0.3（湖、库 0.1）	0.4（湖、库 0.2）
9	总氮（湖、库，以 N 计）/(mg/L) ≤	0.2	0.5	1.0	1.5	2.0
10	铜/(mg/L) ≤	0.01	1.0	1.0	1.0	1.0
11	锌/(mg/L) ≤	0.05	1.0	1.0	2.0	2.0
12	氟化物（以 F⁻ 计）/(mg/L) ≤	1.0	1.0	1.0	1.5	1.5
13	硒/(mg/L) ≤	0.01	0.01	0.01	0.02	0.02
14	砷/(mg/L) ≤	0.05	0.05	0.05	0.1	0.1
15	汞/(mg/L) ≤	0.000 05	0.000 05	0.000 1	0.001	0.001
16	镉/(mg/L) ≤	0.01	0.005	0.005	0.005	0.01
17	铬/(mg/L) ≤	0.01	0.05	0.05	0.05	0.1
18	铅/(mg/L) ≤	0.01	0.01	0.05	0.05	0.1
19	氰化物/(mg/L) ≤	0.005	0.05	0.2	0.2	0.2
20	挥发酚/(mg/L) ≤	0.002	0.002	0.005	0.01	0.1
21	石油类/(mg/L) ≤	0.05	0.05	0.05	0.5	1.0
22	阴离子表面活性剂/(mg/L) ≤	0.2	0.2	0.2	0.3	0.3
23	硫化物/(mg/L) ≤	0.05	0.1	0.2	0.5	1.0
24	粪大肠菌群（个/L） ≤	200	2 000	10 000	20 000	40 000

（2）地下水质量标准。《地下水质量标准》（GB/T 14848—2017）于 2017 年 11 月经国家技术监督局批准，2018 年 5 月 1 日实施。该标准适用于地下水质量调查、监测、评价与管理。

依据我国地下水质量状况和人体健康风险，参照生活饮用水，工业、农业等用水质量要求，依据各组分含量高低（pH 除外），该标准将我国地下水分为五类。

Ⅰ类，地下水化学组分含量低，适用于各种用途。

Ⅱ类，地下水化学组分含量较低，适用于各种用途。

Ⅲ类，地下水化学组分含量中等，以 GB 5749—2006 为依据，主要适用于集中式生活饮用水水源及工农业用水。

Ⅳ类，地下水化学组分含量较高，以农业和工业用水质量要求以及一定水平的人体健康风险为依据，适用于农业和部分工业用水，适当处理后可用作生活饮用水。

V类，地下水化学组分含量高，不宜作为生活饮用水水源，其他用水可依据使用目的选用。

地下水质量常规分类指标见表7-2。

表7-2 地下水质量常规分类指标

序号	指标	I类	II类	III类	IV类	V类
感官性状及一般化学指标						
1	色（铂钴色度单位）	≤5	≤5	≤15	≤25	>25
2	嗅和味	无	无	无	无	有
3	混浊度/NUTª	≤3	≤3	≤3	≤10	>10
4	肉眼可见物	无	无	无	无	有
5	pH	6.5~8.5			$5.5 \leq pH < 6.5$ $8.5 < pH \leq 9$	$pH < 5.5$ 或 $pH > 9$
6	总硬度（以 $CaCO_3$ 计）/(mg/L)	≤150	≤300	≤450	≤650	>650
7	溶解性总固体/(mg/L)	≤300	≤500	≤1 000	≤2 000	>2 000
8	硫酸盐/(mg/L)	≤50	≤150	≤250	≤350	>350
9	氯化物/(mg/L)	≤50	≤150	≤250	≤350	>350
10	铁（Fe）/(mg/L)	≤0.1	≤0.2	≤0.3	≤2.0	>2.0
11	锰（Mn）/(mg/L)	≤0.05	≤0.05	≤0.10	≤1.50	>1.50
12	铜（Cu）/(mg/L)	≤0.01	≤0.05	≤1.00	≤1.50	>1.50
13	锌（Zn）/(mg/L)	≤0.05	≤0.5	≤1.00	≤5.00	>5.00
14	铝（Al）/(mg/L)	≤0.01	≤0.05	≤0.20	≤0.50	>0.50
15	挥发性酚类（以苯酚计）/(mg/L)	≤0.001	≤0.001	≤0.002	≤0.01	>0.01
16	阴离子表面活性剂/(mg/L)	不得检出	≤0.1	≤0.3	≤0.3	>0.3
17	耗氧量（COD_{Mn}法，以 O_2 计）/(mg/L)	≤1.0	≤2.0	≤3.0	≤10.0	>10.0
18	氨氮（以 N 计）/(mg/L)	≤0.02	≤0.10	≤0.50	≤1.50	>1.50
19	硫化物/(mg/L)	≤0.005	≤0.01	≤0.02	≤0.10	>0.10
20	钠/(mg/L)	≤100	≤150	≤200	≤400	>400
微生物指标						
21	总大肠菌群/(MPNᵇ/100 mL 或 CFUᶜ/100 mL)	≤3.0	≤3.0	≤3.0	≤100	>100
22	菌落总数/(CFU/mL)	≤100	≤100	≤100	≤1 000	>1 000

续表

序号	指标	Ⅰ类	Ⅱ类	Ⅲ类	Ⅳ类	Ⅴ类
	毒理学指标					
23	亚硝酸盐（以 N 计）/（mg/L）	≤0.01	≤0.10	≤1.00	≤4.80	>4.80
24	硝酸盐（以 N 计）/（mg/L）	≤2.0	≤5.0	≤20.0	≤30.0	>30.0
25	氰化物/（mg/L）	≤0.001	≤0.01	≤0.05	≤0.1	>0.1
26	氟化物/（mg/L）	≤1.0	≤1.0	≤1.0	≤2.0	>2.0
27	碘化物/（mg/L）	≤0.04	≤0.04	≤0.08	≤0.50	>0.50
28	汞（Hg）/（mg/L）	≤0.000 1	≤0.000 1	≤0.001	≤0.002	≤0.002
29	砷（As）/（mg/L）	≤0.001	≤0.001	≤0.01	≤0.05	>0.05
30	硒（Se）/（mg/L）	≤0.01	≤0.01	≤0.01	≤0.1	>0.1
31	镉（Cd）/（mg/L）	≤0.000 1	≤0.001	≤0.05	≤0.01	>0.01
32	铬（六价）（Cr^{6+}）/（mg/L）	≤0.005	≤0.01	≤0.05	≤0.10	>0.10
33	铅（Pb）/（mg/L）	≤0.005	≤0.005	≤0.01	≤0.10	>0.10
34	三氯甲烷/（μg/L）	≤0.5	≤6	≤60	≤300	>300
35	四氯化碳/（μg/L）	≤0.5	≤0.5	≤2.0	≤50.0	>50.0
36	苯/（μg/L）	≤0.5	≤1.0	≤10.0	≤120	>120
37	甲苯/（μg/L）	≤0.5	≤140	≤700	≤1 400	>1 400
	放射性指标[d]					
38	总 α 放射性/（Bq/L）	≤0.1	≤0.1	≤0.5	>0.5	>0.5
39	总 β 放射性/（Bq/L）	≤0.1	≤1.0	≤1.0	>1.0	>1.0

[a] NUT 为散射浊度单位。

[b] MPN 表示最可能数。

[c] CFU 表示菌落形成单位。

[d] 放射性指标超过指导值，应进行核素分析和评价。

（3）生活饮用水卫生标准。《生活饮用水卫生标准》（GB 5749—2006）是从保护人群身体健康和保证人类生活质量出发，对饮用水中与人群健康有关的各种因素（物理、化学和生物）以法律形式做的量值规定，以及为实现量值所做的有关行为规范的规定，经国家有关部门批准，以一定形式发布的卫生标准。

2007 年 7 月 1 日，国家标准委员会和原卫生部联合发布了强制性国家标准《生活饮用水卫生标准》，并正式实施。这项新标准提出了水质常规指标 38 项（见表 7-3）、消毒剂常规指标 4 项、水质非常规指标 64 项（见表 7-4）。与旧标准相比，新标准的指标增加了 71项，修订了 8 项；加强了对水质有机物、微生物和水质消毒等方面的要求。

表 7-3　水质常规指标及限值

序号	指标	限值
一、微生物指标[①]		
1	总大肠菌群/(MPN/100 mL 或 CFU/100 mL)	不得检出
2	耐热大肠菌群/(MPN/100 mL 或 CFU/100 mL)	不得检出
3	大肠埃希氏菌/(MPN/100 mL 或 CFU/100 mL)	不得检出
4	菌落总数/(CFU/mL)	100
二、毒理指标		
5	砷/(mg/L)	0.01
6	镉/(mg/L)	0.005
7	铬（六价）/(mg/L)	0.05
8	铅/(mg/L)	0.01
9	汞/(mg/L)	0.001
10	硒/(mg/L)	0.01
11	氰化物/(mg/L)	0.05
12	氟化物/(mg/L)	1.0
13	硝酸盐（以 N 计）/(mg/L)	10（地下水源限制时为 20）
14	三氯甲烷/(mg/L)	0.06
15	四氯化碳/(mg/L)	0.002
16	溴酸盐（使用臭氧时）/(mg/L)	0.01
17	甲醛（使用臭氧时）/(mg/L)	0.9
18	亚氯酸盐（使用二氧化氯消毒时）/(mg/L)	0.7
19	氯酸盐（使用复合二氧化氯消毒时）/(mg/L)	0.7
三、感官性状和一般化学指标		
20	色度（铂钴色度单位）	15
21	浑浊度（NTU[②]）	1（水源与净水技术条件限制时为 3）
22	臭和味	无异臭、异味
23	肉眼可见物	无
24	pH（pH 单位）	不小于 6.5 且不大于 8.5
25	铝/(mg/L)	0.2
26	铁/(mg/L)	0.3
27	锰/(mg/L)	0.1
28	铜/(mg/L)	1.0

续表

序号	指标	限值
29	锌/（mg/L）	1.0
30	氯化物/（mg/L）	250
31	硫酸盐/（mg/L）	250
32	溶解性总固体/（mg/L）	1 000
33	总硬度（以 $CaCO_3$ 计）/（mg/L）	450
34	耗氧量（COD_{Mn}法，以 O_2 计)/（mg/L）	3（水源限制，原水耗氧量 >6 mg/L 时为 5)
35	挥发酚类（以苯酚计)/（mg/L）	0.002
36	阴离子合成洗涤剂/（mg/L）	0.3
四、放射性指标[3]		指导值
37	总 α 放射性/（Bq/L）	0.5
38	总 β 放射性/（Bq/L）	1

① MPN 表示最可能数；CFU 表示菌落形成单位。当水样检出总大肠菌群时，应进一步检验大肠埃希氏菌或耐热大肠菌群；水样未检出总大肠菌群，不必检验大肠埃希氏菌或耐热大肠菌群。

② NTU 为散射浊度单位

③ 放射性指标超过指导值，应进行核素分析和评价，判定能否饮用。

表 7-4 水质非常规指标及限值

序号	指标	限值
一、微生物指标		
1	贾第鞭毛虫/（个/10L）	<1
2	隐孢子虫/（个/10L）	<1
二、毒理指标		
3	锑/（mg/L）	0.005
4	钡/（mg/L）	0.7
5	铍/（mg/L）	0.002
6	硼/（mg/L）	0.5
7	钼/（mg/L）	0.07
8	镍/（mg/L）	0.02
9	银/（mg/L）	0.05
10	铊/（mg/L）	0.000 1
11	氯化氰（以 CN^- 计)/（mg/L）	0.07

续表

序号	指标	限值
12	一氯二溴甲烷/(mg/L)	0.1
13	二氯一溴甲烷/(mg/L)	0.06
14	二氯乙酸/(mg/L)	0.05
15	1,2-二氯乙烷/(mg/L)	0.03
16	二氯甲烷/(mg/L)	0.02
17	三卤甲烷（三氯甲烷、一氯二溴甲烷、二氯一溴甲烷、三溴甲烷的总和）	该类化合物中各种化合物的实测浓度与其各自限值的比值之和不超过1
18	1,1,1-三氯乙烷/(mg/L)	2
19	三氯乙酸/(mg/L)	0.1
20	三氯乙醛/(mg/L)	0.01
21	2,4,6-三氯酚/(mg/L)	0.2
22	三溴甲烷/(mg/L)	0.1
23	七氯/(mg/L)	0.000 4
24	马拉硫磷/(mg/L)	0.25
25	五氯酚/(mg/L)	0.009
26	六六六（总量）/(mg/L)	0.005
27	六氯苯/(mg/L)	0.001
28	乐果/(mg/L)	0.08
29	对硫磷/(mg/L)	0.003
30	灭草松/(mg/L)	0.3
31	甲基对硫磷/(mg/L)	0.02
32	百菌清/(mg/L)	0.01
33	呋喃丹/(mg/L)	0.007
34	林丹/(mg/L)	0.002
35	毒死蜱/(mg/L)	0.03
36	草甘膦/(mg/L)	0.7
37	敌敌畏/(mg/L)	0.001
38	莠去津/(mg/L)	0.002
39	溴氰菊酯/(mg/L)	0.02
40	2,4-滴/(mg/L)	0.03

续表

序号	指标	限值
41	滴滴涕/（mg/L）	0.001
42	乙苯/（mg/L）	0.3
43	二甲苯/（mg/L）	0.5
44	1,1 - 二氯乙烯/（mg/L）	0.03
45	1,2 - 二氯乙烯/（mg/L）	0.05
46	1,2 - 二氯苯/（mg/L）	1
47	1,4 - 二氯苯/（mg/L）	0.3
48	三氯乙烯/（mg/L）	0.07
49	三氯苯（总量）/（mg/L）	0.02
50	六氯丁二烯/（mg/L）	0.000 6
51	丙烯酰胺/（mg/L）	0.000 5
52	四氯乙烯/（mg/L）	0.04
53	甲苯/（mg/L）	0.7
54	邻苯二甲酸二（2 - 乙基己基）酯/（mg/L）	0.008
55	环氧氯丙烷/（mg/L）	0.000 4
56	苯/（mg/L）	0.01
57	苯乙烯/（mg/L）	0.02
58	苯并［a］芘/（mg/L）	0.000 01
59	氯乙烯/（mg/L）	0.005
60	氯苯/（mg/L）	0.3
61	微囊藻毒素 - LR/（mg/L）	0.001
三、感官性状和一般化学指标		
62	氨氮（以 N 计)/（mg/L）	0.5
63	硫化物/（mg/L）	0.02
64	钠/（mg/L）	200

2. 污染物排放标准

污染物排放标准是对污染源污（废）水排放时的水质（污染物浓度）、水量或污染物总量规定的最高限值，也包括为减少污染物的产生和排放对产品、原料、工艺设备及污染治理技术等做的规定。它直接控制污染源，体现末端治理要求。污染物排放标准以水环境质量标准和水质规划目标为依据，结合我国具体技术经济条件制定。

（1）国家污水综合排放标准。《污水综合排放标准》（GB 8978—1996）按照污水排放去向，分年限规定了69种污染物最高允许排放浓度及部分行业最高允许排水量，适用于现有单位水污染物的排放管理以及建设项目的环境影响评价、建设项目环境保护设施设计、竣工验收及其投产后的排放管理。

按照国家综合排放标准与行业排放标准不交叉执行的原则，《污水综合排放标准》中规定了工业污水排放标准。

（2）标准值。污水排放标准将排放的污染物按污染物的毒性和危害程度分为两类。

第一类毒性较大，能在体内聚集和产生长远影响，要严格控制。此类污染物不分行业和污水排放方式，也不分受纳水体的功能类别，一律在车间或车间处理设施排放口采样，其最高允许排放浓度必须达到标准要求（见表7-5）。

第二类污染物则在工厂总排口取样监测，其最高允许排放浓度必须达到标准要求。

表7-5　第一类污染物最高允许排放浓度

序号	污染物	最高允许排放浓度
1	总汞/（mg/L）	0.05
2	烷基汞	不得检出
3	总镉/（mg/L）	0.1
4	总铬/（mg/L）	1.5
5	六价铬/（mg/L）	0.5
6	总砷/（mg/L）	0.5
7	总铅/（mg/L）	1.0
8	总镍/（mg/L）	1.0
9	苯并［a］芘/（mg/L）	0.000 03
10	总铍/（mg/L）	0.005
11	总银/（mg/L）	0.5
12	总 α 放射性/（Bq/L）	1
13	总 β 放射性/（Bq/L）	10

3. 水环境方法标准

水环境方法标准是为执行水环境质量标准和水污染物排放标准，对检测项目的采样方法、分析方法和检测方法等所做的统一规定。

（1）采样方法标准。采样方法标准是对水质检测采样的方法、地点、频率、仪器、样品保存等的统一规定。

（2）分析方法标准。分析方法标准是为测定水中污染物的含量、鉴定水质状况规定的统一的物理、化学或生物方法。

（3）测量方法标准。测量方法标准是测定水和废水的某些物理量的统一方法，如测定水量、水温等的方法和规定使用的仪器仪表。

4. 水环境标准样品标准

标准样品是用于标定测试仪器和验证测试方法，进行质量传递或质量控制的标准物质。水环境标准样品主要是水质分析测试中的各种污染物的标准样品。

5. 环境基础标准

环境基础标准是水环境标准中对有关词汇、术语、图式、标志、原则、导则、量纲等所做的统一规定。

6. 其他水环境标准

（1）水环境保护仪器设备标准。水环境保护仪器设备标准是为了保证环境监测仪器的质量和精度、保证水污染治理设备的效率和产品质量，对产品的各项环境保护指标所做的统一规定。为了保证监测仪器的质量，亟须制定统一的标准规定，建立技术保证体系和质量监督体系。

（2）排污收费和超标收费标准。为了运用经济手段强制实施水污染物排放标准，我国实行了排污收费制度，按标准征收排污费。

（3）水环境保护技术规范、工程验收标准。水环境保护技术规范、工程验收标准是为了对水污染源治理达标的工程设施进行设计、施工、调试所做的有关环境保护要求的统一规定。

7.1.2　水环境保护法规

水环境保护法规一直是我国环境保护法规体系中的重要部分，它与环境保护领域内的其他法规一起架构在相同的基础法律之上，只是在一些具体方面有所不同。因此，认识水环境保护法律法规必须从我国总体的环境保护法律体系入手。

1. 我国的环境保护法律体系

环境保护法是国家整个法律体系的重要组成部分，其自身也具有一套比较完整的体系。环境保护法律体系是指为保护和改善环境、防治污染和其他公害而制定的各种法律规范，以及由此形成的有机联系的统一整体。我国现已基本形成一套完整的包括水环境保护在内的环境保护法律体系。

（1）宪法。《中华人民共和国宪法》（以下简称《宪法》）是我国的根本大法，是我国环境保护法律体系的基石。《宪法》确认了环境保护是我国的基本国策，是国家的基本职责，并为环境保护法提供了立法依据、指导思想和基本原则。在《宪法》中有一系列关于环境保护的规定，如第 9 条第 2 款规定，国家保障自然资源的合理利用，保护珍贵的动物和植物。禁止任何组织或者个人用任何手段侵占或者破坏自然资源，第 26 条第 1 款规定国家保护和改善生活环境和生态环境，防治污染和其他公害，等等。

（2）综合性的环境保护基本法。《中华人民共和国环境保护法》是为保护和改善环境，防治污染和其他公害，保障公众健康，推进生态文明建设，促进经济社会可持续发展制定的法律。由中华人民共和国第十二届全国人民代表大会常务委员会第八次会议于 2014 年 4 月 24 日修订通过，自 2015 年 1 月 1 日起施行。它依据宪法的规定，确定环境保护在国家的地位，规定国家在环境保护方面总的方针、政策、原则、制度，规定环境保护的对象，确定环境管理的机构、组织、权力、职责，以及违法者应承担的法律责任。

（3）环境保护单项法。单项的环境保护法是我国环境保护法的主干。它以《宪法》和《中华人民共和国环境保护法》为基础，为保护某一个环境要素或调整某个社会关系而制定，是《宪法》和《中华人民共和国环境保护法》的具体化。目前，国家已颁布了五项环境保护法、九项资源保护法以及一些条例和法规，其中与河流污染防治相关的是：《中华人民共和国水污染防治法》《中华人民共和国水法》和《中华人民共和国水污染防治法实施细则》。

（4）环境标准。环境标准是有关污染控制、环境保护的各种标准的总称。它在环境保护法律体系中占有重要地位，是环境保护法实施的工具和依据，没有环境标准，环境保护法就难以实施。

（5）处理环境纠纷程序的法规。环境纠纷处理法规是为及时、公正解决因环境问题引起的纠纷而制定。它包括环境破坏、环境污染赔偿及环境犯罪惩治等，如《环境保护行政处罚办法》《报告环境污染与破坏事故的暂行办法》等。

（6）其他相关法律。我国民法、刑法、经济法、劳动法、行政法等相关法律含有大量有关保护环境的法律规定，它们也是环境保护法律体系的重要组成部分。例如，《中华人民共和国民法通则》第 124 条规定，违反国家保护环境防治污染的规定，污染环境造成他人损害的，应当依法承担民事责任。又如，1997 年 10 月 1 日修订实施的《中华人民共和国刑法》中新增"破坏环境资源保护罪"一节。

（7）地方环境保护法规。地方环境保护法规是指有立法权的地方权力机关——人民代表大会及其常务委员会和地方政府制定的环境保护法规、规章，是对国家环境保护法律、法规的补充和完善，它以解决本地区特定的环境问题为目标，具有较强的针对性和可操作性。这类法规包括地方环境保护条例、环境质量地方标准、污染物排放地方标准，如《上海市环境保护条例》和《河南省建设项目环境保护条例》等。

（8）我国参加的国际条约。凡是我国已参加的国际环境保护公约及与外国缔结的关于环境保护的双边、多边条约，都是我国环境保护法律体系的有机组成部分。至今我国已缔结或参加了 30 多个环境保护方面的国际条约，主要有《保护臭氧层维也纳公约》《生物多样性公约》和《联合国海洋法公约》等。

2. 环境保护的法律责任

为了保证环境保护法的实施，应当依法追究各种违法者的法律责任，这个过程可以由行政主管机关执行，也可以由司法机关依法执行。由国家行政机关追究的称为行政制裁，由司法机关追究的称为司法制裁。

违反环境保护法中不同的法律规范，将承担不同性质的法律责任。环境法律责任由环境行政责任、环境民事责任和环境刑事责任组成。

（1）环境行政责任。环境行政责任是指违反了环境保护法，实施破坏或者污染环境的单位或者个人所应承担的行政方面的法律责任，这种法律责任可分为行政处分和行政处罚。

行政处分包括警告、记过、记大过、降级、降职、开除留用、开除7种。行政处罚主要是罚款、责令支付排污费用、责令停业和关闭等。如《水污染防治法》规定，在生活饮用水地表水源一级保护区新建、扩建与供水设施和保护水源无关的项目，由县级以上人民政府按照国务院规定的权限责令停业、关闭。

当事人对行政处罚不服的，可以在接到通知之日起15日内，向做出处罚决定机关的上一级机关申请复议；对复议决定不服的，可以在接到复议决定之日起15日内，向人民法院起诉。当事人逾期不申请复议，也不向人民法院起诉，又不履行处罚决定的，由做出处罚决定的机关申请人民法院强制执行。

（2）环境民事责任。环境民事责任，是指因违反环境保护法规污染、破坏或损害环境而侵犯他人合法权益应承担的民事法律后果。根据我国《民法通则》和环境保护法律的规定，环境民事责任主要有停止侵害、排除妨碍和危害、消除危险和危害后果、恢复环境原状、赔偿损失等多种形式，适用最多的是排除危害和赔偿损失。环境民事责任一般由人民法院依法定程序予以追究；环保部门根据当事人的请求，也有权处理部分环境民事纠纷，对责任人适用民事责任。

（3）环境刑事责任。对于造成重大环境污染事故和资源破坏的单位和个人，应依法承担刑事责任。1997年修订后的《刑法》在第6章中增加了第6节，专节规定了破坏环境资源保护罪，法定最高刑为死刑。这将更有利于制裁污染环境、破坏环境和资源犯罪，有利于遏制我国环境整体恶化的趋势，这可以说是我国惩治环境犯罪立法的一大突破。

7.2 水体污染控制

目前我国正处在国民经济和城市化快速发展阶段，经济、社会发展与资源、环境的矛盾日益突出。发达国家近百年发展出现的水污染问题，在我国近30年集中爆发，与土地、淡水、能源、矿产资源的短缺一样成为严重制约我国经济和社会发展的重要因素。解决水污染问题，不仅要发展清洁生产，从源头削减污染负荷，还要从污染治理的整个过程加强治理。在加强法规建设、污染控制设施建设，研究解决其相关总体战略、科学技术问题、工程设施建设问题和管理问题的同时，还必须做好相关技术的标准化建设工作，为水污染控制和水环境综合整治各项行动提供标准与依据。水体污染控制是指控制向水体排放污染物。水污染源主要有点污染源和面污染源两种。

点污染源有具体的污染源，如工厂的排污管道口。点污染源比较容易治理，每种工业具体的污染物都可以通过开发污染物排放控制技术控制。造成工业污染的主要原因是企业不愿意自行提高成本。因此治理污染必须依靠政府和舆论强制执行。

面污染源主要是由农田过度施用农药和化肥造成。农药和化肥随着降雨或灌溉流入水体，既浪费又污染水体。就世界范围而言，农业面源污染是水环境质量恶化的主要原因，如何控制和管理农业面源污染已成为水环境政策和生态环境管理研究的重点和热点。原中华人民共和国农业部已经公布了各种农药的最大使用量标准，亟需进行普及教育，以收到良好的效果。

随着城市规模的扩大，加上城市生活污水的污染防治相对滞后，城市生活污水已成为水污染的一个重要来源。城市生活污水中的污染物主要是淀粉、脂肪、蛋白质、纤维素、糖类、矿物油等有机物，其 COD、BOD_5、总氮、总磷等成分含量较高。城市污水处理通常采用物理、化学和生物处理法，将污水中各种形态的污染物质加以分离去除或转化为无害和稳定的物质，从而使污水得到净化。这个系统称为城市污水无害化处理系统，在处理深度上分为一级处理、二级处理和三级处理。

7.2.1 水污染源预测

水体污染预测在水污染控制和水环境修复中起着至关重要的作用，是水污染控制和治理的前提，也是水环境修复方案制定的基础。

水污染源预测是在污染源现状调查评价基础上，综合考虑区域经济社会发展状况，对未来废、污水排放量和主要污染物排放量进行估计和推算。水污染源负荷预测包括废、污水量预测和污染物预测两大部分。

1. 废、污水量预测

（1）工业废水预测。采用重复利用率提高法，预测公式如下：

$$Q_B = \phi_b B \frac{1-\eta}{1-\eta_0} \qquad (7-1)$$

式中：Q_B——预测年工业废水量，10^4 t/d；

ϕ_b——基准年单位产值废、污水排放量，10^4 t/万元；

B——预测年工业总产值，10^4 万元/d；

η——预测年的水重复利用率；

η_0——基准年的水重复利用率。

（2）生活污水预测。根据城镇人均用水定额和人口发展情况，按污水排放系数进行预测：

$$Q_R = \frac{f}{1\,000} R\phi \qquad (7-2)$$

式中：Q_R——预测年生活污水排放量，10^4 t/d；

ϕ——预测年人均生活用水量，L/（人·d），各水平年城镇人均用水定额参考各地方标准；

f——污水排放系数，为生活污水排放总量与生活用水总量的比值，一般取 0.7～0.85；

R——预测年市、镇人口数，万人，按自然增长率推算，计算公式为：

$$R = R_0 \cdot (1 + k) \cdot n + R_1$$

式中：R_0——现状市、镇人口数，万人；

       k——人口自然增长率，以小数计；

       n——预测年限，a；

       R_1——人口机械增长数，视经济发展因素确定。

（3）废、污水排放总量预测。废、污水排放总量等于工业废水和生活污水预测值之和：

$$Q_T = Q_B + Q_R \tag{7-3}$$

式中：Q_T——废、污水排放总量，10^4 t/d。

（4）入河（湖、库）废、污水量计算。预测出污染源的废、污水排放总量之后，还应计算实际进入河流（或其他水域）的废、污水量 Q_d。城镇排放出的废、污水大多经过明渠、污水沟或地下管道排入河流。由于下渗、蒸发等作用，沿途要消耗部分废、污水，这部分损失采用损失系数 $K_水$ 计算。$K_水$ 的确定方法有两种：一是按实测资料反求；二是根据经验选取，一般取 $K_水 = 0.5 \sim 1.0$。

计算公式为：

$$Q_d = K_水 \times Q_T \tag{7-4}$$

式中：Q_d——入河废、污水量，10^4 t/d；

       $K_水$——入河废、污水转化系数。

2. 污染物预测

根据污染物评价结果，选取等标污染负荷比较大的几种污染物，进行污染物产生量和入河（或其他水域）量预测。

污染物产生量预测公式为：

$$W_P = U_b \beta B + U_r R - W_K \tag{7-5}$$

式中：W_P——预测污染物产生量，kg/d；

       U_b——基准年单位产值污染物排放量，kg/万元；

       β——预测削减系数，根据各城镇工业结构、发展速度、工艺革新等技术进步因素确定，其值为 $0.7 \sim 0.8$，但随社会发展会逐步降低；

       B——预测年工业产值，万元/d；

       U_r——基准年人均污染物排放量，kg/（万人·d）；

       R——预测年城镇人口，万人；

       W_K——基准年污染物去除量，kg/d。

预测出污染物产生量之后，还应换算出实际排入河流的污染物数量。污染物入河量采用污染物产生量乘以降解系数 K_0 的方法折算。由于各污染物降解难易程度不一，K_0 应根据实测资料分析确定。在缺乏实际资料时，可按河道特征、水文条件等进行经验确定。

污染物入河量的计算公式为：

$$W_d = W_P K_0 \tag{7-6}$$

式中：W_d——预测年污染物入河量，kg/d；

K_0——污染物入河前的降解系数。

7.2.2 水体污染控制概述

长期以来，科学家和工程技术人员采取了各种各样的技术控制与治理环境污染，但是，我国环境形势的现状是"局部有所改善，整体仍在恶化，前景令人担忧"。虽然有废污水处理方法，但是都需要一定的经济投入，有的方法甚至十分昂贵，且要消耗大量能源。究竟应该怎样做才能经济有效地防治水污染呢？总结国内外的经验，要经济有效地控制水污染须做到以下几点：

（1）继续加强环境保护意识的宣传。强化宣传工作，使每一位公民都意识到"保护环境，人人有责"。各级领导须懂得经济建设和环境建设相辅相成，不能牺牲环境求发展。

（2）实行综合防治。水环境是一个大系统，水体污染防治必须着眼于大系统，按区域或流域进行综合防治，以取得最好的效果。水污染防治包括给水、排水、水质监测、水质评价等。这里主要讨论水污染控制中的综合防治观点。德国鲁尔工业区在20世纪中期就设立了鲁尔河区规划和管理委员会，在殷霍夫等专家主持下进行综合治理；美国芝加哥等地也早就成立了区域规划和管理的机构，都得到较好的治理效果。

水污染的综合规划须包括排水管道系统的规划，不仅是生活污水、工业废水的管道系统，也必须对雨水系统进行合理布置。统筹考虑水污染防治与水资源利用，并以防为主。节约用水，重复利用，推行废水资源化。

（3）对工业企业（包括乡镇企业）的水污染从末端处理转变为源头控制。随着工业的迅速发展，工业的废水量大大增加，这些工业废水有的含有大量有机物，有的毒性很强，悬浮物多，排入水体严重影响了环境卫生。对于工业废水的防治，首先应考虑"清洁生产"问题。所谓清洁生产就是指资源利用率最高、污染物排放量最小的生产方式。

清洁生产的实施不仅可以减少废水和污染物排放量，获得显著的环境效益，也减少了资源和能源消耗，获得显著的经济效益。因此人们称清洁生产是一种双赢战略，清洁生产是防治一切污染的首选战略。

在设有城市生活污水处理厂的地区，应考虑把工业废水经合理预处理后排入城市污水厂集中处理。这样，可以节省基建投资、能源及运行费用，并能取得较好的处理效果。

（4）积极开展水处理技术的科学研究。由于废水的水质日益复杂，水量较大，传统的给水处理和废水处理技术已难以适应保护环境的需要。例如，有些水源中微量有机污染物的存在已是非一般混凝、沉淀、过滤、消毒等方法可以解决，必须研究适当的预处理法以满足卫生要求。

近年来随着洗涤剂、化肥、农药等的普遍使用，含氮、磷等无机营养物质的废水排放等对环境的影响引起人们注意。最突出的是水体，特别是封闭式水体的富营养化，过量藻类的繁殖使水质大大恶化，甚至使湖泊退化，此外氨氮的存在会使水体的溶解氧降低，当pH高时，氨对鱼类等水生生物还具有毒性。因此研究这些物质经济有效的去除方法也已成为现代废水处理技术的一项新课题。

（5）强化环保管理的政策。有了完善的环保法律、法规、制度、标准、技术，如果执法力度不够，仍旧难以改善环境污染面貌。因此，必须建立健全而有效的环保管理机构，坚决扭转以牺牲环境为代价、片面追求局部利益和暂时利益的倾向，严肃查处违法案件。

7.2.3 城市水体污染控制

由于近年来环境污染问题日趋严重，很多地表水体和地下水都不同程度地受到了污染，因此给水处理与废水处理之间的界限已变得模糊起来，加上它们的一些处理技术和处理构筑物有着许多相似之处，所以又往往将给水处理和废水处理合称为水处理工程。

废水处理的方法很多，归纳起来可分为物理法、化学法和生物法等。各种处理方法都有它们各自的特点和适用条件，在实际废水处理中，它们往往是要配合使用的，不能预期只用一种方法就能把所有的污染物质都去除干净。这种由若干种处理方法合理组配而成的废水处理系统，通常称为废水处理流程。

按照不同的处理程度，废水处理系统可分为一级处理、二级处理、三级处理。废水处理流程详见图7-3。

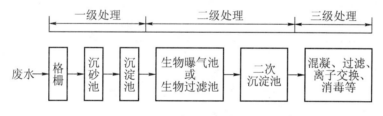

图7-3 废水处理系统示意图

一级处理只去除废水中较大的悬浮物质。物理法中的大部分方法用于一级处理，一级处理有时也称机械处理。废水经一级处理后，一般仍达不到排放要求，尚需进行二级处理。从这个角度上说，一级处理只是预处理。

二级处理的主要任务是去除废水中呈溶解和胶体状态的有机物质。生物处理法是最常用的二级处理方法，经济有效。因此二级处理也称为生物处理或生物化学处理。通过二级处理，一般废水均能达到排放要求。

三级处理也称为高级处理或深度处理。当出水水质要求很高时，就需要在二级处理之后再进行三级处理。如为了达到某些水体要求的水质标准或直接回用于工业，需要进一步去除废水中的营养物质（氮和磷）、生物难降解的有机物和溶解盐类等。

对于某一种废水来说，究竟采用哪些处理方法和处理流程，需根据废水的水质和水量、回收价值、排放标准、处理方法的特点以及经济条件等，通过调查、分析和做出技术经济比较后确定。必要时，还要进行试验研究。

城市生活污水的水质比较固定，已形成了一套行之有效的处理流程。图7-4是城市生活污水处理的一般流程。

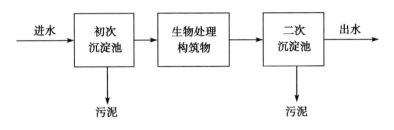

图7-4 城市生活污水处理的一般流程

工业废水的水质千差万别，处理要求也极不一致，因此处理流程也各不相同。一般的处理程序是：澄清→回收→毒物处理→一般处理→再用或排放。图7-5和图7-6分别为某维尼纶厂废水（主要含硫酸和甲醛）和某焦化厂废水（主要含酚）处理与利用的流程。

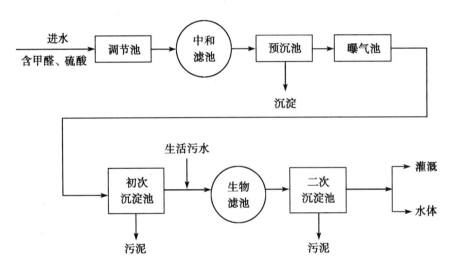

图7-5 某维尼纶厂废水处理与利用流程

以下介绍废水处理的几种方法。

1. 物理法

物理法主要是利用物理作用来分离废水中呈悬浮状态的污染物质，在处理过程中不改变其化学性质。属于物理的处理方法有：

（1）沉淀法。水中悬浮颗粒依靠重力作用，从水中分离出来的过程称为沉淀。颗粒相对密度大于1时表现为下沉，小于1时表现为上浮。沉淀过程简单易行，分离效果又比较好，是水处理的重要过程之一。例如，在水处理系统混凝之后须设立沉淀池，然后才能进入滤池，若进水属高浊度水，还需设立预沉池；在污水生物处理系统中，要设初次沉淀池，以

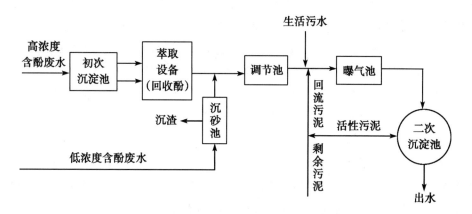

图7-6 某焦化厂废水处理与利用流程

保证生物处理设备净化功能的正常发挥；在生物处理之后，设二次沉淀池，用以分离生物污泥，澄清处理水。

（2）过滤法。过滤法是用过滤介质截留废水中的悬浮物。过滤介质有钢条、筛网、砂、布、塑料、微孔管等。过滤设备有栅、筛微滤机、砂滤池、真空过滤机、压滤机（后两种多用于污泥脱水）等。处理效果与过滤介质孔隙度有关。

（3）反渗透法。反渗透法是20世纪50年代发展起来的一种膜分离技术。渗透是一种自然现象，较稀的溶液中的水分子会自动透过半透膜而进入较浓的溶液中，形成单向扩散，使膜两边浓度逐渐达到均匀。

反渗透就是在较浓的盐溶液侧，加上比自然渗透压更大的压力，使渗透的方向逆流，把较浓的盐溶液中的水分子压到膜的另一边，而盐分子则被截留下来，从而达到除盐的目的。

（4）蒸发、结晶与冷冻：

① 蒸发过程及其在废水处理中的应用。水转化为蒸汽的过程称为汽化，低于水沸点温度下的汽化称为蒸发汽化，在水沸点温度时的汽化称为沸腾汽化。工业中主要采用沸腾汽化。

蒸发过程在多种废水处理中得到应用，主要是在废水有用成分回收过程中，采用蒸发法作为浓缩富集的环节。如造纸工业由纸浆黑液回收碱的过程中，先采用多效蒸发浓缩，使黑液浓度达到能在炉内全部自燃的条件。

在放射性废水处理中，蒸发将废水浓缩，使放射性物质高度富集于浓液中，以便进一步安全处置。

② 结晶过程及其在废水处理中的应用。结晶过程是指含某种盐类废水经蒸发浓缩，达到过饱和状态，使盐在溶液中先形成晶核，继而逐步生成晶状固体的过程。这一过程以回收盐的纯净产品为目的。

③ 冷冻过程及其在废水处理中的应用。冷冻过程是使废水在低于冰点温度下结冰的过程。在此过程中，部分水凝结成冰，从废水中分离出来。当废水中含冰率达到35%～50%

时，即停止冷冻，然后用滤网进行固液分离，分离出的冰再经过洗冰与融冰等几个过程，即可回收净化水，而污染物仍留在水中得到浓缩，便于进一步处理或回收有用物质。

（5）离心分离。含悬浮颗粒（或乳化油）的水在高速旋转时，由于颗粒和水分子的质量不同，因此受到的离心力大小也不同，质量比较大的颗粒被甩到外围，质量小的油粒则留在内层。如果适当安排颗粒（油粒）和水的不同出口，就可使颗粒物质与水分离，水质得以净化。用这种离心力分离水中悬浮颗粒的方法称为离心分离。

2. 生物法

利用微生物代谢作用处理废水的方法叫生物法。利用物理的方法处理废水，可除去废水中的悬浮物，但对有机物质和胶体却难以除净。用化学方法处理废水，需要投入大量化学试剂，而且处理后的水还有可能达不到排放标准。借助于微生物氧化分解废水中的有机物和无机物质，具有收效好、经济的优点。特别是去除废水中的胶体和有机物效果更好。

生物处理法可分为好氧和厌氧两大类。好氧生物处理的进行需要有氧的供应，而厌氧生物处理则需保证无氧条件。好氧生物处理又可分生物膜法（其中包括生物滤池和生物转盘两种）、活性污泥法（包括鼓风曝气、机械曝气、射流曝气、表面曝气、深层曝气等）和生物氧化塘法。下面简要介绍几种好氧法处理废水的方法。

（1）污水灌溉法。通过土壤的过滤、吸收及生物氧化作用，污水在灌溉过程中得到处理，同时污水中的氮、磷、钾被植物吸收。污水在土壤停留3~8天，经过灌溉法处理后污水的BOD去除率可达80%~90%。

生活污水用于灌溉是可行的，但对于工业废水则应慎重，水质必须符合灌溉标准，否则会危害庄稼，并且废水中的有毒物质通过食物链危害人体健康。

（2）活性污泥法。将空气连续鼓入曝气池的废水中，经过一段时间后，水中就会形成大量好气性微生物的絮凝体，此絮凝体就是"活性污泥"。活性污泥主要由水中所繁殖的大量微生物凝聚而成，活性污泥中含有一些无机物和分解中的有机物，活性污泥的含水率一般在98%~99%，它有很强的吸附和氧化分解有机物的能力。微生物和有机物构成活性污泥的挥发性部分，它约占全部活性污泥的70%以上。

活性污泥法的主要设备是曝气池和二次沉淀池，基本流程如图7-7活性污泥法基本流程图所示。

（3）生物膜法。生物膜是生长在固定介质（碎石、炉渣、圆盘式塑料蜂窝等）表面，由好氧微生物及其吸附、截留的有机物和无机物所组成的黏膜。生物膜法处理废水，就是使废水流过生物膜，借助于生物膜中微生物的作用，在有氧条件下氧化废水中的有机物质。其常用处理设备有生物滤池、生物转盘等。生物膜法能去除废水中80%~95%的BOD。

（4）生物塘法。生物塘法又称生物氧化塘法或稳定塘法，废水在池塘中长时间（2~10天）停留，被水中微生物逐渐分解而得到处理。池塘中的藻类及地面大气供氧维持微生物所需的氧。生物塘可去除废水中5%~90%的BOD，如废水无毒，经生物塘处理后排放可养鱼。

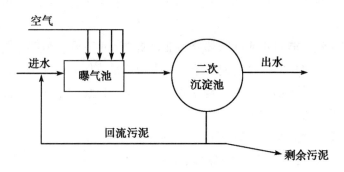

图 7-7 活性污泥法基本流程图

好氧生物处理是在有氧条件下，由好氧微生物降解废水中有机污染物质的处理方法。污泥及某些工业废水（如屠宰场、发酵工业生产废水），其有机物含量大大高于城市污水，不宜直接采用好氧法处理，一般须进行厌氧处理，即在无氧条件下，借兼性菌和厌氧菌降解有机污染物，分解的主要产物是以甲烷为主的沼气。我国农村推广的沼气池，也是利用厌氧处理的原理，以粪便、草禾茎秆等制取沼气并提高肥效。

3. 化学法

化学法是指利用化学反应原理及方法分离回收废水中的污染物，或改变污染物的性质，使其从有害变为无害。化学处理的方法有混凝法、中和法、化学沉淀法和氧化还原法等。

7.2.4 农业水体污染的控制和治理

长期以来，人们对于水污染的防治主要是针对集中排放的点污染源，如工业废水、城市污水。近年来，人们开始注意到，除了这些通过管道系统排放的废污水以外，还有很多分散的、无组织排放的废水及污水，如农村大面积耕地的地表径流，往往挟带着大量的化肥和农药；又如农村人、畜排放的粪尿，大多没有管道收集，而是任意排放，随降雨进入天然水体。

在某些地区，面污染源对水污染的贡献率往往大于点污染源，如不加以控制，水污染就得不到有效防治。面污染源的控制要比点污染源更为困难，主要手段是结合生态农村建设，尽可能做到科学施加化肥和农药，回收利用农村废物和人畜粪尿，并在必需的地点建设天然的废水拦集和处理系统。

农业生产过程中释放的环境有害物质主要是农药和化肥。因农药、化肥及污灌等构成的地区污染，多为"三氮"（硝酸盐氮、亚硝酸盐氮、氨氮）、有机物和重金属等的复杂成分的污染，如华北平原、苏锡常地区、松辽平原等。污灌不仅污染地下水，土壤、作物也不可幸免。据估计，我国目前残留于土壤中的 DDT 含量约为 8 万吨，六六六约为 5.9 万吨，它们在土壤中残留的有毒物质将长期起作用。

化肥的施用主要是对土壤和水体的污染。我国主要使用氮肥但利用率偏低，其利用率仅有 30% 左右。因此，每年有 70%，约 1 800 万吨的氮肥进入环境。硝酸盐污染已成为癌症发生的主要环境因素。

土壤的净化能力虽然能阻止或抑制部分污染物质进入地下水，但部分随农作物的吸收而被转移进入食物链。土壤中的重金属使土壤中微生物总量成倍降低，正常数量的微生物种群生态平衡遭到破坏，扰乱生物的固氮和营养的循环，威胁植物的生存。由此可见，对农业水污染的控制应采取的主要对策如下：

（1）发展节水型农业。农业节水可以采取的各种措施有：

① 大力推行喷灌、滴灌等各种节水灌溉技术。

② 制定合理的灌溉用水定额，实行科学灌水。

③ 减少输水损失，提高灌溉渠系利用系数，提高灌溉水利用率。

（2）合理利用化肥和农药。化肥污染控制和治理对策有：改善灌溉方式和施肥方式，减少肥料流失；加强土壤和化肥的检验与监测，科学定量施肥，特别是在地下水水源保护区，应严格控制氮肥的施用量；采用高效、复合、缓效的新化肥品种；增加有机复合肥的施用；大力推广生物肥料的使用；加强造林、植树、种草，增加地表覆盖，避免水土流失及肥料流入水体或渗入地下水；加强农田工程建设（如修建拦水沟埂以及各种农田节水保田工程等），防止土壤及肥料流失。

农药污染防治对策有：开发、推广和应用生物防治病虫害技术，减少有机农药的使用量；研究采用多效抗虫害农药，发展低毒、高效、低残留量新农药；完善农药的运输与使用方法，提高施药技术，合理施用农药；加强农药的安全施用与管理，完善相应的管理办法与条例。

（3）加强对畜禽排泄物、乡镇企业废水及村镇生活污水的有效处理。对畜禽养殖业的污染防治应采取以下措施：合理布局，控制发展规模；加强畜禽粪尿的综合利用，改进粪尿清除方式，制定畜禽养殖场的排放标准、技术规范及环保条例；建立示范工程，积累经验逐步推广。

对乡镇企业废水及村镇生活污水的防治应采取以下措施：统筹规划乡镇企业的建设，合理布局，大力推行清洁生产，实施废物最少化；限期治理某些污染严重的乡镇企业（如造纸、电镀、印染等企业），对不能达到治理目标的工厂，要坚决关、停、并、转；切合实际地对乡镇企业实施各项环境管理制度和政策；在乡镇企业集中的地区以及居民住宅集中的地区，逐步完善下水道系统，并兴建一些简易的污水处理设施，如地下渗滤场、稳定塘、人工湿地以及各种类型的土地处理系统。

农药废水的综合治理

养殖业废水的系统处理

7.3　水环境保护与管理规划

中国的水环境目前面临着 3 个严重的问题：水体污染、水资源短缺和旱涝灾害。因此，在水资源开发、利用和治理的同时，应重视水资源配置、节约和保护，以实施水资源保护与管理规划。节约优先，保护为本，发展节水工业、农业，建立节水型社会，以进一步改善环境质量，切实保障人民身体健康和环境安全，促进经济和社会的持续健康发展。

7.3.1　水环境保护与管理规划的意义

20 世纪 70 年代以来，水安全引起了各国政府、学术界与民间团体等的广泛关注。1972 年联合国第一次环境与发展大会预言，石油危机之后便是水危机；1977 年联合国再次强调水将成为一个深刻的社会危机；1992 年专家指出到 21 世纪在水、粮食、能源这三种资源中，最重要的是水；联合国粮农组织日前发布的旗舰报告《2020 年粮食及农业状况：应对农业中的水资源挑战》指出：过去 20 年全球人口快速增长，与此同时人均淡水资源可供量却减少了 20% 以上。全球农业地区有超过 12 亿人口面临严重的水资源压力和干旱问题，11% 的农田和 14% 的牧场正在遭受反复干旱的折磨，超过 60% 的灌溉农田正在承受着巨大的水资源压力。未来水资源短缺引发的粮食危机可能导致亿万人口的饥饿和营养不良问题。

缺水已成为当今世界面临的一大难题，水环境压力还会导致社会动荡、治安恶化，促使水环境问题政治化。因而保护水环境、防止污染成为国际热点。同时，恢复和维护水环境功能是社会文明的标志，也是社会经济发展的需求和生态环境、生物多样性保护的要求。其长远的、潜在的生态效益、环境效益、社会效益和经济效益也十分显著。

1. 水环境安全是全局性问题

水环境恶化具有很大的危害性，会引发粮食安全、人类健康和国家安全等问题。

（1）粮食安全。地下水位下降、地表水流量枯竭和水质污染，直接造成水产品和农作物减产，给渔业和农业带来巨大损失。从长远来看，会降低粮食供应的可靠程度。并且水质污染的加重严重威胁着粮食产品品质安全。水环境安全成为保证粮食安全的主要因子之一。

（2）人类健康。水质问题与人类健康密切相关，传染性疾病的传播与水环境遭受污染的程度密不可分。人类如果饮用含有病原体或有毒有害物质的水，不仅会引发疾病，甚至会危及生命或通过遗传殃及后代。因此，安全、卫生的饮水问题已经成为制约社会和经济发展的重要因素之一。

（3）国家安全。由于水量短缺、水质恶化等问题，各部门之间、各地区之间面临着水资源的争夺。特别对缺水国家而言，水是国家的战略资源，与国家安全息息相关，这些国家也更容易因水资源问题与他国发生争端，或爆发因争夺水资源而引起的战争。

可见，人类要生存、经济要发展、社会要进步，就必须加强水环境管理与规划，加强水资源的环境保护，依法防治污染。

2. 水环境保护是环境保护的主要任务之一

我国面临的水环境问题主要有洪涝灾害、干旱缺水、河流干涸、河口淤积、水体污染、水土流失、地下水位持续下降、海咸水入侵等。

水环境同其他环境要素，如土壤环境、生物环境、大气环境等构成了一个有机综合体，它们之间彼此联系，相互影响相互制约。当改变或破坏某一区域的水环境状况时，必然引起其他环境要素发生变化。因此，加强水环境保护与管理规划，是环境保护和研究的主要内容之一。

3. 水环境保护是水资源保护的基础

水资源作为自然资源的重要组成部分之一，其可持续利用是促进可持续发展的基本资源保证。水资源可持续利用应遵循区域公平原则、代际公平原则、需求管理原则、可持续利用原则。

水资源与水生态环境是资源和环境系统中最活跃和最关键的因素，是人类生存可持续发展的首要条件。水资源可持续利用的保障条件之一就是水环境条件持续改善，而水环境条件的改善要以水环境保护为基础。

环境保护是我国的一项基本国策，加强水环境保护与管理规划是实施可持续发展战略的重要组成部分，也是实现全面建设小康社会奋斗目标的重要保证。水是人类消耗最多的自然资源，水资源的可持续利用是所有自然资源可持续利用中最重要的一项内容。

7.3.2 水环境保护与管理规划的分类

1. 按侧重点分类

水环境保护与管理规划按侧重点分为水质管理规划、水污染系统控制规划和水环境综合整治规划。

（1）水质管理规划。我国水质管理规划最早于1981年提出，是在水资源规划指导下的包括流域、区域和设施三个层次的规划内容，其内涵在于用数学规划方法优化组织污染源的排放，其重点在于按水质保护目标规定容许排放量。

（2）水污染系统控制规划。水污染系统控制规划的目标是结合给排水工程规划设计和污水处理厂规划设计，与传统的给排水工程方案比较，使之与水环境目标模拟、技术经济优化相结合。

水污染系统控制规划广泛应用于城建、环保部门解决城市水污染控制问题，将工程规划与水质相结合，用环境、技术、经济优化的方法选择方案，确定处理量、排放地点和排放方式。

（3）水环境综合整治规划。这一规划来源于城市环境综合整治的总提法，是由环境管理部门提出、为环境管理部门自身服务的规划。因此，它突出管理部门的措施、手段、分期目标、资金使用、检查监督等内容，属于实施规划。

2. 按主体分类

环境是一个相对的概念，即它是相对于主体而言的客体，环境与其主体相互依存，因主体的不同而不同，随主体的变化而变化。显然，对主体的认定将决定环境一词的内涵，进而决定其涉及的对象、内容和特点。

水环境保护与管理规划按主体可以分为流域水环境管理规划、河流水环境管理规划、河口水环境管理规划和水库水环境管理规划。

（1）流域水环境管理规划。流域水环境管理规划是以流域为主体，将流域作为基本的管理单元，强调流域的生态完整性；强调水环境的所有方面，包括化学、物理、栖息地、人和生态系统的健康、生物多样性等；识别需优先解决的水环境问题和需优先采取管理行动的流域；促进所有关心特定流域的机构、团体和个人参与流域水环境保护；利用多学科专家和多机构的专业技能、资源和权力综合解决水环境问题。

以流域为单元的管理可克服传统以行政区域划分单元的水环境管理方式的不足，有效解决人类活动对流域水环境的累积和叠加影响，保持地理和生态区的完整性、经济效率和社会公平。

（2）河流水环境管理规划。河流水环境管理规划的主要项目包括水量及水质综合管理规划、关于水量和水质的监测规划以及河流管理设施及建筑物使用管理计划。

水量及水质综合管理规划是根据河流水量及水质的观测资料，对河流引水和泄水建筑物的水力特性、流域内污染负荷量的发生情况、流入河道的污水混合扩散情况及其自净作用等净化特性进行研究，进而对流域内的水资源开发规划、与河流水量和水质密切相关的规划、行政法规和政策予以综合考虑，预测未来水量和水质，并以此制定河流环境管理的标准，建筑物的建筑标准，水库、堤防、闸坝、渠道、排水渠和疏浚工程的设计，以及有关水环境管理设施的设计。

为了进行水环境的管理，应当对水量和水质进行监测，并确定观测站点和观测项目，制定供水不足或水质异常时的对策，进行水量和水质的监测规划。

根据河流的水量、水质的现状及预测，流域土地和水源的利用现状及预测，制定水量和水质的管理目标。为了实现上述目标，同时制定水库、引水渠、河流调节建筑物的管理章程和河流综合管理章程，并对排水设施的排水量和排水地点、取水设施的取水量和取水位置进行管理，制定水量、水质的取用和排放标准，即河流管理设施及建筑物使用管理计划。

（3）河口水环境管理规划。河口是一个复杂而又特殊的自然综合体，其水环境既包含内陆部分也包含海洋部分。河口也是近现代人类活动最频繁、最重要的区域之一，是人类开发利用自然环境的矛盾冲突交汇点。然而长期以来重开发、轻环保和开发过程中的无序、无度状况及分散、粗放的开发方式，以及管理部门条块分割各自为政的管理方式，造成资源的浪费和生态的破坏，使我国河口面临河口生境退化、生物多样性急剧下降、海岸侵蚀严重、河口淤积不断加剧、海水入侵、河口水环境破坏严重等环境问题。

针对以上问题，我国河口水环境管理规划包括以下几方面内容：

① 坚持"永续利用与持续发展"的原则，走保护与合理开发利用相结合的道路，抑制河口退化，维护河口生物多样性及河口生态系统结构和功能的完整性。

② 建立和健全全国河口湿地保护管理体系，明确部门职能，明晰河口产权，实现可持续的资产化管理；加强各级河口管理机构建设，强化部门间的协调与合作。

③ 强化执法手段，提高执法力度，并及时增补、完善相应的法规和条例；完善监测机制，健全河口环境影响评价制度。

④ 利用先进的技术手段，建立实时的河口管理信息系统。

⑤ 提高公众对河口生态效益的认识，强化公众的河口保护意识。

（4）水库水环境管理规划。我国湖泊、水库众多。据统计，我国约有大小湖泊2.5万个，总面积8.3万平方千米，其中面积大于$1 km^2$以上的自然湖泊2 693个，总面积8.1万平方千米；水库8.3万个，总库容430亿立方米。水库是人类赖以生存的重要资源地，在防洪、灌溉、航运、发电等方面具有重要的作用；水库可以改善当地的局部气候条件，丰富当地的生态系统；水库由于水体蓄积能力，往往成为最为重要的饮用水来源。

水库水环境管理规划的目的是确定实现水环境管理目标的污水允许排放量或允许排放浓度。典型水环境管理是设法确定允许的污染物排放量以满足所规定的水环境标准。对于已经污染的水库，水环境管理规划的任务就是设法确定各污染源的减排量或处理率，以便在规定的时间内达到规定的水环境标准。

7.3.3 水环境保护与管理规划过程

水环境保护与管理规划过程是一个反复协调的决策过程。一个具有实用性的最佳规划方案应该具备整体与局部、主观与客观、现状与远景、经济与环境、水量与水质、需要与可能各方面协调统一，社会各阶层各部门协调统一。实际上规划编制的整个过程就是在寻求一个统筹兼顾的方案。

规划过程一般来说分为三个阶段，即初始阶段、中间阶段和最后阶段，各阶段的主要内容如图7－8所示。

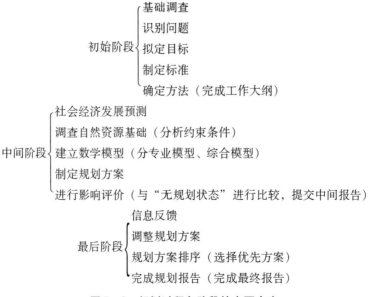

图7－8 规划过程各阶段的主要内容

上述规划工作的三个阶段有着不可分割的密切联系，规划工作向前推进一步，表明工作深入一步，成果提高一步。这三个阶段的工作重点各不相同：初始阶段的重点是要明确问题；中间阶段是寻求解决问题的办法并粗略拟定各种比较方案；最后阶段是选定最终方案，做总体和分类规划，并进行环境影响评价和方案评价。

（1）识别问题。识别问题，这是规划工作的第一步。它的主要任务是弄清规划范围内的主要问题，以及规划的主要任务、目标和要求。为此，首先要进行社会、经济调查和资源环境调查。其次，对客观条件做深入的了解，如水文、气象、土壤、地质等有关自然环境条件以及技术、经济、社会、环境等方面的条件及发展趋势等。此阶段要进行大量的资料收集、现场查勘、调查研究、归纳整理，以及各种预测分析。要分析兴利与除害、开发与保护、供给与需求等各种矛盾。分析不同水平年的规划要求，与相应的"无规划状态"进行比较等。调查研究不仅要收集整理基本资料，还要总结经验；要充分掌握新的情况，也要注意研究以往的成果。分清主次，明确规划任务，确立规划工作目标，提出解决问题的技术路线，并完成规划工作大纲。

识别问题，往往不是一次性能完成的，需要在规划过程中随着工作的深入，根据新资料、新情况和新认识，对规划任务和目标进行进一步的研究和必要的调整。

（2）拟定方案。第二阶段的工作重点是在调查研究的基础上，通过分析各种资料，根据规划目标，拟定各种规划方案。

首先要确定各种可能的措施，包括工程的与非工程的，然后将各种措施进行归纳、分类、组合，形成相互独立的多组方案。

其次，在拟定方案的过程中，要考虑各种规划目标的要求。既要考虑国家经济发展目标，又要符合环境质量要求，还要与资源条件相适应。一方面，各个目标是相互影响、相互制约，有时甚至是相互对立的。例如，在华北地区，为了经济和社会发展的需要，水资源超量开发，已造成了严重的环境问题，在外流域调水实施之前，若对水资源进行开发，特别是开采深层地下水，完全用环境目标加以控制，则经济正常运行就要受到较大影响。另一方面，若任其发展，不加控制，则环境将遭受更大的不可挽回的损失，最终经济上也将受到严重惩罚。

最后，水污染治理需要大量的资金投入，在经济不太发达的地区，若要求污水全部进行二级或深度处理，势必给企业造成严重负担，以致不能承受，使经济难以发展；反之，任其排放，把资金全部用于工业的发展上，则环境污染加剧又会给人们的身心健康带来严重影响。

亚洲开发银行环境专家在"海河流域环境管理与规划研究"讨论会上曾经指出：我们的面前有三条路可走，即黑色道路、绿色道路和白色道路。黑色道路即把有限的资金全部投入生产发展，大力发展工业、乡镇企业，污水任意排放，环境不但得不到治理而且任其恶化，最终此地区不再适合人类生存；绿色道路即对环境提出最高标准的要求，使环境得到改善，资金大量投入环境治理，而经济发展将会受到严重影响，人们生活得不到改善；而白色道路是两个极端道路中间的其他道路或方案，中间的方案是使经济能不断地发展，环境又不再恶化，或稍有影响，但不致造成大的破坏，并随经济发展使其不断改善，使经济和环境处于和谐的发展之中。

在中间阶段，就是要拟定出各种可能的方案，并对各方案实施后预期可能产生的各种经济、社会、环境影响进行分析和描述，以备选择。

（3）方案评价。规划工作的最后阶段是对各规划方案进行调整和排序，并确定优选方案。

方案的选择是一项非常复杂的工作，各方案涉及不同部门、不同地区之间的利害关系，涉及利益再分配，还有许多社会、政治、经济、环境因素以及心理因素，并且因素不具备统一的可比尺度。

工程因素、环境评价一般可用定量指标来衡量，许多还可用货币定量计算，而社会发展、政治因素无法用货币来度量，不可能像物理系统那样，通过必然的因果关系分析而得出决策结果。因此要用定性资料与定量数据相结合的分析方法。在分析比较中，要广泛使用社会、环境等定性资料，与有形的经济指标和工程指标、环境指标同等对待，以便确切反映选择方案与其他方案之间的利弊，充分说明各方案满足目标的程度，并最终提出推荐方案。

7.3.4　水质管理规划简介

现代水资源系统的管理规划把水资源利用规划和水质管理规划有机地结合起来。把传统的"水利"学科和"环境保护"学科结合起来。

在水量调节和工程措施上不仅要考虑蓄水、用水的传统要求，如防洪、灌溉、发电、给水、航运等，亦应考虑环境质量的要求，如改进水库调度方式、增加枯水期调节流量、改善水质、修建改善水环境质量的综合利用水库或调水工程等。

在水资源保护管理措施中不仅考虑减少污染负荷的强化措施，亦应从实际出发合理利用水体的自净能力，包括改进排污口的分布及废水排放方式，采取人工掺氧等措施，以改善水体的复氧条件。

总之，把传统江河流域的水利规划与当代水质管理规划正确、有机地结合，形成完整的水资源规划，以最经济的手段既充分发挥水资源的效益，又满足环境质量目标，正确处理自然界、排污和污水治理三者之间的关系。

流域（区域）水资源系统是一个庞大而复杂的系统，它通常由来水（引水）、蓄水、用水、排水（输水）及污染控制措施等子系统与工程控制系统按一定方式组成。它也是一个在一定自然条件约束下，为达到某种环境目标，即满足防洪、发电、灌溉、供水、航运、养鱼、旅游等各方面及各部门需要而存在的有机整体。

显然采用传统的、单目标的技术经济比较方法已不能适应这种大系统的需要。因此，水资源系统规划的实质就是要根据国家实情和流域具体条件，运用系统工程的思想和方法，综合协调自然、排污和污水治理三者之间的关系。以较小的代价，使有限的水资源发挥更大的经济效益、社会效益并获得满意的环境质量。

下面以河流为例介绍水质管理规划的主要分类及其内容。按系统规划的层次，解决途径、目标的多少进行分类。

（1）不同层次的规划模型

① 流域规划。流域规划是在整个河流流域范围内做出统一和协调的水质管理规划。

首先应收集和掌握河流的水质、水量变化过程，特别是枯水期的流量特性、水量有无调节的可能性（如水库调节、跨流域调水等）等，然后全面了解全流域污染源的分布、排放量和各类污染物的浓度及其发展可能性，并全面分析流域内现有污水处理设备、改善水质的可能措施，在此基础上进行规划。

规划的战略目标是以最小的代价使整个水体达到规定的环境标准，从而确定各河段的水质目标，提出流域内污水处理设施及改善水质措施（如大枯季流量的调水措施、增氧或复氧设备等）的具体规划和污染物的允许排放量，并进一步分配到各个点污染源上。

② 区域规划。区域规划是指在流域范围内具有复杂城市和工业点源污染问题区域的水质管理规划。这种规划往往是在流域规划的指导下制定的，应能提出各种控制水质的方案并做出管理部门可执行的计划。

由此得出的该区域的水质管理规划，要比按全国统一排放标准制定的控制标准将更为合理、有效，也有助于地方政府为综合解决水质管理问题提供更为具体和可靠的资料。

③ 设施规划。设施规划是为了维护和改善河流水质而做出的污水处理、调节水库、调水工程等的规划。应在已有的水质设施、污水处理设施的基础上做出各种废水处理及综合治理方案，并根据环境、社会和经济的综合因素，选择最优方案，以最小的代价取得最大的效益。

对大型的工程措施及污水处理措施还应进行环境影响评价和选择。

（2）不同解决途径的规划方案：

① 最优规划。最优规划是应用数学模型的方法，即建立污染源与河流水质间的模拟模型，确立各种污水处理方案、改善水质措施与河流水质间的费用关系，从而运用系统分析的方法协调污染源与综合治理之间的关系，以尽量小的代价达到规定的水质目标。

这种方法可以从数学的角度达到理论上的最优结论，但是，建立有关数学模型所需资料和有关水质参数、经济参数较多，当无此条件时，取得最优规划亦会有较大困难。

② 规划方案的模拟优选问题。首先根据经验提出可供选择的比较方案，建立各方案的污染源排放与河流水质间的关系，并进行水质模拟计算，检验规划方案的可行性并在此基础上对各方案进行经济、技术、社会等方面的比较，选择较好的方案。这虽然不是经过数学模型求得的最优解，但在情况较为复杂或缺乏最优解的条件时，是一种既实用又有效的解决途径。

（3）目标不同的规划类型。在水资源系统规划中主要有三类目标：资源利用目标、环境质量目标和经济目标。

资源利用目标主要指水量的多少，常以水量的单位来度量；环境质量目标多指水体污染程度、水质好坏，多以污染物浓度来度量；经济目标是指费用的多少，以元、万元表示。

以上三类目标之间虽然通过某些因素互相联系、互相影响和互相制约，但没有共同的度量方式。前两项统称环境目标，后一项则为经济目标。因此按规划的目标分类，可分为：

第一类，单目标决策。经济目标或环境目标中的一类作为最优化决策的目标。传统的水利规划多属这一类。

第二类，多目标决策。在水资源系统规划中多是综合考虑环境目标与经济目标，以寻求环境效益的最佳组合而形成多目标规划。目标之间没有共同的度量方式，而是由相互矛盾的单目标组合成综合目标。

7.3.5 流域水环境管理规划

流域水环境管理规划主要是根据流域自然、生态、社会和经济复合系统的特征及其需要，综合运用技术、经济、法规、政策、公众参与等多种手段，研究与调控流域空间范围内的水量和水质，以实现流域整体可持续发展的循环往复的动态过程，是保护流域水环境所采取的所有活动的综合。其任务就是协调流域内不同地区之间在资源开发利用、社会经济发展、水环境和生态保护等方面的关系。

1. 流域水环境管理规划的主要内容与过程

（1）主要内容。流域水环境管理活动的内容很广泛，围绕着流域管理所涉及的人口状况，社会经济发展，水资源的合理开发利用、保护，洪、涝、旱、碱等灾害的防治，以及水土流失治理与水污染防治等一系列问题。

水资源的开发、利用和保护，洪、涝、旱、碱灾害的治理，是流域环境管理规划的主体，其与流域内社会、经济发展和生态环境的改善又有不可分割的内在联系，水资源及其他各种资源的开发利用为经济发展、社会发展提供了物质基础，洪、涝、旱、碱灾害的防治为经济、社会发展提供了环境保障，而社会、经济的发展又为水资源的开发、利用和保护提供了资金和其他条件。

水资源开发利用规划，首先要对水资源进行系统分析。根据水文、地质条件和永续利用的原则，根据社会、经济发展的需要，以"可承受的水资源开发"来规划水资源工程，确定不同频率下的地表水和地下水可利用量。

随着工业用水和城镇生活用水量的增加，污水量也随之增加，若不加以控制与治理，势必对环境和水源造成污染。污水处理，一方面可以减少污染物对环境的危害，另一方面处理后的污水又可作为水源，被再次利用。

水土流失，土地生产力降低，迫使农民进一步以不适当的方式开发土地，从而又造成新的水土流失，形成恶性循环。这是目前一方面大力开展水土保持工作，另一方面水土流失面积又不断扩大的根本原因。因此，水土保持规划必须与山区经济发展规划相结合，通过水土保持促进山区经济发展，以经济发展来保障水土保持工作的进行。

随着水土保持工程的实施，山区涵养水源能力加强，地表径流将有所减少，对水资源总量将会产生一定影响，对此应有适当的考虑。

（2）管理过程。归纳起来，流域水环境管理活动过程包括规划、协调、方案实施和监督。

规划的目的是对流域内各种与水环境有关的活动做出安排。规划中需对流域内所有的水环境问题进行识别，并对这些问题进行排序以确定需优先解决的问题；然后制定各种管理和行动方案，并在不同的区域之间进行协调，兼顾各区域的利益，实现流域总体最优。规划编制完成并得到批准后即付诸实施。在实施前还要制订详细的实施计划，明确达到目标的途径、负责机构、区域之间协调配合的方法、进度安排、测度实施效果的方法。监督主要是对流域水环境质量状况的监测、评价，对各区域实施流域水环境保护规划及有关法律法规、政策等情况的监督，对有关问题及责任者的追究。

2. 流域水环境管理规划的主要原则

整体性原则：由于水的流动性和公共物品特性，要解决流域内区域之间的水量和水质问题，必须将流域作为一个整体，实现总体最优。

区域性原则：流域内不同的小流域或河段由于自然、生态、社会和经济背景不同，其水环境问题也不同，决定了环境管理措施的差异性和多样性。

主导性原则：流域水环境质量与多种因素有关，但往往只有少数几个因素起主导作用。因此在管理中要重点关注主要区域、主要问题和主导因素。

综合性原则：流域水环境管理涉及自然、生态、社会、经济领域等诸多方面，需要综合运用技术、法规、政治、行政、经济、政策、教育等多种手段。

多目标原则：水体可同时具有多种功能，不同的功能对水质和水量有特定的要求。管理的目标之一就是要尽可能地满足多用户对水质和水量的需求。

统一性原则：流域内不同区域之间、水质与水量、点源与非点源、水资源和水环境与其他资源和环境之间、现状与未来之间均为有机的统一体，要实行统一规划、统一管理。

适应性原则：流域水环境处于不断的变化之中。为适应水环境的不断变化，流域水环境管理的措施也需要不断地调整。

公众参与原则：流域水环境是一个涉及面广、关系重大和复杂的问题，需要政府部门、各种团体、企事业单位、个人的广泛监督和参与。

3. 管理规划的主要手段

（1）技术手段。流域水环境管理需要大量的时空信息和技术手段支持。计算机、"3S"技术、数据库、监测、模拟、网络、人工智能等现代新技术的发展，为流域水环境管理提供了强大的技术支撑工具。

（2）经济手段。人类的经济活动是水环境污染的主要原因之一，控制污染也必须采取相应的经济手段。流域水环境管理的经济手段是通过税收、财政、信贷、补贴、奖励、收费、赔偿或罚款等经济杠杆，调节流域内人类活动与水环境保护之间的关系。典型的经济手段包括水环境容量使用权交易等。

（3）法规手段。有关水环境的法规是实施水环境管理的法律依据，立法可规范有关各机构、组织和个人的行为。由于流域的特性，应建立专门的流域性水环境保护法规。流域性水环境保护法规中应明确流域管理体制，规定流域机构的法律地位、职责范围、管理权限和保障机制。此外其还应明确流域内地方政府的职责、流域机构与地方政府的关系。同时对流域水环境管理的内容、程序等方面也要做出规定。只有通过流域立法，才能保证对流域水环境实施统一管理。

（4）政策手段。工业生产和污水处理技术落后是造成我国水环境污染严重的主要原因。因此，制定适当的环境技术政策，积极推行对水环境低污染或无污染的清洁生产新技术，对环境保护具有重要意义。

辽河流域水
环境管理

（5）公众参与。流域水环境涉及多个区域、部门、团体和个人，公众参与流域水环境的规划与管理能确保决策者了解公众的意见，并通过各方的协作来协调流域内多目标、多部门、多地区和多利益集团之间的关系。此外，公众还是水环境质量的监督者和水环境污染控制行动的参与者。

除了上述手段外，在流域水环境管理中，还需要采用行政、教育、培训、技术援助、咨询、示范等手段。

7.4 水功能区划

7.4.1 水功能区划体系

随着我国社会经济的发展和城市化进程的加快，水资源短缺、水污染严重已经成为制约国民经济可持续发展的重要因素。当前的水资源保护及管理中，没有明确各江河湖库水域的功能，造成开发利用与保护的关系不协调，供水与排水布局不尽合理，水域保护目标不明确，水资源保护管理的依据不充分，地区间、行业间用水矛盾难以解决等诸多问题。水功能区划正是为结合水资源开发与保护，协调合理利用与有效保护之间的关系而做的一项重要工作。

1. 水功能区划的定义

水功能区划是依据国民经济发展规划和水资源综合利用规划，结合区域水资源开发利用现状和社会需求，科学合理地在相应水域划定具有特定功能、满足水资源合理开发利用和保护要求并能够发挥最佳效益的区域（水功能区）；确定各水域的主导功能及功能顺序，制定水域功能不遭破坏的水资源保护目标；通过各功能区水资源保护目标的实现，保障水资源的可持续利用。中国水功能区划分两级体系：一级区分水域水源保护区、缓冲区、开发利用区及其保留区；二级区分饮用水源区、工业用水区、农业用水区、渔业用水区、景观娱乐用水区、过渡区和排污控制区。这种分区可使水资源开发利用更趋合理，以求取得最佳效益，促进经济社会可持续发展。

2. 水功能区划的发展历程

1999 年 12 月，水利部组织各流域管理机构和全国各地区开展了水功能区划工作；2002 年 3 月编制完成了《中国水功能区划》，并在全国范围内试行。2002 年 10 月，修订后的《中华人民共和国水法》进一步明确了水功能区的法律地位。2003 年，水利部颁布了《水功能区管理办法》，明确了对水功能区的具体管理规定。同时，各省（自治区、直辖市）积极推进水功能区划工作，2001 年 10 月至 2008 年 8 月，全国 31 个省、自治区、直辖市人民政府先后批复并实施了本辖区的水功能区划。2010 年 5 月，国务院批复了《太湖流域水功能区划》。2010 年 11 月，国家标准《水功能区划分标准》（GB/T 50594—2010）正式颁布实施。

经过 10 多年的实践和探索，水功能区划体系已基本形成，在水资源保护和管理工作中发挥了重要作用，成为核定水域纳污能力、制定相关规划的重要基础和主要依据。国务院批复的《全国水资源综合规划技术细则》，对全国 6 684 个水功能区进行了调查评价，提出了2020 年全国主要江河湖泊水功能区水质达标率达 80%，2030 年全国江河湖泊水功能基本达标的规划目标。

面对新形势，在各省、自治区、直辖市批复的水功能区划基础上，2010 年，水利部组织流域机构对各省、自治区、直辖市批复的水功能区进行了全面复核。在此基础上，会同国家发展和改革委员会、环境保护部，组织各流域管理机构、各省（自治区、直辖市）有关单位和水利部水利水电规划设计总院，编制完成了《全国重要江河湖泊水功能区划（征求意见稿）》。2010 年 12 月，水利部、国家发展和改革委员会、环境保护部联合就《全国重要江河湖泊水功能区划（征求意见稿）》征求国家有关部委及全国各省、自治区、直辖市人民政府意见。根据反馈意见，与有关部委和省、自治区、直辖市进行了充分沟通和协商，经认真复核和论证，对《全国重要江河湖泊水功能区划（征求意见稿）》成果基本达成一致意见，修改完成《全国重要江河湖泊水功能区划（报批稿）》，于 2011 年 11 月报请国务院批准。2011 年 12 月 28 日，《全国重要江河湖泊水功能区划》获国务院批复，为严格水功能区监督管理提供了重要依据。31 个省级人民政府批复了本省、自治区、直辖市的水功能区划，水功能区划体系基本形成。

2012 年 1 月，国务院以国发〔2012〕3 号文件发布了《国务院关于实行最严格水资源管理制度的意见》，对实行最严格水资源管理制度做出全面部署和具体安排。核心内容是三条红线（水资源开发利用控制红线、用水效率控制红线、水功能区限制纳污红线）和四项制度（用水总量控制制度、用水效率控制制度、水功能区限制纳污制度、责任与考核制度）。

水功能区限制纳污红线是实行最严格水资源管理制度中最具挑战性的一条红线。为加强水功能区限制纳污红线管理，严格控制入河湖排污总量，改善水生态环境质量，《国务院关于实行最严格水资源管理制度的意见》提出了严格水功能区监督管理、加强饮用水水源保护和推进水生态系统保护与修复三方面核心任务。其中，严格水功能区监督管理是纳污红线控制的核心，加强饮用水水源保护是纳污红线控制的首要目标，推进水生态系统保护与修复是纳污红线控制的保障。

3. 水功能区划的指导思想及原则

（1）指导思想。以水资源承载能力和水环境承载能力为基础，以合理开发和有效保护水资源为核心，以改善水资源质量、遏制水生态系统恶化为目标，按照流域综合规划、水资源保护规划及经济社会发展要求，从我国水资源开发利用现状、水生态系统保护状况以及未来发展需要出发，科学合理地划定水功能区，实行最严格的水资源管理，建立水功能区限制纳污制度，促进经济社会和水资源保护的协调发展，以水资源的可持续利用支撑经济社会的可持续发展。

（2）区划原则：

① 坚持可持续发展的原则。区划以促进经济社会与水资源、水生态系统的协调发展为目的，与水资源综合规划、流域综合规划、国家主体功能区规划、经济社会发展规划相结合，坚持可持续发展原则，根据水资源和水环境承载能力及水生态系统保护要求，确定水域主体功能；对未来经济社会发展有所前瞻和预见，为未来发展留有余地，保障当代和后代赖以生存的水资源。

② 统筹兼顾和突出重点相结合的原则。区划以流域为单元，统筹兼顾上下游、左右岸、近远期水资源及水生态保护目标与经济社会发展需求，区划体系和区划指标既考虑普遍性，又兼顾不同水资源区特点。对城镇集中饮用水源和具有特殊保护要求的水域，划为保护区或饮用水源区并提出重点保护要求，保障饮用水安全。

③ 水质、水量、水生态并重的原则。区划充分考虑各水资源分区的水资源开发利用和社会经济发展状况、水污染及水环境、水生态系统等现状，以及经济社会发展对水资源的水质、水量、水生态保护的需求。部分仅对水量有需求的功能，如航运、水力发电等，不单独划水功能区。

④ 尊重水域自然属性的原则。区划尊重水域自然属性，充分考虑水域原有的基本特点，所在区域自然环境、水资源及水生态的基本特点。对于特定水域，如东北、西北地区，在执行区划水质目标时还要考虑河湖水域天然背景值偏高的影响。

4. 水功能区划体系

遵照水功能区划的指导思想和原则，通过对各类型水功能内涵、指标的深入研究、综合取舍，我国水功能区划分采用两级体系，即一级区划和二级区划（见图7-9水功能区划分级分类体系图）。

水功能一级区分4类，即保护区、缓冲区、开发利用区、保留区；水功能二级区划在一

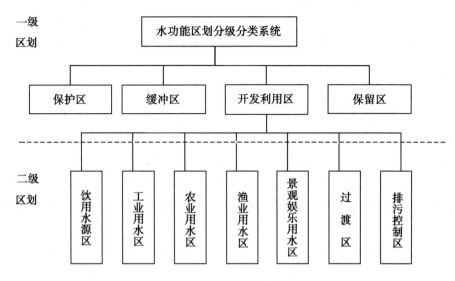

图 7-9 水功能区划分级分类体系图

级区划的开发利用区内进行，共分7类，包括饮用水源区、工业用水区、农业用水区、渔业用水区、景观娱乐用水区、过渡区、排污控制区。一级区划宏观上解决水资源开发利用与保护的问题，主要协调地区间关系和发展的需求；二级区划主要协调用水部门之间的关系。

（1）一级区划分类及划分指标：

① 保护区。保护区指对水资源保护、自然生态及珍稀濒危物种的保护有重要意义的水域。水功能区划指标包括：集水面积、保护级别、调（供）水量等。

水质管理执行《地表水环境质量标准》（GB 3838—2002）Ⅰ～Ⅱ类水质标准。

② 缓冲区。缓冲区指为协调省际、矛盾突出的地区间用水关系，协调内河功能区划与海洋功能区划关系，以及在保护区与开发利用区相接时，为满足保护区水质要求而划定的水域。水功能区划指标包括：跨界区域及相邻功能区间水质差异程度。

水质标准：按实际需要执行相关水质标准或按现状控制。

③ 开发利用区。开发利用区主要指具有满足工农业生产、城镇生活、渔业、游乐和净化水体污染等多种需水要求的水域和水污染控制、治理的重点水域。水功能区划指标包括：水资源开发利用程度、产值、人口、水质及排污状况等。

水质标准：按二级区划分类分别执行相应的水质标准。

④ 保留区。保留区指目前开发利用程度不高，为今后开发利用和保护水资源而预留的水域。该区内水资源应维持现状不遭破坏。水功能区划指标包括：水资源开发利用程度、产值、人口、水量、水质等。

水质标准：按现状水质类别控制。

（2）二级区划分类及划分指标：

① 饮用水源区。饮用水源区指城镇生活用水需要的水域。水功能区划指标包括：人口、

取水总量、取水口分布等。

水质管理执行《地表水环境质量标准》（GB 3838—2002）Ⅱ～Ⅲ类水质标准。

② 工业用水区。工业用水区指城镇工业用水需要的区域。水功能区划指标包括：工业产值、取水总量、取水口分布等。

水质管理执行《地表水环境质量标准》（GB 3838—2002）Ⅳ类水质标准。

③ 农业用水区。农业用水区指农业灌溉用水需要的水域。水功能区划指标包括：取水面积、取水总量、取水口分布等。

水质管理执行《地表水环境质量标准》（GB 3838—2002）Ⅴ类水质标准。

④ 渔业用水区。渔业用水区指具有鱼、虾、蟹、贝类产卵场、索饵场、越冬场及洄游通道功能的水域，养殖鱼、虾、蟹、贝、藻类等水生动植物的水域。水功能区划指标包括：渔业生产条件及生产状况。

水质管理执行《渔业水质标准》（GB 11607—1989）并可参照《地表水环境质量标准》（GB 3838—2002）Ⅱ～Ⅲ类水质标准。

⑤ 景观娱乐用水区。景观娱乐用水区指以景观、疗养、度假和娱乐需要为目的的水域。水功能区划指标包括：景观娱乐类型及规模。

水质管理参照《地表水环境质量标准》（GB 3838—2002）Ⅲ～Ⅳ类水质标准。

⑥ 过渡区。过渡区指为使水质要求有差异的相邻功能区顺利衔接而划定的区域。水功能区划指标包括：水质与水量。

水质管理按出流断面水质达到相邻功能区的水质要求选择相应的水质控制标准。

⑦ 排污控制区。排污控制区指接纳生活、生产污废水比较集中，所接纳的污废水对水环境无重大不利影响的区域。水功能区划指标包括：排污量、排污口分布等。

水质管理按出流断面水质达到相邻功能区的水质要求选择相应的水质控制标准。

7.4.2　水功能区划方法

1. 常用方法

（1）系统分析法。系统分析法主要是采用系统分析的理论和方法，把区划对象作为一个系统，分清水功能区划的层次，进行总体设计。

（2）定性判断法。定性判断法主要是在对河流、湖泊和水库的水文特征、水质现状、水资源开发利用现状及规划成果进行分析和判断的基础上，进行河流、湖泊及水库水功能区的划分，提出符合系统分析要求且具有可操作性的水功能区划方案。

（3）定量计算法。定量计算法主要采用水质数学模型，以定性划分的初步方案为基础，对水功能区进行水质模拟计算。根据模拟计算成果确定各功能水质标准，划定各功能区和水环境控制区的范围。

（4）综合决策法。对水功能区划方案进行综合决策，提出水功能区划技术报告和水功能区划图及水质指标。

2. 区划步骤

（1）一级区划步骤。一级区划步骤是先易后难：首先划定保护区，其次划定缓冲区和开发利用区，最后划定保留区。

① 保护区。由于保护区对象明确，有相应的规定，易于判别，故首先划分。保护区包括自然保护区、重要调水及供水水源地和源头水保护区 3 类。

对于现有国家级、省级、市级和县级自然保护区，区划中将国家级和省级自然保护区涉及的水域全部划为保护区。而对于省级以下的自然保护区，则根据区内水域范围的大小，及其对水质有无严格的要求等方面决定是否将其划为保护区。

大型区域调水水源地是通过区域调水措施，对水资源区之间实施水资源优化配置，实现以丰补缺。

通常，在重要河流的源头划分了源头水保护区，但个别河流源头附近有城镇，则划为保留区，如昌河（鄱阳湖水系）源头的昌河祁门保留区，就是因祁门县城距昌河源头只有 20 km。

② 缓冲区。缓冲区范围亦较明确，省际水域或矛盾突出的地区水域可划为缓冲区。省界断面或省际河流，无论是上、下游，还是左、右岸，一般划为缓冲区。省界附近已划保护区的，省界间不需再划缓冲区。

用水矛盾突出的地区是指河流沿线上下游地区间或部门间用水矛盾突出，或者有争议的水域，应划为缓冲区。

③ 开发利用区。开发利用区的划分，主要是指水资源的开发利用程度高，对水域有各种用水和排污要求的城市江段。根据城市江段人口数量、取水量、排污量、水质状况及城市经济的发展状况（如工业产值）等指标，通过排序选择各项指标较大的城市江段，划为开发利用区。对于指标排序结果虽然靠后，但目前水质污染严重、现状水质较差、现状排污量大或在规划水平年内有大规模开发利用计划的城镇河段，也应划为开发利用区。此外，还有个别城镇生活、工业用水量大，或城市江段现状水质劣于Ⅳ类的，也应划为开发利用区。

④ 保留区。划定保护区、缓冲区和开发利用区后，余下的水域均划为保留区。保留区有两方面的含义：一方面是指后备资源，为将来可持续发展预留的部分水域；另一方面是开发利用程度比较低或开发利用活动还没有形成规模的水域。随着经济发展，需要开发利用或作其他用途，按规定也可以再进行划分，如黄河青甘川保留区、达日河达日保留区等。全国主要江河湖泊一级水功能区划见表 7-6。

（2）二级区划步骤：

第一，确定区划具体范围，包括城市现状水域范围以及城市在规划水平年涉及的水域范围。

第二，收集划分功能区的资料，包括水质资料、取水口和排污口资料、特殊用水要求（如鱼类产卵场、越冬场，水上运动场等）、规划资料（包括陆域和水域的规划，如城区的发展规划，河岸上码头规划等）。

表7-6 全国主要江河湖泊一级水功能区划成果表

长度单位：km 面积单位：km²

水资源分区	一级水功能区总计			保护区			保留区			开发利用区			缓冲区		
	个数	河长	面积	个数	河长	面积	个数	河长	面积	个数	河长	面积	个数	河长	面积
全国	2 888	177 977	4 333	618	36 861	33 358	679	55 651	2 685	1 133	71 865	6 792	458	13 600	498
松花江区	289	25 097	6 771	101	7 451	6 766	42	3 964	0	102	11 925	5	44	1 757	0
辽河区	149	11 294	92	42	1 353	0	4	202	0	78	9 092	92	25	647	0
海河区	168	9 542	1 415	27	1 145	1 115	9	600	0	85	5 917	292	47	1 880	8
黄河区	171	16 883	456	36	2 240	448	16	2 966	0	59	9 836	8	60	1 841	0
淮河区	226	12 036	6 434	64	1 811	5 987	16	888	0	107	8 331	447	39	1 006	0
长江区（含太湖流域）	1 181	52 660	13 610	187	9 109	9 120	407	28 698	2 039	416	10 878	1 961	171	3 975	490
东南诸河区	126	4 836	1 202	25	679	471	17	787	0	71	3 208	731	133	162	0
珠江区	339	16 607	1213	52	1 912	995	90	5 967	0	143	6 608	218	54	2 120	0
西南诸河区	159	16 876	1 482	48	5 025	888	69	10 627	568	37	1 012	26	5	212	0
西北诸河区	80	12 146	10 658	36	6 136	7 568	9	952	78	35	5 058	3 012	0	0	0

注：数据来源于《全国重要江河湖泊水功能区划（2011—2030）》

　　第三，协调和平衡各功能区的位置和长度等，尽量避免出现低功能向高功能跃变的情况。

　　第四，考虑与规划衔接，检查所划功能区的合理性，进行适当的调整。

　　① 饮用水源区的划分。根据已建生活取水口的布局状况，结合规划水平年内生活用水发展需求，选择取水口相对集中的河段；在划分饮用水源区时，尽可能选择靠近开发利用区上游或受开发利用影响较小的水域。

　　② 工业用水区的划分。根据工业取水口的分布现状，结合规划水平年内工业用水发展要求，将工业取水口较为集中的水域划为工业用水区。

　　③ 农业用水区的划分。根据农业取水口的分布现状，结合规划水平年内农业用水发展要求，将农业取水口较为集中的水域划为农业用水区。

　　④ 景观娱乐用水区的划分。景观娱乐用水区的划分主要根据当地是否有重要的风景名胜、度假、娱乐和运动场所涉及的水域进行。

　　⑤ 渔业用水区的划分。渔业用水区的划分主要根据鱼类重要产卵场、栖息地和重要的水产养殖场进行。

　　⑥ 排污控制区的划分。对于排污口较为集中，且位于开发利用区下游或对其他用水影响不大的水域，可根据需要划分为排污控制区。

太湖流域
功能区划

　　⑦ 过渡区的划分，通常根据两个相邻功能区的用水要求来确定过渡区的设置，低功能区对高功能区水质影响较大时，过渡区的范围应适当大一些，反之则可划小一些。

1. 太湖流域概况

　　（1）自然概况。太湖流域地处长江三角洲南翼，北抵长江，东临东海，南滨钱塘江，西以天目山、茅山等山区为界。流域面积为 36 895 km^2，行政区划分属江苏、浙江、上海和安徽三省一市。流域内河网如织，湖泊棋布，是我国著名的平原河网区。流域总水面面积为 5 551 km^2，水面率为 15%；河道总长约 12 万千米，河道密度达 3.3 km/km^2。

　　（2）水利分区。根据太湖流域地形地貌、水系特征及治理情况等，结合行政区划，将流域分成湖西区、浙西区、太湖区、武澄锡虞区、阳澄淀柳区、杭嘉湖区、浦东区、浦西区 8 个水资源四级区。

2. 水功能区划体系

　　水功能一级区划分为四类：保护、保留、开发利用区和缓冲区。水功能二级区划分为六类：饮用水水源区、工业用水区、农业用水区、渔业用水区、景观娱乐用水区、过渡区。全国水功能区划指标体系中，二级区还包括排污控制区。排污控制区是指接纳生活、生产污废水比较集中，且对环境无重大不利影响的水域，该水域不执行地表水环境质量标准。太湖流域由于河网地区面积较大，水系纵横，流态复杂，污染容易扩散且较难控制，故未划分排污控制区。

3. 水功能区划成果

水功能区划以流域为系统,统筹兼顾上下游、左右岸、干支流以及近远期经济社会发展的需求,涉及河流193条,河长4 382.3 km;湖泊10个,湖泊面积277.3 km^2;水库7座,水库库容10.57亿立方米。共划分水功能区380个,表7-7为太湖流域水功能区一级区分布。

表7-7 太湖流域水功能区一级区分布

水资源分区	保护区	保留区	缓冲区	开发利用区*	合计
湖西区	3	3	14	51	71
浙西区	4	3	1	35	43
太湖区	3	—	1	7	11
武澄锡虞区	—	—	9	21	30
阳澄淀柳区	1	—	10	35	46
杭嘉湖区	1	—	38	74	113
浦东区	—	—	2	26	28
浦西区	2	—	1	35	38
合计	14	6	76	284	380

*水功能一级区与二级区合并统计,二级水功能区中一条河流划分的不同用途的水功能区均参加统计。

流域划分保护区14个,主要分布在湖西区、浙西区及太湖区,主要含流域上游自然保护区、重要源头水保护区以及大型集中式饮用水水源地等,包括南溪安吉龙王自然保护区、太湖源头宜溧山区大溪水库、沙河水库、横山水库和浙西天目山区的西苕溪赋石水库、南苕溪里畈水库、余英溪对河口水库及其上游河流等。

划分保留区6个,全部分布在太湖流域西部山丘区。这些水域的现状是开发利用程度不高,受经济活动影响较小,水质较好,包括湖西宜溧山区的胥河高淳区、溧阳保留区、屋溪河宜兴保留区,浙西山区的西苕溪安吉保留区,合溪长兴保留区,泗安塘长兴保留区。

划分缓冲区76个,主要集中在杭嘉湖区以及阳澄淀柳区。其中划分上下游地区间用水矛盾较为突出的省际边界地区44个,缓解太湖、黄浦江、望虞河、太浦河等水域上下游功能差异的功能性缓冲区32个。

划分开发利用区284个,其中饮用水源区主要集中在浙西区、杭嘉湖区,工业用水除浙西区、浦东区、浦西区分布较少以外,其他各区均划分较多,农业用水区主要分布在杭嘉湖区、浙西区,渔业用水区主要分布在湖西区,景观娱乐用水区主要分布在浦西区和浦东区,过渡区主要分布在杭嘉湖区,见表7-8。

表7-8 太湖流域水功能区划二级区分布

水资源分区	饮用水源区	工业用水区	农业用水区	渔业用水区	景观娱乐用水区	过渡区	合计
湖西区	2	19	5	8	10	7	51
浙西区	14	3	12	1	4	1	35
太湖区	3	1	—	—	3	—	7
武澄锡虞区	4	13	—	1	3	—	21
阳澄淀柳区	2	18	—	—	12	3	35
杭嘉湖区	12	17	30	—	4	11	74
浦东区	—	4	2	—	16	4	26
浦西区	5	2	2	—	22	4	35
合计	42	77	51	10	74	30	284

开发利用区涵盖流域内所有重要的、较大的水体，如太湖梅梁湖、五里湖、胥湖，出入太湖河道、望虞河相关河道、太浦河相关河道、黄浦江中下游及其相关河道、京杭大运河及其相关河道、苕溪水系和沿长江、沿杭州湾相关河道等。太湖流域西部湖西宜溧山区和浙西山区的大部分中下游河流也属于开发利用区，主要分布在山区丘陵接近平原地区的一侧。

7.4.3 水功能区划管理保障

为充分发挥水功能区划在水资源保护和管理工作中的作用，合理利用和有效保护水资源，必须从规划、立法、监督、管理等方面研究水功能区划目标实现的后续措施。根据水功能区保护和管理的客观需要，提出如下保障措施：

1. 编制并审批水资源保护规划

我国现状水污染比较严重，特别是开发利用区的保护标准大多高于现状水质，要达到水功能区的保护要求，应在水功能区划基础上，编制全国及分流域水资源保护规划。同时，根据水资源分阶段保护目标，提出相应的对策措施。

2. 建立水资源保护管理信息体系，实现水质动态监控

为全面、科学地管理好水功能区，实现管理信息化，应建立与水功能区划相适应的水资源保护管理信息体系。重点是：

（1）调整现有监测体系，完善包括水功能区水质、水文、排污等监测内容的水资源保护监测网络。

（2）收集水资源开发利用状况、社会经济发展情况的相关资料。

（3）建立全国、流域和地方的水资源保护管理信息中心，积极采用现代技术实现信息的传递和处理。

（4）实施水功能区的水质监测资料逐级传输、汇总与分析统计工作，实现水质动态监控。

（5）在已发布的重要城市水源地水资源质量旬报的基础上，逐步扩大水功能区有关信息发布范围，并最终建立重点功能区信息发布制度。

3. 设置重要功能区标志和建立日常巡查机制

对重点河段及各功能区的控制断面设置明显标志，标识中应明确标明水功能区的主要功能、水质保护目标、管理范围以及要求禁止的开发活动等，以加强该地区河段及控制断面的水资源保护和管理，提高水污染的防范意识。通过建立水功能区巡查制度，建立岗位责任制，结合水环境监测网络体系，就能够及时发现问题，及时采取有效措施解决问题，避免因污染扩大或加剧引发水质恶化、民事纠纷等问题。

4. 建立健全水功能区管理的法制与机制

（1）《水功能区管理办法》已于2003年7月1日实施。通过《水功能区管理办法》确立水功能区划分及管理体制、水功能区的划分和变更程序、健全水功能区管理制度。

（2）加大水功能区划管理的配套法规制定力度。根据水功能区划管理的需要及工作重点，尽快制定配套法律法规。《入河排污口监督管理办法》自2005年1月1日实施，2015年12月16日水利部令第47号修改公布。

（3）建立和完善适应水功能区保护和管理需要的技术标准体系。制定水功能区划规程、不同水资源功能的质量标准、不同行业的用水定额，完善标准体系。

（4）建立良性的投入运行机制。制定保障水功能区水资源保护目标实现的各种政策，建立水资源有偿使用机制和补偿机制，拓宽水资源保护经费渠道。

5. 加强水功能区划的管理体制和监督

（1）建立流域管理与区域分级管理相结合的水功能区管理体制。水功能区管理与水资源管理、河道管理、取水许可管理等都有直接关系，因此水功能区管理应与现有的管理体制结合。

（2）落实水资源保护的各项管理权限与责任。各级行政主管部门应根据划定的功能区，提出区内限制排污总量意见，并加大现有相关法规的执法力度。

（3）加强水功能区管理、保护等方面的科学研究和技术应用。积极组织开展水功能区评估的指标体系和标准体系、相关理论、信息技术的应用等方面的研究，保证水功能区保护和管理各阶段与各项工作的需要。

（4）宣传和公众参与。采取多种方式及多种途径加强对水功能区划的宣传，以获取公众的广泛支持和参与。

7.5 水环境容量使用权交易

7.5.1 水环境容量使用权交易概述

1. 水环境容量使用权交易制度的产生与发展

水环境容量使用权交易制度又称排污权交易制度，最早由美国经济学家戴尔斯（Dales）

于 1968 年提出，并首先被美国环境保护署用于大气污染及水污染治理。特别是自 1990 年被用于 SO_2 排放总量控制以来，已经取得空前成功，获得了巨大的经济效益和社会效益。据估计，美国的 SO_2 排放量得到明显控制的同时，治理污染的费用节约 20 亿美元左右，排污许可的市场价格远远低于预期水平，充分体现了排污权交易能够保证环境质量和降低达标费用的两大优势。目前，美国已建立起一整套排污权交易体系，在实践中取得了明显的环境效益和经济效益。

20 世纪 90 年代，我国为了控制酸雨引入排污权交易制度。2001 年 9 月，江苏省南通市顺利实施中国首例排污权交易。2007 年 11 月 10 日，国内第一个排污权交易中心在浙江嘉兴挂牌成立，标志着我国排污权交易逐步走向制度化、规范化、国际化。目前，排污权交易正在全国范围内推行，排污权的价值及其对区域污染治理的作用愈发凸显。

2. 水环境容量使用权交易的内涵

水环境容量使用权，即合法的污染物排放权（排污权）。水环境容量使用权交易就是指在进行总量控制的基础上，在政府的宏观调控下，允许这种权利像商品那样被买进和卖出，以此实现水环境容量资源的优化配置。其实质就是采用市场机制来实现环境标准质量。环境使用权以排污许可证为载体，在水环境使用权市场上进行转让，其价格受价值规律的影响，由市场决定。其主要思想就是在满足环境质量要求的条件下，明晰污染者的水环境容量资源使用权，即合法的污染物排放权（排污权），并允许这种权利像商品那样被买进和卖出，以此实现水环境容量资源的优化配置。其实质就是采用市场机制来实现环境标准质量。

3. 水环境容量使用权交易制度的作用

（1）水环境容量使用权交易能够协调经济发展与环境保护之间的矛盾。采用行政命令的方式硬性规定企业治理污染、削减排污量，或硬性规定不准新建、扩建、改建企业以防止增加环境中污染物浓度，往往会束缚地区经济的发展。而水环境容量使用权交易计划的实施精简了对新污染源的审查程序，为新建、扩建、改建企业提供了出路，较好地协调了经济发展与环境保护之间的矛盾。

（2）水环境容量使用权交易是发挥政府环境管理部门和排污企业这两方面积极作用的有效方式。传统的做法是政府环境管理部门为污染源制定排放标准、分配治理责任，这种方式在防治环境污染方面发挥过重要作用，但也存在能力与责任不协调的问题。水环境容量使用权交易可以发挥政府环境管理部门和排污企业这两方面的积极作用，政府环境管理部门注意控制水环境容量使用权交易，使之与环境保护的目标相一致，排污企业选择有利于自身发展的方式削减排污总量，提高了排污企业研究新技术的积极性，最终降低整个社会治理污染的费用。

另外，企业承担着发展生产和治理污染的双重任务，发展生产能给企业带来经济效益，而治理污染却只见投入不见效益。当排污权成为一种商品可以在市场上交换时，实际减排量低于规定排污指标的企业可以出售未使用的排污权，获得经济利益，提高了企业治理污染的积极性，推动企业进行新技术的研发和应用。

（3）水环境容量使用权交易可以提高治理效益，节省减少排污量的费用，使社会总体削减排污所需费用大规模下降。在水环境容量使用权交易市场上，排污者从其利益出发自主决定或者自己治理污染或者买入水环境容量使用权。只要污染源单位（或排放污染物的企业）之间存在着污染治理成本的差异，水环境容量使用权交易就可使交易双方都受益，即治理成本低于交易价格的企业会削减剩余的水环境容量使用权用于出售，而治理成本高于交易价格的企业则会通过购买水环境容量使用权实现少削减、多排放。市场交易使水环境容量使用权从治理成本低的污染者流向治理成本高的污染者，结果是社会以最低成本实现了污染物的削减，环境容量资源实现了高效率的配置。

7.5.2 水环境容量使用权交易制度的构建

1. 指导思想

水环境容量使用权交易应以环境利益与环境负担平衡为指导思想。

环境利益与环境负担平衡原则是解决我国现行环境保护管理体制下不同行政区域、不同流域、城市和农村的环境利益和环境负担失衡问题，特别是跨界水污染防治的有效途径之一。为了更好地解决流域水环境污染问题，应积极以流域为单元，对水资源实行综合管理和污染防治，将上游落后地区的水环境容量使用权转让给下游发达地区，即通过水环境容量使用权交易限制上游高污染产业的形成和发展，减少排污的机会成本由下游地区补偿。这种做法不仅能够促进环境资源的优化配置，提高环境资源的整体利用效率，还可以有效控制水环境污染物的排放总量，协调流域内部的矛盾和冲突，改善流域地区的水环境质量，实现公平和效率的统一。

2. 前提

总量控制制度是水环境容量使用权交易的前提。

水污染总量控制是国外20世纪70年代初期发展起来的一种比较先进的水环境保护管理方法，是指在水环境污染严重的区域，或可能成为严重污染的区域，或是必须重点保护的区域内，根据该区域的实际情况，充分考虑该区域的经济发展水平，从质与量两方面认真评估该区域的水资源现状，科学合理地提出该区域的水环境目标，计算出该区域水体按此环境目标所允许的各类污染物的最大年排放量，通过对污染源治污能力的经济、技术可行性分析和排污控制优化方案的比较，将这些总量指标分别加以分解，以排污许可证的形式分配到各排污单位，作为法定排污指标。总量控制制度的核心内容是研究规划区域污染物的产生、治理、排放规律和保护资金的需求与经济、人口发展的协调关系，以便从客观上定量地把握经济、人口发展对水资源的影响，提出保护对策，促进水资源的可持续利用和社会经济与环境的协调发展。

在进行水环境容量使用权交易时，不能废弃水污染物排放标准。总量控制是对水环境容量的总体控制，不能顾及各地区具体的情况，只在总量控制下的水环境使用权交易实施时，各地区之间的水环境质量会出现较大差异，甚至会出现某些落后地区水质量恶化的情况。而水污染物排放标准则弥补了这一空白。在二者的共同调控下，地方局部与国家总体的水环境质量维持在一个适当的范围内。

3. 交易制度的基本设计

水环境使用权交易是平等的买卖双方对富余的水环境容量进行的交易。这一制度的基本架构包括交易主体、交易形式和交易标的三个部分。

（1）交易主体。水环境使用权交易的主体由两部分构成，一部分为排污的自然人、法人和其他组织及其附属机构，另一部分则为政府。此时政府作为一平等的、不存在任何特权的民事主体，保证契约自由；同时又是作为交易活动的监管者，拥有一定的权力，体现国家环境管理权的权威性，及时、迅速、有效地进行监管。政府的作用在于运用经济手段买进或卖出排污许可证以调整价格，实现对总量进行灵活控制的目的。

（2）交易形式。由于这一交易是按照市场规律进行的，所以其合同的缔结应遵循合同法的一般原则。但由于合同标的是水环境容量，关系到国计民生，使必须要采用书面形式来确定其复杂的权利、义务关系，而且除了交易双方约定的权利、义务外，还应有"环境条款"，以有效地限制交易当事人的自由意志。

（3）交易标的。水环境使用权交易的标的是富余的水环境容量，它为一变量，随着季节、地区的变化而变化，所以应由政府制定"兑换率"，即由于同一水环境容量在不同时间、不同地点其价值不是恒定的，如果进行交易，应按一定的兑换率对其价值进行折算，而且此种交易必须在同一类的污染排放物中进行，不同类的污染物排放不能进行交易，这是因为各种污染物都有其自身独特的性质，它们对水环境容量的影响不能进行折算。

4. 交易流程

（1）首先由政府部门确定出一定区域的环境质量目标，并据此评估该区域的环境容量。

（2）推算出污染物的最大允许排放量，并将最大允许排放量分割成若干规定的排放量，即若干排污权。

（3）政府可以选择不同的方式分配这些权利，并通过建立排污权交易市场使这种权利能合法地买卖。在排污权市场上，排污者从其利益出发，自主决定其污染治理程度，从而买入或卖出排污权。

5. 水环境容量使用权的初始化分配以及时空折算指标体系的确定

水环境容量使用权初始配置是对水环境容量使用权实行公正的分配。国外现有的配置方法主要有政府无偿分配方式和有偿分配方式。其中有偿分配方式包括公开拍卖和固定价格出售。在现实生活中，人们对收费有强烈的抵触心理；在水环境容量使用权交易市场规模较小的情况下，公开拍卖机制也不利于发现合理的拍卖价格，固定价格出售也会面临合理标价的实际困难。因而，不论是在实际应用中，还是在相关理论探讨中，免费分配更具有实际的可操作性。

由于在不同的排放地点、排放时间，以及不同的污染物对受控点具有不同的浓度贡献，而受控点环境质量标准是唯一的，所以水环境容量使用权交易不能按照一般商品的交易原则进行。政府必须根据受控点水环境容量的时空特性，以及不同污染物之间的单位排放量的污染程度，制订一套交易的折算指标体系。假设两个污染源 A 和 B，它们对某一受控点的传递函数分别是 F_1、F_2，则两污染源之间的水环境容量使用权交易价格应以系数 F_1/F_2 进行折算。其意义是污染源 A 排放 1 个单位的污染物对受控点的影响相当于污染源 B 排放 F_1/F_2 个单位污染物的影响。因此从理论上讲，污染源 A 从污染源 B 处购买相当于自己拥有的 1 个单位水环境容量使用权，应该支付的费用等于水环境容量使用权价格的 F_1/F_2 倍。利用现有的河流污染物扩散模式，可以计算出流域内排污者排放的污染物在相应控制断面的贡献率，进而确定其排污交易系数。

7.5.3 水环境容量使用权交易存在的难题及推进措施

1. 水环境容量使用权交易存在的难题

（1）科学、准确、公平和合理地核定企业污染物排放总量。准确监测企业污染物排污量是排污权交易有序进行的前提。目前，我国环境监测能力和管理水平还有待提高，污染源监测体系和监测机制还不完善，并且现行的企业排污数据种类很多，这些数据只能代表某个时刻或某段时期内企业的排污情况，而企业生产却是一个动态变化的过程，受人为因素干扰的可能性大。企业污染物排放总量核定问题不能很好地解决，必将使排污权交易制度实施受到制约和影响其作用的发挥。

（2）客观确定污染物排放总量。排污权交易要以污染物总量控制为前提，而污染物排放总量应当根据当地环境容量确定。但环境容量受多种不确定的因素影响，很难准确得出。因而实际确定的污染物排放总量只是一个目标总量，更多时候它表现为最优污染排放量。如果排污权交易建立在最优污染排放量基础上，污染物排放总量极有可能超出环境容量，造成环境破坏。

（3）排污权交易缺乏完善的法律保障体系。排污权交易的实施是一个系统工程，涉及环保、税收、工商等许多职能部门。目前，我国对排污总量控制及排污许可证制度有法律规定，但对排污权交易制度并未做出法律规定。因此，在法律上需明确排污权交易的范围和交易方式，建立排污权交易法律体系和保障体系，确保企业在排污权交易中享有平等自由、公平竞争的权利。

（4）交易目的的偏差。排污权交易的初衷是减少污染物的排放量，实现经济、社会和环境的协调发展。片面强调排污权交易的经济性有可能导致企业不正常的交易动机，即花钱买排污权，用提高生产效益来填补因购买排污指标而付出的经济代价。政府应当加强对排污权交易的宏观调控和监督，拓宽公众参与的途径。

（5）排污权交易可能带来的环境污染在不同地区之间的转移。首先，排污权交易的前提是污染物排放总量控制制度，即在排污总量不变的条件下进行，因而对环境质量并无改善的作用。其次，有些企业可能会放弃最佳可得技术治理污染转而采取购买排污指标，这在污染严重的地区会增加当地污染物排放的总量，尽管其不会超过所在区域的排污总量上限。最后，排污权在污染企业之间进行买卖，特别是不同区域的污染企业之间进行买卖，不仅损害了排污指标购买方所在地居民的环境利益，也存在着污染物的区域转移问题。

2. 推进水环境容量使用权交易制度建立的措施

（1）加强试点，促进排污权分配和交易制度的建设与完善。排污权分配和交易的推行是一个漫长的过程，水污染排污权交易更是刚刚起步，还需从以下几方面加强：一是从实践中来，在现有试点的基础上总结经验，加强理论研究；二是到实践中去，在实践和理论研究的基础上再通过试点来运用研究成果；三是逐步完善相关制度，并推进立法。

（2）加强立法，保障和规范排污权分配与交易。从我国水资源和水环境管理的法律法规来看，目前仅确立了水功能区管理、总量控制和排污许可等基础制度。而排污权的概念和内涵，以及基于排污权的分配和交易，法律法规都没有规范。从这个角度看，目前关于排污权分配和交易的法律法规还不健全。因此，当前迫切需要立足实践、立足理论研究、加强法律制度建设，以使水污染排污权的分配和交易走上科学、可行、规范的轨道上来。

（3）提高监测能力，完善环境信息系统。全面推行排污权交易，需要加强污染物排放监测和监管能力建设，扩大要求安装在线监测设备的排放单位范围，保障有效跟踪监控各类污染物排放，加大构建污染源基础数据库信息平台、排放指标有偿分配管理平台、污染源排放量监测核定平台、污染源排放交易账户管理平台力度，建立企业污染物排放台账制度，全面管理参加有偿分配和排污交易体系污染源。

习 题

一、填空题

1. _____和_____是水环境标准体系中的两个基本标准。

2. 目前，国家已颁布了 5 项环境保护法、9 项资源保护法以及一些条例和法规，其中与河流污染防治相关的是_____。

3. 水体污染监测可分为水体污染现状监测和_____。

4. 装储水样应采用_____容器，容器盖和塞的材料应与容器的材料一致。

5. 水样预处理的方法主要有_____法、离心沉降法、_____法和消解法。

6. 按照不同的处理程度，废水处理系统可分为_____处理、_____处理和_____处理。

7. 工业废水一般的处理程序是：澄清→_____→_____→一般处理→再用或排放。

8. 中国水环境目前面临着 3 个严重的问题：_____、_____和_____。

9. 水环境保护和管理规划按各自的侧重点分为_____规划、_____规划和_____规划。

10. 流域环境管理规划一般分为三个阶段，即_____阶段、_____阶段和最后阶段。

11. 水功能一级区分为4类，即＿＿＿＿区、＿＿＿＿区、＿＿＿＿区、＿＿＿＿区；二级区划共分7类，包括饮用水源区、＿＿＿＿区、＿＿＿＿区、渔业用水区、＿＿＿＿区、过渡区、＿＿＿＿区。

12. 水环境容量使用权交易就是指在＿＿＿＿＿的基础上，在＿＿＿＿＿调控下，允许水环境容量资源使用权这种权利像商品那样被买进和卖出，以此实现＿＿＿＿＿＿＿。

二、判断题

1. 在水体污染监测断面中，控制断面应布设在污染排放口上游未受污染处。 （ ）

2. COD 为生化需氧量，BOD 为化学需氧量。 （ ）

3. 废水二级处理的主要任务是去除废水中呈溶解和胶体状态的有机物质。 （ ）

4. 水功能一级区划中，水质污染严重、现状水质较差的城镇河段不应划为开发利用区。
（ ）

三、思考题

1. 关于水环境保护的法律法规有哪些？

2. 水体污染监测项目有哪些？

3. 何为 SS、BOD、BOD_5、COD？

4. 水体污染监测分为哪几类？包括哪些内容？

5. 水样的采集、运输保存与预处理内容有哪些？

6. 何为废水的一级、二级、三级处理？

7. 如何做到经济有效地控制水污染？

8. 控制水体污染的基本途径是什么？

9. 城市水体污染有哪些控制和治理技术？

10. 农业水体污染的控制和治理对策如何？

11. 流域环境管理规划的主要内容是什么？

12. 流域环境管理规划的步骤有哪些？

13. 水功能的一级、二级区划是什么？

14. 水功能区划的原则有哪些？

15. 水环境容量使用权交易制度的内涵及作用是什么？

16. 水环境容量使用权交易存在的难题及推进措施有哪些？

第8章

水环境修复

内容概要

本章主要介绍了水环境修复的基本原理、修复材料以及修复技术。通过学习本章，学习者应了解水环境修复的基本原理与技术，重点掌握河流、湖泊、水库的水环境修复基本思想和方法，熟悉并掌握水环境生态修复原理、技术以及应用。

8.1 概述

本章的水环境特指内陆地表水环境，其主要由河流、湖泊和水库等系统构成。水环境的变化主要受两方面因素的影响，即自然退化和人为干扰，其中最主要的是人为干扰。随着世界人口的增长、工业革命的推进以及社会经济的发展，水环境受到了史无前例的威胁。欧洲以莱茵河和泰晤士河为河流污染的典型，其中莱茵河一度成为欧洲最大的下水道；日本的"生命之湖"琵琶湖在20世纪80年代由于大量的工业和生活废水排入，出现严重富营养化问题；我国的水环境除了受水体污染影响之外，如太湖和滇池等湖泊的富营养化、淮河及海河等河流的污染，还由于经济发展和环境破坏等原因，导致一些河流还存在季节性断流的问题，如黄河、海河等。

水环境修复即针对水环境的结构、功能上的退化，利用生态系统原理采取各种技术手段提高水体质量，修复生态系统结构，使水体生态系统实现整体协调、自我维持和自我演替的良性循环。水环境修复的对象不仅包括水体，还有与水体相关的生物地理环境，而不同的水域形式因其物理环境、化学环境以及生物环境的不同，需要不同的修复技术体系。水环境修复不可能以完全恢复到原始状态为目标，一般是在保证水环境结构健康的前提下，同时满足人类可持续发展对水环境功能的要求。通常其修复原则有：

（1）地域性原则。根据地理位置、气候特点、水体类型、功能要求、经济基础等因素，制订适当的水环境修复计划、指标体系和技术途径。

（2）生态学原则。根据生态系统自身的演替规律分步骤、分阶段进行修复，并根据生态位和生物多样性原则构建健康的水环境生态系统。

（3）最小风险和最大效益原则。国内外实践表明，水环境修复是一项技术复杂、耗资巨大的工程，对水环境的变化规律及机理的认识还有待提高，目前往往不能准确预计修复工程带来的全面影响，因此需要对工程进行详细论证，降低风险的同时获得环境效益、经济效益和社会效益的统一。

8.2 水环境修复原理与技术

水环境修复是利用物理、化学、生物和生态的方法减少或去除水环境中的污染物质,使污染的水环境功能得到部分或完全恢复。水环境修复技术一般可以分为物理修复技术、化学修复技术和生态修复技术。

8.2.1 物理修复原理与技术

水环境物理修复技术主要包括物理吸附、生态调水、人工曝气、机械除藻、底泥疏浚等。

1. 物理吸附

吸附是指某种气体、液体或者被溶解的固体的原子、离子或者分子附着在某表面上,一般可分为物理吸附和化学吸附。物理吸附是吸附剂与吸附质之间通过分子间力产生的吸附现象,当两者之间由于化学键力而发生化学反应时,称为化学吸附。

物理吸附的主要特征有:

① 吸附剂表面与被吸附的流体之间不发生化学反应。

② 对吸附的流体分子没有特殊选择性。

③ 吸附可以是单分子层吸附,也可形成多分子层吸附。

④ 吸附过程为放热过程,因此低温有利于物理吸附。

⑤ 吸附剂与流体分子之间的吸附力弱,因而有较高的可逆性,改变吸附操作条件,被吸附的分子很容易从固体表面上逸出。

最常见的物理吸附材料为活性炭,它一般为黑色多孔固体,孔隙结构发达,具有巨大的比表面积(一般高达 $1\,000\sim3\,000\ \mathrm{m^2/g}$),对气体、溶液中的无机或有机物质及胶体颗粒等都有很强的吸附能力。活性炭一般可从原料(木质、煤质、果壳等)、形状(粉状、粒状和纤维状),以及制造方法(药品活化、气体活化)等方面具体进行分类,对于不同条件下、不同种类的污染物,应选择适当的活性炭类型。

2. 生态调水

生态调水,即冲刷/稀释,是水环境修复中常采用的方法,通过闸门、泵站等水利设施的调控引入污染水域上游或附近的清洁水源冲刷稀释污染水域,以改善其水环境质量。

利用生态调水技术修复水环境的原理为:

① 将大量污染物在较短时间内输送到下游,缩短污染物在水中的停留时间,减少区域水体中污染物的总量,稀释和降低污染物浓度。

② 调水时改善水体水动力条件,使水体的复氧量增加,促进水体的自净作用。

③ 使死水区和非主流区的污染水体得到置换,水体水质得到改善。

但是,该方法是把污染物转移而非降解,会对流域的下游造成污染。所以,在实施前应进行理论计算预测，确保调水效果和承纳污染的流域下游水体有足够大的环境容量。

3. 人工曝气

水体受到大量有机物污染后，有机物将消耗水中大量氧气并进行分解而导致水中溶解氧急剧降低，出现植物死亡、水体发臭等厌氧状态。

通过人工曝气，可以达到以下效果：

① 增加水体中溶解氧浓度，加快溶解氧与污染物质之间发生氧化还原反应的速率。

② 提高水体中好氧微生物的活性，促进有机污染物的降解速度。

③ 促进水中有害气体（如硫化氢、二氧化碳等）的挥发。

④ 限制浮游藻类生长，恢复水生生物的生存环境，从而改善水体质量。

但是，人工曝气技术一般只适于在为加快对污染河道治理的进程以及作为治理河道的应急措施这两种情况下应用。

4. 机械除藻

藻类的大规模生长会造成光照的透过率降低，使藻团的下方形成低氧区，利于硫化细菌等厌氧生物的生长，从而导致水质变差。采用机械除藻方法，可快速去除水体中的藻类。图 8 – 1 列出了在云南滇池进行机械除藻的工艺流程图。通过该方法，在 2001 年 4 月至 2002 年 11 月的 351 天内共处理富藻水 42 648 m^3，折合清除水华蓝藻干重为 460.83 t，相当于从试验区水体中去除了氮 38.33 t、磷 2.81 t、钾 2.49 t 及粗有机质 200.32 t，重金属铅 2.289 kg、砷 2.23 kg、汞 2.3 kg、镉 0.51 kg。可见，通过机械方法清除水华蓝藻，对控制蓝藻污染、修复水环境可以起到较为重要的作用。

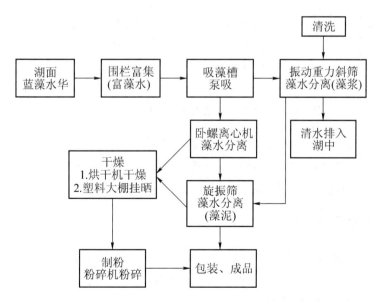

图 8 – 1　湖泊蓝藻水华收获制备方法工艺流程图

机械除藻能直接清除水体中的藻类，且不会产生二次污染。但是由于需要昂贵的费用，并且只是短时间解决问题，不能治本，因此该方法只局限于小水体或大水体的局部水域。

5. 底泥疏浚

水底沉积物是水环境生态系统的重要组成部分，是水生生物的栖息地。水中污染物大部分会转移到沉积物中，沉积物中的污染物一方面可能向水体中重新释放，另一方面会导致底栖生物吸收污染物死亡或富集而造成食物链的转移和积累。采用底泥疏浚技术，即将沉积物从水域系统中清除出去，能够有效地削减沉积物中营养物、重金属和持久性有机物等污染物含量，削减底泥对上覆水体的污染贡献率，从而降低水体的污染物负荷，起到改善水环境质量的作用。

图8-2所示为西湖疏浚前后有机质和总氮含量的变化图。杭州市政府分别于1999年12月至2000年9月，及2001年11月至2003年4月，对西湖中心水域及其周边地区进行了疏浚。疏浚采用绞吸式的方法，挖泥深度是50 cm。根据疏浚前后的对比分析，沉积物中的有机质显著下降，位于少年宫一带沉积物的有机质从68.8%下降到25.04%，湖中心水域从34.48%下降到12.18%，总氮在湖中心区下降了64.2%。

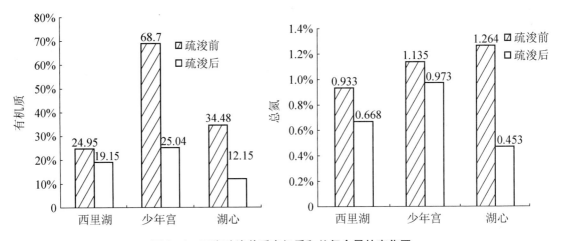

图8-2　西湖疏浚前后有机质和总氮含量的变化图

但是，底泥疏浚过程也往往会对底栖生物产生危害，具体表现为种类、丰富度与生物量的减少，疏浚后微生物胞外酶活性降低，群落结构发生变化。此外，底泥疏浚对湖泊水污染控制具有时效性，因此疏浚方式、疏浚深度与疏浚时令是疏浚工程应关注的问题。

8.2.2　化学修复原理与技术

化学修复技术的原理是根据水体中污染物的化学性质和特征，采用化学方法改变污染物形态使其转化为低毒或无毒物质，从而改善水体质量。常用化学修复技术有酸碱中和法、絮凝沉淀法、吸附过滤法和化学除藻法。

1. 酸碱中和法

酸性污水、大气沉降等会造成水体酸碱度发生变化，影响水体的生态系统结构和功能。

酸碱中和法是指向水体中加入酸性或碱性物质，调节水体酸碱度，恢复水体功能，以适应水体生态系统物种繁殖和生长需要。其基本原理是酸性水体中的 H^+ 与外加的 OH^-，或碱性水体中的 OH^- 与外加的 H^+ 相互作用，生成可溶解或难溶解的其他盐类和水，从而消除污染物的有害作用。

常用碱性物质有 $NaOH$、$CaCO_3$、$Ca(OH)_2$、白云石、电渣等；酸性物质有烟道气中的 SO_2、CO_2 等。如加入熟石灰 $[Ca(OH)_2]$，能促进水体中磷酸盐形成稳定磷酸盐钙沉淀，去除水体中磷并降低叶绿素 a 浓度。

2. 絮凝沉淀法

絮凝沉淀法是通过向水体中投加化学药剂，经絮凝和吸附作用与水中呈离子状态的无机污染物结合，生成不溶于或难溶于水的化合物沉淀析出，从而使水体得到改善的方法。如图 8 - 3 所示，常见的絮凝材料包括无机盐类、有机高分子类、微生物类和复合高分子类等。

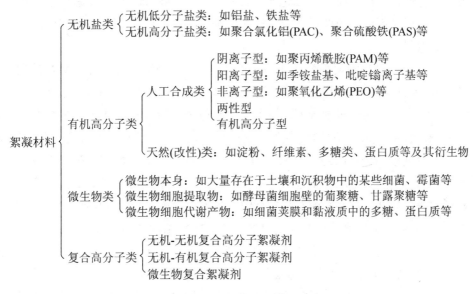

图 8 - 3 常见絮凝材料分类

（1）无机盐类：

① 无机低分子盐类。部分低分子无机盐（如铝盐、铁盐等）在溶于水后，电离形成的金属阳离子中和表面带负电荷的胶体颗粒，在范德华力的进一步作用下形成松散的大胶体颗粒沉降下来。但由于无机低分子絮凝剂相对分子质量较低，在使用过程中投入量较大，产生的污泥量很大，絮体较松散，含水率很高，污泥脱水困难。目前，由于其自身的弱点有逐步被取代的趋势。

② 无机高分子盐类。无机高分子盐类是无机盐类絮凝剂的发展趋势，被称为第二代无机絮凝剂。一般型无机高分子絮凝剂主要以聚合铝盐、聚合铁盐为主，它们的主要形态向高电荷多核络合物方向发展，其共存阴离子从低价向高价方向发展。

无机高分子絮凝剂在水中存在多羟基络离子，能强烈吸引胶体微粒，通过黏附、架桥和交联作用，促进胶体凝聚，同时还发生物理化学变化，中和胶体微粒及悬浮物表面的电荷，从而使胶体离子发生互相吸引作用，破坏胶团的稳定性，促进胶体微粒碰撞，形成絮状沉淀。但无机高分子絮凝剂相对分子质量和架桥能力仍较有机高分子絮凝剂有较大差距，也存在诸如处理水中残余离子浓度较大、影响水质、造成二次污染等缺点。

（2）有机高分子类。有机合成高分子絮凝剂是一类利用有机单体经化学聚合或高分子化合物共聚而成的有机高分子化合物，含有带电的官能团或中性的官能团，具有产品性能稳定、容易根据需要控制合成产物相对分子质量等特点。有机高分子絮凝剂可分为人工合成类和天然（改性）类两种。

天然有机高分子絮凝剂是一类生态安全型絮凝剂，包括淀粉、纤维素、多糖类、木质素、含胶植物、蛋白质等及其衍生物。其原料来源广泛、价格低廉、无毒、易于生物降解、无二次污染等，但其电荷密度小，相对分子质量较低，一般通过改性来提高絮凝效果。天然改性有机高分子絮凝剂可用来处理重金属污水、城市及食品污水、燃料生产废水，并能完成对某些农药的吸附。

（3）微生物类。微生物絮凝剂（Microbial Flocculant，MBF）是新型絮凝剂的发展方向，其主要包括微生物本身，微生物细胞提取物及微生物细胞代谢产物三种类型。

因为成分复杂、提纯分析困难等，微生物絮凝机理的研究推测繁多，主要有黏质假说、聚β-羟基丁酸酯合假说、菌体外纤维素纤丝假说、化学反应假说、类凝集素假说以及"桥联"学说等，目前较为公认的是"桥联"学说：把微生物絮凝剂的絮凝过程看成电荷中和、架桥吸附和卷扫、网捕等物理化学过程共同作用的结果。微生物絮凝剂结构中多存在羧基、羟基、氨基和磷酸盐基，这些基团在絮凝剂中充当颗粒物质的吸附部位或维持一定的空间构象，受到污水中pH、金属离子、温度及絮凝剂和污染物浓度的影响较大。微生物絮凝剂具有环境友好的特点，使其在污水澄清（煤泥、糖厂废水、碱液等）、重金属离子去除、COD（工业、生活污水等）降低、脱色等方面具有很好的应用前景。

（4）复合高分子类。将两种或两种以上的絮凝剂通过分别投加而进行复配使用，或在一定条件下通过混合或反应形成一种复合絮凝剂产品使用，可实现优势互补，提高水和废水的絮凝处理效果，拓宽应用范围和降低处理成本。

3. 吸附过滤法

吸附剂表面与吸附分子之间的作用力是化学键力的吸附过程称为化学吸附。化学吸附的主要特征有：

① 吸附有明显的选择性。

② 吸附为单分子层或单原子层。

③ 除特殊情况外，吸附为放热过程。

④ 被吸附的分子结构发生了变化。

⑤ 吸附为不可逆吸附。

吸附过滤法综合使用不同的吸附过滤介质去除水体中的污染物。一般以筛网或格栅及滤布等作为底层的介质,然后在上面堆积颗粒介质,处理含污染物的水体。常用的颗粒介质如石英砂、无烟煤粉和石榴石等。有些过滤介质除具有截留水体中颗粒物质的作用外,还具有吸附作用,使过滤出水的水质提高。例如,选用粉碎粒径为 1.5~2 mm 的硅藻土颗粒,用盐酸或硫酸进行处理,再在 300 ℃下进行活化,使之具有较高的吸附性能,能够降低水的色度,使水体变清。表 8-1 为不同吸附过滤材料性能的比较。

表 8-1　不同吸附过滤材料性能的比较

吸附剂	吸附机理	吸附物质	吸附效率
沸石	离子交换	金属离子	较高
黏土	电荷交换	金属离子	较高
硅藻土	化学吸附	金属离子	高
离子交换纤维	离子交换	金属离子和部分有机物	较高
壳聚糖、淀粉	螯合	金属离子	较高
微生物	细菌新陈代谢	金属离子(依菌种不同,具有选择性)	较高
藻类	化学吸附	金属离子	较高

图 8-4 列出了常见的化学吸附材料,简单介绍如下。

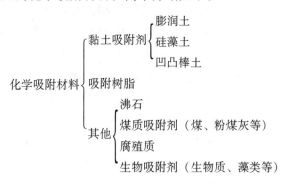

图 8-4　常见的化学吸附材料

(1)黏土吸附剂。如膨润土、蒙脱土、硅藻土、凹凸棒土、高岭土等黏土矿物,具有较大的比表面积、良好的离子交换效能及吸附性能,而且储量大、价格低廉,作为污染物吸附剂具有很好的发展前景。但天然黏土矿物具有亲水特性,不利于吸附疏水性的有机污染物,可通过酸碱或无机盐活化、焙烧、离子替代或交联处理等提高其吸附性能,经过改性的黏土吸附剂对污水中的重金属离子、有机污染物、浊度、色度均有不同程度的去除效果。

①膨润土。膨润土又名膨土岩、斑脱岩,有时也称白泥,通常为白色,也有浅灰、褐红等其他颜色。其主要成分是蒙脱石,后者的机体结构是由两层硅氧四面体夹一层铝氧八面体组成的 2:1 型层状硅酸盐黏土矿物。膨润土在形成的过程中,常会发生阳离子异介类质同晶替代作用,如硅氧四面体中 Si^{4+} 被 Al^{3+} 替代,铝氧八面体中 Al^{3+} 被 Mg^{2+} 替代。晶体结构

层间存在过剩负电荷，需吸附阳离子来保持电荷的平衡，被吸附的阳离子通常为 Na^+、Ca^{2+}、K^+、Mg^{2+}、Al^{3+}、H^+、Li^+、Cs^+、Rb^+、NH_4^+ 等。由于异介类质同晶（象）替代产生的负电荷大部分分布在片状硅铝酸盐的层面上，与矿物层面上吸附的阳离子距离较远，吸附的阳离子与晶层间常被水分子所隔，两者结合较松弛，阳离子脱离和吸附所需能量较低，也较自由。因此这些被吸附的阳离子可以被置换，这是蒙脱石矿物具有阳离子交换性能的本质。

② 硅藻土。海洋或湖泊中的单细胞低等水生植物，死亡后其残骸经几百万年的沉积矿化作用形成硅藻土。这种生物矿物材料的主要成分为非晶质 SiO_2，还含有少量的 Al_2O_3、Fe_2O_3、CaO、MgO、Na_2O 及有机质。硅藻土的颜色为白色、灰白色和浅灰褐色等，其微观形貌也因硅藻细胞形状的不同而有圆盘状、针状、筒状、羽状等。由于其生物成因，硅藻土具有存在独特的有序排列的微孔结构、孔隙率高、孔体积大、质量轻、堆积密度小、比表面积大（$50\sim200\ m^2/g$）、导热系数低、吸附性强、活性好等优点。我国硅藻土储量丰富，达3.9亿吨，仅次于美国，使得其应用前景颇为广阔。

③ 凹凸棒土。凹凸棒土是指以凹凸棒石为主要成分的一种黏土矿物。凹凸棒石又名坡缕石，是一种罕见的富镁黏土矿物，在矿物学分类上隶属于海泡石族，为含水层链状镁质硅酸盐矿物，晶体呈针状或纤维状。其基本结构单元为2:1层型，即两层硅氧四面体中间夹一层镁氧八面体组成单元层，在每个2:1层中四面体片角顶隔一定距离方向颠倒而形成层链状结构。我国凹凸棒土的探明储量为11亿吨，占世界储量的80%。

（2）吸附树脂。吸附树脂主要是指在分子结构中不含离子性基团，主要依靠范德华力进行吸附的高分子树脂。根据孔隙大小，吸附树脂可以分为大孔吸附树脂和微孔吸附树脂。根据极性大小，吸附树脂可分为非极性吸附树脂、弱极性吸附树脂、中极性吸附树脂和强极性吸附树脂4种。按聚合物骨架类型，吸附树脂分为聚苯乙烯型吸附树脂、聚丙烯酸型吸附树脂以及其他类型。根据合成树脂的原材料，吸附树脂可以分为人工合成吸附树脂和天然高分子改性吸附树脂。相比于传统的吸附材料（活性炭、沸石分子筛等），吸附树脂的吸附量大，容易洗脱，有一定的选择性，强度好，可以重复使用。特别是可以针对不同的用途，设计树脂的结构，吸附树脂因而成为一个多品种的系列，在多个重要领域显示出优良的吸附分离性能。大孔吸附树脂的应用主要体现在三方面，即天然产物的吸附分离、医药学、处理工业废水。在工业废水处理领域，大孔吸附树脂对如苯类或酚类化合物、苯甲酸、水杨酸、萘磺酸等都有很好的吸附、去除效果。一般大孔吸附树脂的吸附效果与比表面积、孔径、孔容、压强等成正比，与温度成反比；当废水中含有氧化剂、铁、硅、油类等污染物时，可能发生热降解，从而引起树脂性能劣化，使用效果下降。

4. 化学除藻法

化学除藻可分为除藻剂除藻和化学氧化剂除藻。

除藻剂除藻主要是通过抑制藻细胞活性，阻碍其生长繁殖，达到除藻的目的。目前应用最广泛的无机杀藻剂有铜盐、高锰酸钾、磷的沉淀剂等。

氧化剂除藻是一种常用的化学除藻手段，化学药剂与构成微生物蛋白质的半胱氨酸 – SH 基反应，使 – SH 基为活性点的酶钝化，破坏某些藻类的细胞壁、细胞膜及细胞内含物而使其灭活甚至解体，从而杀灭活体藻细胞。氧化型杀藻剂主要为卤素及其化合物、O_3、H_2O_2、高锰酸钾、高铁酸盐等。

利用化学药品来控制藻类是一种快速有效的传统除藻方法。但是化学除藻只能作为一种应急措施，并不能将氮、磷营养盐移出水体，也不能从根本上解决水体的富营养化问题，而且不可长期使用，否则会造成化学药品的生物富集和生物放大，从而对整个生态系统产生负面影响，同时死亡藻类也会引起二次污染。

8.2.3　生态修复原理与技术

一个完整的水体生态系统应包括水生植物、水生动物以及种类和数量众多的微生物。当污染物进入水体后，相应的微生物把它们逐步分解为无机营养元素，从而为水生植物的生长提供了营养。微生物在分解污染物的同时获得能量，以维持自身种群的繁衍。水生植物一方面吸收水中无机营养元素，另一方面通过光合作用为水体中各生物种群提供了赖以生存的溶解氧。水生动物直接或间接以水生植物和微生物为食，可控制水生植物和微生物数量的过量增长，在保持水质清澈的过程中起重要作用。水生动物排泄的粪便和水生动物、植物死亡后的尸体又为微生物提供了食物来源，因此微生物是水体中的"清道夫"，它们为避免由水生生物带来的水体二次污染起着关键性的作用。图 8 – 5 所示为水体生态系统循环示意图。

水体通过上述诸因素的作用形成循环，各种群相互依存、相互制约，类型和数量相对稳定，处于生态平衡状态。外界因素的干扰，如人为地向水体排放污染物，就会影响水体业已存在的生态平衡。当外界物质进入的速度超过生物圈自身食物链循环的速度时，会造成食物链中某些环节种群的失衡，此时若不采取措施调整种群数量或结构，就会使水体生态平衡遭到破坏，水质恶化甚至发黑发臭。

生态修复技术根据生态学原理，通过一定的生物、生态工程的技术与方法，人为地改变和切断生态系统退化的主导因子或过程，调整、配置和优化系统内部及其外界的物质、能量和信息的流动过程和时空次序，使生态系统的结构、功能和生态学潜力尽快成功地恢复到一定的或原有乃至更高的水平。

与化学修复、物理修复方法相比，生态修复技术具有以下优点：

① 污染物在原地被降解清除。

② 修复时间较短。

③ 就地处理，操作方便，对周围环境干扰少。

④ 修复费用较少，仅为传统化学、物理修复费用的 30% ~ 50%。

⑤ 人类直接暴露在污染物下的机会减少。

⑥ 不产生二次污染，溢流问题少。

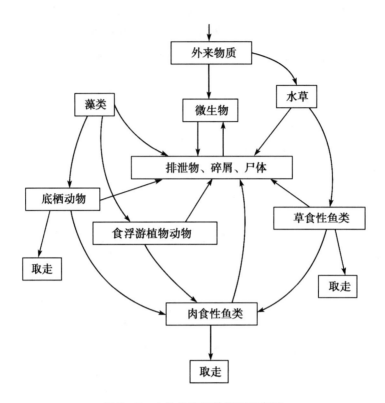

图 8-5　水体生态系统循环示意图

生态方法水体修复技术包括土地处理技术、生物修复技术及植物修复技术等,在某些景观建设区还可以结合生态和景观达到治污目的。

1. 土地处理技术

土地处理技术是一种古老但行之有效的水处理技术。它是以土地为处理设施,利用土壤中微生物的降解作用及土壤—植物系统的吸附、过滤、净化作用和自我调控功能,达到某种程度上的对水的净化的目的。土地处理系统可分为慢速渗滤(SR)、快速渗滤(RI)、地表漫流(OF)等几种形式。

慢速渗滤适用于渗水性能良好的壤土、砂质壤土以及蒸发量小,气候湿润地区。废水透过表面布水或喷灌布水的方式投配到种有植物的土壤表面后垂直向下缓慢渗滤,经植物吸收、土壤吸附及微生物降解作用而得到净化。该法污水在土壤中的迁移速度较慢。在所有土地处理方法中,慢速土地处理对污水的处理程度最高。

快速渗滤适用于透水性非常良好的土壤,如砂土、砂壤土或壤土,一般不要求地表种植植物,其作用机理类似于"生物砂滤池"。废水投配到土壤表面后,快速下渗,部分被蒸发,大部分渗入地下水,污水投配速率高,污水在土壤中的渗滤速度快。快速渗滤采用的是周期性布水,土壤长期处于淹水期和干化期交替状态,使表层土壤在厌氧—好氧状态下交替运行,在不同种群的微生物作用下使截留在土壤表层的悬浮固体得到充分有效降解。

地表漫流是将污水投配到土壤渗透性低、生长牧草或经选择的其他作物的坡地上，污水在沿坡地表面的流动过程中，由于物理、化学和生物的作用而得到净化。出水主要以地表径流汇集利用或排放，只有少量污水通过土壤渗滤，因此处理效率偏低。

2. 生物修复技术

微生物是地球生态系统中最重要的分解者，在自然界物质与能量的转化循环中发挥着重要的作用。生物处理法主要是利用微生物的作用，使有机污染物降解转化为无机物。这一降解转化过程基本上是在微生物产生的酶的参与下发生的生物化学反应。利用生物（主要是微生物）的作用，使污染物就地降解成 CO_2 和 H_2O，或转化成无害物质的方法称为生物修复。

生物修复中可以用来接种的微生物从其来源可分为土著微生物、外来微生物和基因工程菌。通常土著微生物与外来微生物相比，在种群协调性、环境适应性等方面都具有较大的竞争优势，因而常作为首选菌种。生物修复技术就是利用培育的植物、动物或培养、接种的微生物的生命活动，对水中污染物进行转移、转化及降解，从而使水体得到净化的技术。

目前常用的生物修复技术包括：好氧生物处理、厌氧生物处理、厌氧—好氧生物组合处理；利用细菌、藻类、微型动物的生物处理；利用湿地、土壤、河湖等自然净化能力处理等。本节重点介绍几种比较先进的针对江河湖库污染大水体的生物修复技术。

（1）生物膜法。生物膜法是指以天然材料（如卵石）、合成材料（如纤维）为载体，在其表面形成一种特殊的生物膜。生物膜表面积大，可为微生物提供较大的附着表面，有利于加强对污染物的降解作用，其反应过程是：

① 基质向生物膜表面扩散。

② 在生物膜内部扩散。

③ 微生物分泌的酵素与催化剂发生化学反应。

④ 代谢生成物排出生物膜。

生物膜法具有较高的处理效率，它的有机负荷较高，接触停留时间短，占地面积较小，投资较少，此外，其在运行管理时没有污泥膨胀和污泥回流问题，且耐冲击负荷。生物膜法对于受有机物及氨氮轻度污染的水体有明显的效果。

（2）CBS 水体修复技术。CBS 是 Central Biological System（集中式生物系统）的简称，是美国 CBS 公司开发研制的一种高科技的生物修复水体的方法，利用微生物生命过程中的代谢机理，将废水中的有机物分解为简单的无机物，从而去除有机污染物。CBS 由几十种具有各种功能的微生物组成，主要包括光合菌、乳酸菌、放线菌、酵母菌等构成的功能强大的"菌团"。CBS 的作用原理是利用其含有的微生物唤醒或者激活污水中原本存在的可以自净的但被抑制而不能发挥其功效的微生物，通过它们的迅速增殖，强有力地钳制有害微生物的生长和活动。

CBS 水体修复技术具有以下作用：

① 消除水体有机污染及富营养化。CBS 生物制品投入水体后，能有效地唤醒水体中原有的有益微生物，并使其大量繁殖，进而分解水中的有机污染物，促进氮的反硝化作用，加速磷的无害化，并锁定水体中重金属元素，从而解决水体污染和富营养化问题。

② 使水体除臭去黑。水体的恶臭使人们头晕、厌食和恶心，人长期生活在恶臭水域环境附近会患上许多疾病甚至癌症。如何根除恶臭已成为环保领域的重大研究课题。在发黑发臭的水体中投入 CBS 生物制剂后会很快得到除臭去黑的效果，且没有残留和二次污染。

③ 硝化底泥。水体水质的严重恶化除了富营养化之外，在通常情况下还与水体淤泥迅速大量地累积紧密相关，这种淤泥通常转为水体污染的内源。CBS 系统利用向河道中喷洒的生物菌团使淤泥脱水，让水和淤泥分离，然后再消灭有机污染物，达到硝化底泥、净化水资源的目的。

（3）EM 水体修复技术。EM 为高效复合微生物菌群的简称，即 High Effective Complex Microorganisms，是一种由酵母菌、放线菌、乳放菌、光合菌等多种有益微生物经特殊方法培养而成的高效复合微生物菌群。EM 是由 5 科 10 属 80 多种对人类有益的微生物复合培养而成的多功能微生物菌群。EM 在其生长过程中能迅速分解污水中的有机物，同时依靠相互间共生增殖及协同作用，代谢出抗氧化物质，生成稳定而复杂的生态系统，抑制有害微生物的生长繁殖，激活水中具有净化水功能的原生动物、微生物及水生植物，通过这些生物的综合效应从而达到净化与修复水体的目的。从 EM 处理水塘后的各类指标来看，其可以达到景观娱乐用水 C 类水质标准，水面清晰可见，并除去了以前水面疯长形成的绿油漆状的水华。

3. 植物修复技术

植物修复技术是利用植物吸收、聚集、降解等作用，固定环境中的污染物，从而减少或减轻污染物毒性的技术。植物修复的过程可以分为植物稳定和植物提取。植物稳定是利用某些植物根系的生物活性，如活跃的酶系统或微生物系统来改变某些重金属的化合价，降低其可溶性和生物毒性，从而降低重金属的活性，以减少重金属被淋滤进入地下水或通过空气进一步扩散污染环境的可能性。而植物提取是指植物在生长过程中，将污染物吸附进而吸收，使其进入植物在地面以上的部分，通过收割，将无机污染物回收或者进行适当的处置。有些植物对特定重金属离子具有异乎寻常的吸收能力，可以达到自身干重的 2% ~ 5%，其体内重金属离子的浓度可以是正常水平的数百倍甚至上千倍。如香蒲植物、绿马植物无叶紫花苕子对铅、锌具有较强的忍耐和吸收能力，可用于净化铅锌矿废水污染的土壤。植物修复原理示意图见图 8 - 6。

植物修复的优点是投资少，运行费用低，植物根部能够渗透至一般技术难以达到的位置，污染物泄漏少；缺点是处于植物根部深层的污染物得不到去除，而且污染物的毒性可能影响植物的生长，修复过程比较缓慢。

（1）植物对无机污染物的修复技术：

① 植物萃取技术。植物萃取技术是利用对重金属富集能力较高的植物将水体中的金属

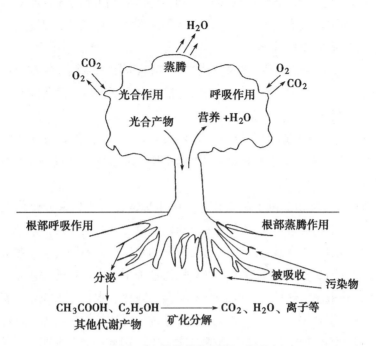

图 8 - 6　植物修复原理示意图

萃取出来，富集并运输到植物可收割部分。能应用于植物萃取的植物往往是一些超积累的植物，目前已经发现超富集植物约为 500 种，广泛分布于植物界的 45 个科，其中以超量积累镍（Ni）的植物最多。超积累植物对重金属有很强的吸收和积累能力，不仅表现在介质中金属浓度很高时，而且在介质中金属浓度较低时，其重金属浓度也比普通植物高 100 倍以上。同时，超积累植物对重金属的吸收具有很强的选择性，只吸收和积累生长介质中的一种或几种特异性金属。

② 根际过滤技术。根际过滤技术是利用植物根系根孔的吸收能力通过水流来去除有毒金属。水生植物、半水生植物和陆生植物均可作为根系过滤的材料，目前已筛选出几种较理想的植物，如向日葵和印度芥菜等。对不同的金属来说，植物根系或幼苗清除有毒金属的机理不尽相同。例如，清除铅的机理有沉淀和离子交换吸附，在印度芥菜的根系细胞壁上形成沉淀（一般为碳酸铅），铅也可交换性吸附到细胞壁的负电荷点上，其在印度芥菜的根系中主要与羧基相结合。

③ 植物挥发。植物挥发是利用植物吸收、积累来促进重金属转变为可挥发的形态，并使其挥发出土壤和植物表面的过程。一些金属，如硒（Se）、砷（As）和汞（Hg）等，可以生物甲基化而形成可挥发的分子。例如，硒在印度芥菜的作用下可产生挥发性硒，湿地上的某些植物可清除土壤中的硒。其他挥发性重金属，也能通过植物挥发作用而被部分去除。但是这一方法仅限于挥发性污染物，应用范围小，且此方法是将污染物从土壤转移到大气中，对环境仍有一定影响。

④ 植物稳定或固化技术。植物稳定是利用耐重金属植物降低重金属的移动性，从而减少重金属被淋滤到地下水或通过空气扩散进一步污染环境的可能性，如植物枝叶分解物、根系分泌物对重金属的固定作用等。

（2）植物对有机污染物的清除技术。植物对有机污染物的清除主要是将其完全矿化成相对无毒的组分，如 CO_2、硝酸盐、氯气、氨。植物根系复杂的生理生化特性给植物作为有机污染物清除剂提供了很大的潜力。

① 植物降解。污染物在植物根系中可直接分解，也可以转移到植物体内进行分解。根系和体内降解技术通常被应用于有机污染物的治理，如石油、杀虫剂、含氯溶剂和 BTEX（苯、甲苯、乙苯、二甲苯）等。

② 根际生物降解。植物提供了微生物生长的生境，在植物根系分布范围内土壤微生物量是最大的。这些微生物群落可以加速许多农药、三氯乙烯和石油烃的降解。

在具体的技术运用上要注意针对不同污染状况的水体选用不同的生态型植物：以重金属污染为主的水体宜选用观赏型水生植物；以有机污染为主的水体可选用水生蔬菜；对混合型污染为主的水体，常采用水葫芦、浮萍、紫背浮萍、睡莲、水葱、水花生、宽叶香蒲、菹草等植物。在运用植物修复技术时，应注意用于清除重金属功能的植物器官往往会因腐蚀、落叶等原因使重金属等污染物重返水体，造成二次污染，因此必须定期收割并处理植物器官。另外，由于超积累重金属的植物通常植株短小、生物量低、不易于机械化作业，加上生长缓慢、生长周期长，因而修复效率不高。

4. 生物综合修复技术

上述生物修复技术并不是特定种类生物的单独作用，而是在生态条件允许的情况下，针对特定的污染物，向其所处的环境中引入或增加某些生物种群，与环境协同以强化对污染物的处理效果。生物综合修复技术是综合微生物、植物及动物对水环境污染的修复能力，去除水环境中多种污染物。以下主要介绍人工湿地技术和生物浮床技术。

（1）人工湿地技术。人工湿地区别于自然湿地，其主要特征是人类活动的强制性参与，特别是在湿地建设及运行管理方面。它是指模拟自然湿地的结构和功能，人为地将污水投配到人工建造的湿地生态系统中，通过物理、化学和生物等协同作用使水质得以改善的工程。或利用河滩地、洼地、蓄滞洪区和绿化用地等，通过优化集布水等强化措施改造的近自然系统，实现水质净化功能提升和生态提质。

近年来，人工湿地因其具有投资少、运营成本低、生态效益好、污水处理效率高、地形适应性强以及独特的绿化环境景观功能等优点，已经被广泛应用于污水处理厂尾水、农田尾水、生活污水和养殖废水等污水处理以及河湖水质净化和生态环境治理等领域。但其也存在占地面积较大，受气候条件限制较大，容易堵塞、饱和等缺点。

① 人工湿地的类型。按照湿地中布水出水方式的不同可以将人工湿地分为表面流人工湿地和潜流人工湿地，表面流人工湿地指水面在土壤表面以上，水从进水端流向出水端的人

工湿地。潜流人工湿地指水面在填料表面以下，水从进水端水平或垂直流向出水端的人工湿地，水从进水端水平流向出水端的称为水平潜流人工湿地；水垂直流过填料层的称为垂直潜流人工湿地，按水流方向不同，其又可分为下行垂直流人工湿地和上行垂直流人工湿地。各类型湿地基本结构如图8-7至图8-9所示。

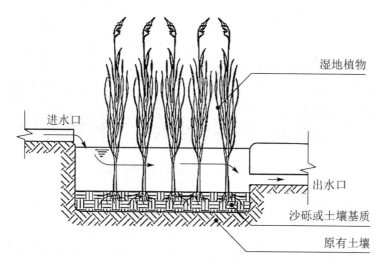

图8-7 表面流人工湿地剖面示意图

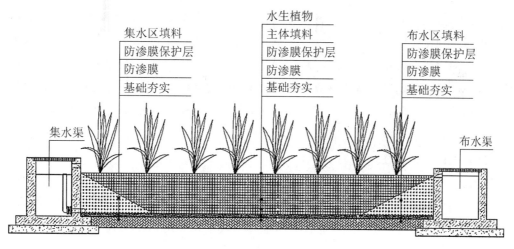

图8-8 水平潜流人工湿地剖面示意图

② 人工湿地的净化机理。人工湿地由其中的基质、植物和微生物三者之间通过物理、化学及生物作用处理污水中的污染物，主要包括悬浮物、有机物、氮、磷及重金属等。

悬浮物的去除机理：悬浮物是衡量污水污染程度的重要指标之一，也是污水中有机物、氮、磷及重金属等污染物的重要载体。在人工湿地中，悬浮物主要通过基质、植物根茎和腐殖层的沉积过滤作用截留在湿地内进而被分解和利用。

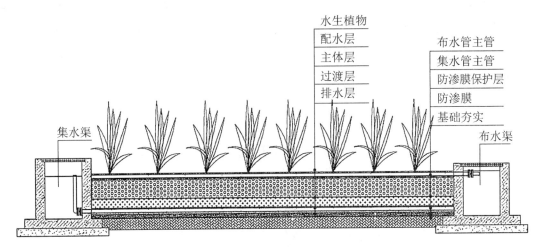

图 8-9　垂直潜流人工湿地剖面示意图

有机物的去除机理：污水中的有机物分为可溶性和不可溶性两类。可溶性有机物经过植物根区微生物的进一步分解或直接被植物作为营养物质吸收并转化；不溶性有机物则被人工湿地过滤、沉淀，随之被截留下来由微生物分解除去。植物根区附近的水环境依次呈现为好氧、缺氧和厌氧状态，即人工湿地中存在好氧和厌氧的区域或界面，此处氧化还原电位变化幅度大，较容易发生有机物氧化还原反应，降解有机污染物。

氮的去除机理：氮是污水中最主要的污染物之一，人工湿地中，氮主要通过微生物的氨化、硝化与反硝化作用，植物的吸收，基质的吸附、过滤、沉淀，微生物摄取等途径去除，其中氨化、硝化与反硝化作用是去除氮的主要途径。氨化反应是在氨化菌的作用下，有机氮化合物分解，转化为氨氮。硝化反应是在亚硝化及硝化菌的作用下，氨氮进一步分解氧化为亚硝酸及硝酸盐氮，硝化反应一般在好氧条件下发生。反硝化反应是在反硝化菌的作用下，少部分亚硝酸及硝酸盐氮同化为有机氮化物，成为菌体，大部分异化为气态，反硝化反应需缺氧、好氧条件交替存在。

磷的去除机理：工湿地中对磷主要通过物理（沉积）、化学（沉淀和吸附）及生物作用（植物摄取、微生物吸收）去除。人工湿地中基质对磷的去除是最主要途径，包括物理去除和化学沉淀去除两大过程。最终通过更换基质、收割植物等方式去除湿地中累积的磷污染物。

重金属的去除机理：人工湿地对重金属的去除主要通过植物的化学作用和生物作用实现：一方面，植物根系通过分泌某些代谢产物来改变根际环境，从而对废水中的重金属产生活化、钝化或改变重金属离子价态和降低毒性的作用；另一方面，植物直接吸收、转运离子态的重金属。大部分重金属滞留在湿地中基质与植物根系交错的结合部，需要经过植物的生长吸收和收割植物的地上部分，才能将含有重金属的污染物移出系统。

③ 基本工艺设计。人工湿地工艺设计应综合考虑处理水量、进水水质、占地面积、建

设投资、运行成本、出水水质要求和稳定性，以及不同地区的气候条件、植被类型和地理条件等因素，通过技术经济比较确定适宜的方案。不同类型的人工湿地对污染物的去除效果不尽相同，应用时可根据实际需要选择湿地处理工艺，各类型人工湿地的比较见表 8-2。对于农田退水处理、河道内、湖（库）滨带、河道两侧滩地、蓄滞洪区等区域的河湖水质净化和生态环境治理等污染物负荷不大或地形受限的条件下多采用表面流人工湿地为主的处理工艺，对于污水处理厂尾水、生活污水和养殖废水处理、设置于城镇绿化用地等污染负荷大、去除率要求高或面积受限的条件下，多采用潜流人工湿地为主的处理工艺。

表 8-2　人工湿地工艺比较

项目	人工湿地类型			
	表面流人工湿地	水平潜流人工湿地	上行垂直流人工湿地	下行垂直流人工湿地
水流方式	表面漫流	水平潜流	上行垂直流	下行垂直流
水力与污染物削减负荷	低	较高	高	高
占地面积	大	一般	较小	较小
有机物去除能力	一般	强	强	强
硝化能力	较强	较强	一般	强
反硝化能力	弱	强	较强	一般
除磷能力	一般	较强	较强	较强
堵塞情况	不易堵塞	有轻微堵塞	易堵塞	易堵塞
季节气候影响	大	一般	一般	一般
工程建设费用	低	较高	高	高
构造与管理	简单	一般	复杂	复杂

第一，位置选择。人工湿地的位置应优先选择坑塘、洼地和荒地等便于利用的土地，根据实际工程需求，可以选择排污口下游、支流入干流处等关键位置或河道两侧滩地、湖（库）滨带、蓄滞洪区、采煤塌陷区、城镇绿化带和边角地等闲置区域。

第二，设计参数。人工湿地主要设计参数包括水力停留时间、表面水力负荷、各污染物削减负荷等，可以根据各参数推算湿地规模。各设计计算公式如下，参数取值范围根据不同气候分区而不同，具体可参见由国家生态环境部水生态环境司主持编制的《人工湿地水质净化技术指南》。

水力停留时间指污水在人工湿地内的平均驻留时间，计算公式如下：

$$T = \frac{V \times n}{Q} \tag{8-1}$$

式中：T——水力停留时间，d；

V——有效容积，m^3；

n——填料孔隙率，%，表面流人工湿地 $n = 1$。

表面水力负荷指每平方米人工湿地在单位时间所能接纳的污水量，计算公式如下：

$$q_{hs} = \frac{Q}{A} \tag{8-2}$$

式中：q_{hs}——表面水力负荷，$m^3/(m^2 \cdot d)$；

Q——设计流量，m^3/d；

A——表面积，m^2。

污染物削减负荷指每平方米人工湿地在单位时间去除的污染物量，计算公式如下：

$$N_A = \frac{Q(S_0 - S_1)}{A} \tag{8-3}$$

式中：N_A——污染物削减负荷，$g/(m^2 \cdot d)$；

A——表面积，m^2；

Q——设计流量，m^3/d；

S_0——进水污染物浓度，g/m^3；

S_1——出水污染物浓度，g/m^3。

第三，几何尺寸。合理的几何尺寸能够使污水在湿地内更好地流动，从而保证理想的污染物去除率，不同类型人工湿地对几何尺寸的要求也有所不同，要求具体见表8-3，必要时也可根据现场条件和需求适当调整。

表8-3　三种类型人工湿地主要参数要求

	表面流人工湿地	水平潜流人工湿地	垂直潜流人工湿地
单个处理单元最大面积（m^2）	3 000	2 000	1 500
长宽比	大于3:1	小于3:1	1:1~3:1
水深	0.3 m~2.0 m 平均不宜超过0.6 m	0.6 m~1.6 m	0.8 m~2.0 m

第四，主体构筑物及布集水系统。表面流人工湿地主体构筑物一般为以土坝为围护的塘体结构，潜流人工湿地主体构筑物一般为钢筋混凝土，小型潜流人工湿地也可以采用砌体结构。人工湿地主体应进行防渗处理，防渗措施可根据实际情况进行选择，常用的主要有黏土碾压法、三合土碾压法、土工膜法、塑料薄膜法和混凝土法等。

人工湿地处理单元的进出水系统设计，应保证布水和集水的均匀性和可调性，并设置排空、拦水和防倒灌等防范工况的措施。表面流人工湿地可采用单点、多点和溢流堰布水，可采用类似折板的围堰或横向的深水沟进行导流，并通过控制底面平整性及植物密度来优化湿地的布水均匀性。水平潜流人工湿地应采用多点布水，可采用穿孔管或穿孔墙方式布水。垂直潜流人工湿地布水和集水系统均应采用穿孔管。

第五，基质。基质是指填充于湿地床体的固定植物根茎为植物与微生物提供生长环境并有一定空隙的物质，又称填料、滤料。它除了支撑植物及为微生物提供附着表面外，在人工湿地处理过程中，还具有吸附、沉淀、过滤、离子交换等重要的作用，且不同的材料对污染物有着不同的处理性能。对于表面流人工湿地而言，基质一般指湿地底部的沙砾或土壤，对于潜流人工湿地而言，一般采用土壤、砂、砾石、碎石、卵石、沸石、火山岩、陶粒、石灰石、矿渣、炉渣、蛭石、高炉渣、页岩或钢渣等材料中的一种或几种，也可采用经过加工和筛选的碎砖瓦、混凝土块材料或对生态环境安全的合成材料。潜流人工湿地基质粒径一般沿水流方向有所变化，总体呈两端大中间小的分布规律，初始孔隙率宜控制在 35% ~ 50%。

第六，植物选择。人工湿地中植物的作用可归纳为三方面：直接吸收污水中或经微生物转化而来的有机营养物质，吸附或富集重金属及有毒有害物质；为根区提供氧气，供给于好氧微生物，为其提供适宜的氧化还原环境；增强并维持人工湿地介质的水力传输。植物的选择是影响人工湿地对各污染物去除效率的重要因素。一般根据当地的自然条件，选择活率高、污染物去除效果好的一种或多种本土水生植物，常用的水生植物包括芦苇、香蒲、菖蒲、睡莲、槐叶萍、狐尾藻等。种植密度，挺水植物宜为 9 株/m^2 ~ 25 株/m^2，浮水植物宜为 1 株/m^2 ~ 9 株/m^2，沉水植物宜为 16 株/m^2 ~ 36 株/m^2，进水负荷高时可适当密植。

④ 人工湿地的应用。自 20 世纪 60 年代，人工湿地技术首次被德国提出，世界各地即陆续将其用于改善环境污染。20 世纪 80 年代人工湿地才真正通过人工建造而进入应用阶段。1996 年在维也纳召开的第 4 次人工湿地研讨会，标志人工湿地作为一种新型的污水生态处理技术正式进入污水治理领域。世界范围内广泛开展人工湿地的实验室研究和应用探索始于 2000 年之后，人工湿地技术进入大规模应用阶段。随着人工湿地技术的不断完善，相关的理论试验研究也日趋多样化、系统化，人工湿地技术逐渐从试验研究转化为成功的并广受世界各地欢迎的实践应用。目前，人工湿地技术已经成功应用于处理生活污水、工业废水、农业污水、城市径流污水、垃圾渗滤液、养殖废水等各种类型的废水。

我国人工湿地系统的研究始于"七五"期间，随着理论技术的发展及逐渐深入，人工湿地的小试试验、工程应用也蓬勃发展起来。国家环境保护部华南环境科学研究所在深圳建设了白泥坑人工湿地，湿地占地 189 亩，处理规模为 3 100 m^3/d；北京昌平于 1988—1990年建成了处理规模为 500 m^3/d 的表面流人工湿地；天津市农业部环境保护科研监测所也于 1988 年建成了占地 90 亩、日处理污水 1 400 m^3 的芦苇床湿地工程。之后，人工湿地开始结合湿地植物的景观特性，诸多着眼于与人互动的湿地公园走入人们的视线。1998 年成都开始建设世界第一座城市综合性环境教育公园——活水公园，将景观娱乐性、环保教育理念融入到工程案例之中。除此之外，沙家浜国家湿地公园、杭州西溪国家湿地公园、太湖湿地公园、天津市临港经济区生态湿地公园等也陆续建成，在处理环境污染问题的同时其景观娱乐等特点也为人们所津津乐道。

（2）生态浮床技术。生态浮床又称生态浮岛，是利用植物无土栽培原理，以浮岛作为载体，人工把高等水生植物或改良陆生植物种植到富营养化水体的水面，通过植物根部的吸收、吸附和根际微生物对污染物的分解、矿化以及植物同化作用，削减富营养化水体中的氮、磷等营养盐和有机物，从而抑制藻类生长，净化水质，恢复水库生态系统，如图 8 – 10 所示。此外，人工生态浮岛还能起到为生物（鱼类、鸟类）创造生息环境以及消波的效果。近年来，国际上的研究一般称这种技术为漂浮湿地（Floating Treatment Wetland，FTW），多用来处理受污染雨水和地表径流等。

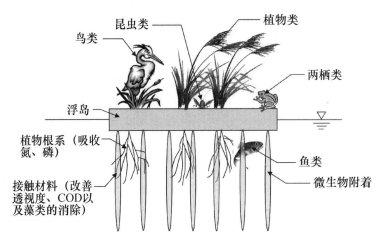

图 8 – 10　生态浮床

① 生态浮床类型。目前，生态浮床按照浮床材料和结构的不同可分为很多种，如有机材料浮床、生物秸秆浮床、无机材料浮床等。但是，大多学者按照浮岛上的植物是否接触供试水体将浮岛分为干式浮床和湿式浮床两大类。

干式浮床是一种植物不直接接触供试水体的浮床，植物和水体之间通过一种介质来进行营养传输和固定作物。由于作物不与水直接接触，所以浮床的水处理能力有限；但是这种浮床具有较大的浮力，其上往往种植较大型的园艺植物，由此为鱼类和鸟类提供更大的栖息空间，所以这种浮床一般使用经久耐用材料制成，目的主要是用于改善景观以及提供鱼虾产卵场所或者为鸟类提供栖息地。由于其一般不是以净化水体为主要目的，且制作成本及技术要求较高，所以在水体生态修复领域中应用有限。

湿式浮床栽种的作物直接接触水体，并通过作物吸收水体中营养物质来控制水体的污染。按照其浮力来源方式，湿式浮床可进一步细分为组合式及一体式：如果浮力来源于栽培固定基质，这种浮床属于一体式浮床；如果浮床是由浮力装置和栽培固定装置组合而成，这种浮床属于组合式浮床。表 8 – 4 为干式浮床和湿式浮床的比较。

表 8 - 4 　干式浮床和湿式浮床的比较

浮床类型	漂浮载体	特点
干式浮床	混凝土或发泡塑料板	栽种的植物不受水生环境的限制，种类选择范围广，可以栽种多种含土基质，包括很多花卉的陆生植物，可以改善水域景观；根系和水体不接触，对水质没有净化作用
湿式浮床	纤维强化塑料、发泡塑料以及植物秸秆等	不需要含土基质，安装投放方便，床体具有较好的强度，效果稳定，能抵抗较大风浪，植物根系直接从水中摄取养分，能净化水质

　　② 生态浮床的组成。生态浮床技术是绿化技术和漂浮技术的综合体，一般由四个部分组成：浮床的框体、浮床床体、浮床基质和浮床植物。

　　浮床的框体要求坚固、耐用、抗风浪，目前一般用聚氯乙烯管、不锈钢管、木材、毛竹等作为框体材料；框体的形状多为四边形，顾及景观美观、结构稳固的因素，也有三角形及六边蜂巢形等。浮床床体是植物栽种的支撑物，同时是整个浮床浮力的主要提供者，目前主要使用的是聚苯乙烯泡沫板，此外还有将陶粒、蛭石、珍珠岩等无机材料作为床体的，这类材料具有多孔机构，适合于微生物附着而形成生物膜，有利于降解污染物质；但局限于制作工艺和成本的问题，这类浮床材料目前还停留在实验室研究阶段，实际使用很少。浮床基质用于固定植物植株，同时要保证植物根系生长所需的水分、氧气条件及能作为肥料载体，因此基质材料必须具有弹性足、固定力强、吸附水分养分能力强、不腐烂、不污染水体、能重复利用等特点，而且必须具有较好的蓄肥、保肥、供肥能力，保证植物直立与正常生长。目前使用的浮床基质多为海绵椰子纤维等，也可以直接使用土壤作为基质，但其质量较大且容易造成水体污染，实际应用较少。浮床植物是浮床净化水体的主体，需要满足以下要求：适宜当地气候、水质条件，成活率高，优先选择本地种；根系发达、根茎繁殖能力强；植物生长快，生物量大；植株优美，具有一定的观赏性；具有一定的经济价值。目前经常使用的浮床植物有美人蕉、芦苇、荻、水稻、香根草、香蒲、菖蒲、石菖蒲、水浮莲、凤眼莲、水芹菜、水雍菜等。

　　③ 生态浮床修复原理。生态浮床技术应用于水环境修复的原理是：通过植物在生长过程中对水体中氮、磷等植物必需元素的吸收利用及植物根系和浮床机制等对水体中悬浮物的吸附作用，富集水体中的有害物质，与此同时，植物根系释放出大量能降解有机污染物的分泌物，加速有机污染物的分解；随着部分水质指标的改善，尤其是溶解氧的大幅度增加，为好氧微生物的大量繁殖创造了条件。通过微生物对有机污染物、营养物的进一步分解，使水质得到进一步改善，最终通过收获植物体的形式，将氮、磷等营养物质以及吸附积累在植物体内和根系表面的污染物搬离出水体，使水体中的污染物大幅度减少，水质得到改善，从而为高等水生生物的生存、繁衍创造生态环境条件，为最终修复水生生态系统提供可能。

④ 生态浮床的应用。20 世纪初期，生态浮床技术开始兴起并被用作鸟类栖息地和鱼类的产卵场所。20 世纪 80 年代，德国学者设计出了现代的生态浮床，并首次将其应用于净化污染水体。1995 年国际湖泊会议召开后，该技术被进一步认可，并迅速在日本、欧美发达国家等得到推广应用。其中，日本的生态浮床总面积可达 80 000 m^2，在霞浦湖、土浦港、琵琶湖、八郎泻、手贺沼、印幡沼等地均有应用且效果良好。

我国于 20 世纪 90 年代引进生态浮床技术，将其广泛应用于湖泊、水库、河流的治理当中。经过几十年的发展，国内学者逐渐形成了"减源—控污—截留—修复"的总体治理思路。南京煦园是著名的旅游景点，随着旅游业的发展，园内的太平湖受人类活动影响，湖水富营养化程度日益加剧，藻类大量繁殖，透明度下降，严重影响观赏价值。中国科学院南京地理与湖泊研究所引入以水培经济植物为主的生态工程方法，种植水芹菜、莱菜、黄花菜、睡莲等植物以降低湖水的污染。湖中栽培的水上蔬菜和花卉面积达 118.4 m^2，占太平湖总面积的 5.15%，工程实施 1 个月之后，湖水中各种污染物（总氮、总磷、藻类密度等）均有约 50% 以上的去除率，湖水透明度提高了 35～65 cm 不等。无锡五里湖是太湖中污染较重的一个湖湾，在软坝围隔出 3 600 m^2 的实验区内，生态浮床对氮、磷的去除率非常理想，蓝藻的繁衍也得到一定控制。在杭州市南应加河实施的人工浮岛示范工程，在 5 个月的时间内，使水体透明度从 4.9 cm 提高到 1 m 以上，溶解氧从几乎为零提升到 4 mg/L，全河段的水体感官性状及水质均取得了较大的改善，围隔河段的水质则发生了根本性好转。北京市水利科学研究所采用人工浮岛技术搭载四种植物高秆美人蕉、低秆美人蕉、紫叶美人蕉及旱伞草用于治理什刹海实验区污染水体，获得了良好的应用效果。此外，北京的永定河以及杭州市南应加河与上海的诸多河道等也进行了类似的生态浮床处理，去污效果明显，很大程度上改善了河湖的水质及景观。

8.3 河流水环境修复

河流包括沿河过水性水工建筑物构成的局部水域，是河流水环境修复的讨论对象。我国的大多数河流已经受到污染。大江大河的一级支流受污染极为普遍，支流级别越高，污染程度也越严重。河流的主要污染源是工业废水和城市生活污水（又称为点源），以及来自农业的面源污染。主要污染因素包括悬浮物、有机物、pH、有害病菌、有毒物质，其他包括温度、颜色、放射性物质等。

8.3.1 河流的组成及其功能

1. 河流的组成

从生态系统组成要素的角度，河流系统包括非生物环境（底泥、水体、岸滩等）、生产者（植物、藻类、自养微生物等）、消费者（动物、部分微生物等）和分解者（细菌、真菌等）。四维框架模型将河流系统分为纵向（上游—下游）、横向（洪泛

290

区—高地）、垂向（河道—基底）和时间分量（3 个方向随时间的变化）。纵向上，河流是一个线性系统，蜿蜒曲折，交替出现浅滩和深潭；横向上，河流系统大致由对称的三部分组成，即河道、洪泛区和高地边缘过渡带；垂向上，河流主要由水面区、水层区和基底层构成。

若忽略河流系统纵向的差异性，仅从横向和垂向两个角度看，河流水环境系统可分割成河流自身与岸滩两个部分。

（1）河流自身系统。河流生态系统的一个显著特点是流水生态，河水流速比较快，冲刷作用比较强。河流中存在不同类型的介质，包括水体本身、底泥、大型水生植物和石头等，从而为不同类型的生物提供了栖息场所，河流中的杂物、碎屑等提供了初级的食物。因此，这些基本条件造就了河流生物的多样性。

河流生态系统另一个显著的特点是其很强的自我净化作用。河流的流水特点使河流复氧能力非常强，能够使河流中的各种物质得到比较迅速的降解，也使河流稀释和更新的能力特别强。一旦切断污染源，被破坏的生态系统能够在短时间内得到自我恢复，从而维持整个生态系统的平衡。河流生态结构示意图如图 8 – 11 所示。

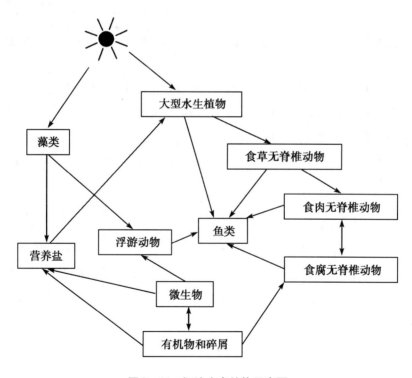

图 8 – 11　河流生态结构示意图

（2）岸滩系统。河岸生态是河流生态的重要组成部分。河岸植被包括乔木、灌丛、草被和森林等。一方面，两岸植被能够起到阻截雨滴溅蚀、减小径流沟蚀、提高地表水渗透效率和固定土壤等作用。一般而言，当植被覆盖率达到 50% ~ 80% 时，就能够有效地减少水流侵蚀和土壤流失，当植被覆盖率达到90%以上，水沙就能够完全控制住了；同时，岸边的树木植被还能够为河中的鱼类提供隐蔽所和食饵。但是另一方面，可能为河床的下切创造了条件，在河床本身，如果生长有植物，一旦被树干壅塞，则可能加强河水的侧蚀作用，使河流变宽，以致逐渐转移。

2. 河流的功能

伴随着河流的发育与发展过程，不同的河流在其不同阶段的主要功能具有很大差异。一般地，如表8-5所示，河流所具有的主要功能有输水泄洪功能、航运功能、输沙功能、发电功能、供水功能以及自净功能等。

表 8-5　河流功能及功能载体

一级功能	二级功能	功能载体
自然生态功能	栖息地、过滤屏蔽、廊道、汇源、气候调节、水体净化	深潭、浅滩、水道、岸边植被等
社会功能	文化渊源、防洪排涝、休闲娱乐	河道、岸滩、泡沼、湿地公园等
经济功能	水能开发、航运、养殖、社会用水	水库、水电站、提水泵站等

同时，伴随着生态问题逐步受到人们重视，河流系统的生态功能也逐渐突出，主要有以下几方面。

（1）栖息地功能。生态河流结构复杂，一般由稳定的河流内部环境和多样性的河流缓冲带组成。在河流内部有大量的岛屿、深潭、浅滩，水流或缓或急，能够为对水流速度和水深有不同喜好的生物提供稳定的生活环境。

（2）过滤屏蔽功能。自然的河流岸堤边坡舒缓，草木繁多，能够过滤地面径流的各种杂质，截留氮、磷。

（3）廊道功能。生态河流作为连接河流两岸、上下游的特殊廊道，具有高度连续性，便于生物上下左右迁徙移动。

（4）汇源功能。与自然河流相仿，生态河流具备强大的汇源功能。由于生态河流内部有丰富的水量、多样化的栖息地以及丰富的营养物质，从而能够从周围环境中吸收更多的物质和能量。

8.3.2　河流水环境问题

1. 水体污染

据历年环境状况公报显示，我国主要流域，如长江、黄河、珠江、松花江、淮河、海河、辽河等，虽然总体呈现为轻度污染，但部分干流河段、支流等各种污染物的指数仍居高不下，水体污染形势不容乐观。

河流的源头和大部分上游河段多处于深山、溪涧、河谷中，坡陡流急，且受人类干扰破坏少；及至中下游河段，河床平稳且多处于平原区，或与人类活动交叉频繁，或处于城市、乡镇之中，受人类活动影响较大。城镇化发展迅速，人口聚集、工矿企业的发展均对河流造成巨大的水体污染影响。"城市河流"即发源于城区或流经城市区域的河流或河段，包括人工开挖、经多年演化已具有自然河流特点的运河和渠系等。城市污水的排入，污染了城市河流水质，改变着城市河流段的自然状态，使这些河段逐渐消失自然特性，尤其是消失了河水自然净化的能力，造成城市河流水质污染。城市河流的污染源主要有工业废水、第三产业污水、生活污水、受污雨水等，其污染的特点有以下两点：

（1）污染源数量多、密度大，危害大。城市河流的污染源以点源为主，但由于污染源数量多、密度高，彼此既相独立，又互联成网，虽以点源污染形式出现，实际上形成与河系相应的网络状面污染。

（2）污染内容复杂。全世界各城市地区每年排入水体的工业废水和生活污水数量庞大，使城市河流污染类型众多，主要包括有机物污染、重金属污染、酸碱污染、病毒细菌污染、热污染等。此外，因河流所处城市发展规划不同，部分城市河流还受到核污染的威胁，如美国的三哩岛、苏联的切尔诺贝利核电站以及日本的福岛核电站都发生过核泄漏事故，造成严重的核污染。

2. 结构破坏

河流结构的完整性包括河流形态和生物结构两方面。源头、湿地、湖泊及干支流等构成了完整的河流形态，动物、植物及各种浮游微生物构成了河流完整的生物结构。在生态河流的系统中，这些生态要素齐全，生物相互依存，相互制约，相互作用，发挥生态系统的整体功能，使河流具备良好的自我调控能力和自我修复功能，促进系统的可持续发展。传统的人工河流虽满足了过流要求，却忽视了河流生态系统的完整性。

（1）河流形态的破坏。弯曲是河流的本性，将蜿蜒的河流改成顺直违背了河流的本性。裁弯取直集中了水流能量，引起河道冲刷和河岸侵蚀，导致河道不稳定和水生栖息地的破坏。河流形态的破坏主要体现在为了达到控制洪水、提高过水能力、开发和维持航运以及控制河岸侵蚀等目的而实施的河道渠化工程，加宽河道、重新规划河道、硬化河岸、筑堤以及加固原有的渠道或新建渠道等，非合理性疏浚和清障工程也属于渠化工程；另外，随着我国经济的发展，城市化进程速度加快，大量土木工程的修建使得河道挖沙、滥采现象严重，造成对河床以及岸滩的下切、冲蚀等破坏，影响河道防洪能力的同时对河流生物也有较大的冲击，一定程度上导致了河流水环境的变化。

（2）河流生物结构的破坏。完整的生物结构组成平衡的生态系统，河流系统作为自然界中最重要的生态系统之一对人类社会的生存和发展而言举足轻重。河流生物结构的破坏体现在以下几个方面：

① 人口增加以及工农业的发展造成河流的供水负荷增加，不合理或过度取水导致河流水流量锐减，不能满足自身的生态需水量甚至间歇性断水干涸。

② 对河流岸滩的满目围垦挤占水域面积，对流域树木植被的采伐破坏，造成流域水土

流失，淤积河道，并最终导致河流的退化。

③ 梯级水力发电或大坝等水利工程改变了河流原有的水文规律，洄游性鱼类失去了丰富的栖息地，其产量和丰度均受到影响。

8.3.3 河流水环境修复

由于河水的流动特性，河流生态比较容易受到外来污染的影响，而且，一旦发生污染，很容易波及整个流域。河流生态被污染以后的后果比较严重，其危害远比湖泊、水库等静态水体大，河流生态被污染会影响周围陆地的生态系统，影响周围地下水的生态系统，影响流域湖泊、水库的生态系统，也会影响其下游河口、海湾、海洋的生态系统。

河流水环境污染修复技术主要有以下几种。

1. 河流稀释

稀释是改善受污染河流的有效技术之一，对于水质的变化具有决定性的影响。通过稀释，能够快速降低污染物质在河流中的相对浓度，从而降低污染物质在河流中的危害程度。

实施河流稀释技术的一般程序如下：

（1）首先应该分析确定污染物的流量 Q_c、浓度 c、污染物质的性质和毒性特征以及河流允许的污染物质浓度水平 c_{lim}、

（2）计算排入河流中的污染物达到安全浓度水平所需要的河流流量 Q_{lim}，假设沉淀和降解还没有发生或者其效应可忽略不计，则

$$Q_{lim} = \left(\frac{c}{c_{lim}} - 1 \right) Q_c \tag{8-4}$$

（3）设河流已有的流量为 Q_1，则完成稀释需要调集的流量 Q_s 为

$$Q_s = Q_{lim} - Q_1 - Q_c \tag{8-5}$$

污染物流量与参与稀释的河水流量之比称为稀释比，用 n 表示：

$$n = \frac{Q_c}{Q} \tag{8-6}$$

式中：Q——河流的一般流量。

河流的稀释能力和效果取决于河流的水力推流和扩散的能力。在实施稀释的过程中，应该认真判断污水流量与河流流量的比例，判断河流沿岸的生态状况、可以调用的水量以及河流水力负荷允许的变化幅度等，经过反复比较后才考虑稀释措施。

2. 自然净化

自然净化修复是指污染物进入河流后，有机物在微生物作用下，进行氧化降解，逐渐被分解为无机物，河水水质改善，河流中的生物逐渐重新出现，生态系统最后得到恢复的过程。

当河流中的污染物指标超过河流允许的负荷时，河流不能通过自然净化得到修复，这时可以通过强化自然净化修复来消除污染物。所谓强化自然净化修复指通过采取措施，向河流

输送某种形式的能量或者物质，强化河流固有的自我净化过程，加快河流的修复进程。目前常用的强化自然净化修复有两种方式：一种是向河流中进行人工复氧，可以是空气，也可以是纯氧；另一种方式是向河流中投加人工培养的活性微生物。

3. 护岸工程

护岸工程的目的是阻止河岸的侵蚀和渗流，增加河流的横向稳定性。护岸工程对于修复河流水力负荷比较大（如水速 $V \geqslant 2.5$ m/s，水深 $H \geqslant 0.5$ m，需要进行工程性的河岸结构保护）的河流有极其重要的意义。城市河流受人为影响比较大，例如，河流拉直、挖掘卵石泥沙、破坏岸边植被或者河心岛、修建溢流堰、行船产生水波、河边钓鱼休闲、水上运动，以及拥挤频繁的岸边交通等，这些都会影响河流的稳定性，严重时会发生塌岸现象。

护岸工程可分为坡式护岸、坝式护岸、墙式护岸以及复合形式护岸等。其中较常采用的坡式工程一般以枯水位为界分为两部分，枯水位以上称作护坡工程，以下称作护脚工程。随着社会经济发展，人们逐渐认识到河岸是河流自然生态系统中的一个组成部分，它形成了从河道水流环境到陆地环境的一种过渡。因此，在选择护岸型式及材料时应考虑有效性、环境因素及经济因素。河道不仅仅具有防洪、航运等基本功能，还应具有生物栖息地和人文景观等功能。为了满足多功能需求，河道整治工程中的护岸技术也应由原来的以安全为单一目标逐步向生态型护岸技术转变。目前国内外已开发出多种可兼顾生态和工程的护岸形式，成为目前护岸工程发展的新趋势，如图 8 – 12 所示。

多孔质护岸——盒式结构　　　　　　　　加筋草皮护岸

图 8 – 12　可兼顾生态和工程的生态护岸

4. 河岸植被

河岸植被也可称为岸边隔离区、岸边湿地或者河岸走廊等，对于控制河流水质、维持河床的稳定和生物多样性等起着非常重要的作用。岸边植被可以用作湿地，吸引鸟类栖息，从而提高生物的多样性和河流的自净能力；可以降低表面径流流速，加强雨水渗透；可以稳定土壤结构，防止土壤侵蚀，从而降低洪水的危害程度；可以截留农业面源污染对河流的影响等。

河岸植被缓冲带是指河岸两边向岸坡爬升的由树木及其他植被组成的缓冲区域，其功能是防止由坡地地表径流、废水排放、地下径流和深层地下水流所带来的养分、沉积物、有机质、杀虫剂及其他污染物进入河溪系统。它是利用河岸植被生态环境功能进行河岸生态系统管理和污染控制的典型模式，已经在国内外得到了广泛应用。

（1）植被缓冲带空间布局。植被缓冲带通常连续分布在河流岸坡的下坡区域，并与地表径流方向垂直，一般的，设置沿河流坡岸等高线布置的植被缓冲带更有效（见图8-13）。如果植被缓冲带的布局不合理，地表径流会绕过主体植被缓冲带直接进入受纳水体。

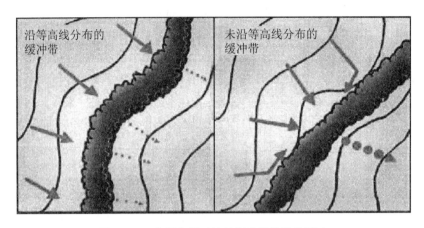

图8-13 空间布置对植被缓冲带效果的影响

（2）植被缓冲带宽度。滨岸缓冲带的宽度决定其能否充分发挥效能的重要因素。缓冲带的宽度影响因素众多，对于适宜宽度的确定也不能一概而论，原则上应根据缓冲带功能，结合径流分布情况、径流量、径流中污染负荷量、土壤类型、缓冲带坡度和植被类型、土地利用空间和投资规模等因素综合确定缓冲带的宽度，其确定方法主要有现场调查分析和模型模拟两种。以去除入河径流污染物为例，一般地，10 m宽的植被缓冲带就能够有效去除径流中绝大部分悬浮颗粒物以及大部分氮磷等溶解性污染物，随着宽度的增加，溶解性污染物的去除效率会进一步增加。

（3）植被配置。缓冲带植被的选取要遵循自然规律，尽量选择适应环境能力强，容易形成群落系统，净化能力强的植物，尽量选择当地乡土物种，缓冲带植被中本土物种种类越多，其生态功能也就越强。植物的选择还应充分考虑当地需求，例如，在具有旅游和观光价值的河流两岸，可种植一些色彩丰富的景观树种；在经济欠发达地区可种植一些具有一定经济价值的树种。通常情况下"乔—灌—草"模式的植被缓冲带最为普遍，利用草本植物速生、覆盖率高及灌木和乔木树种冠幅大、根系深的特点，增加植物群落总盖度，增加地表的粗糙程度，从而更好发挥植被缓冲带对径流的截留作用。一般地，从河岸到农田的滨岸缓冲带区域从空间层面上可分为A、B、C三个区域（见图8-14）。A区为近河流区域，以灌、乔等植物配置为主，主要利用其发达根系的固土作用，保持岸坡的稳定性，滞水消能。B区为缓冲带的中间区域，以高大落叶及常绿乔木为主，主要为满足水生食物链中重要的昆虫类生物对生境的需求。C区为近农田区域，以草、灌配置为主，主要是用于阻滞地表径流中的沉积物并截留径流中污染物。

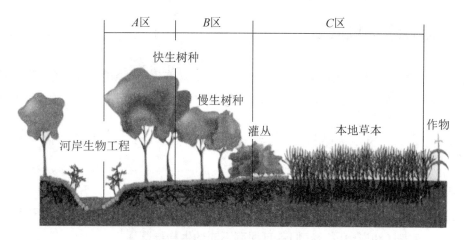

图8-14 植被缓冲带典型植物配置图

5. 复弯工程

对河道实施"裁弯取直"等工程措施，能够加快上游河水的流速，使上游水位有所下降。但这一措施改变了河流的自然蓄泄条件，导致洪峰提前和洪峰流量增大，从而增加了洪灾的风险。同时，裁弯工程破坏了自然环境的原貌，也会给生态环境带来长时期的不利影响，从而又严重威胁人类自身的利益和安全。

因此，目前许多国家对裁弯后的河道进行了复原，更有甚者采取裁直取弯的做法，目的是创造河流流速、流态的多样性，保护生态环境。例如，德国、荷兰、法国三国曾经对河道实施"裁弯取直"等工程措施，如今都已开始实施舍直取弯工程，以恢复河道自然蓄水状态，保持水生动植物适宜的生存条件，还河道原生态。

6. 河床隔离和覆盖

对于内源性污染的河流，河床隔离和覆盖或许是切断污染源最直接有效的方法。需要隔离的物质一般都是永久或者半永久限制物质，如重金属离子。用铝盐、铁盐或者锰离子等在好氧条件下沉淀磷是控制富营养化的重要途径。但是，选择隔离方法需要慎重，因为河流是动态的，条件在不断地变化，隔离的效果也随之受到影响。在一些情况下，对受污染的河床进行覆盖，也是隔离污染的一种方法。根据研究报道，采用细砂或者无污染河泥覆盖高汞河泥，厚度分别为3 cm和5 cm。覆盖1个月后，汞去除效率可以达到80%~90%。

7. 河流维护

定期维护修理对于河流工程功能的正常发挥具有非常重要的作用。维护内容包括：

① 定期取样检测河流水文水质变化，监测河流变化趋势。

② 维护岸边植被，进行定期的收割或者整理。

③ 定期清理河床淤泥，避免过度淤积，清理周期的长短取决于底泥淤积的程度，一般1~5年一次。

8.4 水库水环境修复

我国湖泊、水库污染日趋严重，主要表现是"富营养化"。湖泊、水库的污染不仅仅影响水体的功能，如影响生活用水供应，以及危害水生生物，正在导致湖泊、水库本身的消亡。

8.4.1 水库生态系统

1. 宏观生态系统

湖泊、水库具有十分复杂的生态系统，一般将这个生态系统划分为三个不同类型的区域：湖滨带、浮游区和底栖区。它们各自拥有不同的生物群落。

（1）湖滨带。湖滨带通常生长着大量的草类植物，又称为"草床"，是湖泊与陆地交接的区域。

从功能上来说，湖滨带可以有效截流地面径流中的泥沙等悬浮物，吸收地面径流中的营养物质，减少其对湖泊、水库水体的影响；湖滨带植物可以为各种动物提供良好的栖息地和大量的食物，促进生态系统良性循环。但是，过度茂盛繁殖的湖滨带植物也会产生大量的有机物，每年大量的根生植物和附着的藻类腐烂后产生的有机物随水流进入湖泊、水库内，影响水体水质，甚至加剧湖泊、水库的富营养化状态。

（2）浮游区。浮游区是湖泊、水库水域主体。水体中生长着大量的浮游植物、浮游动物和鱼类等，形成了典型的生态"食物链"。浮游植物以阳光为能量来源，以无机状态的碳、氮和磷等为营养元素，繁殖生长，为湖泊、水库提供有机质，浮游植物在湖泊水库中扮演着生产者的角色；浮游动物以水中溶解状或颗粒状有机物以及藻类、细菌等为能量来源，分布在整个水体区域；鱼类则在湖泊水库中扮演着消费者的角色。

水生高等植物是水体常见的植物，根据其生长形态可划分为沉水植物、漂浮植物、浮叶植物、挺水植物。水生高等植物在生长过程中，能够将一部分溶解性、悬浮性和沉积性的营养物质吸收并固定在植物体内，通过定期收割，移出水体之外，一定程度上能降低水体富营养化水平。但是如果在湖泊、水库中，任由水生高等植物自由生长、堆积和腐烂，将导致湖泊、水库的沼泽化。

（3）底栖区。在底栖区，生活着丰富的底栖动物，包括水蚯蚓、羽苔虫、湖螺、田螺、圆蚌、湖蚌、杜氏蚌等。微生物也在底栖区，起着分解作用，微生物将湖滨带或者浮游区产生的各种有机物重新分解，使之变为动植物能够重新吸收的营养元素，然后扩充至表水层或有光层。

2. 微生物生态

湖泊、水库中存在着丰富的微生物。这些微生物之间具有复杂的微生物生态结构，对于湖泊、水库的水体质量起着决定性的作用。

以湖泊为例，水体表层由于光线能够穿透，生活着除藻类之外的光合细菌；在有氧浅水层生活着大量的好氧细菌和自养细菌；在氧气浓度比较低的水层中主要是兼养细菌；而在深水层和底泥，主要是各种厌氧细菌。在湖泊中，除了表层光合细菌起着初级生产者的作用外，湖泊水体中的细菌主要扮演分解者的角色。好氧细菌通过好氧呼吸作用将溶解状态的有机物转化为简单的无机物，使其重新进入自然界的光合循环。深水层和底泥中的厌氧细菌能够将沉积下来的不溶性的或者颗粒态的有机物转化为溶解态的有机物，这些溶解态的有机物能够通过扩散进入有氧水层参与好氧细菌的代谢。

3. 底泥

底泥是湖泊、水库生态系统中最重要的组成部分之一，是水圈、岩石圈和生物圈交互作用的活跃圈层，既对外界水气、生物具有容纳、储存能力，又是表层及近表层物质积极转化与交替的场所。自然湖泊、水库的沉积物一般并非与生俱有污染性，相反却是湖泊、水库集水区域内一切来源物质的汇，为净化水体和消除污染起着积极的调节作用。由于人类活动的影响，与底泥直接接触的受污染水体因不断接纳超过其净化能力的污染物量，并通过吸附、包夹及物理、化学和生物的沉积使得上层底泥具有污染特征。储存于底泥中不同种类和数量的污染物，通过在环境中的暴露、沉积物－水界面的释放等过程，将赋予底泥对湖泊、水库水环境和生态系统形成威胁的潜在能力。

底泥主要由三部分组成：无机矿物、有机物和流动相（如水或者气体）。底泥主要由矿物元素和有机化合物组成，主要元素包括硅、钙、铝、钠、钾和镁等，营养元素是有机碳、氮和磷，活泼元素是铁、锰和硫，以及其他微量重金属元素。底泥有机物的主要组分是腐殖质和人为排放的各种有机污染物。腐殖质可以为微生物提供碳源，可以与金属离子发生络合和离子交换，可以形成腐殖质－铁－磷酸盐配合物，影响湖泊、水库的营养状态。有机物的含量在很大程度上决定着深层水中溶解氧的消耗速率。底泥中的生物主要有藻类、大型植物、底栖无脊椎动物和细菌。

同时，底泥处于不断地运动状态中，由于不断地运动，底泥的沉积呈现纹状结构形态。根据底泥纹状形态，可以测定底泥沉积物年龄，湖泊、水库的运动历史轨迹等。

8.4.2 水库主要污染物

1. 氮

氮是湖泊、水库生态系统中重要的营养元素之一。氮主要来源于流域输入（包括风化侵蚀产物、人为污染排放）、微生物（蓝绿藻）固氮作用以及大气干湿沉降等。氮流失过程主要包括水库泄水输出、细菌作用下的反硝化脱氮、有机或无机氮在沉积物中的"永久"保存。

湖泊、水库中氮的主要存在形式有溶解分子氮（N_2）、氨氮（NH_4^+）、亚硝态氮（NO_2^-）、硝态氮（NO_3^-）以及大量的有机氮化合物，且不同形态的氮在一定条件下可发生相互转换。例如，有机态氮经氨化作用转化为氨氮，而氨氮又经亚硝化作用和硝化作用转化为亚硝态氮和硝态氮。

氮是衡量湖泊、水库营养状态的关键元素之一，如表8-6所示。根据美国环境保护署1986年进行的调查，美国东部的623个湖泊中，有30%是氮起着限制性作用。

表8-6 水库营养状态与水体中氮含量的关系

营养状态	无机氮含量/(mg/L)	有机氮含量/(mg/L)
极贫营养	<0.2	<0.2
贫—中营养	0.2~0.4	0.2~0.4
中—富营养	0.3~0.65	0.4~0.8
富营养	0.5~1.5	0.8~1.2
重度富营养	>1.5	>1.2

2. 磷

磷主要来源于4方面：含磷矿物（如磷灰石）、城市污水和工业废水、农田排水以及大气沉降。在有些地方，如滇池，磷矿开采活动强度大，背景值非常高，是磷元素的一个主要污染来源。城市污水和工业废水中的磷已经引起广泛的重视，人们已经开发出比较有效的技术进行废水除磷。相对于其他来源，大气沉降所占的比例比较小，但是在某些地方仍然不能忽略。

湖泊、水库周围的农田是水体磷污染的一个重要污染源。2019年我国农用磷肥施用折纯量为681.58万吨。但我国的磷肥利用率相较于发达国家较低，一般利用率为10%~25%，磷肥的低利用率导致大量的磷残留在土壤中，对于水体质量影响非常严重。

磷被广泛地认为是藻类的修改生长速率的主要限制性元素，切断内源性磷的循环可能是控制藻类快速繁殖的关键之一。

3. 有机污染物

有机污染物主要来自生活污水、工业废水、地表径流、降水降尘、水生动植物分解以及养殖饵料等。在雨季，大量的雨水将地表的有机物冲刷进入湖水，构成湖水中有机物的主要来源。在旱季，降雨较少，湖水主要靠地下水补给，补给水中的有机物浓度较低。

4. 金属离子

主要金属元素包括钙、铝、钠、钾、镁、铁和锰以及其他微量重金属元素。铁和锰性质类似，而且经常进行频繁的氧化还原转化，成为水体中的活性金属元素。铁锰金属主要来自土壤流失、矿山以及采矿冶炼工业废水等。

重金属污染除了由于特殊地质条件，造成背景浓度高以外，绝大多数情况是人类活动造成的，如冶炼和化工行业的废水。重金属离子主要通过悬浮颗粒的吸附和输送进入水库，产生共沉淀，沉积在底泥层中。

重金属不能被生物降解，具有生物累积特性，而且在一定条件下会被集中性地释放出来。一种释放方式是通过水体食物链，产生生物富集和浓缩作用，最终影响"食物链"的顶级生物或者人类；另一种释放方式是底泥的氧化还原条件发生了变化，由此导致底泥中的重金属重新转化为溶解状态而释放出来。在湖泊、水库中，水体中放射性核素的污染问题经常与重金属离子的污染相关联，这是因为放射性核素在湖泊、水库中的迁移转化与重金属非常相似。因此，湖泊、水库中的重金属离子具有相当大的生态风险。

5. 悬浮泥沙

湖泊、水库有泥沙淤积，其来源包括周围径流和河流输送两种。在水土流失严重的地区，湖泊、水库的泥沙淤积非常严重，这导致湖泊、水库容积减小，污染物积累增加（包括金属、营养盐和有机物等），航道淤塞，水电站中的水轮机组部件磨损，也加剧了水体对下游河道的冲刷。

综合以上分析，湖泊、水库水环境修复内容应包括去除藻类、控制水体富营养化、底泥疏浚和恢复受污染的水体等。针对不同修复内容，以下介绍了相应的处理措施。

8.4.3　水库水环境修复技术

针对湖泊、水库"富营养化现象"，其防治措施走过了从控制营养盐、直接除藻，到生物调控、生态工程及生态恢复等艰难历程，但是到目前为止，富营养化问题依然是全球性重大水环境问题之一。

1. 控制营养盐技术

控制水体营养盐浓度是传统的富营养化防治措施，湖泊、水库水体主要受外源污染和沉积物污染两方面的影响，因此控制水体营养盐浓度可从以下两方面采取技术措施。

（1）外源污染控制技术。外界污染物质是绝大多数湖泊、水库受损的根本原因。从长远角度来看，要想从根本上控制水体营养盐浓度，首先应该减少或拦截外源污染物质的输入。

控制外源污染主要是利用管理、工程、技术手段限制污染物质进入湖泊、水库，避免湖泊、水库的受损程度加剧，防止新的污染发生的根本方法，主要包括改变生产和消费方式以减少污染物的产生，建设相关处理设施以减少进入湖泊、水库的污染物质浓度和总量等。具体技术措施包括截污、污水改道、污水除磷、设置前置库等。

前置库是在受保护的湖泊、水库上游支流，利用天然或人工库（塘）拦截暴雨径流，通过物理、化学及生物过程使径流中污染物得到净化的工程措施。我国曾在云南滇池设置前置库，利用沉砂、配水和多种生物处理，有效去除了暴雨径流产生的污染物。

前置库是一个物化和生物综合反应器。污染物（泥沙、氮、磷以及有机物）在前置库中的净化是在物理沉降、化学沉降、化学转化以及生物吸收、吸附和转化的综合过程。物理作用主要是由于暴雨径流进入前置库后，流速降低，大于临界沉降粒度的泥沙将在库区沉降下来，泥沙表面吸附的氮、磷等污染物同时沉降下来，径流得到净化。化学作用是通过添加化学试剂破坏径流中细颗粒泥沙以及胶体的稳定状态，使其沉降，同时也可使溶解态的磷污染物发生转化，形成固态沉降下来。生物作用主要表现在水生生物对氮、磷污染物的去除方面，水生生物从水体和底质中吸收大量氮、磷以满足生长需要，成熟后水生生物从前置库中去除，从而去除大量氮、磷污染物。图8-15所示为一典型前置库工艺流程。

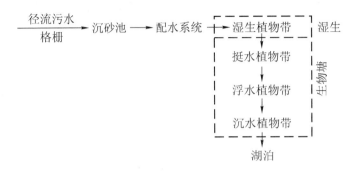

图8-15　前置库工艺流程

（2）沉积物污染控制技术。沉积物中聚集了大量的污染物质，如营养盐、难降解的有毒有害有机物、重金属离子等。此外，沉积物是湖泊、水库中与水体接触面积最大的一类介质，对水体质量具有较强的影响力，因此控制沉积物污染，以及对污染沉积物进行修复，是改善湖泊水体水质、促使生态系统良性化的最为重要的途径之一。沉积物污染控制技术有沉积物疏浚、营养盐钝化、底层曝气、稀释冲刷、调节湖水氮磷比、覆盖底部沉积物及絮凝沉降等措施，以下针对沉积物疏浚进行重点介绍。

沉积物疏浚通过去除适当面积及适当厚度的表层沉积物，能够去除积累在其中的有毒有害物质，被认为是修复湖泊、水库的一项有效技术。

沉积物疏浚的工艺流程一般包括以下几个步骤：在进行水库清淤前要首先进行现场调查，应对污染沉积物的沉积特征、分布规律、理化性质等有比较清楚的了解，并按实际需要和现有的物力、财力，选择有重要影响的地区为施工重点。其次综合考虑清除沉积物污染、控制巨型水生植物的生长以及有利于生态恢复等问题，确定清淤深度。然后根据调查结果选择干清淤法或带水清淤的清淤方式。考虑设备的可得性、项目时间要求、沉积物输送距离、排放压头以及沉积物的物理和化学特征等选择合适的清淤设备。最后选择最佳施工期，并对疏挖的沉积物进行安全处置和尾水处理。

沉积物疏浚通常要求外源污染已得到控制，至少绝大部分外源污染已经控制住，这样可以延缓底部污染沉积物的堆积，从而形成新的需要疏浚的污染表层沉积物。因此，沉积物疏浚有一些技术上的要求。首先是疏浚过程中应该使悬浮状态的污染物最少，这是因为绝大部分重金属及有机污染都是依附在悬浮颗粒上。其次就是使疏浚的沉积物含水量较少，而污染物浓度较高。这是因为，含水量太高，会使沉积物的运输和堆积更加困难。最后是尽量不疏浚未受污染的沉积物。为了达到以上效果，必须把握好疏浚工程的几个关键技术环节：尽量减少泥沙搅动；高定位精度和高开挖精度；避免输送过程中的泄漏对水体造成二次污染；对疏浚的沉积物进行安全处理，避免再次造成污染。

湖泊、水库沉积物疏浚可以有效降低湖泊、水库的污染负荷，但是，若沉积物疏浚操作不当，可能引起一些环境问题，如沉积物疏浚过程中的扰动，使底泥的扩散和颗粒物再悬浮导致短时期内水体中污染物浓度升高，造成二次污染。另外，疏浚过程可能对湖泊、水库底栖生态环境造成影响。研究发现，由于疏浚方式和技术问题，疏浚后新生表层界面暴露，还可能出现污染回复现象，底泥自身对水体富营养化影响的程度以及底泥疏浚对消除水体富营养化贡献的大小至今尚有争议。

因此底泥生态疏浚作为湖泊富营养化内源治理的一种措施，需要从理论上进一步研究，在实践上应慎用，将其作为修复水生态系统、改善水质的一种辅助和补充方法。

2. 直接除藻法

直接除藻法有化学方法、藻类收集和资源化再利用技术。

（1）化学方法。化学方法如加入化学药剂杀藻、加入铁盐促进磷的沉淀、加入石灰脱氮。利用化学药剂控制藻类既可在水源地进行，也可在水处理厂进行，美国、澳大利亚等国常采用此法控制藻类在湖泊水库中的生长。化学方法应用较为灵活，但是使水中增加了新的对环境不利的化学物质，容易引起二次污染。

（2）藻类收集和资源化再利用技术。藻类收集是治标措施，在藻类爆发期，利用专用的藻类收集设备，收集藻类，一方面减轻取水口藻类富集危害，另一方面将藻类移出湖体，减轻湖体营养盐负荷。据研究，新鲜蓝藻约含 N 2.8%，含 P 0.085%，收获 1 t 新鲜蓝藻，可从湖中取出 2.8 kg N、0.86 kg P。藻类在农业、渔业、医疗和工业上都有利用前景，目前，利用藻类可制成藻粉作为农业肥料。

3. 生物调控法

（1）以浮游动物、鱼类控制浮游植物的生物调控法。生物调控较典型的是应用于小而浅的、相对封闭的湖泊系统。在浅水湖泊，由于生物分布垂直空间差异较小，因而生物调控在一定时间内对某些浮游植物的控制效果较好。与传统的营养盐控制技术相比，生物调控是通过管理湖泊内较高层次的消费者生物，来控制藻类并实现水质管理目标。

（2）以水生高等植物控制水体营养盐及浮游植物的生物调控法。该法是利用水上种植技术，在以富营养化为主体的污染水域水面种植粮食、蔬菜、花卉或绿色植物等各种适宜的陆生植物，在收获农产品、美化绿化水域景观的同时，通过根系的吸收和吸附作用，富集 N、P 等元素，降解、富集其他有害有毒物质，并以收获植物体的形式将其搬离水体，从而达到变废为宝、净化水质、保护水域的目的，其中，生态浮床已经在水库污染控制中得到了广泛应用。它类似于陆域植物的种收办法，而不同于直接水面放养水葫芦等技术，开拓了水面经济作物种植的前景。

习　题

一、填空题

1. 水环境修复即针对＿＿＿＿＿＿＿＿，利用＿＿＿＿＿原理，采取各种技术手段提高水体质量、修复生态系统结构，使水体生态系统实现整体协调、＿＿＿＿＿和的良性循环。通常其修复原则有：_____、_____和_____。

2. 水环境修复技术一般可以分为_____修复技术、_____修复技术和_____修复技术。

3. 一个完整的水体生态系统应包括_____、_____以及_____。

4. 化学修复技术的原理是根据水体中污染物的化学性质和特征，采用化学方法改变污染物形态使其转化为低毒或无毒物质，从而改善水体质量。常用化学修复技术有_____、_____、_____和_____。

5. 土地处理技术是一种古老但行之有效的水处理技术。它是以土地为处理设施，利用土壤中微生物的降解作用及土壤－植物系统的_____、_____、_____和_____，达到某种程度上的对水的净化的目的。

6. 植物修复技术是利用植物_____、_____、_____等作用，固定环境中的污染物，从而减少或减轻污染物毒性的技术。

7. 人工湿地由_____、_____和_____三者之间通过_____、_____及_____作用处理污水中的污染物。

二、选择题

1. 生物综合修复技术综合微生物、植物及动物对水环境污染的修复能力，去除水环境中多种污染物，主要分为（　　）和生物浮床技术两种技术。

A. 生物膜法   B. 人工湿地技术

C. 土地处理技术   D. 植物修复技术

2. 某一食品工业园的污水处理厂采用水平潜流人工湿地进行尾水深度处理，使尾水达到入河标准。已知该湿地平均分为四级，每一级湿地长为50米，宽20米，湿地有效深度为1.2米（水平潜流湿地填料孔隙率 n 为0.4）；污水处理厂每日尾水排放量800吨，则该人工湿地水力停留时间为（　　）天。

A. 0.24   B. 0.96

C. 2.4   D. 0.6

3. 河流的二级功能为（　　）。

A. 社会功能   B. 水体净化

C. 经济功能   D. 岸边植被

4. 湖泊、水库具有十分复杂的生态系统，一般将这个生态系统划分为三个不同类型的区域：（　　）、（　　）和（　　）。（多选题）

A. 湖滨区   B. 植被区

C. 底栖区   D. 浮游区

5. 湖泊、水库中存在着丰富的（　　）。这些生物之间具有复杂的生态结构，对于湖泊、水库的水体质量起着决定性的作用。

A. 水生植物   B. 微生物

C. 浮游动物   D. 鱼类

6. (　　) 被广泛地认为是藻类的修改生长速率的主要限制性元素, 切断内源性该元素的循环可能是控制藻类快速繁殖的关键之一。

A. 氮

B. 钾

C. 磷

D. 钠

7. 直接除藻法有 (　　)、藻类收集和资源化再利用技术。

A. 物理方法

B. 化学方法

C. 生物方法

D. 机械方法

三、思考题

1. 水环境修复的原则是什么?

2. 生态修复技术的原理是什么? 有哪些优点与常用的方法?

3. 河流和水库水环境修复的技术主要有哪些?

4. 吸附过滤法中有哪些吸附剂和该吸附剂的吸附机理是什么?

5. 土地处理技术概念是什么, 主要分为几种形式?

6. 生态浮床的概念是什么, 它由几部分组成、分别是什么?

7. 河流系统的生态功能也逐渐突出, 主要有那些方面?

8. 针对湖泊、水库 "富营养化现象", 其防治措施主要有哪些?

第 9 章

水利工程综合环境管理

内容概要

水利工程的生命周期包括规划设计、建设施工、调度运行和报废撤销四个阶段。建设施工和运行管理阶段是环境管理的关键时期，本章重点论述这两个时期的水利工程环境管理问题。水源地环境保护已经被视为解决饮用水安全问题的关键和源头，越来越受到重视。通过本章的学习，应了解水利工程环境管理的重要性以及各阶段环境管理的主要内容，了解水源地的类型、各自的特点，重点了解水源地环境管理的方法。

9.1　概述

环境管理就是综合运用经济、技术、法律、行政、教育等手段，调整人类和自然环境的关系，通过全面规划，使社会经济发展与环境相协调，达到既满足人类生存和发展的基本需要，又不超出环境的容许极限，最终实现可持续发展的目的。环境管理的核心是实现社会经济与环境的协调发展，它涉及人类社会经济和生活的方方面面，既关系到人民群众现实生活质量和身体健康，又关系到人类长远的生存和发展，是一项"公益性"十分突出的事业，因此它早已成为各国政府的一项基本职能。

水利工程由于其建设规模宏大、运行时间长，与周围环境的相互作用是显而易见的。例如，一个中型水库的容量是 1 000 万至 1 亿立方米，按平均水深 10 m 计算，会形成一个宽 500 m、长 2 000 m 以上的水面，工程所在区域将形成一个效益危害并存、占有一定地位的地物景观，库区对原河道以及周围地区的相互影响也是非常明显的。水利工程一般是针对某些兴利目标建设的，水利工程自身的环境状况，如水质、泥沙等，对兴利目标的影响也不容忽视。

水利工程环境管理是指围绕着水利工程涉及的环境内容的综合管理。其内容和管理方法随目标工程、社会条件、技术条件等有所差异。一般来说，水利工程环境管理在空间上应包括水利工程本身及工程周围的环境问题、集水区域的环境问题、供水区域或者效益区域的环境问题等。从时间上看，存在于水利工程生命周期中规划设计、建设施工、运行管理和报废撤销四个阶段。不同区域和阶段的环境管理特点如表 9 - 1 所示。

在水利工程生命周期的各阶段中，环境管理的工作条件和目标不断发生着变化，因此，环境管理工作的内容、重点、方法和制度等都有所区别。其中，在水利工程的规划阶段主要以分析预测工程的环境影响、研究制定影响减缓措施为主。已经实施颁布的《建设项目环境保护管理条例》《环境影响评价技术导则》《环境影响评价法》，以及相应的地方级法规是这一阶段工作的依据。报废撤销是每个工程完成历史使命或者因故失去应有功能后面临的必然结果，该时期的环境管理还没有形成完善的体系，缺乏统一的方法、措施和制度。随着早期建设工程的老化，该问题的研究会得到加强。显然，建设施工阶段与运行管理阶段是造成环境影响的关键时期，也是各种环境影响减缓措施发挥作用的时期。因此，建设施工期和运行管理期的环境管理构成了水利工程环境管理的中心，也为规划设计期和报废撤销期的环境管理起到支撑作用。

表 9-1　水利工程环境管理分类表

区域	时期			
	规划设计	建设施工	调度运行	报废撤销
集水区	环境调查、评价与预测	环境目标保护，影响减缓措施实施	监测与评价，影响减缓措施，综合环境管理	环境管理目标改变，环境资料延续利用
工程区	环境调查，环境影响评价，影响减缓措施准备	施工环境影响减缓措施实施，运行期环境保护措施	监测、评价与管理，影响减缓措施	撤销工程环境监理，影响减缓措施
效益区	环境调查与评价，环境改善规划	效益扩大措施，人与自然协调研究	监测、评价与管理，效益评价与改善，人与自然和谐相处	环境调查、评价，环境影响替代措施

公众参与已成为当代反映公众意识的普遍形式。环境问题因与社会各方面有密切的关系，公众参与是非常重要的。建设工程的环境影响评价程序中明确规定，在环境影响评价报告书中应当有该建设项目所在地单位和居民的意见。通过多年的实践，我国环境影响评价中公众参与已逐步走上正规化、制度化和程序化。2006 年 2 月 22 日，国家环境保护总局出台《环境影响评价公众参与暂行办法》，规定了公众参与环境影响评价的具体内容、方式、期限和程序，使环境影响评价公众参与制度具备了可操作性，充实了公众参与权的内容，明确了公众参与的组织形式、程序和效力。"以人为本"执政思想的贯彻执行，将使公众参与更为深入。公众参与水利工程环境管理对于充分汇集公众意见、调动公众参与环境管理的积极性和激发公众对于环境管理的责任心将起到积极的作用。

9.2　规划设计期的环境管理

9.2.1　规划设计期环境管理特点

水利工程一般都是规模巨大，效益显著，运行时间长，影响范围大，与区域社会经济关系密切的大型工程。在规划设计时期把水利工程的影响基本研究清楚，才能实现工程效益的正常发挥，保障工程建设与生态环境和社会环境的协调发展。因此，水利工程规划设计时期的环境管理，需要进行全面的环境调查、环境影响评价以及工程前期的环境保护规划设计，涉及的范围很广，包括水文、水环境、地质、生态、土壤、人群的各个方面。同时，需要在工程建设前对未来可能出现的情况做出深入合理的判断，具有很强的不确定性。严格执行环境影响评价制度，是解决这个问题的有效方法。根据水利工程环境现状和本底调查进行水利工程环境影响识别和预测，制定减免环境影响的可行措施。显然，规划设计时期的环境管理及其结论，对于工程决策具有十分重要的意义。

9.2.2 水利工程环境调查

根据《水利水电工程环境监测规范》要求，在规划设计阶段应满足环境本底调查和环境现状评价要求，为环境影响预测提供基础数据。环境调查是利用科学的方法，有目的、有系统地收集能够反映与组织有关的环境在时间上的变化和空间上的分布状况的信息，为研究环境变化规律，预测未来环境变化趋势，进行组织活动的决策提供依据。围绕环境调查，其上游是环境检测，下游是环境评估，但环境调查与其上下游间有重叠部分，环境调查能实现环境检测与环境评估的无缝连接，从而为研究者提供一站式服务。

1. 水利工程环境本底调查

在规划设计阶段，水利工程环境的本底调查需要制定相关的方案，系统收集工程影响区水文水资源、水环境、生态、环境敏感区、社会经济等方面的资料，为环境调查做好准备，调查要素主要包括水文水资源、地表水环境、地下水环境、陆生生态、水生生态、土壤环境、声环境、空气环境、人群健康等，原则上在近3年内开展，工程影响区环境质量或生态变化显著的，应结合历史调查、遥感影像等历史资料收集，合理前延调查时段，以反应变化趋势。

（1）水文与水环境调查：

① 水文水资源调查。水利水电工程均应开展水文水资源调查，水文水资源调查应与地表水环境监测、陆生生态调查、水生生态调查相协调。一般的水文水资源调查项目包括调查断面位置、径流、泥沙、水位流量关系曲线等，在规划设计阶段，应根据生态流量计算方法要求，调查各断面位置、地下水形、径流、水位流量关系曲线等，对上下游有明确生态流量要求的断面，应调查其生态流量是否满足现状，且其调查时段应包括丰水年、平水年、枯水年，当径流系列不满足要求时，可按照相关方法进行插补延长。

② 地表水环境调查。在规划设计阶段，地表水环境调查包括水域水质调查和污染源调查，应与水生生态调查相互协调。水域水质调查一般在丰水期、枯水期、平水期各一次或丰水期、枯水期各一次，对于供水或灌溉工程，必要时根据具体要求增加检测次数。

③ 地下水环境调查。地下水调查应遵循收集资料和补充监测相结合的原则，在规划设计阶段主要工作是进行水文地质条件调查和地下水水位和水质监测。水文地质条件调查项目

包含水层结构及分布特征、地下水径补排条件、地下水流场、地下水动态变化特征、各含水层之间以及地表水和地下水之间的水水力联系、地下水开发利用状况等。水文地质条件调查应尽量采用长期资料，至少涵盖丰水年、平水年、枯水年，年内调查应涵盖丰水期、平水期、枯水期。

（2）生态调查：

① 陆生生态调查。陆生生态调查应遵循收集资料、现场调查和遥感等技术相结合的原则，陆生生态调查包括生态系统结构与功能调查、陆生植物调查、陆生动物调查、环境敏感区调查和陆生生态保护措施调查。

② 水生生态调查。水生生态调查应遵循收集历史资料和现场调查相结合的原则，水生生态调查包括水生生境调查、水生生物调查、鱼类调查。其中水生生境调查包括河湖形态、水文情势、水体理化性状和底质等；水生生物调查项目包括浮游植物、着生藻类、浮游动物、底栖动物和水生维管束植物种类、分布、现存量等；鱼类调查包括鱼类区系组成、种群结构、渔获物、生物学、重要生境、早期资源及渔业等。

③ 土壤环境调查。土壤环境调查应遵循现场调查为主、收集资料为辅的原则，包括土壤（底泥）类型调查、理化性质调查和质量状况监测。

④ 其他要素。除了以上内容，还需要进行声环境、环境空气、以及人群健康的调查，根据相关的规范与规定进行。

2. 水利工程环境影响识别

水利工程环境影响识别是水利工程环境影响评价的关键步骤。水利工程环境影响识别是指通过对工程特征、径流调节情况、工程运行方式等的了解和影响区环境本底的调研，根据可能导致环境改变的工程影响区面积，找出所有受影响的环境因子及其关联问题，以使环境影响预测减少盲目性、环境影响综合分析增加可靠性、环境保护措施具有针对性。

（1）水利工程环境影响识别的基本内容。水利工程环境影响识别，首先要进行现场调查，弄清楚该工程影响地区的自然环境和社会环境状况，确定环境影响评价的工作范围。在此基础上，根据工程的组成、特性及其功能，结合工程影响地区的特点，从自然环境和社会环境两方面，选择需要进行影响评价的环境因子，识别工程对各环境要素及因子的影响性质和程度。即水利工程环境影响识别的基本内容包括影响范围的识别、影响因子的识别、影响性质的识别以及影响程度的识别等。

① 影响范围的识别。水利工程环境影响识别，首先要确定环境影响评价的工作范围。水利工程对环境影响的范围，视工程规模、特性及地理位置而定。涉及范围广的一些大型工程，常包括对库区及其邻近地区、上游一些支流和水库下游河段与河口的影响等；一些较大规模的引水工程，常包括对引水地点的上下游河段、输水线路和受水区的影响等。

② 影响因子的识别。水利工程环境影响因子众多，影响性质复杂，影响范围宽广。水

利工程环境影响识别，应从自然环境和社会环境两方面，选择需要进行影响评价的环境因子。自然环境影响包括对水文泥沙、水环境、生态系统、局部气候、环境地质、土壤及土地资源等方面的影响，社会环境影响包括对城镇、耕地、房屋、移民、人群健康、景观文物保护、经济社会以及社会心理等方面的影响。

③ 影响性质的识别。水利工程对环境的影响，按其性质可分为有利影响与不利影响、直接影响与间接影响、暂时影响与累积影响、局部影响与区域影响、可逆影响与不可逆影响等。

④ 影响程度的识别。水利工程对环境的影响程度可用等级划分来反映，即按有利影响与不利影响两类分别划分级别：将有利影响划分为微弱有利、轻度有利、中度有利、大有利与特有利5级，不利影响划分为极端不利、非常不利、中度不利、轻度不利与微弱不利等5级。

（2）水利工程环境影响识别的方法。水利工程环境影响识别常用的方法有以下四种。

① 清单法。先将可能的影响环境因子、影响性质和作用大小列成清单或表格形式，再据以做出定性识别和筛选。这一方法又分为简单清单法、分级加权清单法和提问式清单法三种，是目前常用的方法。

② 矩阵法。将环境因子排在纵列上、环境效应排在横行上，构成阵列。其中，各项效应对环境因子的正负影响，均按不同等级示出其影响的程度。通常，还多采取加权的办法，以识别各项因子对整体环境影响的总和。

③ 网络法。网络法属于一种流程框图的结构，由箭头与方框做有序的组合，用以说明人类活动可能产生的逐渐影响。这一方法的特点是可形象地反映人类活动－效应－环境因子之间的因果关系。

④ 叠置法。叠置法是先区分影响类型并分别制成环境质量等级分布图，然后将各分布图叠置起来，进行识别、筛选。

3. 水利工程环境影响预测

经过环境影响识别后，主要环境影响因子已经确定，要判断水利工程对这些环境影响因子会产生多大影响，需进行环境影响预测。水利工程环境影响预测是指以定性或定量的方法预估工程施工后会引起环境因子改变的程度，包括预估有关因子在有工程和无工程条件下的状态。如果可能，还应提出改变发生的可能性和概率。

目前常用的环境影响预测方法大体上可以分为：

① 以数学模式为主的客观预测方法。

② 以试验手段为主的试验模拟方法（物理模拟模式）。

③ 类比调查法。

④ 以专家经验为主的主观预测方法等。

具体介绍如下：

（1）数学模式法。数学模式法能给出定量的预测结果，但需一定的计算条件和输入必要的参数、数据。一般情况此方法比较简便，应首先考虑。选用数学模式时要注意模式的应用条件，如实际情况不能很好满足模式的应用条件而又拟采用时，要对模式进行修正并验证。

数学模式法适用于能定量预测的水质、水温、大气环境、环境噪声、局地气候等环境要素及因子。

（2）物理模型法。物理模型法可根据相似原理，建立与原型相似的模型进行试验，预测有关环境要素及因子的影响。物理模型法定量化程度较高，再现性好，能反映比较复杂的环境特征，但需要有合适的试验条件和必要的基础数据，且制作复杂的环境模型需要较多的人力、物力和时间。在无法利用数学模式法预测而又要求预测结果定量精度较高时，应选用此方法。

（3）类比调查法。类比调查法又包括对比法和类比法。对比法是通过对工程兴建前后对某些环境因子影响机制及变化过程进行对比分析，研究其变化的可能性及趋势，并判断其变化的程度；类比法即通过与一个已知的相似工程进行类比得到拟建工程对环境的影响。

类比调查法的预测结果属于半定量性质。如由于评价工作时间较短等原因，无法取得足够的参数、数据，不能采用数学模式法或物理模型法进行预测时，可选用此方法。

（4）专业判断法。专业判断法是定性地反映水利工程的环境影响。水利工程的某些环境影响（如对文物、景观、人群健康的环境影响）很难定量估测，或由于评价时间过短等原因无法采用数学模式法、物理模型法或类比调查法时，可选用此方法。

此外，还有适用于陆生生物、水生生物、生态完整性评价的景观生态学方法与生态机理法，以及将地质、地貌、土壤、动物、植物、景观、文物等环境特征图与工程布置图叠置以预测影响的范围和程度的图形叠置法等。

在进行水利工程环境影响预测时，应根据工程特性、环境状况，选用通用、成熟并能符合预测要求的方法。同时，可用量度值预测的环境要素及因子，应根据国家、地方环境保护法规、标准，采取定量的方法；对难以用量度值预测的环境要素及因子可采取定性或定量定性相结合的方法。

9.2.3 水利工程环境影响评价

1. 水利工程环境影响评价的意义

为了满足防洪、水电、灌溉、供水等要求的所有大中小型水利水电工程，都不同程度地对自然环境、社会环境和生态平衡产生影响。因此，国家规定所有水资源开发建设工程和流域开发治理规划都必须进行环境影响评价工作。所谓水利工程环境影响评价，概括说就是用于水资源开发建设项目环境管理的一种战略防御手段。在规划阶段，它是项目决策的重要依据；在项目建设与运行期，它对项目的环境管理起指导作用。

水利工程环境影响评价是法令规定拟建工程必须执行的一项例行工作。评价的目的是要保证拟建工程贯彻执行"保护环境"的基本国策，认真执行"以防为主，防治结合，综合利用"的环境管理方针。通过评价预测拟建水利工程建成后对当地自然环境和社会环境造成的各种影响，提出环境对策，以保证拟建工程影响区域良好的生态环境和社会环境；同时评价结果也为领导部门决策（拟建工程的可行性、方案论证等）提供重要的科学依据。

水利工程环境影响评价的任务就是要查清工程所在流域的环境质量现状，针对工程特征和污染特征，对工程在自然、社会、生态环境方面可能产生的影响进行分析，预测各种影响的范围、程度，预测可能发展的结果，对不利影响要提出相应的工程防治措施与环境对策；根据评价结果回答工程项目的可行性、合理性与方案选择。

2. 水利工程环境影响评价内容和要求

根据《水电工程环境影响评价规范》（NB/T 10347—2019），水电工程环境影响评价应符合现代行业标准《建设项目环境影响评价技术导则　总纲》（HJ 2.1—2016）和《环境影响评价技术导则　水利水电工程》（HJ/T 88—2003）的有关规定，主要包括下列内容和要求：

（1）收集已有相关资料，调查工程可能影响区环境现状。

（2）识别环境影响因素，明确环境保护目标，筛选评价因子。

（3）拟定评价等级与评价范围。

（4）进行工程方案环境合理性分析。

（5）预测评价推荐工程方案可能产生的环境影响。

（6）提出环境保护对策措施与环境监测规划，进行环境影响经济损益分析。

（7）提出环境影响评价结论，编制环境影响评价文件。

3. 水利工程环境影响综合评价

环境影响综合评价应在各环境要素评价工作的基础上，系统分析工程方案的环境合理性，明确工程的主要环境影响及可能存在的环境制约因素，提出环境保护对策措施，明确工程的环境可行性。

环境影响综合评价结论应包括下列内容：

（1）项目概况，包括流域规划及规划环评概况，工程开发任务，工程方案及其环境比选与优化过程，工程施工及运行的主要环境影响因素与污染源源强。

（2）环境现状评价结论，包括区域环境质量状况及已经存在的主要环境问题，改建、扩建项目中已建电站存在的主要问题。

（3）环境影响预测与评价结论，包括有利影响与不利影响，突出长期性、累积性影响以及存在的主要环境问题。

（4）采取的环境保护对策措施、投资及技术经济可行性。

（5）公众意见采纳情况。

（6）工程的环境可行性结论。

（7）工程施工和运行需关注的主要问题及相关的科研、监督、环境影响后评价等建议。

4. 水利工程环境影响评价工作程序

水利工程环境影响评价工作包括两大部分：一是编制评价工作大纲；二是编制环境影响报告书。首先应研究有关法规和工程设计文件，进行初步工程分析和环境现状调查，筛选重点评价项目，确定评价工作等级，编制环境影响评价大纲；进一步进行工程分析，调查、评价工程影响地区环境现状，预测、评价工程对环境的影响，提出对策措施，估算环境保护投资，给出评价结论，编制环境影响报告书。

（1）编制评价工作大纲。评价工作大纲是环境影响报告书的总体设计和行动指南，是开展环境影响评价工作的技术方案。环境影响报告书的质量好坏、评价费用的高低，取决于评价工作大纲是否符合客观实际。因此，编好评价工作大纲是搞好环境评价、保证环境影响报告书质量的关键。

环境影响评价工作大纲编制的步骤可分为四步，包括编制准备工作计划、开展初步调查，收集和了解有关资料、确定评价工作初步纲要，最后编写评价工作大纲。

（2）建立环境影响评价的基本系统。根据三峡水利工程环境影响评价工作的经验，在进行环境影响评价之前首先需要建立环境影响评价的基本系统。它主要包括环境评价的对象系统、时间系统与识别系统。

（3）开展环境影响评价。评价步骤主要包括五步：影响识别、影响预测、影响评价、减免影响和改进措施的研究及拟定保护措施和监测方案。其中前三步是最重要的。

首先，环境影响评价的工作的依据是经过批准的环境影响评价工作大纲，凡是大纲中核定的工作内容都要按照进度计划分期开展，认真组织，全面完成。在工作中若遇有困难而影响工作计划完成，评价单位应及时研究和处理，如果需要改变原定大纲中的规定内容，必须事先征得审批环境影响评价工作大纲的环保主管部门同意，然后按评价大纲规定内容开展评价工作，最后编写环境影响报告书。

9.2.4　环境保护设计

根据《水利水电工程环境保护设计规范》要求，环境保护措施实施应遵循与主体工程同时设计，同时施工，同时运行的原则，应根据工程建设进度和环境保护措施要求制定，提出实施进度计划。环境对策的规划设计主要包括水环境保护、生态保护、大气环境保护、声环境保护、固体废物保护、土壤环境保护、人群健康保护和景观保护设计。

1. 环境保护设计

（1）水环境保护设计。水环境保护目标主要包括防治水污染，维护水环境功能，保护和改善水环境。主要包括生态与环境需水保障措施、水质保护、水库低温水减缓措施、工程废污水处理、地下水水位降低减缓措施等方面。

其中水质保护可采取隔离防护、点源治理、面源治理、生态修复及管理措施等；水库低温水影响减缓可采取分层取水工程措施、下泄水水温增温措施等；工程废污水处理包括砂石料加工废水、混凝土拌合系统废水、施工车辆和机械设备修理废水、基坑水、隧洞及地下厂房废水和施工人员生活废水，应根据施工内容和废水种类分别采取处理措施；地下水水位降低减缓措施应针对施工基坑排水和工程防（截）渗等对地下水用户和生态环境影响程度，经技术经济论证，采取减缓周边地下水位降低的措施。

（2）大气环境保护设计。大气环境保护设计应针对环境敏感对象，对工程措施产生的大气污染采取防治措施，控制主要污染源、防治主要污染物。污染物排放应按《大气污染物综合排放标准》（GB 16297—1996）规定执行，包括粉尘污染防治设计、废弃防治设计、臭气污染防治设计。

粉尘污染防治对象主要包括施工交通运输扬尘或粉尘、施工场地粉尘、砂石料生产系统粉尘、混凝土拌合系统粉尘、爆破和钻孔粉尘、临时堆土料粉尘等；在废气防治设计上，施工运输车辆宜装置催化净化器，施工生活营地燃料宜采用清洁能源，燃煤宜采用低硫优质煤；废弃污染防治设计应明确散发臭气底泥的数量、处理方法、实施时间、工程量及管理要求，对施工开挖污染底泥散发的臭气应进行监测，根据臭气成分和级别采取相应的除臭措施，臭气污染治理效果应满足《恶臭污染物排放标准》（GB 14554—1993）有关环境空气质量功能区的要求。

（3）声环境保护设计。声环境保护对象主要包括工程影响范围的噪声敏感目标、施工营地和办公生活区，主要采取噪声源控制、噪声传播途径控制和敏感目标保护等措施，其防治效果应满足《声环境质量标准》（GB 3096—2008）有关声环境质量功能区的规定，噪声控制措施设计应执行《建筑施工场界噪声排放标准》（GB 12523—2011）的规定和环境影响评价文件确定的标准，城市区域环境振动应执行《城市区域环境振动标准》（GB 10070—1988）标准。

声环境保护设计包括施工器械和加工企业噪声控制、施工交通噪声控制以及爆破噪声控制。

（4）土壤环境保护设计。土壤环境保护内容应包括土地退化防治和底泥污染防治等，土壤环境保护措施应明确工程措施和植物措施的配置、布局、规模和管理方案，对工程临时占地造成的土壤质量下降，应提出恢复和提高土壤质量的合理措施。

其中土壤退化防治措施内容应包括土壤潜育化、沼泽化、盐碱化防治等，主要措施包括工程措施、生物措施以及管理措施，明确防渗、排水工程的位置、布局、规模、工程量等，调整土地利用方式，改变作物耕作结构及耕作方式、灌溉方式等；底泥的污染防治应包括工程环境影响报告书复核污染底泥的性质、数量、污染途径等确定底泥的处置方式。

2. 生态保护设计

生态保护主要包括陆生生物保护、陆生动物保护、水生生物保护和湿地生态保护四个方面。

陆生植物保护主要是应对珍惜、濒危、特有植物，古树名木、天然林、草原等进行重点保护，采取就地保护或迁地保护等措施，例如避让、围栏、警示，或移栽、引种繁殖栽培等；陆生动物保护应对珍惜、濒危、有重要经济价值的野生动物及其栖息地、活动通道和建立救护站等措施，采取就地保护或迁地保护措施；水生生物保护主要针对珍惜、濒危、特有或具有重要经济和科研价值的野生水生动植物及其栖息地、鱼类产卵场、索饵场、越冬场等，以及洄游性水生生物及其洄游通道等生态敏感区重点保护，例如鱼道、鱼闸、升鱼机等措施；湿地生态保护湿地与河湖水系连通性的维护、湿地生态水量的保护、重要生境的保护和修复等，应根据工程影响和保护需求提出相应的工程措施及非工程措施。

3. 固体废物处置设计

固体废物处置应遵循资源化、减量化与无害化的处理原则，并对固体废物按生活垃圾、建筑垃圾和危险废物分别堆存和处理。固体废物处置设计包括生活垃圾处置设计、建筑垃圾的处置设计，以及危险废物的处置设计。

4. 人群健康保护设计

人群健康保护应以防治工程建设引起环境变化带来的传染病和地方病传播和流行为目标，其对策设计应包括检验检疫、疾病防治、卫生清理、饮用水安全和管理措施等。在检验防疫方面应落实工程施工区和移民安置区实施医疗保健和卫生防疫的机构；在疾病防治方面应设计人群健康保护宣传计划，并依据相关规范设计血吸虫病、虫媒传染病等相关传染病的防治措施；在卫生清理方面，施工区场地卫生清理措施设计应提出厕所、垃圾场、被污染地面等具体的临建工程拆除、场地平整、污染物清理、场地消毒及清理时间等；在饮用水安全方面，应明确施工区和移民安置区饮用水源选址、取水方式等。

5. 景观保护设计

景观保护对象应包括风景名胜区、自然保护区、森林公园、地质公园及疗养区，城市园林建筑，风景区等重要景观。工程选址及布置应对重要景观采取重要措施，工程建筑物的设计也要与风景名胜区的景观相协调；在保护区内及其外围地带施工时应提出宣传教育和保护景观不造成破坏的措施，工程景观和绿化设计的布局、高度、造型、风格等应与周围景观和环境相协调。

9.3 建设施工期的环境管理

目前，我国对建设工程的环境管理已经形成比较完善的体系。建设工程环境影响评价以及环境监理制度，对以工程为中心的环境管理做了细致的规定，已经走向法制化。环境影响评价报告除了要对工程的环境背景、环境作用和环境影响做出深入研究以外，还要提出减缓环境影响的建议和环境监测管理方案。水利工程环境监理是该阶段环境保护的重要程序和措施。环境影响评价与环境监理的结合构成了水利工程规划设计和建设施工阶段的环境保护体系，也为运行管理阶段的环境管理打下坚实的基础。

9.3.1 建设施工期环境管理特点

1. 复杂性

一方面，水利工程一般具有建设周期长、建筑物集中、工程量大、施工人员多、施工设备多、占地面积大等特点，而且在施工的过程中，对工区及其周围地区的自然环境和社会环境都会产生较大的影响，因此会导致环境压力的增大。另一方面，环境管理的临时目标（主要指临时性建筑物的建设、拆除与生态恢复）与永久目标（主要指永久建筑物的建设与其不利影响的减缓或减弱）并存，使管理工作更加困难和复杂。

2. 区域性

建设施工时期的环境问题主要是由建设活动所造成的，而各个建设区域的活动情况又各不相同，因此环境污染情况也有区别。环境管理必须根据这些区域的不同特点因地制宜地采取措施，特别是大型水利工程更是如此。

3. 时序性

环境管理的对象较多，工序复杂，干扰因素也很多，这就要求环境管理人员定时、定点、定项，有秩序地进行环境管理，从而使环境管理工作具有准确性和条理性。

4. 管理手段多样性

建设阶段环境管理工作的复杂性决定了其管理手段的多样性，建设期环境管理手段主要包括行政手段、法律手段、经济手段、技术手段、宣传教育手段等。这些管理手段往往同时或交叉使用，使环境管理工作趋于完善。

9.3.2 建设施工期环境管理内容

1. 建设项目分类

水利工程项目从其兴建目的和主要功能区分，有城市和区域防洪工程、农业灌溉工程、跨流域调水引水或城市供水工程、河流梯级发电工程、抽水蓄能调峰电站工程，以及河流改道、防（海）潮闸坝等。许多大型特大型工程往往具有多种功能兼具的特点。以规模（投资或容量规模）区分，水利工程项目一般有大型、中型、小型之分。

以蓄水发电为主的水利水电工程的构筑物，主工程一般有水坝及相应的引水口、溢洪道、船闸、鱼道，输水渠（管）道，用水或发电工程，河堤、海堤等；水电项目还有输变电工程。但是最大且有代表性的是筑坝蓄水以进行灌溉和发电的工程。此外，筑坝蓄水工程往往造成大量居民搬迁，从而有新定居点建设工程；水库淹没道路、电力设备等，引发新建道路工程和搬迁输变电工程；为了建设水利工程，必须先开通道路或将原来的小道拓展成公路；需要修建施工道路（连接取料场或者弃料场、石料场和施工驻地、主要施工工地）等。这些都对环境管理提出了很高的要求。

2. 建设期环境影响和管理的内容

水利工程建设期，影响环境的因素很多。这些具体的影响因素构成了环境管理的微观内容。以库坝工程为主的水利水电工程施工期影响以直接影响为主，同时伴随间接影响。这些影响有的是由主工程造成的，有的是由辅助工程造成的。

水利工程施工期的环境影响主要有：

① 进场道路和施工道路开通所导致的植被破坏、水土流失、地质灾害问题及土地碾压占用问题，其影响与一般公路建设相似。

② 大坝修建的水库基地清理和土石方采掘导致的植被破坏、水土流失及水质问题。土石方一般都需要专门的取土场和采石场，也都有相应的植被破坏、水土流失问题，尤其是土石采场剥离物的堆弃，与一般工程一样都会引发流失问题。另外，土石方工程在采掘中有打眼放炮惊扰居民和野生生物的问题，还有土石方运输产生的扰民（扬尘与噪声）和生态问题（如扬尘影响农作物）等。

③ 输水涵洞开掘，有出渣堆弃问题以及施工道路开通的影响问题。由于输水（或发电）涵洞一般距离较长，因而其影响范围相对较大，并且工程所在地环境不同其影响也可能不同。

④ 物料输运和人员流动的交通噪声、拥挤堵塞等对社会生活造成影响。

⑤ 施工区破坏植被、改变地形地貌，可造成景观影响，甚至会破坏有保护和观赏价值的自然景观。

⑥ 施工期植被破坏，因修路、弃渣、人为活动侵占或破坏某些野生物生境、活动场所或阻断其迁徙通道，或影响珍稀濒危与特有植物、古树名木等，可造成陆生生态影响。

⑦ 施工期可能对文物古迹或其他有纪念意义的保护目标造成影响。

⑧ 施工队伍的住区建设造成植被破坏、土地占用及污染问题，施工人员的偷猎盗伐滥采对自然资源和生物多样性构成威胁，施工人员引入疫源性疾病等会对当地居民健康带来影响。

另外，库区蓄水也将会对环境造成很大的影响。具体表现在：

① 土地淹没。这是水库建设最直接并有深远影响的重大问题，且为不可逆影响。库区一般有两种形式：河道型和湖泊型。前者多为狭长沟谷，其损失主要是峡谷景观资源、生物多样性资源等；后者则多占据山区的平坝地带，即山区最适宜耕作和居住的土地。为获得较大的库容，占用的耕地和房屋也很多，需要搬迁大量人口，从而产生一系列社会性生态问题。

② 环境地质与库岸稳定问题。水库蓄水后，由于库水浸泡、渗透和水库蓄水泄水形成频繁的压力张弛交替变化，会使一些地质不良的岸段出现失稳、滑塌、岩溶塌陷等，也会使沿岸带的建筑物因地基下沉而损坏。库区降雨强度越大、水位变化幅度越大，滑坡塌岸和地基下沉的频率就越高。

③ 水库蓄水还可能诱发地震。

④ 水库淹没道路，不得不另开新路。这类新路大多开辟在水库边的山体上，山高坡陡，路线蜿蜒。补偿性修路造成的植被损坏、水土流失、景观损失，有时候可能比水库工程本身造成的影响还要大。

⑤ 水库渗漏与防渗。水库因水位升高、压力增大及地层原因或处理不周，会使库下游或库周地下水位升高，进而引起库周土壤浸渍或盐渍化，也会使居民房屋受损，为此需对断裂构造、渗透通道、渗透方式及渗透量等做出判断。相反，水库防渗切断地下水，也可使下游水井涸竭，影响居民用水。

⑥ 淹没历史文化遗迹。在人类活动较早的地区，此类遗迹也可能较多，如小浪底库区。也有的库区是少数民族聚集区，可能有特殊的文化遗迹。古栈道、古关隘、古代通道、古墓葬以及近代革命遗迹等都可能在库区出现。湖北省秭归县是著名的历史文化名城，但是由于三峡工程的建设，原来秭归县的住民不得不因为被水淹没而移民。

⑦ 淹没优美自然景观资源。峡谷类景观是很重要的一类自然景观，也是重要的旅游资源，且大多是尚未为人认识和开发的景观资源。水利水电工程会将这一类资源埋葬在深深的水底或破坏其形态，使其失去美学意义。

⑧ 淹没区可能会有矿产资源，或有不同采矿产的通道等。蓄水可能加大开采难度或因功能不相容而完全禁采。

水利工程建设期环境管理的目的有：

① 按照设计文件要求落实施工环境保护计划和进度，保证工程质量。

② 防治由施工活动造成的环境污染和生态破坏。

建设期环境管理的宏观内容主要包括：

① 组织编制施工区环境保护规划，并报负责单位审批；制订年度或分阶段实施计划和有关管理规章制度。

② 检查项目经理（或项目部）是否按照设计要求或国家政策组织招标、投标。

③ 进一步复查设计文件，核查施工现场执行情况，并妥善处理环境保护设计的变更。

④ 检查环境保护工程项目是否纳入项目经理（或项目部）和施工单位的施工计划，是否严格按照设计和审查要求进行施工。

⑤ 严格保证施工进度，保证环境保护工程项目的如期完成；控制环境保护投资的计划和使用。

⑥ 检查环境保护工程施工质量。

⑦ 结合工程施工区特点，组织开展环境保护科研、技术攻关、宣传、教育和培训等。

⑧ 负责区域环境质量监测、污染源排放及公共卫生监督监测的实施。

⑨ 主持环境保护设施和专项环境保护项目的竣工验收，负责组织编制枢纽工程竣工环境保护验收报告。

⑩ 协调工程施工区各方与各级环境卫生、资源等行政主管部门和相关单位的关系。

3. 建设施工期环境保护措施

（1）污废水处理。结合工程及施工特点，在施工过程中，可采用自然沉淀池进行生产废水处理。另外，为了防止生活污水对下游居民健康造成影响，可建立适当数量的简易厕所和化粪池等，以接纳附近工区的生活污水，经沉淀和消毒处理后排放。

（2）弃渣处理。在施工开挖及弃渣堆存过程中，应充分考虑工程竣工后施工区域景观恢复和覆土造地。首先开挖耕地的表土耕作层和荒地的表层风化土并妥善堆存，以备后期用于覆土、造地。

（3）施工废气、粉尘及噪声的减免措施。采取供气、排风、洒水降尘等措施，尽可能减少施工废气和粉尘对周围居民和施工人员的影响。在施工过程中，应注意对各施工人员的劳动保护，要求工人必须佩戴安全帽。在粉尘、噪声比较严重的区域工作的工人，上岗时需要佩戴口罩、耳塞，以减少对健康的影响。

（4）工区环境卫生保护措施。加强对工区食堂、餐馆的卫生管理。对其卫生进行监督、检查，工作人员做定期体检。对施工人员的剩菜剩饭进行集中收集处理。合理规划生活垃圾场所，各工区不少于一处，距离生活区不能太远。

（5）施工期人群健康保护：

① 疫情建档。施工期对施工人员和影响区人员进行疫情调查建档和检疫建档，以便尽早发现疫情隐患，防止疾病传播和引发暴发流行。

建档内容：包括建档人员的年龄、性别、住址、健康状况及病史等。重点对肝炎、痢疾和结核等传染病的疫情建档。

建档人数：施工人员全部建档，影响区居民部分建档；疫情检疫人数根据疫情调查情况而定。

② 备用常规药品、器材。备用痢疾、肝炎等流行性疾病处理所需要药品和器材。

③ 健康教育。每年必须有针对性地宣传教育一次，以增强大家的自我保健意识和自我防病能力。

（6）施工迹地恢复。为避免施工占地对当地社会经济和水土流失的影响，需要采取措施恢复土地原有功能，保证当地居民正常生产、生活条件，并有所改善。主要工作包括施工迹地整治、覆土和绿化，其中绿化应以经济林木为主。

9.3.3　建设施工期环境监测

环境监测是环境管理工作的一个重要组成部分，它通过技术手段测定环境质量因素的代表值以把握环境质量的状况。

水利工程建设期环境监测是工程建设期环境管理的重要基础工作，是防治施工过程中环境破坏和防治污染的重要依据。通过采取环境监测措施，可以全面掌握工程建设期间的环境质量状况，便于及时了解工程建设过程中出现的环境问题，采取相应环境保护措施，将环境问题解决在工程施工过程中；可以为环境保护部门执法检查提供数据依据。同时，通过监测获取大量环境监测数据，可以为工程建成后的验收和运行后的环境保护管理提供依据。

1. 环境监测内容

建设施工期环境监测的内容包括：

（1）环境质量监测，如水质监测、环境空气质量监测、环境噪声监测等。

（2）污染源监测，如生活废水和生活污水排放监测、空气污染源排放监测、噪声源监测、固体废弃物监测等。

（3）卫生监测，如传染病疫情监测、卫生供水水质监测、蚊蝇和鼠密度及种类监测、工业卫生监测、食品卫生监测等。

（4）生态监测，如水土流失监测、植被覆盖率监测、动物迁徙状况监测等。

2. 环境监测的程序和方法

（1）环境监测程序。环境监测程序因监测目的的不同而有所差异，但是其基本程序是一致的。首先是进行现场调查与资料收集，调查的主要内容是各种污染源及排放规律，自然和社会的环境特征；其次是确定监测项目；再次是监测点布设及采样时间和方法的确定；最后进行数据处理和分析，将结果上报。

（2）环境监测方法。环境监测的方法，从技术的角度来看多种多样，有物理的、化学的、生物的；从先进程度来看，有人工的、自动化的。最近，由于遥感技术、信息技术和数字技术的迅猛发展，环境监测的方法在日新月异地变化和更新。但是不管什么方法，都取决于监测的目的和实际可能的条件。

9.3.4　建设施工期环境监理

水利工程环境监理是指依据环境保护法规和监理合同，对水利工程实施的环境监测以及对环保措施进行的监督与审核。在水利工程建设过程中要采取一切合理的方法与措施来保护和改善生态环境由于环境保护措施的专业性和严格性，需要引入环境监理机构进行监督和约束。这些背景因素促使了环境监理的产生。

1. 环境监理的需求与作用

环境监理是伴随着工程监理而产生的一项全新的工作，是环境保护工作的继续和延伸。环境监理不仅是建设项目环境保护的一项重要内容，而且是工程监理的重要组成部分。另外，它本身还具有一定的特殊性和相对独立性，是在建设项目施工过程中引入的作为区别于工程监理的另一项监理内容。

（1）实施环境监理的必要性。环境监理的必要性是：

① 实施环境监理是环境管理工作的需要。

② 实施环境监理是落实施工环保措施的重要保证。

③ 实施环境监理是工程建设本身的需要。

④ 实施环境监理是投资体制改革的需要。

（2）环境监理的目标。环境监理的目标是：

① 以适当的环境保护投资充分发挥本工程潜在的效益。

② 使环境影响报告书中所确认的不利影响得到缓解或消除。

③ 落实招标文件中环境保护条款及与环境有关的合同条款。

④ 保证施工区或移民安置区没有大规模传染病爆发和流行。

⑤ 实现工程建设的环境、社会与经济效益的统一。

（3）环境监理的作用。环境监理的作用主要包括以下5个方面：

① 预防功能。预测工程实施过程中可能出现的环境问题，适时采取措施进行防范，以达到减少环境污染、保护生态环境的目的。

② 制约功能。工程建设涉及的环境保护工作受多种因素的制约与影响，对此需要对各部门、各环节的工作进行及时的检查、牵制与调节，以保证整个施工过程的平衡协调。

③ 参与功能。环境监理单位作为经济独立的、公正的第三方，参与工程建设全过程的环保工作，对与工程有关的重大环境问题参与决策。

④ 反馈功能。监理单位在对监理对象的监督、检查过程中，可以及时发现被监理单位和被监理事项中存在的问题，收集各类信息，并随时将信息反馈，为有关部门提供改进工作的科学依据。

⑤ 促进功能。环境监理的约束机制不仅有限制功能，而且有促进功能，可以促进环保工作向规范化方向发展，促进更好地完成防治环境污染和生态破坏的任务。

（4）环境监理的分类。水利工程环境监理的分类主要包括施工区环境监理和移民安置区环境监理。施工区环境监理，主要监督承包商是否按环境保护设计进行生产、生活污水处理，噪声防治，环境空气保护，固体废物处理，水土流失防治，土地利用，人群健康、珍稀动植物、文物古迹等的保护。移民安置区环境监理，主要落实水质保护、对安置区地方病种类调查（必要时对地下水和土壤进行取样监测）、安置区修建的各项设施执行环保"三同时"制度的情况、移民村镇迁建以及为安置移民修建的各种企业，以及迁建文物的保护和生物敏感区的保护等。

2. 环境监理的内容和方法

（1）环境监理的内容。水利工程环境监理的内容包括严格按照可行性研究阶段和初步设计阶段提出的避免或减少工程对环境不利影响的措施，在工程施工中对其逐一实施；针对工程环境保护的每个设计方案，在施工中进行进度控制、投资控制、质量控制、合同管理和组织协调，使每个设计方案（或措施）通过环境监理得到落实。具体包括生活供水、生产废水、生活污水处理、固体废弃物处理、大气污染防治、噪声防治、健康与安全等方面。

（2）环境监理的方法及工作程序。水利工程环境监理的方法包括：

① 旁站。这是一种相对固定的检查方式。环境监理工程师一直在现场，检查整个过程可能出现的环境问题，如碱性废水处理、固体废弃物堆放、植被恢复等。

② 日常巡视。这是一种流动的检查方式。环境监理工程师对工程的环境分散项目实行巡回检查，如环境空气污染项目、噪声防治项目、人群健康项目、文物古迹项目等。

③ 遥感。利用遥感信息，如卫片、彩红外航片等进行目视解译和计算机分析，宏观监控环境问题，如水土流失、水源污染和生物影响等。

④ 定点监理。环境监理工程师按固定时间监理各指标的执行情况，如移民安置区环境规划实施项目。

⑤ 监测。根据施工区环境保护工作的需要，开展环境监测工作，使环境监测依据可靠的现场资料进行科学决策。

⑥ 例会制度。按固定时间（如一个月）召开承包商的环境管理人员会议，肯定工作中的成绩，提出工作中存在的问题及整改要求。

⑦ 报告制度。每隔一固定时间，承包商向环境监理工程师提交一份环境报告，环境监理工程师向工程环境管理部门提交一份环境监理工作报告，进行全面总结。

⑧ 指令文件。环境监理工程师通过签发指令性文件（如通知单、备忘录等），指出工程中出现的各种环境问题，帮助施工单位改进工作。

从准备进场到完成合同任务后离场，环境监理的工作程序一般由以下各阶段工作构成：

① 进场前或环境监理招投标阶段，编制完成环境监理规划。

② 进场后，按照环境监理规划、工程建设进度，编制环境监理综合项目监理实施细则，并开展综合监理和管理。

③ 若承担专项环境保护和水土保持项目的建设监理工作，须编制各项目的监理细则。

④ 按监理细则和合同要求，开展施工期环境监理与综合管理工作；参与工程合同项目完工验收，签署环境监理意见。

⑤ 协助业主组织开展工程环境保护和水土保持竣工验收。

⑥ 环境监理工作总结，向业主移交监理档案资料。

9.4 调度运行期的环境管理

水利工程运行阶段的环境管理，除工程本身的环境内容外，以水为连接体，还涉及工程以外的广泛内容。环境管理的依据有《环境保护法》、各类用途的水质标准以及生物多样性公约等。

水利工程运行期环境管理的主要任务是保证工程环境效益的发挥，监测环境影响评价阶段确认的某些具有长期或者潜在影响的环境因子的变化，处理新出现的环境问题，防止人类活动对工程区域的环境污染和生态破坏。在这一阶段，环境监测、资料积累和系统管理是十分重要的。通过系统完善的日常监测和分析，不仅可以掌握环境目标的环境状况，做出明确判断，采取及时的应对措施，实现环境保护的目标；还可以积累资料，定期进行工程的后期评估，不断改进环境状况。运行期的环境管理还较多地涉及汇水区的流域环境管理和出水区的河道环境管理。

9.4.1 调度运行期的环境管理特点

当水利工程顺利建成之后，从集水、蓄水到供水，以水为连接体，构成了一个有机的整体。如供水水质的控制，水质问题的直接原因是流域内污染源的污水流出；随着水流的汇集，污染物在水库内积累转化，污染特性进一步显现，从而影响供水水质；在水处理阶段，则要根据原水的水质特点采取相应的措施，才能保证供水的质量要求。因此，对于水利工程运行期的环境管理，要把集、蓄、供作为一个有机的整体看待，重视源头效应，进行系统管理。归纳起来，水利工程运行期的环境管理有以下特点：

（1）系统性。水利工程运行后，通过水体将集水区（流域、河道）、工程区（水库、岸边）和供水区（水处理厂、供水管网）有机地联系在一起，从而使这一阶段的环境管理问题如水质控制、生态演变、景观效应等有机地结合在一起，以系统性的观点综合考虑，达到标本兼治、有效管理。

（2）连续性。水利工程的运行期是一个漫长的过程，各种环境问题的存续也是连续漫长的。因此在环境管理中要求有连续的监测、分析制度，保证对环境特征指标的动态掌握，以便采取相应的措施进行修复改善。

（3）多样性。水利工程运行期涉及的环境要素非常多，如流域内污染源的状况、入流水质、出流水质、库内鱼类生长环境、周边生态环境变化、水文气象特征的变化等，都应给予重视，掌握它们的过去、现状和未来发展。

（4）监测与分析相结合。对环境要素变化情况的掌握是通过系统的监测和分析实现的。水利工程规模宏大，从集水区域到供水单位是一个向自然界和社会开放的复杂系统，在水环境管理的过程中，全面检测和及时分析是发现问题、解决问题的有效手段。

9.4.2　调度运行期的环境变化

水利工程运行期间对环境的作用以间接影响为主。围绕着这些影响，可以找到水利工程运行期间导致的诸多环境要素的变化。以下简要论述水利工程的环境变化及其环境效应。

1. 局地气候的变化

水利工程建设使水体面积、体积、形状等改变，水陆之间水热条件、空气动力特征发生变化，工程建设对水体上空及周边陆地的气温、湿度、风、降水、雾等产生影响。环境影响后评价主要是复核工程兴建后气温、降水、风速、湿度和雾的实际变化，并与环境影响评价预测成果相对照，预测气候变化趋势，并提出对策措施。

2. 水温的变化

水体的热量传输机理是经过水和大气的接触面输送，通过水体流动传递热量。天然河道水流湍急，水体表面吸收的热量通过水体紊动迅速传向整个过流断面。故天然河道水温呈混合型，水温变化滞后于气温，呈周期性变化。水库蓄水后水深增大，水体交换速度减缓，从而改变了水气交界面的热交换和水体内部的热传导过程。典型的水库水温效应表现为水体的垂直方向上的热分层现象。

3. 水质的变化

筑坝建库，库区水面扩大，水深增加，河水流速变缓，使污染物的扩散能力减弱，库区水域污染物的浓度、分布都将发生变化；水库拦蓄营养物质，如氮、磷、钾，可能导致富营养化；灌区开发也会对水质带来不利影响。

4. 环境地质的变化

水库蓄水后，库水的附加荷载及水的渗透压力，可能改变岩体的应力状态，产生局部的应力集中，诱发水库地震。水库蓄水后，库水对岸坡的淘刷和浸泡，改变了库岸原有的稳定状态，可能产生滑坡塌岸，黄土库岸滑塌的可能性更大。

5. 土壤环境的变化

灌区开发可能导致地下水位上升，会产生土壤潜育化和次生盐碱化；在干旱、半干旱地区，水利工程兴建如水资源分配不当，可能导致局部地区地下水位下降，使土壤发生沙化。工程施工和移民搬迁破坏植被，会引起新的水土流失。

6. 陆生生物的变化

水库对陆生植物的影响主要是淹没影响，对野生动物的不利影响主要是栖息地丧失、觅食地转移、活动范围受到限制，许多动物在水库蓄水后被迫迁移。但水库蓄水后改善了局地气候，使库区周围的植被类型丰富；灌区开发后提供的湿生环境，适宜于一些水禽栖息。

7. 水生生物的变化

兴建水利工程将影响鱼类生活的环境条件。建库后下游河道天然水文情势改变，其中水流状态和涨水过程的变化对鱼类影响较大。水库蓄水后由于水库水文条件和营养物质的变化，也会对浮游动植物、底栖动物产生影响。

8. 人群健康的变化

水利工程兴建将不同程度地引发人群健康问题。大面积淹没、大批人口搬迁以及施工人员的集中，为某些疾病的传播和扩散提供了可能。

9. 水文情势及下游河道的变化

水利工程建设因拦蓄、调水等改变工程下游来水来沙过程，下游河段的流速、流量、水位、泥沙运移规律等有所改变，可能影响下游工农业用水，河道冲刷也可能对下游的水利工程和桥涵等产生影响。

10. 文物景观的环境变化

水利工程建设可能使自然景观和文物受到淹没、破坏或干扰，水库的形成也可能增添新的景观。文物景观影响后评价主要是调查自然景观和文物受影响的程度，分析评价保护措施实施的效果，提出进一步保护和开发利用景观文物的措施。

9.4.3 调度运行期环境监测

1. 环境监测的作用和意义

（1）通过环境监测，提供代表环境质量现状的数据，判断环境质量是否符合国家制定的环境质量标准，评价当前主要环境问题。

（2）通过环境监测，追踪污染物质的污染路线和污染源，判断各类污染源所造成的环境影响，预测污染发展的趋势和当前环境问题的可能趋势。

（3）积累长期监测资料，为研究环境容量、实施总量控制提供基础数据。

（4）通过环境监测，不断揭示新的污染因子和环境问题，研究污染原因、污染物迁移和转化，为环境保护科学研究提供可靠的数据。

（5）通过环境监测资料的比较分析，研究环境要素的时空变化规律，制定合理的对策与规划。

2. 环境监测的对象和内容

一般来说，围绕着水利工程的环境影响状况，对各个影响侧面都应该进行相应的监测和分析，及时掌握影响和被影响的情况。实际上，具体工程的环境影响侧重点是不同的。环境监测的对象主要包括小气候、水文环境、水质变化、河道淤积、生态演变等方面。对于个别工程的特殊环境问题，规划相应的监测对象。

环境监测的内容是和监测对象相对应的，可以归纳为三个方面：

① 污染源监测，如对流域内的点源、面源变化情况的监测。随着内源污染越来越得到人们的重视，还应对底泥进行监测。

② 环境质量监测，如对水库水质、河道泥沙情况的监测。

③ 环境影响监测，如对小气候、生态演变情况的监测。

3. 环境监测方法

环境监测的对象和内容确定以后，监测的方法也就相应地确定下来了。对于水质，常规的监测方法就是定期采集水样，然后进行实验室分析。当前，随着社会及经济的发展，环境监测已由目前以人工采样和实验室分析为主，向自动化、智能化和网络化为主的方向发展；由劳动密集型向技术密集型方向发展；由较窄领域监测向全方位领域监测的方向发展；由单纯的地面环境监测向与遥感监测相结合的方向发展；监测仪器向高质量、多功能、集成化、自动化、系统化和智能化的方向发展，向物理、化学、生物、电子、光学等技术综合应用的高新技术领域发展。

以水环境监测为例，水环境监测的技术和方法主要有：水环境自动监测、水环境遥感监测，以及基于"3S"技术的水环境监测等。

（1）采样监测。长期在定点定剖面的水域内进行采样、监测分析是传统的水质监测方法，该方法需要布设大量站点，耗时耗力，并且采集的数据只是整个水域的部分水质数据，具有局部性，不能掌握对所有水质参数分布及水质变化，难以进行大范围、实时的动态水质监测。

水体中的一些水质参数（如叶绿素含量、悬浮物浓度和黄色物质含量）往往能够引起水体光谱特征的变化，通过遥感数据中的光谱信息可以有效监测该类水质参数。利用遥感影像反演和估测水质参数信息，对比传统的地面监测，具有覆盖面积广、省时省力和便于长时序动态监测等优势。

水环境信息具有地域性、时效性、复杂性和多目的性。既有描述地理特征的位置关系信息，又有反映不同时间水资源质与量的属性数据，以及大量复杂的气象、水文、自然地理特征等信息；同时这些信息在业务管理上又具有分布存储、存储量大和格式繁多的特点。

（2）自动监测。水环境自动监测系统是一套以在线自动分析仪器为核心，运用现代传感技术、自动测量技术、自动控制技术、计算机应用技术以及相关的专用分析软件和通信网络对水环境进行自动监测、数据远程自动传输的监测系统。

水环境自动监测系统一般由采水单元、预处理单元、辅助单元、分析测量单元、过程逻辑控制单元、数据采集和传输单元、远程数据管理中心等组成。该系统集采样、预处理过滤、仪器分析、数据采集及存储的综合功能于一体，实现了水质的在线自动监测。

水环境自动监测系统具有以下特点：

① 系统采用开放式屏架结构，自由组合，操作方便，动态范围广，实时性强，组网灵活。

② 系统高度集成，仪器、机电、管道一体化，防腐蚀，防雷电，防堵塞，抗电磁干扰。

③ 系统具有监测项目超标及仪器状态信号显示、报警功能；自动运行、停电保护、来电自动恢复功能；可远程故障诊断，便于例行维修和应急故障处理等功能。

④ 运用相关的专用分析软件和通信网络采集统计和处理在线自动监测数据，可产生日、周、季、年平均数据以及各种监测、统计报告及图表（柱状图、曲线图、多轨迹图、对比图等），并可以输入中心数据库或在互联网上储存。可长期存储指定的监测数据及各种运行资料、环境资料以备检索。

（3）遥感监测。常规水环境监测方法和水环境自动监测方法都是根据监测站点的实测数据来分析水环境情况，该方法能够比较精确地测出某个局部点范围内的水环境情况，但是难以获取大范围水域水环境状况的分布和变化，并且一些常规方法难以揭示的污染源和污染物迁移特征，而水环境遥感监测可以反映水质在空间和时间上的分布和变化情况，具有监测范围广、速度快、成本低和便于进行长期动态监测的优势。

遥感水体监测的原理是：地物的波谱特性能够反映地物本身的属性和状态。水体的光谱特征是由其中的各种光学活性物质对光辐射的吸收和散射性质决定的，遥感获取水质参数的方法是通过分析水体吸收和散射太阳辐射能形成的光谱特征实现的。水体因为各组分及其含量的不同，吸收和散射太阳辐射的能力不同，使一定波长范围内波的反射率显著不同。在可见光的橙、红光波段内，浑浊水的反射率比清水的反射率高5%左右；清水在0.75 μm处，反射率降为0，而含有悬浮物的混浊水体在近红外波段的0.8 μm处还出现较高的反射率，在0.95 μm处浑浊水反射率下降为0。这也是定量估测水体水质参数的基础。

目前，遥感技术广泛应用于水表温度、悬浮物质、混浊度、叶绿素、黄色物质等水质参数的识别或监测，以及水体热污染、水污染事故、灾害（溢油、赤潮等）等监测。

4. 环境监测程序

环境监测的对象和内容确定以后，监测的方法也就相应地确定下来。对于水质可以定期采样分析，目前，自动监测系统已有应用，使特殊条件下的监测更为方便。

环境监测的过程一般分为以下几步（见图9-1）：

① 确定目的。

② 现场调查。

③ 制定方案。

④ 实施方案。

⑤ 结果评价。

⑥ 编制报告。

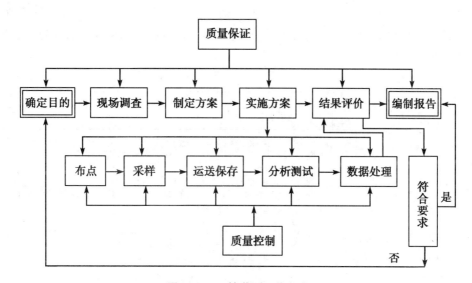

图9-1 环境监测工作程序

5. 环境监测资料的积累

水利工程的设备寿命一般为几十年，经济寿命可达近百年。因此，水利工程的环境监测时间要大于或等于其经济寿命，环境评价时间跨度则要远大于经济寿命，才能较完整地掌握工程与环境间的相互作用。在评价时间区间内的资料积累是不可缺少的，无论是前期的调查资料，还是后期的补充资料，对环境评价都有重要参考价值。对于水利工程建设和管理期的环境监测资料，更要尽可能规范地、完善地保存，方便以后的使用。

9.4.4 调度运行期环境评价

1. 环境评价概念

环境评价是对环境的品质的优劣给予定量或定性的描述。环境评价是人们认识环境质量，找出环境质量存在的问题所不可缺少的手段和工具。环境评价能够回答评价对象的环境现状、变化过程和将来趋势，提出经济、有效的防治方法或途径。

在水利工程中，通过对实际发生的环境影响进行调查研究，并与环境影响评价预测结果进行对比，复核项目环境影响实际发生情况和环境影响评价阶段预测结果的差异，以检验环境影响预测结果和环保设计的合理性，改进未来时期的环境管理。

2. 环境评价内容

环境评价分为环境影响评价和环境质量评价。前者主要是针对工程的可行性而进行的环境预测评价；后者贯穿于工程建设与运行的整个过程。从含义上讲，环境质量评价是按照一定的评价标准和方法确定一个区域范围内的环境质量状况，预测环境质量变化趋势和评价人们生产、生活对环境影响的过程。由于评价的目的和要求不同，以及所评价的区域环境条件和主要环境问题的差异，环境质量评价工作的内容和工作程序也有所不同。概括而言，环境质量评价的基本内容包括污染源调查与评价、环境（质量或污染）现状评价、环境自净能力评价、环境质量预测（影响评价）、环境污染综合防治研究 5 方面，详见图 9 - 2。

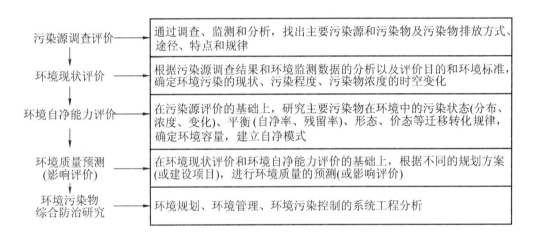

图 9 - 2 环境质量评价的具体内容

3. 环境评价的基本步骤

（1）明确评价目的：根据环境评价的作用，明确评价目的。

（2）选择评价范围：如水库、河段、区域等。

（3）选取评价资料：现状评价一般选择最近年份或月份的资料作为现状资料，回顾评价则选择基础年份至现状年份的资料，时段必须有一定的代表性。

（4）选择评价项目：一般要包含自然指标、特定指标（如水质的有机污染指标和有毒污染指标）。

（5）选择评价标准：可以根据评价目的选择不同的环境评价标准。

（6）选择评价方法：对于流域评价，一般要分时期进行单项评价、分类评价（天然类、有机类、有毒类）和综合评价。

（7）归纳评价结果：描述评价结果，找出主要影响因子，推断主要环境指标的变化趋势及规律，分析环境演变的机理和成因关系等。

9.4.5 调度运行期环境管理

水利工程运行期的环境管理是非常重要的，特别是运行多年的水源地环境管理更为突出。通过适当的环境管理不仅可以提高水利工程的经济效益，而且可以改善水利工程的社会效益和环境效益。一般来说，水利工程运行期的环境管理包括以下几方面的内容：污染源管理，生态环境调度，水质目标管理和水质预报等。

1. 污染源管理

水污染源管理是指采取法制、行政、经济和技术等手段和措施，来控制水污染源、污染物发生量与排放量。

（1）水污染源管理的主要内容有：

① 污染源调查与评价。调查内容包括污染源类型、分布和性质，以及污染物的种类、特征和排放规律等，并对上述情况做出评价。

② 污染源治理。包括治理方法、工艺、投资、成本、效率以及运行技术经济评价。

③ 污染事故调查与治理。对水源有影响的水污染事故调查，包括水污染事故发生的时间、地点，影响水域，污染物的种类、数量、危害等。

（2）根据污染源的特点，制定污染源的管理措施。

① 行政措施。动用行政监督管理权力，规定污染物排放数量指标，或规定单位产品排污指标，并定期核查。监督检查建设项目的合理布局和防治污染设施与主体工程同时设计、同时施工、同时投产的执行情况。并在投产运行过程中，对环境影响评价结果定期验证、补充、修正。对造成水污染的企业进行整顿和技术改造。

② 技术措施。加强水污染源综合防治技术的研究，使企业采用对自然界无害的新工艺、新设备，减少或消除废水排放。

③ 经济措施。根据用水水质、水量、输送、处理等的具体情况，确定各种用水定额及收费标准，超出定额部分实行加价收费。排污单位根据具体情况交纳排污费。严格执行水环境容量使用权交易。

④ 法制措施。建立取水、用水、排污许可证制度，制定和严格执行国家和地方水污染防治的有关法律、法规。我国于 20 世纪 70 年代后期，结合我国实际情况提出了污染源管理办法，要求各部门结合企业技术改造，综合利用工业废水、废气、废渣；对新建、改建的工程项目，实行防治污染设施与主体工程同时设计、同时施工、同时投产的原则和环境影响评价制度。从严格要求废弃物达标排放等多方面进一步控制污染源对水环境的影响，使污染源管理由被动的分散治理转为积极的综合防治。

2. 水态环境调度

在河流上建设大坝，改变了河流的各种循环模式，破坏了河道原有的生态系统，影响了河流的生态功能。为了减缓大坝对河流生态系统的影响，可利用水库进行生态调度，通过调整水库运行调度方式，进行水资源的环境调度管理。

优化水电站的运行管理，减轻对水环境和水生生态的影响，根据用电、用水和生态环境等方面的要求，研究制定水电站优化运行方式，最大限度地减轻对水环境的影响。对于引水式电站，须对下游生态需水量做出合理估计，在确保下泄一定的生态基流的基础上运行；同时进行调水调沙，增加下游河床的泥沙含量，保护鱼类等水生生物的生存、生殖环境；另外要根据当地生产、生活及景观需水的要求，统筹考虑经济、社会和环境效益，以确定适当的径流量。

水库生态调度的目标：

（1）保证下泄合理的生态流量。在水库调度方案的设计和调整中，首先明确下游需要保护的目标，根据保护目标对生态环境的要求，确定维持下游生态功能不受到损害的下泄水流量，这一流量称为河道生态需水量（生态基流）。部分水利水电工程由于人为水量调度在枯水期不能满足下游河道的生态需水要求，需要保证下泄最小生态需水量。

水库运行下泄生态基流的措施很多，最经济的方法是设定在一定发电水头下的电站最低出力值，通过电站引水闸的调节，使发电最低下泄流量不小于下游河道的生态基流。已运行又没有设计最小下泄生态流量的水库，可采取加装小型发电机组的方式，利用最小下泄生态流量，同时发电而获得一定的经济效益。

（2）保护库区及下游的水质的调度措施。建库以后，库区水流变缓，影响了库区水体的水质。可通过改变水库调度运行方式，在容易发生富营养化的时段，结合防洪运行增加下泄流量，加大库区水域的流动速度，缩短库区的换水周期，破坏水体富营养化的形成条件。下泄流量的增加同时可改善下游河道水体的水质。在调蓄能力较强的水库，可通过蓄丰泄枯，增加枯水期泄放量，提高下游河道水体的自净能力。

例如，近几年，汉江下游在枯水期的2月前后频繁出现"水华"。南水北调中线工程丹江口水库大坝加高后，可利用水库的调蓄能力，并结合"引江济汉"工程联合调度，增加汉江枯水期的河道流量，缓解汉江下游水体富营养化的状态。

（3）水生生物保护措施。水库的调度运行，使原有河道的水文情势发生了很大的变化，流量、水位的人为控制，使沿岸带水生植物、库区水生动植物的生境发生变化。水库调度运行应充分考虑水生生物的生长特性，特别是要结合重点保护目标的生长繁殖习性设计调度方案。

例如，三峡水利枢纽工程使下游水文情势发生改变，对荆江段"四大家鱼"产卵场产生不利影响。针对这一问题，拟采取调整三峡水库的调度方案，在四大家鱼产卵期制造人造洪峰来诱导繁殖。

（4）对湖泊湿地的保护措施。水库运行对下游的湖泊、湿地的影响，主要是改变了下游河道的水沙特性，使天然湖泊和湿地的水、沙及生物的补给规律发生变化。水库运行必须考虑对下游湿地的保护，通过运行调度，减缓对湿地的不利影响，并在枯水季节有利于湿地的生态系统。

例如，在我国北方一条河上建设水利枢纽，在其下游有一湖泊湿地，是临近河流的尾闾，属于内陆湖，是该地区的重要渔业基地之一。长期以来，湖盆为积盐中心，矿化度不断增加，达到 3 g/L。靠自身上游河流的补水量不能减缓矿化度增加的趋势。为了延缓该湖的积盐过程，修建了从水利枢纽到所在河流的引水济湖工程，水利枢纽调度方案中，通过引水济湖人工渠道，每年向下游的湖泊湿地补水约 6.5 亿立方米，占湖泊所在河流上游补水量的72%，对延缓该湖泊的积盐过程、维持湖泊湿地的功能起到了重要的作用。

此外，为提高河流的自净能力，还可采取其他水资源的环境调度管理措施，如跨流域调节水资源、增加径流量、引水冲污、稀释净化、调整水库放水方案、保证入海河段水量、防止海水入侵等。对水温水质分层的水库，利用坝下底孔排放混浊度高的入库洪水；利用多用途进水塔分层放水以满足下游对水温的要求；坝下冷水排放和热电厂冷却水混合泄流，减轻对下游水生物和灌溉作物的冷害。调节出水口和通过挑流鼻坎放水，增加水体复氧量。污废水蓄存和排放与河湖水文状况相配合，利用水环境容量洪水时期多排放些污水；枯水期将污废水蓄存净化，减轻污水对河湖水质、生物等的危害和影响。对于有防凌要求的河道，采取不同的水量调度办法来解决。通过水量调度改变地区水环境以达到破坏钉螺生存的条件，防止血吸虫病的流行。满足珍稀动物、植物生存环境所需的水量，通过调水来满足自然保护区的环境需求。

3. 水质目标管理

水质下降和恶化的主要原因是人类直接或间接地将生产与生活中产生的废弃物和能量排入水体。当排入量超过了水体的自净能力时，水质便逐渐下降或恶化。

保证水质达标、遏制水质的下降趋势，是水质管理的重要内容。水质保护的主要工作有：

① 采用相应的工程技术措施，如运用污水处理工程、污水资源化技术等合理利用污水和处理废水，达标排放。

② 加强水质基础工作，包括水质监测、水质调查、水质评价、水质预测与预报。

③ 加强工程技术研究，采用更为先进的技术与工艺，以减少废弃物和废（污）水产生量。

④ 宣传教育，制定法规条例、技术标准和规范等监督和控制废水的排放。

在水利工程调度运行中，若发现水质状态脱离水质标准目标时，要及时通报有关方面，做好应对准备；同时，考察超标指标和超标状态，分析原因，研究对策建议。

4. 水质预报

根据水质现状，结合影响水质的主要因素（纳污量、地表径流、人类异常活动等）、天气（降雨、气温、风）变化及趋势，建立水质预测数学模型，对模型综合研究，做出近期、短期乃至中长期的预报。水质预报有定期预报，枯水期水质污染预报，工矿、船舶事故引起的突发性污染水质预报等，发布未来一定时段内水体水质状况及变化趋势。水质预报对水资源调度有重要意义。

为了做好水质预报工作，水质监测站要尽量装设自动连续监测装置。水质预报除了要有现场的水质数据外，还需要有与其相应的水文预报数据。需要利用已有的水质、水文资料，建立水质预报模型，预先编制水质预报方案。对于枯水期水质污染严重的河流，可利用水文站和自动监测站获得河段上断面逐时的水文水质数据和污染源排污量，根据预报程序，进行计算，发布水质预报。及时发布水质警报，以便事先采取防护措施。

图9-3所示为原水水质预测的概念模型。当前取水口上游水质、取水口水质与未来取水口水质三者之间的变化规律如同三角形的三个顶点，互相关联。原水水质预测包括空间上的预测和时间上的预测。空间上的预测指的是通过原水在取水口上游至取水口之间的流行空间上的变化规律，以上游水质为基础对未来取水口水质进行预测，其前提是此段空间内无二次污染，这是目前国内外普遍采用的原水水质预警基础；时间上的预测指的是可以借助于原水在取水口水质动态时间变化规律，以当前一段时间内的原水水质为基础对未来取水口水质进行预测。

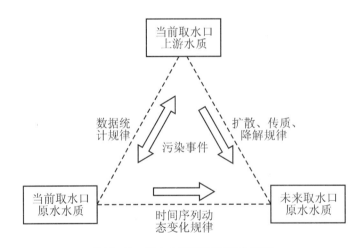

图9-3 原水水质预测的概念模型

原水水质预测是利用历史数据，通过不同的预测方法推求预测指标以外的所有可能指标与待预测水质指标之间的非线性关系，或待预测水质指标本身随时间的变化规律。基于水质监测历史矩阵的水质预测的流程如图9-4所示。

图9-4 原水水质预测流程

在原水水质预测中，首先在水质监测历史数据矩阵中挖掘出原水水质变化规律，再在当日原水水质监测数据的基础上，结合原水水质变化规律，评判当日水质是否异常，最后预测出未来原水水质状况，并评判水质是否异常；水质监测历史矩阵应随着水质监测的时间推移而不断增加，经过一段时间后，应重新挖掘水质变化规律，应用新的规律进行预测和评判。

9.5 水源地环境管理

9.5.1 概述

1. 水源地环境管理的概念

水源地指供集中饮用、工农业生产使用的水库、河流拦蓄工程等。饮用水水源地概括了提供城镇居民生活及公共服务用水（如政府机关、企事业单位、医院、学校、餐饮业、旅游业等用水）取水工程的水源地域，包括河流、湖泊、水库、地下水等。按照规模，饮用水水源地可分为供水人口小于 1 000 人的分散式饮用水水源地和供水人口大于 1 000 人的集中式饮用水水源地，其中集中式饮用水水源地包括具有一定规模的现用、备用及规划水源地。

饮用水水源地环境管理可以定义为：综合使用法律、经济、行政、技术、教育等手段，通过各部门、地区、利益方的相互协作，维持并改善水源地的水环境质量，正确处理经济发展与水源保护的关系，实现既满足区域对用水水质和水量的需求，又能促进水源地的可持续发展的目标。这个定义包含两层含义：一是饮用水水源地通常跨越多个行政单元，牵涉上下游的利益，其保护往往涉及多个部门如环保、水利、卫生等，因此饮用水水源地环境管理必须强调各地区和各部门的协调与合作；二是饮用水水源地保护在一定程度上会影响当地经济发展，必须将饮用水水源地可持续发展作为环境管理的目标之一，确保水源地社会经济发展与水源保护相协调。

2. 我国集中式饮用水源地基本情况

（1）水源地概况。2005 年，全国县级以上城市共有集中式饮用水水源地 2 246 个，年供水量 495.73 亿立方米，集中式供水服务人口达 6.52 亿人。集中式水源地可以分为河流型，湖泊、水库型和地下水型 3 种。从水源地供水量来看，河流型水源地供水量最大，地下水型水源地供水量相对较小。从水源地的分布情况看，南方省市以河流与湖库型水源地为主，北方省市以地下水型水源地为主。

（2）水源地水质状况。根据 2005 年全国集中式水源地水质监测的结果，按照《地表水环境质量标准》（GB 3838—2002）和《地下水质量标准》（GB/T 14848—2017）对饮用水水源地的水质要求，采用单因子评价法对各水源地水质常规项目进行评价。以地表水Ⅲ类水环境为合格标准进行统计，结果表明，我国水质达标的集中式饮用水水源地数量为 1 809

个，占水源地总数的 80.54%。对饮用水源的污染物及其来源的分析表明，河流型水源地的主要污染物是 COD、BOD、氨氮和大肠菌群等；湖库型水源地的主要污染物是 COD、总磷和总氮等；地下水型水源地主要污染物是总硬度、氟化物、硝酸盐、硫酸盐、铁、锰等。地下水型水源地的出水量达标状况好于地表水型水源地，地表水型水源地中，湖库型水源地出水量达标状况好于河流型水源地。

此外，在我国不少城市饮用水源中检出数十种有机污染物，许多有机污染物具有致癌、致畸、致突变性，对人体健康存在长期潜在危害。2005 年国家环境保护总局对全国 56 个城市的 206 个集中式饮用水源地的有机污染物监测表明：水源地受到 132 种有机污染物污染，其中 103 种属于国内或国外优先控制的污染物。污染物中邻苯二甲酸二丁酯、氯仿、二氯甲烷、苯、邻苯二甲酸二酯的检出率最高。

3. 影响我国水源地环境质量的因素

近年来，中央和地方加大了城乡饮用水安全保障工作的力度，采取了一系列工程和管理措施，解决了一些城乡居民的饮水安全问题。但是饮用水安全形势仍十分严峻，不少地区水源短缺，部分城市饮用水水源污染严重，农村地区饮用水存在苦咸或含有高氟、高砷及血吸虫病原体等问题。自 2000 年至 2007 年，我国湖南、江苏、辽宁、安徽、江西等许多地区都发生过严重的生活饮用水污染事件，造成当地群众生活饮水困难，甚至危及群众身体健康。联合国千年报告中指出："要减少发展中国家的疾病，拯救生命，任何措施都比不上使所有人得到安全的水和合格的卫生条件。"目前，饮用水水源地环境保护已经被视为解决饮用水安全问题的关键和源头，得到越来越多的重视。

影响我国饮用水水源地环境的因素主要有以下几项：

（1）饮用水源环境保护法制建设不够完善。《中华人民共和国水污染防治法》及其《中华人民共和国水污染防治法实施细则》《饮用水水源保护区污染防治管理规定》《饮用水源地保护区划分技术规范》等法律和规章对饮用水源的保护做了规定，为我国饮用水源地保护奠定了法律基础，是我国饮用水源地保护工作实施的基本依据。但是随着我国经济社会发展和水污染防治工作的不断深入，一些规定内容已不能满足饮用水源地保护工作需要，尚需完善和补充。如缺少跨界水源地的管理、水源地污染处罚措施和生态补偿机制等方面的规定等。饮用水源地环境监测标准体系不健全，饮用水源地环境监测评价结果与饮用水的水质实际状况有时并不相符。尽管大部分省市都颁布了与饮用水保护相关的法规性文件，但由于地方法规性文件大多引用了国家相关法律的条文，在水源保护区内这一特殊区域的执法措施方面显得不够详细，缺乏针对性的保护措施，可操作性较差，加上执法不严、地方保护主义等诸多因素，多数水源地的环境保护措施形同虚设。

（2）饮用水水源保护区的划分与管理推进缓慢。目前我国主要通过划定饮用水水源保护区、实行严格的保护区管理制度来加强饮用水水源地的污染防治工作。《饮用水水源保护区污染防治管理规定》和《饮用水源地保护区划分技术规范》虽然明确了地表水饮用水源和地下水饮用水源保护区的划分与防护的基本要求，但是保护区划分工作进展比较缓慢。更为严重的是，随着城市的发展，饮用水源保护范围内的违规开发在很多地方仍屡禁不止，不少地方的城市建设正大规模侵占饮用水源保护区。

（3）水源地上游来水水质。2005 年，全国废水排放总量达到 524.5 亿吨；COD 排放量为 1 414.2 万吨；氨氮排放量为 149.8 万吨。绝大多数废水直接或间接进入江河湖库等自然水体，成为饮用水源的污染来源。由于流域整体污染严重，地表上游来水水质往往严重超标，调查表明，全国 31 个省（自治区、直辖市）只有西藏自治区和新疆维吾尔自治区地表水饮用水水源保护区不存在上游来水超标的问题，其余地区上游来水水质不达标现象都极为严重，成为饮用水源地污染的重要原因。部分地区的集中式饮用水源地的上游仍存在着典型的污染企业，涉及钢铁、化工、制革、造纸、食品、畜禽养殖、网箱养鱼等行业。排污企业超标排放、偷排等违法现象屡禁不止，饮用水源的水质安全难以得到保障。

（4）水源保护区内存在污染源。饮用水水源一级、二级保护区内违章新增的工业排污口、工业污水不达标排放、城镇生活污水排放，畜禽养殖、农业种植面源污染等对水源地的环境存在极大隐患。饮用水源的污染物排放总量往往不能得到有效控制，不少地方不但原有排污口的排污量有增无减，而且不断地在饮用水源上游新增排污口。特别是在一些中小城市，大量未经审批的项目在饮用水源保护区附近建设，使饮用水源的环境保护工作越来越困难。

（5）农业面源污染。农村面源，特别是农村养殖业、农村生活污水、生活垃圾、农用化肥农药等对水环境安全构成了严重威胁；不少地方饮用水源保护区上游或饮用水源附近村镇的生活污染水、养殖污水未经任何处理就直接排入水体，严重影响饮用水源的水质；大量生活垃圾和养殖废物随意堆放，严重污染周围地下水和地表水。如北京市的密云、怀柔、官厅水库水源地一级保护区内村庄的居民生活、化肥使用和畜禽养殖面源污染对水库水质造成一定的影响。密云、怀柔、官厅水库一、二级保护区内共有耕地 17 452.94 hm^2，2005 年共施用化肥（折纯）9 753.46 t，平均化肥施用强度为 558.84 kg/(hm^2·a)，保护区内农田每年产生 COD 约 3 673 t，NH$_3$-N 约 734 t。

（6）水源地环境监管能力比较薄弱。饮用水源地水质的监测是水源地保护的技术基础。目前，卫生、建设、水利、环保等部门均不同程度地开展了饮用水源地水质监测工作。但全国饮用水源地环境监管力量普遍比较薄弱，不但缺乏饮用水源巡查队伍，而且监测仪器设备不足，尚未建立起全国性饮用水源保护自动监测网络，不能够满足重要饮用水源地的水质监测需要。部分地区由于资金、人员缺乏，监测能力较低，监测指标过少，甚至难以完成常规监测要求，达不到对饮用水源地进行监测管理的要求；除北京、上海和重庆外，绝大部分省市基本都不具备《地表水环境质量标准》（GB 3838—2002）全部指标的监测能力，只有少数部分地级市具备有毒有机污染物个别指标的监测能力。在目前水污染状况比较严重，水中有机污染物成分日趋多样化、复杂化的严峻形势下，这一问题尤其值得重视。

（7）突发污染事件。突发环境污染事件指不可预见的环境污染事件。调查显示，全国600多个城市都不同程度地存在水源污染和水源地安全问题，且大多都面临着水源地突发污染事件的威胁。突发污染事件有可能在短时间内迅速造成城市水源地内的生态环境和饮用供水系统的重大损失，并可能进一步触发更严重的城市安全问题，国内水源保护工作在这一重要环节上的欠缺将会给水源地环境安全带来很大隐患。

9.5.2　水源地类型及环境问题

1. 水源地类型

根据《饮用水水源保护区划分技术规范》，按照赋存条件划分，饮用水水源可以分为地表水型和地下水型。其中地表水型水源地又包括河流型水源地和湖泊、水库型水源地。从水源地供水量的统计数据上看，河流型水源地供水量最大，湖库型水源地供水量次之，地下水型水源地供水量最小。

（1）河流型水源地。河流是人类文明的发祥地，是地球生命的重要组成部分，也是人类生存和发展的基础，河流与人类的关系极为密切，历史上人类及其社会生态系统的发生发展与河流相互依存，密不可分。因为河流暴露在地表，河水取用方便，是人类可依赖的最主要的淡水资源。我国饮用水水源以河流型为主，河流型水源地是供水量最大的水源地类型。由于受流域空间跨度大、污染源分布广、污染物成分复杂、污染事故的突发性等客观条件的限制，河流型饮用水水源地安全较难控制。

（2）湖库型水源地。湖库型水源地是我国城市饮用水的主要水源之一。中国湖泊众多，共有湖泊24 800多个，其中面积在$1~km^2$以上的天然湖泊就有2 800多个，湖水是重要的水资源。水库建成后，可起防洪、蓄水灌溉、供水、发电、养鱼等作用，是许多城市饮用水的重要来源。根据对全国4 555个城市集中式饮用水水源地调查，我国共有湖库型水源地1 106个，占水源地总数的24.3%；供水量72.88亿立方米，占总供水量的26.4%。以湖库型水源地为主的有天津、浙江、吉林、安徽、甘肃、云南、贵州、江苏、江西等地）。

（3）地下水型水源地。地下水作为重要的供水水源和生态系统的重要支撑，是维持水系统良性循环的重要保障，是关系国计民生、人民健康安全、社会可持续发展的宝贵资源。近年来，随着世界人口的持续增长和污染源的增多，促使各国更重视把优质地下水优先用作饮用水的供水水源。我国约有70%人口以地下水为主要饮用水源，全国95%以上的农村人口饮用地下水，尤其在我国北方、干旱半干旱地区，地下水具有不可替代的重要性。地下水供水在城镇多以集中供水水源地方式取水，在北方的乡村多以单户掘井方式取水，城市取水多以浅层地下水或深层地下水为主，乡村取水多以浅层地下水为主。鉴于地下水具有较好的水质，在部分地区地下水甚至是唯一的饮用水源。

2. 各类水源地环境问题

影响饮用水水源地环境安全的因素主要有水质、环境风险、保护区污染情况、水质安全保证措施等。饮用水水源地的水质安全与水量安全是水源地安全的核心内容，水质安全尤为重要。水质安全即饮用水水源地水体质量各项指标都能够持续地满足供水水质的要求。其内涵主要表现为如下两方面：第一，作为供水水源，其水质必须满足地表水环境质量标准（GB 3838—2002）的要求，即各项指标均达到地表水Ⅲ类水标准；第二，饮用水水源地水质风险很低，水源地风险事件不发生或者其发生不会对水源地安全供水构成威胁。水量安全是指饮用水水源地具有一定的蓄水量，满足可持续供水的要求。其内涵主要表现在两方面：第一，水源地具有一定的蓄水量，满足现状供水的要求；第二，水源地来水和供水之间比例协调，即来水量和供水量相当或来水大于供水，以保证供水的可持续性。三类水源地的环境问题分述如下。

（1）河流型水源地。近年来，由于我国工业生产规模迅猛发展与城镇化进程的提速，工业废水和城镇生活污水排放总量居高不下，对流域有限的接纳能力构成了巨大压力。据环境保护部监测数据显示，2010 年我国 204 条河流 409 个国控监测断面中，满足饮用水水源地水质要求的Ⅰ～Ⅲ类河流断面占 59.9%，而丧失了一切使用功能的劣Ⅴ类河流断面已经达到了 16.4%；水资源匮乏的北方河流比水资源丰沛的南方河流污染严重，七大水系中，珠江、长江水质良好，松花江、淮河为轻度污染，黄河、辽河为中度污染，海河为重度污染。按水污染严重程度排序，劣Ⅴ类水质比例最高者为海河的 56.7%，其后是辽河的 37.9%、淮河的 32.6%、黄河的 29.5%、松花江的 24.4%、长江的 9.6% 和珠江的 6.1%。

河流型水源地环境特点有：

① 污染程度随径流量而变化。在排污量相同的情况下，河流径流量越大，污染程度越低；径流量的季节性变化，带来污染程度的时间上的差异，导致河流型水源地的水量水质在季节上的变化。

② 污染物扩散快。河流的流动性使污染的影响范围不限于污染发生区，上游遭受污染会很快影响到下游，甚至一段河流的污染，可以波及整个河道。河流型水源地一某处旦发生污染，会迅速波及下游，影响深远。如 2005 年 11 月，中石油吉林石化公司双苯厂一车间发生爆炸。爆炸发生后，约 100t 苯类物质（苯、硝基苯等）流入松花江，造成了江水严重污染，沿岸数百万居民的生活受到影响，哈尔滨全市停水 4 天。

（2）湖库型水源地。湖库是我国许多城市的主要饮用水水源地或备用水水源地，其水质状况的好坏直接影响着当地居民饮用水安全、经济发展和环境质量。但湖库的水环境质量不容乐观。一般地，河流型水源地水流流速较快，稀释和自净能力较强，地下水型水源地相对封闭，受到污染的风险较低，而湖泊、水库型水源地流速缓慢，污染物容易累积，其安全风险相对较高。随着工农业生产的快速发展，城市化进程的加快，农药、化肥施用量的增加，工业废水、城市及农村生活污水未经处理或处理未达标排放，农田残留农药及化肥进入水体。点源和面源污染的加重造成湖库型饮用水水源地出现不同程度的富营养化现象。根本原因就是人类过度的开发利用与缺失相应的保护措施，致使部分水源地功能退化，出现湖泊萎缩和消亡、水质变差、水量衰减、生态功能脆弱等问题。以往发生的重大水源水质污染事件多发生在湖库型水源地，如2007年爆发的太湖蓝藻污染事件等。据2012年《中国环境状况公报》，2012年对全国60个湖泊（水库）开展的营养状态监测结果表明（见图9-18）：在调查评价的60个湖泊（水库）中，4个为中度富营养状态，占6.7%；11个为轻度富营养状态，占18.3%；37个为中营养状态，占61.7%；8个为贫营养状态，占13.3%。我国大部分的湖库型水源地没有开展水源保护区划分工作，约有4.5%的湖库型水源地呈现营养化。

目前，我国湖库型水源地水环境存在的问题主要有以下几方面：

① 水质污染。据《2012年全国水环境质量状况公报》，2012年，62个国控重点湖泊（水库）中，Ⅰ~Ⅲ类、Ⅳ~Ⅴ类和劣Ⅴ类水质的湖泊（水库）比例分别为61.3%、27.4%和11.3%(统计情况如表9-2所示)。主要污染指标为总磷、COD和高锰酸盐指数。

表9-2 2012年重点湖泊（水库）水质状况   单位：个

湖泊（水库）类型	Ⅰ类	Ⅱ类	Ⅲ类	Ⅳ类	Ⅴ类	劣Ⅴ类
三湖	0	0	0	2	0	1
重要湖泊	2	3	8	12	1	6
重要水库	3	10	12	2	1	0
总计	5	13	20	16	1	7

注：三湖指太湖、滇池和巢湖。

② 富营养化。水库水流较缓慢，当流域中的大量氮、磷元素进入库区后，在一定条件下引起藻类等浮游生物急剧增殖，在表层水中形成巨大的生物量，导致淡水水体中的"水华"发生，即水库富营养化。富营养化会促使水库衰老，破坏水体的感官性状，造成鱼类死亡，同时藻类释放的生物毒素还可能对人类及其他生物的安全带来危害。据2012年《中国环境状况公报》，2012年对全国60个湖泊（水库）开展的营养状态监测结果表明（见图9-5）：在调查评价的60个湖泊（水库）中，4个为中度富营养状态，占6.7%；11个为轻度富营养状态，占18.3%；37个为中营养状态，占61.7%；8个为贫营养状态，占13.3%。我国湖库富营养化严重。

③ 生态破坏。湖库生态环境恶化突出表现在湖库萎缩、水量减少和库区生态系统恶化等方面。库区越来越多的直立式护岸破坏了波浪形态，加大了冲蚀和掏蚀强度，破坏了浅水区水中植物的生长条件。另外，一些人工水库，特别是平原水库因占地面积大、水浅、渗漏和蒸发量大，不仅水资源浪费严重，而且造成库周及下游次生盐渍化。一些平原水库缺乏对生态环境的系统考虑，往往导致下游河流流量锐减，甚至断流，地下水位下降，造成天然林草枯萎以及土地沙化等生态环境问题。此外，许多湖库被过度开发利用，修坝、大量引水、调度不科学等致使水体交换能力大大减弱、水体功能失调或丧失。

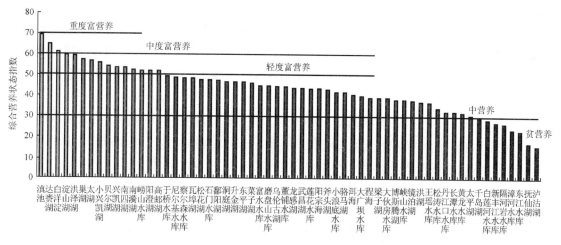

图 9-5　重点湖泊（水库）富营养化状态（2012 年）

（3）地下水型水源地。地下水是水资源的重要组成部分，它具有不同于地表水的特点，例如多年水量丰枯调节能力及经地层过滤后的较好水质，这使地下水供水在水质和水量方面具有更好的稳定性和优越性。因此，地下水常用来作为饮用水源。近年来，随着社会经济的发展，地下水资源在水资源调配中发挥日益重要的作用，特别在松花江、辽河、海河、黄河、淮河流域，地下水资源所占比例较大。但由于对环境保护的预见性、环境保护措施、污染物处理技术、人们的环保意识等方面的提高与经济发展速度不协调，地下水水源地遭受了严重的破坏，浅层地下水污染严重，甚至深层地下水水质也呈现明显的恶化趋势。地下水污染的特点是污染物在土层中的迁移速度慢，从处置废物到发现地下水受污染要经历相当长的时间，在发现污染后则难以采取有效措施消除污染，而靠自净则需要相当长时间才能消除污染。同地表水源地相比较，地下水水源地环境问题有着自己的特征，包括：

① 水量问题。地下水漏斗面积持续扩大，地下水资源储量减少。我国地下水开采主要集中于松花江、辽河、海河、黄河、淮河流域及内陆河区。大量的地下水开采，使大范围的地下水位下降，造成大面积地下水漏斗。2002 年我国北方地区除松辽流域的三江平原和松嫩平原、淮河平原南部及甘肃河西走廊外，其他流域和地区地下水位均呈下降态势。储存量减少最多的是海河流域平原区、辽河平原区和淮河流域平原区。在减少的储存量中，浅层地下水储存量衰减明显。下水大量开采，造成以开采井为中心的地下水降落漏斗。根据国土资源部在 2003 年 10 月 30 日公布的新一轮全国地下水资源评价成果，全国的地下水降落漏斗已有 100 多个，总面积达 15 万 km²，主要分布在北方。继浅层地下水漏斗面积扩大后，深层地下水漏斗面积也不断增加。根据不完全调查、统计资料，在调查的 29 个北方深层地下水漏斗中，2002 年年末与 2003 年年初相比，漏斗中心水头下降的有 16 个，漏斗面积增加的有 17 个。

地表水资源缺少合理调配，地下水的补给量得不到保证。在地下水开采量增加的同时，地表水资源的利用也呈现不合理调配状态，使地下水水源地，尤其是傍河地下水水源地的补给量难以保证。地表水资源量对傍河型地下水水源地具有重要意义。北方各大流域地表水利用量占地表水资源总量的比例已经很大，部分河流中下游流量很小，甚至出现断流，严重影响到傍河地下水水源地供水安全，这与缺少流域水资源规划及地表水与地下水联合调配也有关系。

大量矿井疏排，使附近水源地含水层疏干。地下矿藏（如煤矿等）开采时，不可避免要进行地下水疏排。露天开采直接影响到浅层地下水，长期的疏排，导致含水层疏干，造成附近水源地或以地下水为生活用水的居民水资源短缺。矿藏的井工开采直接疏排深层地下水，造成地下水资源储存量下降，并且浅层地下水也通过塌陷裂缝与深层地下水连通，从而也造成浅层地下水位下降，影响到附近浅层及深层地下水水源地的水资源量。

② 水质问题。地表水污染加重，污染到地下水。2004 年我国七大水系的 412 个水质监测断面中，Ⅰ～Ⅲ类，Ⅳ～Ⅴ类和劣Ⅴ类水质的断面比例分别为 41.8%，30.3% 和 27.9%。劣Ⅳ类水质的断面比例高达 58.2%，主要是辽河、淮河、黄河、松花江水质较差，海河水质更差，污染指标为氨氮、5 日生化需氧量、高锰酸盐指数和石油类。近年来，恶性地表水污染事件也时有发生，地表水环境安全令人担忧。地表水环境的恶化，也影响到接受地表水补给的地下水环境质量，特别在流域中下游的傍河水源地，其接受地表水补给量往往较大，地表水中的污染物虽经地质介质阻滞，但随着污染物的长期输入，地下水也会被污染。地下水污染后，往往含水层地质介质也被污染，造成地下水污染修复的困难。

点源及面源污染使地下水水质变差。2003 年全国地下水水质有恶化趋势，大部分城市和地区存在点状或面状污染，污染区以人口密集和工业化程度较高的城市中心区为主，超标指标有矿化度、总硬度、硝酸盐、亚硝酸盐、氨氮、铁、锰、氯化物、硫酸盐、pH、氟化物、酚等。铁、锰和"三氮"污染在全国各地区均比较突出，矿化度、总硬度、硝酸盐超标主要分布在东北、华北、华东、中南和西北地区。同时，大面积施用化肥、农药，也是造成包气带及地下水污染的原因之一。

矿藏开采导致地下水污染加重。矿藏开采，不仅疏排地下水造成水资源短缺，而且通过排污污染地表水后，入渗污染地下水或者矸石、尾矿等淋溶入渗污染地下水。石油开采中，由于井孔变形造成回注水外渗或者前期地质勘探的裸眼井因压力增大导致油水上返，都造成石油类污染物直接进入含水层，使附近浅层及深层地下水水源地大面积污染。

污染的浅层地下水向下渗流，使深层地下水污染。深层地下水循环缓慢，可再生能力一般小于浅层地下水，其污染后的修复要比浅层水困难得多。近年来，地下水的超量开采，也使深层地下水的压力水头降低、地下水流场发生改变，使浅层地下水渗入量增加，从而增加了易污染的脆弱性。同时，成孔技术的差异以及岩层塌陷裂缝，也造成浅层地下水的污染物渗入深层地下水，造成深层地下水的污染，从而威胁到深层地下水水源地的供水安全。

9.5.3 水源地环境管理

水是生命之源、生存之本，获得安全的饮用水是人类生活的基本需求。饮用水安全是国家安全的一部分，由于饮用水污染引起的社会问题已相当突出。在供水环节中，水源地污染是造成饮用水污染最重要的原因之一，水源地环境管理被视为确保生活饮用水安全的首要环节。

水源保护区是指国家对某些特别重要的水体加以特殊保护而划定的区域。1984 年的《水污染防治法》第 12 条规定，县级以上的人民政府可以将下述水体划为水源保护区：生活饮用水水源地、风景名胜区水体、重要渔业水体和其他有特殊经济文化价值的水体。对水源保护区要实行特别的管理措施，以使保护区内的水质符合规定用途的水质标准。

1. 饮用水源保护区划分

我国将饮用水水源地划分为一级、二级和准保护区。不同类型的水源地，如水库、河流和地下水源等，划分方法及具体数值不同。2018 年国家颁布了《饮用水水源保护区划分技术规范》（HJ 338—2018），对河流、湖泊、水库、地下水等不同类型水源地保护区划分方法进行了统一。此规范中，分别对地表水和地下水中可以作为水源保护区的水质做出如下要求：

（1）饮用水地表水源一级保护区的水质基本项目限值不得低于《地表水环境治理标准》（GB 3838—2002） Ⅱ 类标准，且补充项目和特定检测项目满足该标准规定的限值要求；

（2）饮用水地表水源二级保护区的水质基本项目限值不得低于《地表水环境质量标准》（GB 3838—2002） Ⅲ 类标准，并且保证流入一级保护区的水质满足一级保护区水质标准的要求。

（3）饮用水地表水源准保护区内的水质标准应保证流入二级保护区的水质满足二级保护区水质标准的要求。

（4）地下水饮用水源保护区（包括一级、二级和准保护区）水质各项指标不低于国家规定的《地下水质量标准》（GB/T 14848—2017） Ⅲ 类水水质标准的要求。

对不同类型的水源地种类，《饮用水水源保护区划分技术规范》（HJ/T 338—2007）规定了经验法和模型计算法来划分。概况如下：

（1）河流型饮用水水源保护区划分方法

在河流型饮用水水源保护区中，根据一般河流和潮汐河段，应用经验方法和模型计算方法分别对水域与陆域范围进行划分，见表 9 - 3。

（2）湖泊、水库型饮用水水源保护区划分方法。湖库型水源地污染来源主要为大量废污水直接或间接进入湖库，尤其是水源保护区内的排污口尚未得到有效治理。因此，开展湖库型水源保护区划分技术的研究，规范我国饮用水水源保护区划定工作，建立和完善饮用水水源地保护机制，对于湖库型水源地的管理和保护、城市饮用水的安全保障均有重要意义。

表 9 - 3　河流型饮用水水源保护区的划分方法

保护区	水域范围			陆域范围
	一般河流		潮汐河段	
	经验方法	模型计算方法		
一级保护区	a. 水域长度：取水口上游不小于 1 000 m，下游不小于 100 m； b. 水域宽度：按 5 年一遇洪水所能淹没的区域。通航河道宽度指河道中泓线为界靠取水口一侧范围，非通航河道为整个河宽	a. 水域长度：取水口上游大于按二维水质模型计算的岸边污染物最大浓度衰减到一级保护区水质标准允许的浓度所需的距离，上、下游范围不小于饮用水源卫生防护带规定的范围； b. 水域宽度：同经验方法	潮汐河段水源地的一级保护区上、下游两侧范围相当。确定方法与一般河流型饮用水水源地相同	a. 陆域沿岸长度不小于相应的一级保护区水域河长； b. 陆域沿岸纵深与河岸的水平距离不小于 50 m
二级保护区	a. 水域长度：在一级保护区的上游侧边界向上游延伸不小于 2 000 m，下游侧外边界应大于一级保护区的下游边界且距取水口不小于 200 m； b. 水域宽度：整个河面	a. 水域长度：二级保护区上游边界到一级保护区上游侧边界的距离应大于污染物从二级保护区水质标准浓度水平衰减到一级保护区水质标准浓度水平所需的距离； b. 水域宽度：同经验方法	a. 水域长度：二级保护区上游侧外边界到一级保护区上游侧边界的距离大于潮汐落潮最大下泄距离；按照下游的污染水团对取水口影响的频率要求，计算确定二级保护区下游侧外边界的位置； b. 水域宽度：整个河面	a. 陆域沿岸长度不小于二级保护区水域河长，沿岸纵深范围不小于 2 000 m； b. 当水源地水质受保护区附近点污染源影响严重时，二级保护区陆域范围必须包括污水集中排放的区域； c. 当一级保护区外围以面源为主要污染源时，对于流域面积小于 100 km² 的小型流域二级保护区可以是整个集水范围
准保护区	需要设置准保护区时，可参照二级保护区的划分方法确定准保护区的范围			

在对湖型饮用水水源保护区划分中，依据水源地所在水库、湖泊规模的大小，周边地形

地貌等，将湖库型饮用水水源地进行分类，分类结果见表9-4。

表9-4　湖库型饮用水水源地分类表

水库	小型：$V < 0.1$ 亿立方米	湖泊	小型：$S < 100 \ km^2$
	大中型：0.1 亿立方米 $\leq V < 10$ 亿立方米		
	特大型：$V \geq 10$ 亿立方米		大中型：$S \geq 100 \ km^2$

针对湖库型水源地的分类，分别用经验方法和模型计算方法对水域与陆域范围的水源保护区进行划分，方法对比结果见表9-5。

表9-5　湖泊、水库饮用水水源保护区的划分方法

保护区	水域范围		陆域范围
	经验方法	模型计算方法	
一级保护区	a. 单一供水功能的湖库：全部水面积； b. 小型湖库：取水口半径100 m范围的区域； c. 大中型湖库：取水口半径200 m范围的区域； d. 特大型湖库：取水口半径大于500 m的区域	一级保护区边界至取水点的径向流程距离大于所选定的主要污染物的水质指标衰减到一级保护区水质标准允许的浓度水平所需的距离。但其范围不小于饮用水水源卫生防护带划定的范围	a. 小型湖库：取水口侧正常水位线以上陆域半径200 m距离，必要时可以将整个正常水位线以上200 m的陆域作为一级保护区； b. 大中型、特大型湖库：取水口侧正常水位线以上陆域半径200 m的陆域
二级保护区	a. 小型湖库：一级保护区边界外的水域面积、山脊线以内的流域； b. 大中型湖库：一级保护区外半径1 000 m的水域； c. 特大型湖库：一级保护区外半径为2 000 m的水域	二级保护区边界至一级保护区的径向距离大于所选定的主要污染物或水质指标从二级保护区水质标准允许的浓度衰减到一级保护区水质标准允许的浓度水平所需的距离	a. 小型湖库：上游整个流域（一级保护区域外区域）； b. 大中型湖库：平原型水库的二级保护区范围是正常水位线以下（一级保护区以外）的区域，山区型水库二级保护区的范围为周边山脊线以内（一级保护区以外）的区域； c. 特大型湖库：一级保护区外3 000 m的区域
准保护区	a. 小型湖库：二级保护区以外的区域可以设定为准保护区； b. 大中型、特大型湖库：二级保护区以外的湖库流域面积可以划定为准保护区		

（3）地下水饮用水水源保护区划分方法。地下水饮用水水源保护区的划分方法中，地下水按含水层介质的不同分为孔隙水、裂隙水和岩溶水；按照地下水埋藏条件分为承压水和潜水；按开采规模分为中小型地下水（日开采量小于5万 m^3）和大型地下水（日开采量不小于5万 m^3）。不同类型的地下水饮用水水源保护区的划分方法不同。

孔隙水水源保护区是以地下水取水井为中心的，溶质质点迁移100 d的距离为半径的范围为一级保护区；一级保护区外，溶质质点迁移1 000 d的距离为半径所圈定的范围为二级保护区；补给区和径流区为准保护区。保护区半径计算经验公式如下：

$$R = \alpha \times K \times I \times T / n \tag{9-1}$$

式中：R——一级保护区半径，m；

α——安全系数。为了稳妥起见，在理论计算的基础上加上一定量（经常取50%）以防未来用水量的增加以及干旱期影响半径的扩大；

K——含水层渗透系数，m/d；

I——水力坡度（为漏斗范围内的水力坡度）；

T——污染物水平运移时间，d；

n——有效孔隙度。

一级、二级保护区可按式（9-1）计算，而实际工作中，不能小于孔隙水潜水型水源保护区范围经验值，详见表9-6。

表9-6　孔隙水潜水型水源保护区范围经验值

介质类型	一级保护区半径 R/m	二级保护区半径 R/m
细砂	30 ~ 50	300 ~ 500
中砂	50 ~ 100	500 ~ 1 000
粗砂	100 ~ 200	1 000 ~ 2 000
砾石	200 ~ 500	2 000 ~ 5 000
卵石	500 ~ 1 000	5 000 ~ 10 000

裂隙水饮用水水源保护区划分方法是：以开采井为中心，按照式（9-1）计算的距离为半径的圆形区域，一级保护区 T 取100 d；一级保护区外，二级保护区的 T 取1 000 d，详见表9-7。

表9-7　裂隙水饮用水水源保护区划分方案

类型		一级保护区	二级保护区	准保护区
风化裂隙潜水型	中小型	$R^{①}$ = 100 d 流经距离	$R^{②}$ = 1 000 d 流经距离	补给区和径流区
	大型	$R^{②}$ = 100 d 流经距离	$R^{②}$ = 1 000 d 流经距离	补给区和径流区
风化裂隙承压水型		上部潜水的一级保护区	不设	补给区
成岩裂隙潜水型		同风化裂隙潜水型		
成岩裂隙承压水型		同风化裂隙承压水型		

续表

类型		一级保护区	二级保护区	准保护区
构造裂隙潜水型	中小型	$R^{①} = 100$ d 流经距离	$R^{①} = 1\,000$ d 流经距离	补给区和径流区
	大型	$R^{②} = 100$ d 流经距离	$R^{②} = 1\,000$ d 流经距离	补给区和径流区
构造裂隙承压水型		同风化裂隙承压水型		

① 按式（9-1）计算得出。

② 由表9-6取值。

根据岩溶水的成因特点，可将岩溶水划分为岩溶裂隙网格型、峰林平原强径流带型、溶丘山地网格型、峰林洼地管道型、断陷盆地构造型5种类型。岩溶水饮用水水源保护区划分必须考虑溶蚀裂隙中的管道流与落水洞的集水作用。岩溶水水源保护区划分方案见表9-8。

表9-8　岩溶水水源保护区划分方案

类型	一级保护区	二级保护区	准保护区
岩溶裂隙网格型	同风化裂隙水		补给区和径流区
峰林平原强径流带型	同构造裂隙水		补给区和径流区
溶丘山地网格型 峰林洼地网格型 断陷盆地构造型	以岩溶管道为轴线，上游不小于1 000 m，下游不小于100 m。以落水洞为圆心，$R = 100$ d 流经距离的圆形区域	不设	补给区

（4）其他。如果饮用水源一级保护区或二级保护区内有支流汇入，应从支流汇入口向上游延伸一定距离的范围，相应作为水源地支流的一级保护区和二级保护区，可参照上述河流型保护区划分方法划定，根据支流汇入口所在的保护区级别高低和距取水口距离的远近，其范围可适当减小。

饮用水输水河（渠）道均应划分一级保护区，其宽度范围可参照河流型保护区划分方法划定，在输水河（渠）道的支流口可设二级保护区，其范围参照河流型二级保护区划分方法划定。

以湖泊、水库为水源的河流饮用水水源地，其饮用水源保护区范围应包括湖泊、水库和陆域一定范围，保护级别按具体情况参照湖库型饮用水水源地的划分办法确定。

入湖、库河流的保护区水域和陆域范围的确定，以确保湖泊、水库饮用水水源保护区水质为目标，参照河流型饮用水水源保护区的划分方法确定一、二级保护区的范围。

（5）实例分析。

案例9-1　桓仁水库水源保护区的划分

桓仁水库位于浑江流域的中游，距桓仁县4 km，库区横跨辽宁、吉林两省的桓仁县、通化县和集安县。全长 81 km，水域面积 14.8 km²，平均水深 10～15 m，总库容 34.6 亿立方米，属于特大型水库。

桓仁水库保护区按照《饮用水水源保护区划分技术规范》（HJ/T 338—2007）及辽宁省环境保护局制定的饮用水水源保护区划分一系列规定进行划分如下：

一级保护区范围：最高水位线 309.84 m 等高线以下全部水体和陆地。

二级保护区范围：库内最高水位 309.84 m 等高线至分水岭之间的迎水坡和回水线末端外延 2 000 m（不超过山脊线）的区域。

准保护区范围：一、二级水源保护区以外辽宁省境内的全部汇水区域。

案例 9-2　凤鸣水库水源保护区的划分

凤鸣水库（范围从桓仁水库至凤鸣水库大坝，包括西江水库）环绕整个桓仁县城，如果直接按《饮用水水源保护区划分技术规范》（HJ/T 338—2007）提出经验方法划分，会将桓仁县城近一半都划为二级保护区，显然这是不现实的。因此有必要根据水库周边地形地貌、地面径流的集水汇流特性等特殊条件提出切实可行的划分方案。

如图 9-6 所示，由于凤鸣水库位于桓仁县城，库区周围筑有防洪坝。防洪坝高于周围地区，雨水径流所带来的面源只要进行雨水收集，不会直接排入水库（河流），只有少量的雨水通过地下渗流进入水库。因而凤鸣水库一二级保护区的划分可以参照《饮用水水源保护区划分技术规范》（HJ/T 338—2007）中地下水饮用水水源保护区的划分方法。

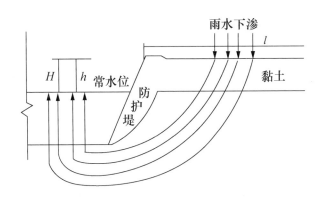

图 9-6　凤鸣水库保护区概念模型

取污染物迁移时间 100 d 的距离为一级保护区范围，根据《饮用水水源保护区划分技术规范》（HJ/T 338—2007）中地下水饮用水水源保护区的划分方法中半径计算的经验公式：

$$R = \alpha \times K \times I \times T / n \tag{9-1}$$

式中：R——一级保护区半径，m；

α——安全系数，取 150%；

K——含水层渗透系数，取 1.0 m/d；

I——水力坡度（为漏斗范围内的水力坡度）；

T——污染物水平运移时间，取 100 d；

n——有效孔隙度，取 0.25。

代入以上数据得

$$\frac{R}{I} = \alpha \times K \times T / n = 150\% \times 1.0 \times 100 / 0.25 = 600$$

水力坡度为

$$I = \Delta h / l$$

式中：Δh——水头损失，$\Delta h = h$，取 5 m；

l——渗流距离，$l = H + R$

$$\frac{R}{I} = R \times (H + R) / \Delta h$$

$$R \times (H + R) = 3\,000$$

根据目测 H 为 5~10 m，因此可得出凤鸣水库一级保护区的距离为：$R = 50 ~ 52$ m，取 50 m。

同理，二级保护区：

$$\frac{R}{I} = \alpha \times K \times T / n = 150\% \times 1.0 \times 1\,000 / 0.25 = 6\,000$$

$$R \times (H + R) = 6\,000$$

式中：T——污染物水平运移时间，取 1 000 d。

根据目测 H 为 5~10 m，因此可得出凤鸣水库二级保护区的距离为：$R = 72 ~ 75$ m，取 100 m。

从而，凤鸣水库一、二级保护区的范围如下：

一级保护区范围：有防洪堤段以防洪堤内肩为界，无防洪堤段以河道岸边为界，长度为桓仁水库坝下至凤鸣水库坝下全部水体和陆地。

二级保护区范围：一级保护区边界外纵深 100 m 范围（不超过山脊线）的区域。

2. 饮用水源保护区环境管理

2010 年，环境保护部会同国家发展和改革委员会、住房和城乡建设部、水利部和卫生部五部门联合印发了《全国城市饮用水水源地环境保护规划（2008—2020 年）》（以下简称《保护规划》）。《保护规划》以解决水质不达标及重污染水源地的环境问题为重点，明确了 8 项建设任务：

① 在一级保护区实行隔离防护。在水源地一级保护区周围建设隔离防护工程和水源地警示标志，并通过增加渗滤层等技术手段，改善取水口水质。

② 实施一级保护区整治工程。清拆保护区内影响水质安全的违章建筑物、关闭排污口、搬迁垃圾堆放场及规模化养殖场。同时规定，在一级保护区内禁止从事可能污染水源的活

动，禁止新建、扩建与供水设施和保护水源无关的建设项目，禁止从事网箱养殖、旅游、游泳、垂钓或者其他可能污染饮用水水体的活动。

③ 实施二级保护区点源整治工程。采取整治城市水源保护区内建设项目、迁出和搬迁企业、关闭排污口等措施，解决二级保护区内的点源污染问题。

④ 实施二级保护区非点源污染防治工程。通过实施城市径流和农村径流面源污染控制工程、生态农业建设，及控制用量、废物资源化、垃圾集中收集转运、取缔养殖和运输等工程和管理措施，防止二级保护区内的农业、生活、畜禽（水产）养殖及水上运输等非点源污染。

⑤ 实施水源生态修复与建设。在湖库周边建设生态屏蔽、涵养水源；利用湖库周边自然滩地和湿地，养殖或种植合适的生物物种，为水生和两栖生物提供栖息地；在湖库内布设生态浮床、放置生物净化装置、除藻曝气装置等，促进水体生态健康，改善水体水质状况。

⑥ 构建科学、合理的水源地监测体系，提高饮用水水源地环境监测能力和监督管理水平，提高饮用水水源地环境监测预警和应急监测能力。

⑦ 建成覆盖全国的饮用水水源信息管理系统，提升饮用水水源地信息管理能力，为饮用水安全保障工作提供支持。

⑧ 提高饮用水水源地预警能力和突发事件的应急能力，编制城市水源地应急预案并实施演练，防止饮用水源污染，保障居民饮用水安全。

《保护规划》的实施将有效指导各地开展饮用水水源地环境保护和污染防治工作，提升水源地环境管理和水质安全保障水平。

3. 饮用水水源地保护规范体系建设

国家将饮用水安全作为重中之重的优先工作，列入了国家"十一五"规划当中。但是不论是监测数据还是相关部门的规定，关于水源地的相关标准都缺乏统一的标准规范，各地各部门在开展工作时，没有一部权威的、规范性的技术规范作为依据。因此，针对水源地保护的工作步骤、工作方法、依据的标准、工作内容等方面的研究以及建立技术规范体系是十分迫切的任务。

水源地保护规范体系建设的必要性和迫切性主要体现在以下几个方面：

① 是适应社会变化，确保可持续发展社会的需要。

② 是贯彻《水法》《环境保护法》等法规的迫切需要。

③ 是促进科技进步和技术创新的需要。

④ 是实施水源地保护相关规划的需要。

⑤ 是促进对水源地科学管理的重要手段。

⑥ 是完善国家行业技术规范及标准体系的需要。

中国水利水电科学研究院在承担的全国饮用水水源地安全保障规划等工作的基础上，研究了水源地保护规范体系。水源地保护规范体系以法律、法规为依据，以水源地保护规划技术、监测、评价和管理过程为主线，将内容分为保护区划分、水质监测、水质标准、安全评价、规划、管理等几方面，详见图9-7。

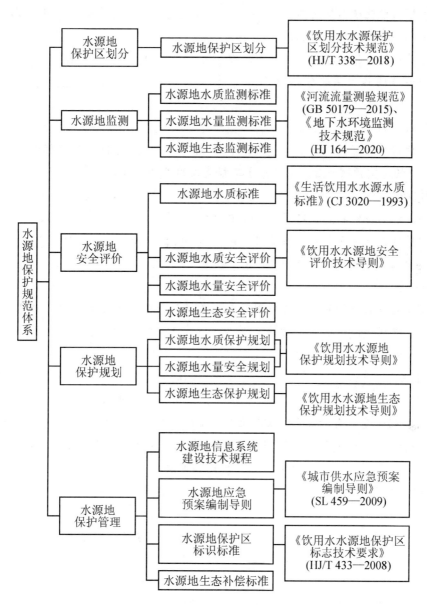

图9-7 水源地保护规范体系

习 题

一、填空题

1. 水利工程环境管理存在于_____、_____、_____和_____各个时期。

2. 建设期环境管理具有_____、_____、_____、_____的特点。

3. 施工期人群健康保护包括_____、_____、_____方面的因素。

4. 施工期环境监测的内容包括_____、_____、_____、_____。

5. 环境监理报告按内容和报告时间分为_____、_____和_____。

6. 环境监理的作用主要包括以下_____、_____、_____、_____和_____5方面。

7. 环境监理的工作制度分为_____、_____、_____和_____。

8. 环境评价分为环境_____评价和环境_____评价。其中前者主要是用于工程可行性判断的环境预测，后者则贯穿于工程建设的整个过程。

二、判断题

1. 水利工程本身的特点决定了环境管理的复杂性。 （ ）

2. 环境监理是从属于监理，但是它又具有本身的独立性。 （ ）

3. 环境管理制度已经逐步走向法律化、政策化。 （ ）

三、选择题

1. 清单法是先将可能的影响环境因子、影响性质和作用大小列成清单或表格形式，再据以做出定性识别和筛选。这一方法又分为（　　）、分级加权清单法和提问式清单法三种，是目前常用的方法。

A. 矩阵法　　　　　　　　　　　　B. 简单清单法

C. 网络法　　　　　　　　　　　　D. 复杂清单法

2. 水利工程环境影响预测是指以定性或定量的方法预估工程施工后会引起环境因子改变的程度，包括预估有关因子在有工程和无工程条件下的状态。目前常用的环境影响预测方法大体上可以分为（　　）、数学模式法、类比调查法、专业判断法。

A. 物理模型法　　　　　　　　　　B. 叠罗法

C. 网络法　　　　　　　　　　　　D. 清单法

3. 建设施工期环境管理特点为（　　）、区域性、时序性、管理手段多样性。

A. 简单性　　　　　　　　　　　　B. 重复性

C. 复杂性　　　　　　　　　　　　D. 综合性

4. 建设施工期环境监测的内容包括：环境质量监测、污染源监测、卫生监测、（　　）。

A. 空气质量检测　　　　　　　　　B. 传染病疫情监测

C. 固体废弃物检测　　　　　　　　D. 生态检测

5. 环境监理的作用主要有预防功能、参与功能、促进功能、反馈功能、（　　）。

A. 调节功能　　　　　　　　　　　B. 制约功能

C. 平衡功能　　　　　　　　　　　D. 牵制功能

6. 对于水利工程运行期的环境管理，要把集、蓄、供作为一个有机的整体看待，重视源头效应，进行系统管理。水利工程运行期的环境管理有系统性、连续性、监测与分析相结合、（   ）四大特点。

A. 多样性   B. 复杂性

C. 具体性   D. 综合性

7. 环境监测的对象和内容确定以后，监测的方法也就相应地确定下来了。对于水质，常规的监测方法就是采样检测、自动监测、（   ）。

A. 系统监测   B. 智能监测

C. 遥感监测   D. 网络检测

8. 我国将饮用水水源地划分为一级保护区、二级保护区和（   ）。

A. 三级保护区   B. 准保护区

C. 基本保护区   D. 特级保护区

四、思考题

1. 水利工程环境管理的概念是什么？

2. 水利工程生命周期包括那几个阶段？

3. 建设期与运行期环境管理的内容和特点是什么？

4. 环境监理的内容、方法及工作制度是什么？

5. 运行期环境监测的对象和内容是什么？

6. 环境评价的目的是什么？

7. 环境监理与承包商的关系是什么？环境监理的目的是什么？

8. 简述水源地环境管理的概念。

9. 按赋存条件，水源地包括哪几种类型？每种类型水源地的环境问题是什么？

10. 河流型、湖库型和地下水型饮用水源保护区是如何划分的？

参 考 文 献

[1] 方子云，邹家祥，郑连生. 中国水利百科全书：环境水利分册. 北京：中国水利水电出版社，2004.

[2] 郭怀成，陆根法，任耐安，等. 环境科学基础教程. 2 版. 北京：中国环境科学出版社，2003.

[3] 徐炎华，张宇峰，赵维，等. 环境保护概论. 2 版. 北京：中国水利水电出版社，2009.

[4] 汪恕诚. 资源水利：人与自然和谐相处. 北京：中国水利水电出版社，2003.

[5] 王蜀南，王鸣周. 环境水利学. 北京：中国水利水电出版社，1996.

[6] 郝芳华，李春晖，赵彦伟，等. 流域水质模型与模拟. 北京：北京师范大学出版社，2008.

[7] 肖长生，梁秀娟，卞建民，等. 水环境监测与评价. 北京：清华大学出版社，2008.

[8] 徐孝平. 环境水力学. 北京：水利电力出版社，1991.

[9] 张锡辉. 水环境修复工程学原理与应用. 北京：化学工业出版社，2002.

[10] 奥托兰诺. 环境管理与影响评价. 郭怀成，梅凤乔，译. 北京：化学工业出版社，2004.

[11] 叶守泽. 水利水电工程环境评价. 北京：水利电力出版社，1995.

[12] 金相灿. 湖泊富营养化控制与管理技术. 北京：化学工业出版社，2001.

[13] 刘树坤. 中国水利现代化和新水利理论的形成. 水资源保护，2003 (2)：1 - 5，61.

[14] 毛战坡，王雨春，彭文启，等. 筑坝对河流生态系统影响研究进展. 水科学进展，2005 (1)：134 - 140.

[15] 夏军，王渺林，王中根，等. 针对水功能区划水质目标的可用水资源量联合评估方法. 自然资源学报，2005 (5)：752 - 760.

[16] 李子成，邓义祥，郑丙辉. 中国湖库水环境质量现状调查分析. 环境科学与技术，2012 (10)：201 - 205.

[17] 孔繁翔，胡维平，范成新，等. 太湖流域水污染控制与生态修复的研究与战略思考. 湖泊科学，2006 (3)：193 - 198.

[18] 倪晋仁，刘元元. 论河流生态修复. 水利学报，2006 (9)：1029 - 1037.

[19] 叶春，金相灿，王临清，等. 洱海湖滨带生态修复设计原则与工程模式. 中国环境科学，2004（6）：5.

[20] 卡尔夫. 湖沼学：内陆水生态系统. 古滨河，刘正文，李宽意，等译. 北京：高等教育出版社，2011.

[21] 成晓奕，李慧赟，戴淑君. 天目湖沙河水库溶解氧分层的季节变化及其对水环境影响的模拟. 湖泊科学，2013（6）：818－826.

[22] 王煜，戴会超. 大型水库水温分层影响及防治措施. 三峡大学学报（自然科学版），2009（6）：11－14，28.

[23] 许士国，党连文，牟志录. 嫩江1998年特大洪水环境影响分析. 大连理工大学学报，2003（1）：114－118.

[24] 李丽娟，梁丽乔，刘昌明，等. 近20年我国饮用水污染事故分析及防治对策. 地理学报，2007（9）：917－924.

[25] 苏丹，唐大元，刘兰岚，等. 水环境污染源解析研究进展. 生态环境学报，2009（2）：749－755.

[26] 叶健，叶寿征，董秀颖，等. 关于水资源量与质相结合评价若干问题的探讨. 水文，2003（1）：45－49.

[27] 徐礼强. 河流水环境污染物通量测算理论与实践. 广州：中山大学出版社，2018.

[28] 窦明. 水环境学. 北京：中国水利水电出版社，2014.

[29] 王金坑. 入海污染物总量控制技术与方法. 北京：海洋出版社，2013.

[30] 郝晨林，邓义祥，汪永辉，等. 河流污染物通量估算方法筛选及误差分析. 环境科学学报，2012，32（7）：1670－1676.

[31] 黄志伟，曾凡棠，范中亚，等. 北港河流域水质特征及主要污染物量估算研究. 环境科学学报，2018，38（10）：4063－4072.

[32] 陈永娟，庞树江，耿润哲，等. 北运河水系主要污染物通量特征研究. 环境科学学报，2015，35（7）：2167－2176.

[33] 李步东，刘畅，刘晓波，等. 大型水库热分层的水质响应特征与成因分析. 中国水利水电科学研究院学报，2021，19（1）：156－164.

[34] 中华人民共和国生态环境部. 环境影响评价技术导则　地面水环境：HJ/T 2.3—2018. 北京：中国环境出版社，2019.

[35] 李轶. 水环境治理. 北京：中国水利水电出版社，2018.

[36] 章丽萍，张春晖. 环境影响评价. 北京：化学工业出版社，2019.

[37] 环境保护部环境工程评估中心. 环境影响评价技术方法. 北京：中国环境出版社，2014.

[38] 张杰，李华，周鹏程，等. 环境污染事故调查规范. 环境与可持续发展，2017，42（1）：81－83.

［39］金相灿，屠清瑛. 湖泊富营养化调查规范. 2 版. 北京：中国环境科学出版社，1990.

［40］黄廷林，卢金锁，韩宏大，等. 地表水源水质预测方法研究. 西安建筑科技大学学报（自然科学版），2004，36（002）：134－137.

［41］国家环境保护局，国家技术监督局. 水质　湖泊和水库采样技术指导：GB/T 14581—1993. 北京：中国标准出版社，1994.

［42］国家环境保护总局. 地表水和污水监测技术规范：HJ/T 91—2002. 北京：中国环境科学出版社，2003.

［43］王志良. 水质统计理论及方法. 北京：中国水利水电出版社，2013.

［44］中华人民共和国生态环境部. 关于印发《人工湿地水质净化技术指南》的通知. (2021－04－30)［2021－08－05］. https://www.mee.gov.cn/xxgk2018/xxgk/xxgk06/202104/t20210430_831538.html.